新能源译丛

*Chemistry of Fossil Fuels
and Biofuels*

化石燃料与
生物燃料化学

[美]Harold H. Schobert（肖伯特）著

赵雪冰　郑宗明　译

中国水利水电出版社
www.waterpub.com.cn
·北京·

内 容 提 要

针对当今的主要燃料资源——乙醇、生物柴油、木材、天然气、石油产品和煤，本书讨论了燃料的形成、组成和性质，以及用于商业用途的加工方式。本书通过自然过程（如光合作用和古老植物材料的地质变化）讨论了燃料的起源；它们的组成、分子结构和物理性质之间的关系；以及将它们转化或精炼成当今市场上销售的燃料产品的各种过程。阐述了基本的化学原理，如催化和反应中间体的行为，并讨论了全球变暖和人为二氧化碳的排放。

本书适合作为能源工程、化学工程、机械工程、化学领域的研究生以及科学家和工程师的参考用书。

北京市版权局著作权合同登记号为：图字 01 - 2016 - 9983

图书在版编目（CIP）数据

化石燃料与生物燃料化学 ／（美）哈罗德·H. 肖伯特
(Harold H. Schobert) 著 ; 赵雪冰, 郑宗明译. -- 北京 : 中国水利水电出版社，2019.5
书名原文: Chemistry of Fossil Fuels and Biofuels
ISBN 978-7-5170-5001-8

Ⅰ. ①化… Ⅱ. ①哈… ②赵… ③郑… Ⅲ. ①生物燃料—化学 Ⅳ. ①TK63

中国版本图书馆CIP数据核字(2016)第321703号

书 名	化石燃料与生物燃料化学 HUASHI RANLIAO YU SHENGWU RANLIAO HUAXUE	
作 者	［美］Harold H. Schobert（肖伯特） 著	
译 者	赵雪冰 郑宗明 译	
出版发行	中国水利水电出版社 （北京市海淀区玉渊潭南路 1 号 D 座 100038） 网址：www. waterpub. com. cn E - mail：sales@ waterpub. com. cn 电话：(010) 68367658 （营销中心）	
经 售	北京科水图书销售中心（零售） 电话：(010) 88383994、63202643、68545874 全国各地新华书店和相关出版物销售网点	
排 版	中国水利水电出版社微机排版中心	
印 刷	清淞永业（天津）印刷有限公司	
规 格	184mm×260mm 16 开本 23.25 印张 551 千字	
版 次	2019 年 5 月第 1 版 2019 年 5 月第 1 次印刷	
印 数	0001—1000 册	
定 价	**95.00 元**	

"本书是对化石和生物衍生燃料的起源、特性、加工和转化的已有文献颇受欢迎的近期更新。它全面涵盖了与这些方面有关的化学原理，使之成为对该领域需要深入了解的高年级本科生、研究生和专业人士的重要资源。对于任何真正想了解燃料的性质的人来说，这是一本很有意思的书籍。"

——罗伯特·G·詹金斯，弗蒙特大学

"能源科学领域还没有过像本书一样的专业书。这是对本书主题的完美肯定，肖伯特教授已经对它进行了很多润色，其对于已有丰富经验的专业人士来说也是一本很有价值的参考书。本书涉及燃料形成、转化和使用的所有方面以及最终产品二氧化碳的应对战略。我将在自己的高年级本科生和研究生教学中使用它作为教材。"

——艾伦·L·查菲，莫纳什大学，澳大利亚

"这是现代燃料科学专业学生或者希望强化对该领域'重点'理解的实践者的极好参考书。本书在技术严谨性和可读性之间提供了一种富有经验的平衡，为有兴趣进一步学习的读者提供了许多有用的参考。我发现本书内容引人入胜、富有启发性，章末注释特别发人深省且不乏趣味。"

——查尔斯·J·米勒，桑迪亚国家实验室

致 谢

　　我亲爱的夫人妮塔在许多方面给我帮助，没有她的帮助和支持我不可能完成本书。本书是从20多年前我在宾夕法尼亚州立大学讲授的燃料化学课程讲义发展而来。每年我都重新准备课程的全部讲义。我的好朋友和同事奥马尔·居尔，把我这些年断断续续用过的手绘草图转化为本书的图表。我的两位助手卡罗尔·布兰特纳和妮可·阿里亚斯录帮助录入了手写讲义，并创建了一些图表。他们的工作对于整理稿件非常重要。弗莱彻·拜伦地球和矿物科学图书馆的李·安·诺兰和琳达·马瑟帮助查询信息，特别是燃料科学家的传记信息。我也感谢明尼苏达斯考特郡图书馆沙科皮分馆的工作人员在我访问明尼苏达时提供了安静的工作房间。宾夕法尼亚州的许多朋友和同事，特别是加里·米切尔和卡罗琳·克利福德，在不同的方面提供了信息和想法。南非波彻夫斯特洛姆西北大学物理和化学学院院长克里斯蒂安·斯特赖敦教授为我提供了办公室、计算机，以及与我进行的精彩讨论。西北大学和萨索尔堡的许多朋友也提供了很多帮助。中东石化工程与技术公司总裁穆罕默德·法特米慷慨地提供了化合物结构和反应的绘制软件。感谢与我共事过的剑桥大学出版社的米歇尔·凯莉和莎拉·马什，感谢他们的长期坚持。最后，要特别感谢燃料化学课的几届学生，感谢他们的评价和建议。虽然有这么多我非常想致谢的人，但本书可能出现的任何错误都算作我自己的。

插 图 许 可 致 谢

图 1.1	美国，马里兰州，格林贝尔特，美国国家航空航天局
图 1.6	美国，科罗拉多州，博尔德，美国国家海洋与大气管理局
图 2.1	戴维·皮尔斯博士，general-anesthesia.com
图 2.2	澳大利亚，阿德莱德，伊恩·马斯格雷夫博士
图 3.1	美国，加利福尼亚州，伯克利，劳伦斯伯克利国家实验室
图 6.1	美国，加利福尼亚州，圣马可斯，巴洛玛学院，韦恩·阿姆斯特朗博士
图 8.8	美国，伊利诺伊州，芝加哥，阿贡国家实验室，罗伯特·沙利文博士
图 12.4	美国，得克萨斯州，阿尔文，Amistco 市场总监卡梅尔·巴雷特
图 13.6	美国，斯克内克塔迪博物馆和休茨·比希天文馆、斯克内克塔迪收藏与展览策展人克里斯·亨特
图 13.18	美国，俄亥俄州，查格林富尔斯，重航空器公司，巴特·埃格特
图 14.1	美国，科罗拉多州，布伦瑞克，德国邮政历史公司，迪安·罗迪娜
图 14.5	美国，特拉华州，威明顿，哈格雷博物馆和图书馆，乔恩·威廉斯；宾夕法尼亚州，费城，太阳石油公司，约瑟夫·麦金
图 14.8	意大利，那不勒斯，费德里克大学工学部，卡迈恩·科莱拉教授
图 14.9	美国，俄克拉荷马州，塔尔萨，塔尔萨大学化学工程系，杰弗里·普赖斯博士
图 14.16	美国，得克萨斯州，休斯敦，休斯敦大学化学与生物分析过程系，拉斯·格拉博博士
图 15.1	英国政府（公共领域）
图 15.3	戴维·埃希里曼，Stamp.Collecting.World.com
图 16.7	美国，田纳西州，橡树岭，过程工程有限公司，罗杰·埃弗森
图 16.8	德国，罗滕巴赫/佩格尼茨，石墨科瓦公司，赫尔穆特·伦纳
图 16.9	美国，宾夕法尼亚州，大学园，宾夕法尼亚州立大学地球与矿物科学能源研究所，加雷恩·米奇尔

前　言

大约 20 年前，我写了一本短篇幅的书 *The Chemistry of Hydrocarbon Fuels* [1]，其内容是基于我在宾夕法尼亚州立大学的燃料化学课程讲义。那本书已经绝版，能源共同体已经对生物燃料的兴趣显著增加，对燃料利用导致的二氧化碳排放增加也日益担忧。因此，出版一本新书适逢其时。这本书的许多内容借鉴了上一本书，同时也做了大量的修改，它不是简单意义的第二版 *The Chemistry of Hydrocarbon Fuels*，应该给一个新的书名，并对章节重新组织。

任何一种燃料首先从自然形成开始，然后是收获或者提取。有些燃料要通过多个精制、提纯或者转化过程来改善燃料性能或去除无用的杂质。最终，燃料要付诸应用。燃料经常用于燃烧过程，有时候被进一步转化为有用的物质，例如碳材料或者聚合物等。本书主要集中在燃料的起源、化学组成、物理性质，以及在精制或转化过程中涉及的化学反应。大多数燃料要么是化合物的复杂混合物，要么是结构不清楚的大分子物质。但这并不意味着在研究这些物质的时候要抛弃化学和物理学规律。燃料组成、分子结构和特性不是奇特的、随意的自然结果，而是来自于明确的化学过程。燃料的任何利用方式必然涉及化学键的断裂和形成。

本书适合的阅读人群包括：进入燃料和能源科学的新人，特别是寻求燃料化学导论的学生；在工作中用到化学知识的科学家或者工程师；专注于某种燃料研究，同时需要了解其他燃料知识的燃料科学家等。同时我认为本书的读者不仅应该掌握或了解有机化学的基本知识，熟悉结构、命名和官能团活性的基本原理；还应该熟悉燃料里重要元素的基本无机化学知识和物理化学的基本原理。作为教材，本书适合三年级或者四年级本科生，或物理学或工程学的一年级研究生。但是任何具有基本化学知识的人，都可以选择本书

---

[1] *The Chemistry of Hydrocarbon Fuels*（《烃燃料化学》），伦敦，巴特沃斯，1990。

作为参考书。

　　人类文明曾经完全依靠生物燃料（木材）来解决能源需求。接着，化石燃料（煤、石油和天然气）主导能源领域长达两个世纪之久。在过去的数十年里，生物质能越来越吸引人们的注意，重新激起了人们对木材、乙醇和生物柴油的兴趣。我们日常的大量活动都需要使用能源，在世界上大部分地区能源主要来自于化石和生物燃料。尽管燃料对于人们非常重要，极少有化学或有机化学相关内容的图书给予这些资源足够的篇幅。因此，我希望本书为那些对化石燃料和生物燃料有兴趣的化学研究人员或化学工程师提供帮助。

　　本书并未提供有关燃料形成、精制和转化过程的百科全书式的覆盖。每章后的注释为有兴趣深入研究的读者列出了一些推荐的阅读材料。本书是燃料化学课程的升华，该课程已经为燃料科学、能源工程和化学工程专业的学生讲授了至少 20 次。该课程每年都做一些改进，同时也融入了学生的一些合理反馈。本书无论用于教材或者自学，读者首先应当掌握丰富的知识，才能自信地在该领域的学术期刊或专著中追随自己的兴趣。

目　　录

第 1 章 燃料与全球碳循环

燃料，即通过燃烧可产生能量的物质。使用燃料前通过一步或多步处理，可能更有利于实际使用。这样能提高燃料对原料的产率，改善燃料燃烧性能，或者缓解燃料使用引起的潜在环境问题。例如，通过处理可以提高石油到汽油的产率，改善汽油在发动机中的燃烧性能，或者把固体碳转化为清洁的气体或液体燃料。有些燃料，特别是天然气和石油，也可以作为有机化学工业的原料，从而生产许多有用的材料。因此，燃料至少具有 3 种利用方式：直接燃烧释放热能；通过化学转化生产更清洁或更便捷形式的燃料；转化为非燃料化学品或材料。这些利用方式看起来似乎不一样，但是它们在化学键的形成与断裂、分子结构转化等方面一致。燃料利用方式、燃料转化或利用过程中的反应都取决于燃料的化学组成和分子结构。

世界正在经历从能源经济向新能源经济的过渡，在能源经济阶段，绝大多数国家依赖石油、天然气和煤，而新能源经济则更注重替代或可再生能源资源。本书涵盖了化石能源和可再生能源。对于源于植物的燃料，主要集中在木材、乙醇和生物柴油。对于常规燃料，集中在煤、石油和天然气。对比这些代表性燃料外形，有很大的差异：天然气是一种透明的无色气体，从用户角度来讲，通常 90% 以上的组分是单一的化合物——甲烷；乙醇是一种透明的、可挥发、低黏度的液体化合物；石油是含有数千种化合物的混合液体，不同来源的石油在颜色、黏度和气味方面差别很大；生物柴油是一种浅色、中黏度的液体，其中只有 6 种左右的化合物；木材是一种浅色的异质性固体，不同来源的木材在密度、硬度和颜色方面存在差异；煤通常是黑色或褐色，具有不确定且可变结构的大分子异质性固体。

尽管外观不同，但是这些代表性燃料具有两个共同点：第一，都直接来源于自然，或者由自然界的物质转化而来；第二，考虑代表性燃料的化学组成（表 1.1）时，第二个共同点就很清楚了。

表 1.1　本书中所涉及的主要燃料代表样品的化学组成百分含量。木材和煤的数据不包括其中的水分或成灰的无机组分。

	碳	氢	氧	氮	硫
生物柴油	76	13	11	0	0
煤发烟	83	5	8	1	3
乙醇	52	13	35	0	0
天然气	76	24	0	0	0
石油	84	12	1	1	2
木材、松树	49	6	45	0	0

基于质量含量考虑，碳元素是每种燃料的主要元素。这两点建立了燃料化学研究的起点：碳在自然界的转化。可以看到，所有这些物质还有别的共同点——它们代表储存的太阳能。

全球碳循环简单描述了自然界的碳转化，如图 1.1 所示。

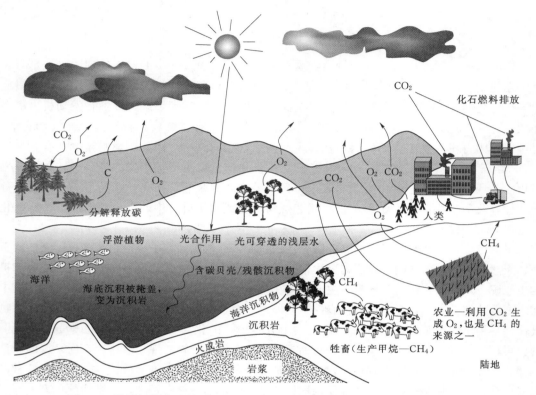

图 1.1　燃料与全球碳循环是地球科学的一个重要发展，可让我们解释大气、生物圈和岩石圈的碳分布，解释碳的相互转变。

全球碳循环建立了不同碳源和碳汇之间的碳通量，碳源把碳引入到总的环境中，在碳汇中碳被去除或固定。随着人们对大气中二氧化碳浓度及其对全球气候变化影响的持续关心和关注，对碳源和碳汇之间碳流向和年通量的了解在近几十年显得非常重要。世界可以被看做是包含了大气圈、海洋为主的水圈、地壳和地幔上部组成的岩石圈和地球生物组成的生物圈。为了燃料化学需要，图 1.1 可以简化为图 1.2 的循环过程。

在此之后，忽略大气中二氧化碳与自然系统之间的平衡：碳酸盐岩吸收二氧化碳及其转化或破坏时释放二氧化碳，二氧化碳溶解到海洋中及其释放出来。上述过程对于全球碳循环具有重要意义，但是它们对燃料形成没有显著性作用。

理论上讲，从任何一点进入碳循环，完成循环后，最终能够回到起点。对于简化的全球碳循环（图 1.2），大气是最方便的循环起点。大气中二氧化碳占全球二氧化碳含量的99.5%（CO_2 仅占大气成分中很少的比例，体积含量约为 0.035%）。绿色植物通过光合作用消除大气中的二氧化碳。太阳能驱动光合作用，因此光合作用的英文单词 photosyn-

2

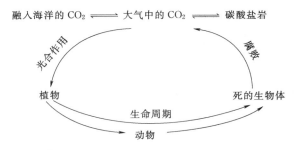

图 1.2　全球碳循环的简图，集中于燃料化学感兴趣的过程。植物通过光合
作用吸收空气中的二氧化碳。生物体的生命周期终止
于腐败，碳被转化为空气中的 CO_2。

thesis 采用前缀 "photo"。可以说，光合作用是地球上最重要的化学反应。虽然有些生命形式在某种程度上不依赖光合作用[A]，但是大部分生命需要依赖它。几乎所有的生物或者直接利用光合作用，或者像人类一样直接利用那些可以光合作用的生物。我们的食物包括植物，或者动物的一部分，这些动物本身进食植物。直接以植物（例如木材）或植物源物质（例如乙醇和生物柴油）为燃料，也就是利用植物生长过程中积累的太阳能。

植物完成它们的生命周期，并终死去，或者被动物吃掉，这实际上也是完成它们的生命周期[B]。常见的委婉说法 "有机质" 意指积累的死亡动植物的剩余物。有机质经常在好氧细菌的作用下最终腐败，以二氧化碳的方式把碳释放到大气中，完成碳循环。腐败过程导致死的生物体从环境中消失[C]。例如，走进森林时，人们一般不会涉足由数十个秋天积累的齐臀深的、已经腐烂的落叶中。

光合作用把二氧化碳转化为葡萄糖[D]，即

$$6CO_2 + 6H_2O \longrightarrow C_6H_{12}O_6 + 6O_2$$

葡萄糖是一种单糖。它的分子式可以表示为 $C_6(H_2O)_6$，就好像它是某种碳和水的化合物。糖分子式中水和碳的表面关系，是糖的经典命名——碳水化合物的来历。糖类在植物的生物化学中扮演重要角色，是生物合成许多其他化合物的能源物质和前体，这些化合物涉及植物的生命过程。虽然光合作用的净方程式看起来相当简单，但是光合作用的化学本质远比这个简单方程复杂。在阐明光合作用化学本质方面至少产生了一位诺贝尔化学奖得者。氧气也是光合作用的一个产品。光合生物进化了三百万年，使得大气中氧气积累，这反过来使得利用氧气的生命形态（包括我们人类）发育成为可能。

任何生物可能包含成百上千，甚至数以万计的化学物质。积累有机质的腐败涉及这些化合物的氧化反应。然而，为简单起见，葡萄糖的氧化腐败可以写为

$$C_6H_{12}O_6 + 6O_2 \longrightarrow 6CO_2 + 6H_2O$$

可以看出，如果将光合作用和腐败反应相加，将导致化学式左右物质消除，即没有净产出，这个循环实际上是闭合的，即

$$6CO_2 + 6H_2O \longrightarrow C_6H_{12}O_6 + 6O_2,$$
$$C_6H_{12}O_6 + 6O_2 \longrightarrow 6CO_2 + 6H_2O,$$

净物质变化为零

在人类进化早期的某个时间，大约一百万年前，人类的祖先直立人学习燃烧植物取暖和炊事，这个时期可能是在开发冶炼金属和烧制陶器的早期。杂草和树木是最早的可选择的燃料。有时候，利用植物的一部分作为燃料可能更有效，例如，种子和坚果中用来储存能量的油脂。无论如何，被收获的用作能源的有机体就是生物质能。利用这些有机体的组分制备的燃料称为生物燃料。利用生物燃料代表着全球碳循环的一个"旁路"，如图 1.3 所示。

图 1.3　利用生物燃料代表着全球碳循环的一个"捷径"。生物燃料燃烧产生的 CO_2 释放到大气中，下一季作物生长的时候通过光合作用可以去除这些 CO_2。原则上，大气中 CO_2 浓度长期来讲没有净增加。

　　人们对生物质能和生物燃料的主要关注集中在植物或植物源的物质上。部分原因在于和动物比起来，植物可用的量要大得多。但是，发展中国家仍然把干燥的动物粪便用作能源，把油脂、猪油当做石油衍生燃料油的良好替代品。推动当前人们对生物燃料兴趣的两个主要因素：首先，在理论上讲生物燃料是可再生的，例如，今年收获的用来生产生物柴油的大豆，明年可以重新生长，并生产更多的生物柴油，这样年复一年，周而复始；其次，也是在理论上，生物燃料对大气中的二氧化碳没有影响，即它们对二氧化碳来说是中性的。来年作物生长过程中，能够吸收生物柴油燃烧时释放到大气的 CO_2。实际上，这两方面的原因也可能受到质疑。人们担心未来土壤贫瘠，长期依赖单一种植可能存在风险。在生物燃料的全生命周期中，在生物质种植、运输和加工的过程中可能用到石油和天然气。尽管存在这些担忧，但是生物燃料仍然受到人们持续关注和广泛使用。

　　发达国家当前的能源经济支柱还是煤炭、石油和天然气。美国发电厂大约一半的电力来自燃煤发电。钢铁鼓风炉所用的所有燃料和还原剂焦炭都来自于煤炭。除全电力家庭之外，天然气被用来给我们的家庭供暖，并且在发电领域发挥着越来越重要作用。约98％的交通能源来自石油产品。油砂，特别在加拿大，它的重要性在迅速增加。但是，图 1.2 不能说明在地球上煤炭、石油、天然气、油砂和油页岩有巨大的储量。多个证据表明，这些物质，特别是煤炭和石油，由曾经的生物衍生而来。这些证据将在第 8 章进行讨论。由于这些来源于生物的物质经常被称为化石燃料，根据化石的定义来讲，它们是从前保存在地壳的生命遗留物。出现化石燃料是因为腐败过程不是十分有效。如图 1.2 所示，实际上98％～99％的积累有机质会腐败。剩余的小部分不发生腐败而被保存下来，历经地质年代，转化为我们现在所说的化石燃料。图 1.4 为化石燃料的形成，可以视为全球碳循环的一个旁路。

　　因此，我们能源经济高度依赖的、储量丰富的化石燃料的形成取决于一个事实，即看似简单的反应腐败过程仅消耗98％～99％有机质。由于化石燃料来源于曾经活着的植物，这些植物从阳光中积累能源，因此，化石燃料本身也是太阳能的一种储存方式。

　　但是，图 1.4 是不完整的。即使小于1％的碳进入化石燃料的旁路，在循环中运行足

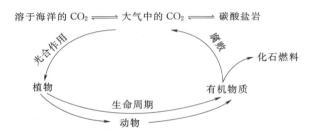

图 1.4 化石燃料的形成是全球碳循环的一个"旁路"。积累的有机质中大约 1% 不会腐败，而是储存在地球上，经过一连串生化和地理化学过程，转化为化石燃料。

够多次后，所有的碳最终都会被固定在化石燃料中。在图 1.4 中没有标出来化石燃料的最终命运：它们被从地下开采出来并燃烧。

化石燃料的燃烧（图 1.5）会不可避免地释放二氧化碳。天然气的重要成分甲烷的燃烧是一个例子，即

$$CH_4 + 2O_2 \longrightarrow 2H_2O + CO_2$$

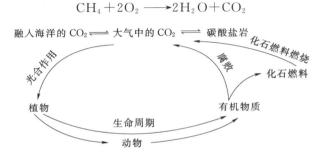

图 1.5 化石燃料燃烧完成循环，以 CO_2 的方式将储存在燃料中的碳释放到大气中。

对于稳态的全球碳循环，大气中 CO_2 减少速率和增加速率一定相等。光合作用是重要的 CO_2 去除环节。在生物质或生物燃料燃烧、有机质腐败和化石燃料燃烧过程中 CO_2 回到大气中。当进入大气的二氧化碳通量超过进入碳汇的通量时，大气中 CO_2 浓度必然会增加。大量的证据表明一段时间以来大气中 CO_2 在增加，图 1.6 是一个例子。从碳资源释放的碳通量确实超过了回到碳汇的通量。

多个独立的地理学、地质学和生物学记录表明，在过去的数十年里地球发生了深远的变化。这些记录包括极地冰盖的部分融化、冰川萎缩、荒漠化加剧、热带疾病扩散，以及高温和严重风暴频率被刷新等。这些记录与地球正在变暖的观点是一致的。

地球的主要热源来自太阳的辐射。为了维持热平衡，地球以红外辐射方式将热辐射到太空中。二氧化碳是可吸收红外辐射气体中的一种，其他的还包括水蒸气、甲烷、氮氧化物和含氯、氟烃。增加大气中 CO_2 浓度能保留更多热量，减少辐射到太空中的红外辐射[E]。因此，CO_2 浓度增加和气候变暖的加剧是相联系的。虽然从很久之前（人类进化之前）的地球历史来看，全球气温和大气中 CO_2 浓度出现过周期性的上升和下降，但是和目前的气温周期性上升相联系的一个关键间接证据是，在过去的几百年里，大气中 CO_2 浓度的增加和工业革命是同步的，而工业革命标志着大规模利用化石燃料的开始。

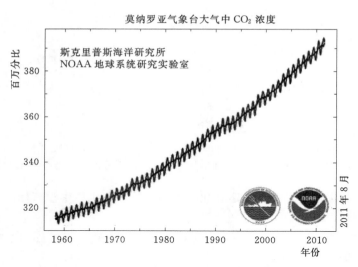

图 1.6　多年以来大气中二氧化碳浓度在增加。目前的科学共识是，全世界化石燃料的使用稳定增加是造成 CO_2 浓度升高的主要（但不是唯一）原因。

化石燃料的形成需要以百万年计。我们以前所未有的大规模燃烧化石燃料仅仅大约 250 年。这样大气中 CO_2 的增加速率远远超过 CO_2 去除的速率。

近年来发现的大气中二氧化碳和人类使用化石燃料之间联系的新证据，进一步支持这个间接证据[F]。可以肯定的是，化石燃料燃烧造成的人为 CO_2 排放不是全球变暖的唯一原因。此外，全球变暖和大气中的 CO_2 有关联，化石燃料的使用让我们面临能源政策的多项选择。当然，一种选择是不用理会。相反的选择是这样一种看法，即我们现在必须停止使用化石燃料。

历史告诉我们，用一种燃料替代另一种燃料而成为主要能源资源，需要 60～70 年时间。在 1830 年，世界范围内的一次能源资源是可再生燃料（主要是木材），占总能源资源的 90% 以上。其他能源消耗来自煤炭。到 1900 年，随着木材的贡献下降和煤炭的贡献增加，两者各占全球能源资源使用量 50% 左右，石油的贡献量很小。直到 1965 年，煤炭一直占据世界能源市场的主导地位，煤炭和石油各占 30%，天然气和可再生能源各占 15%。从 1965 年开始，石油主导了世界能源市场。或许在另一个 70 年周期结束时，大约 2035 年，我们将见证可再生能源的复苏，不仅包括生物质能，而且还包括太阳能、风能和其他不涉及燃烧的能源形式。

我们似乎处在能源经济从化石燃料主导转向替代能源资源主导的"过渡状态"的某个位置。植物或者来源于植物的燃料将对替代能源结构产生影响。我们要理解这些生物燃料的化学，也要承认在未来数十年里化石燃料仍然要伴随我们，所以我们应该关注化石燃料的清洁高效转化。此外，我们应当承认，在过渡态的末期化石燃料是石墨、活性炭和其他碳基材料的重要来源。

注释

　　[A]　最近发现的细菌——脱硫肠状菌（*Desulfatomaculum*）是一个例子。这些非凡

的微生物通过还原硫酸根离子生成硫化氢来生存。它们在约翰内斯堡附近一座金矿的 4km 地下茂盛的生活了几百万年。能够自己生产用作能源的化合物的有机体称为自养生物。到目前为止，最熟悉的自养生物是绿色植物。深海热泉的极端条件（例如 400℃，25MPa，pH 值约为 3）不适合普通生物生存，生活在这里的生物可以利用热量来氧化无机硫化物或甲烷，获得能量。化能自养生物能依赖化学反应合成生化能源物质。特别奇怪的是辐射养型生物，在乌克兰切尔诺贝利核电站内发现的真菌似乎能利用辐射能量协助合成生化能源物质。异养型生物只能通过食用其他生物来获得能量。人类是异养型生物。

[B] 生物学规律迟早会带走我们每一个人。"自然之母完成最后一击"这个说法的出处被归于很多人，它出现在保险杆贴纸上至少 10 年了。正如美国作家达蒙·鲁尼恩（1880—1946）所说，"在生命里，是 6 比 5"，意味着我们胜算很小。

[C] 不讨论腐败过程的细节，因为它破坏了最终生产煤炭、石油和天然气所需的原料（有机质）。要学习腐败过程的机理，*Life in the Soil*（詹姆斯·B·纳迪，芝加哥大学出版社）是一本不错的入门书籍。

[D] 注意氧是副产物。蓝细菌是光合作用中第一个利用水作为电子供体的生物，它在 300 万年之前开始进化。这一进化过程使得 O_2 在地球上富集。从化学上说，在氧气积累后大气从还原环境转换为氧化环境，这对于生命的继续进化具有重要意义。

[E] 虽然经常讨论温室气体能够捕集红外辐射，但是它们既不能捕集所有的辐射，也不能永久捕集辐射。温室气体分子在吸收红外辐射时会激发到更高的振动能态。分子回到基态时释放能量，但是能量会释放到各个方向，其中一部分会释放到地球。

[F] 19 世纪最优秀的两位思想家对间接证据的有效性提出相对的观点。亨利·戴维·梭罗说："有些间接证据是很强的，就像你在牛奶里发现了鳟鱼一样。"但是夏洛克·福尔摩斯则警告到："间接证据是一件很棘手的事情。它看起来直接指向一件事，但如果你稍微改变观点，你可能会发现它以同样不妥协的方式指向一个完全不同的东西。"

推荐阅读

Cuff, David J. and Goudie, Andrew S. *The Oxford Companion to Global Change*. Oxford University Press: New York, 2009. This is a very handy one - volume reference book with several hundred short articles, including useful material on the global carbon cycle, biomass and biofuels, and fossil fuels.

McCarthy, Terence. *How on Earth*? Struik Nature: Cape Town, 2009. An introductory book on geology with superb color illustrations. Chapter 3, on the Earth's atmosphere and oceans, is relevant to the material in this chapter.

Richardson, Steven M. and McSween, Harry Y. *Geochemistry*: *Pathways and Processes*. Prentice - Hall: Englewood Cliffs, NJ, 1989. A book on geochemical principles presented in the context of thermodynamics and kinetics. Chapter 4, on the oceans and atmosphere, and Chapter 6, on weathering of rocks, are useful for understanding the global carbon cycle.

Schobert, Harold H. *Energy and Society*. Taylor and Francis: Washington, 2002. An introductory text surveying various energy technologies and their impacts on society and on the environment. Chapter 34 discusses the global carbon cycle and introduces the concept of biomass energy being a short - circuit in the cycle.

Vernadsky, Vladimir I. *The Biosphere*. Copernicus: New York, 1998. This book was first published in

1926, and provides a remarkable discussion of how living organisms have transformed the planet, including the geochemical cycling of elements and the ways in which organisms utilize geochemical energy. The edition listed here is extensively annotated with explanations and findings through the 1990s.

Williams, R. J. P. and Fraústo da Silva, J. J. R. *The Natural Selection of the Chemical Elements*. Clarendon Press: Oxford, 1996. This book presents aspects of the physical chemistry of distribution of chemical elements between living and non - living systems. Chapter 15 on element cycles includes a discussion of the global carbon cycle; other chapters also contain useful discussions of the partitioning of carbon between various natural systems.

第 2 章　催 化、酶 和 蛋 白 质

2.1　催化

催化主题贯穿于燃料化学的全过程。催化剂的质量和化学性质在化学反应前后不发生改变，催化剂能提高化学反应速率。关键词是反应速率。催化剂能够影响反应动力学。与非催化反应相比，催化剂影响化学反应速率的机理是能显著降低反应的活化能。催化剂不改变反应热力学，它们不改变化学平衡[A]，但是它们能促进反应更快地达到平衡，同时，它们不能使热力学上不可行的反应发生。

催化剂分为均相催化剂和非均相催化剂，均相催化剂与反应物和产物处在同一相，非均相催化剂与反应物和产物处于不同相。均相催化剂能与反应物混合均匀。良好的混合能大大提高反应速率，在有些情况下混合能使化学反应速率增加 8 个数量级以上。但是，由于催化剂与反应物、产物处在同一相，在工业上经常需要下游分离来回收催化剂，否则当催化剂离开反应器的时候，不得不丢弃它（这样可能污染产物）。对于许多催化过程，催化剂的成本远高于反应物，因此催化剂的损耗将造成经济损失。通常，分离非均相催化剂不存在大的问题，这主要是因为催化剂与反应物和产物是分离的，但是非均相反应的传质受限阻碍反应物接近催化剂或者阻碍产物离开催化剂，催化剂表面的各种问题也可能影响非均相催化（第 13 章）。为了避免下游可能出现的分离问题，大规模工业化过程倾向于使用非均相催化剂。尽管如此，在克服均相催化剂的分离问题方面，人们不断取得技术进步，例如，膜分离、选择性结晶和使用超临界溶剂等。

根据定义，虽然催化剂在反应结束时不发生改变，但是它可能，并且经常会在反应过程中发生改变。许多催化反应的机理涉及多个反应，共同构成了催化循环。在机理的一个或多个基元反应中，催化剂可能发生改变，但是，当反应结束时催化剂又回到了初始状态，可以参与下一个催化循环。

大部分均相催化反应发生在液相体系中。有些均相催化剂催化气相反应（因为反应体系是均相的，催化剂本身必须是气体）。最重要的气相均相催化反应例子可能是氯催化的臭氧分解反应，该反应造成了所谓的大气臭氧空洞[B]。

定量描述一个催化剂的特性或"优度"可以采用多个参数。转换数和转换频率可以比较不同催化剂的效率。转换数表示一分子催化剂所能转化的反应物分子数。术语"转换"来自于在催化转化过程中反应物分子"转换"为产物分子这一概念。转换频率表示单位时间内的转换数。选择性表示目标产物在所有反应产物中的比例，经常用质量百分比或摩尔百分比表示。理想的选择性应该尽可能接近 1，或者 100%。广义上，催化剂活性定义为

反应物消耗速率或产物形成速率。在非均相催化领域这些术语的含义稍有不同，将在第13章重新讨论。理想的催化剂应该具有高选择性和高活性。

2.2　蛋白质

生物体中的生化反应依赖于酶这种均相催化剂。酶具有高活性和选择性。由于大多数酶是蛋白质[C]，我们首先考虑蛋白质的组成和结构，然后讨论酶及其催化行为。

氨基酸是组成蛋白质的基本单位。这些化合物都含有一个氨基和羧基官能团。自然界所有重要的氨基酸都是 2-氨基羧酸。有时候采用希腊字母命名羧酸的衍生物，从羧酸基的碳原子开始标记碳链上碳原子的位置，用 α-标记结合在羧酸基上的碳原子，β-标记下一个碳原子，以此类推。因此，2-氨基羧酸可以，也经常地，被称为 α-氨基酸。自然界已知的 α-氨基酸有 20 种，它们的区别主要在于结合到碳原子的有机取代基，也被称为 R 基[D]。例如丙氨酸（2.1）、亮氨酸（2.2）和半胱氨酸（2.3）。

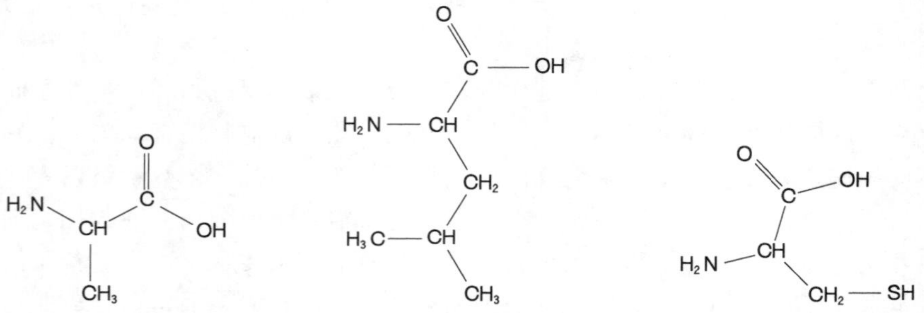

| 2.1　丙氨酸 | 2.2　亮氨酸 | 2.3　半胱氨酸 |

胺能与羧酸反应生成酰胺，例如甲胺与乙酸反应，即

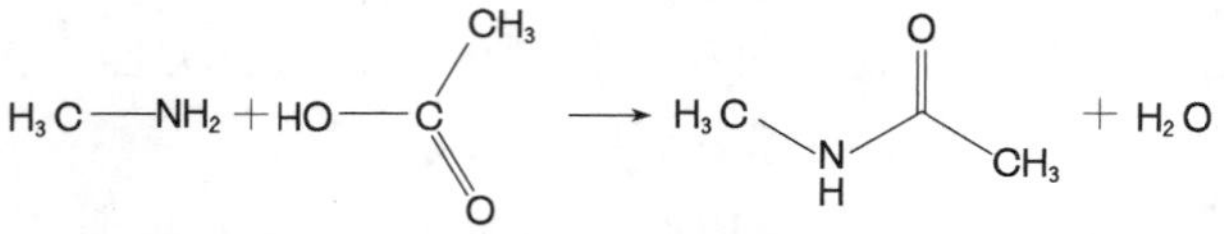

由于氨基酸含有两个官能团，一分子氨基酸能与另一分子氨基酸反应生成一个酰胺，例如

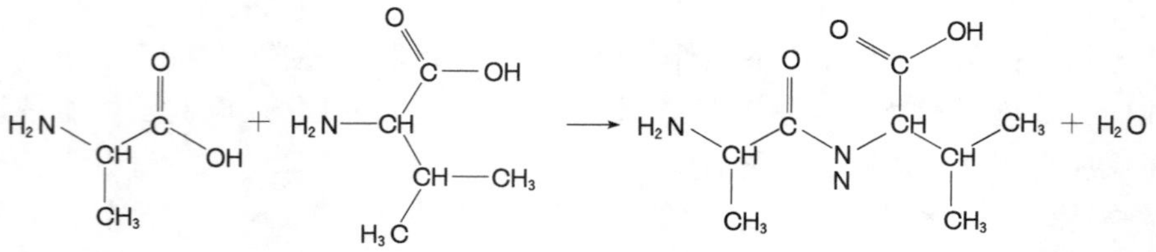

如上例所示，参与反应的氨基酸须是不同的氨基酸。氨基酸形成的酰胺官能团被称为肽键。上例中形成的二肽仍然含有一个氨基和一个羧基，这样它能够与其他氨基酸反应生成三肽、四肽和五肽，甚至分子量非常大的多肽。分子量超过 10000 的多肽称为蛋白质。

天然蚕丝的组分丝素蛋白（2.4）可能是具有最简单结构的蛋白。

丝素蛋白是两种简单的氨基酸丙氨酸和甘氨酸形成的共聚物。蛋白质在生物体中具有许多非常重要的作用。作为酶催化剂无疑是它们其中最重要的角色。

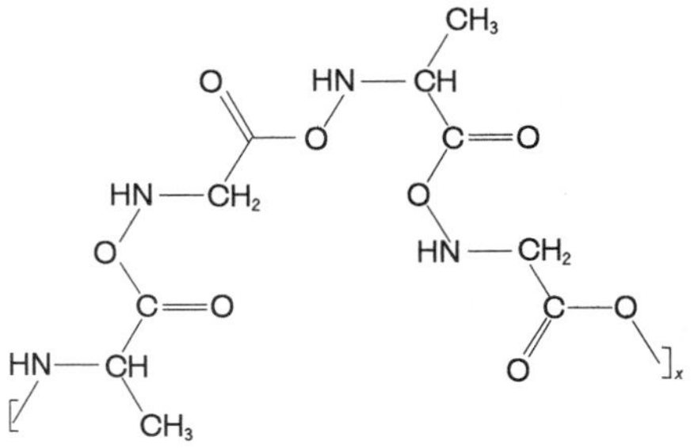

蛋白质结构表现在三个层次上。蛋白质中氨基酸残基的数量、种类，以及排列方式决定其初级结构。即使很小的蛋白质也可能含有 50 个以上肽键。蛋白质的二级结构是螺旋还是折叠决定于氨基酸链特定的折叠方式。二级结构显示蛋白质分子的不同部分如何定位。形成二级结构就是为了使分子内 C═O 和 H—N 之间氢键数量最大化。对于大的蛋白质，许多二级结构螺旋可能相互交织成三级结构，三级结构有赖于分子内静电相互作用、氢键，或进一步形成的共价键，例如二硫键—S—S—。三级结构描述整个蛋白质分子如何获得三维形状。蛋白质折叠成三级结构以便应对最大可能的能量损失。在蛋白质所有可能的三级结构中，实际形成的结构是 ΔG（吉布斯自由能变）最低的结构。破坏蛋白质的二级或三级结构，例如加热或改变 pH 值，可以破坏它们的生理功能，即为我们所知的蛋白质的变性过程。例如：煮鸡蛋中，蛋清是常见的蛋白质变性例子；利用醇（也就是异丙醇）对皮肤的杀菌作用，就是对细菌的蛋白质进行变性。

根据结构，蛋白质可以分为丝状蛋白质或球状蛋白质。丝状蛋白质具有长的、线状结构，经常相邻排列形成纤维结构。强分子间作用力促进这种结构布置。丝状蛋白质一般不溶于水。它们形成生物体内的结构物质，包括肌肉、皮肤和肌腱。相比之下，球状蛋白质具有强分子内作用力和弱分子间作用力，结构近似球形。球状蛋白质溶于水和许多液体溶液。酶蛋白无一例外的都是球状蛋白质。

2.4 丝素蛋白

2.3 酶

酶良好的催化性能来自于其构型提供的位点，经常只有一种分子能够进入位点并发生反应。酶的专一性在于，不仅催化一种特定的化学键，而且催化具有特异立体化学构型的一类化学键。埃米尔·费歇尔[E]（图 2.1）可能是首位利用锁钥模式来类比研究反应物与酶催化位点特异性契合的科学家。

除高选择性之外，许多酶显示了惊人的活性，在特定情况下，反应速率能增加 17 个数量级。在所有已知的无论是均相还是非均相催化反应中，酶催化效率最高。转换频率非常高，能达到每秒 10^3，相比之下许多非均相催化剂只能达到每小时 $10^2 \sim 10^4$。酶能大幅提高反应速率，意味着即使在非常低的浓度下，例如 $10^{-4} \sim 10^{-3}$ mol/L，酶即能发挥显著作用。

酶作为催化剂催化的化合物称为底物。酶命名时，在表示酶功能或底物的词后面加后缀——酶（-ase）。举例来说，乳酸脱氢酶催化乳酸根离子的脱氢反应（即氧化）。酶分为六类，见表 2.1。几乎已知的有机反应都有对应的酶催化反应。

表 2.1　酶催化剂的分类。

酶催化剂类型	催 化 的 反 应
水解酶	水解反应
异构酶	异构化
连接酶	将两个分子连接起来
裂解酶	从大分子中去除一小部分
氧化还原酶	氧化或还原
转移酶	将一个结构单元从一个分子转移到另一个分子

在酶促反应中，酶与底物分子相互作用，使底物结合到酶的特异性位置，即活性位点。酶促反应包括三步：酶与底物形成复合物；酶—底物复合物转化为酶—中间产物复合物，酶和底物的构型发生改变；最后形成酶—产物复合物，产物解离。

酶与底物相互作用可能通过氢键、离子间吸引或可逆共价键来实现。无论活性位点和底物之间相互作用如何实现，这种作用对底物而言是非常专一的。此外，如果反应是由酸或碱催化的，活性位点必须能够提供所需的酸性或碱性反应物。酶的二级或三级结构强烈控制反应物分子的定向，这样它们才能实现快速反应所需的立体化学定向，形成具有在生物化学上正确立体化学构型的产物。也就是说，酶分子的活性位点必须对底物分子具有完美的立体化学契合，即锁和钥匙必须匹配，如图 2.2 所示。酶和底物之间形成的复合物为反应提供了最优的分子定位。产物一般会从酶分子快速解离，让酶为下一次反应做好准备。产物紧密结合到酶活性位点能有效阻止位点参与其他反应，关闭酶的催化活性。酶的转换频率一般为每个活性位点每秒 10^3；最好的酶能够达到每秒 10^5。

图 2.1　埃米尔·费歇尔在 19 世纪末 20 世纪初为我们理解蛋白质化学和糖化学做出了巨大贡献。

图 2.2　特异性的钥匙契合锁的方式，提供了酶和底物特异性结构关系的模型。

就像一个锁只能接受一个正确的钥匙一样，酶促反应是非常专一的。因此，一个特定的生化反应都有其对应的特定酶催化剂。有些情况下，酶催化非常专一，以至于只有一种化合物能与酶反应。例如，脲酶催化尿素的水解，H_2NCONH_2 反应非常好，但是对甲基尿素 $CH_3NHCONH_2$ 没有催化效果。但是，还有许多酶能催化一些目标底物外其他底物的反应，只要与正常底物分子结合的相关区域结构的改变，影响底物对活性位点的钥—锁契合，酶的催化活性可能有所降低，但是反应还能够进行。如果底物紧密结合到活性位点，通常为不可逆地结合，此时酶促反应则不再进行。这一类底物使得酶不能行使正常的催化功能。这样的物质是催化剂毒性物质，非均相催化的类似问题将在第 13 章讨论[F]。

酶促反应速率可以用多种方式表述。最大反应速率 V_{MAX}，代表底物浓度足够大而使所有的酶活性位点被底物占据时的理论最大速率。最大速率是酶的特性，仅是体系中酶量的函数。米氏常数[G] K_M，是测定的反应速率达到最大速率一半时的底物浓度。单一底物的酶促反应遵循米氏动力学[H]，表达式为

$$v = V_{MAX}S/(K_M + S)$$

式中：v 为反应速率；S 为底物浓度。如果 v 作为 S 的函数，在反应的起始阶段，反应速率随底物浓度增加快速增加，但是到某一点后，反应速率基本变成常数，最终与底物浓度没有相关性。图 2.3 显示了一个假设的酶促反应米氏动力学。这个行为反映出两种情形。首先，当酶含量超过底物含量时，随着底物浓度增加，越来越多的酶参与到催化反应中；其次，当底物浓度增加到某一点时，所有的酶都参与到反应中，继续增加底物浓度对催化反应不再有影响。

由于绝大多数酶是蛋白质，因此有必要分析有些蛋白质分子，但绝非所有蛋白质，能作为催化剂（即酶）的原因。换言之，为什么不是所有的蛋白质都是酶，答案在于分子结构，特别是二级和三级结构，其设定了—C ═ O、—NH 和其他基团的相对空间位置，它们共同允许特异性底物分子进入并与之结合。氨基酸的侧链构型发生改变，为目标底物分子提供了强相互作用。氨基酸的侧链与底物之间的强相互作用能够增强底物的键断裂反应。有些蛋白质的几何学二级和三级结构形成特定"锁"，

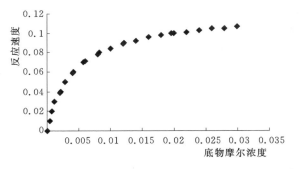

图 2.3 米氏曲线提供了酶促反应动力学的简单模型，描述了反应速率相对于底物浓度的关系。该图虽然是一个假设酶促反应的曲线，但它是这种相互关系的典型形状。

只有特定的生化"钥匙"能够契合。不作为酶的许多蛋白质二级和三级结构可能没有合适的构型结合位点，或者不能为完成反应提供酸或碱。

由于酶活性依赖于二级和三级结构，酶变性将破坏其催化活性。在许多情况下，变性可能是不可逆的。触发每种酶变性的具体条件是特异的，但是温度超过细胞温度 10～15℃时，会发生典型的酶变性。pH 值剧烈变化时，酶的变性温度会降低。

在有些酶促反应中，需要添加或存在其他物质，即辅助因子，才能激活酶活性。有些辅助因子是无机离子，例如 Fe^{2+} 或 Zn^{2+}[I]。其他辅助因子可能是有机分子，被称为辅酶。

在催化过程中，辅助因子结合到酶上，可能发生氧化或还原。对我们而言，最重要的辅酶是维生素。

　　酶在工业加工过程中的使用与日俱增。使用酶的反应不限于在生物体内。许多酶从生物体内分离出来，并成功应用于商业化。它们能用于水溶液中，有时也用于有机溶剂中。酶促反应代表着绿色化学的一个重要的新兴领域，包括使用可再生原料、最小化试剂或溶剂和设计极低能耗过程。绿色化学实际上也是更广泛意义上可持续发展的重要组成部分，涉及能源、化学和材料，绿色化学致力于既不影响未来社会发展能力又能满足目前的发展需求。

注释

　　[A] 威廉·奥斯特瓦尔德（1853—1932，1909年诺贝尔奖），是物理化学的奠基者，证明物理化学是热力学第一定律的直接拓展。认为气体反应过程中随着气体摩尔数的变化，气体的体积也相应变化。假定气体反应物被封闭在一个带有活塞的气缸中，催化剂被封闭在气缸中一个小空间内，催化剂与反应物之间能交替地接触或阻隔，如果催化剂能够改变混合物组成的平衡，活塞将随着平衡的改变上下移动，创造出一个永动机。

　　[B] 臭氧空洞当然不是大气中的一个空洞，这个术语描述的是南半球特别是南极洲上空臭氧浓度相对较低的区域。平流层中的臭氧有助于吸收来自太阳的紫外线辐射。暴露于高水平的紫外线下可能带来健康问题，例如皮肤癌和白内障。氯氟碳化物分解释放的气溶胶中的氯，或者冰箱和空调中的氯是催化臭氧分解的均相催化剂。1995年诺贝尔化学奖被授予荷兰科学家保罗·约瑟夫·克鲁岑、美国科学家马里奥·莫利纳和弗兰克·舍伍德·罗兰，表彰他们在臭氧形成和分解的研究方面作出的杰出贡献。该奖励的宣布时间恰好是一位知名的美国国会议员公开指责臭氧空洞概念一周后，他指出臭氧空洞概念是"伪科学"。

　　[C] 虽然大部分酶是蛋白质，但是也有例外。一个重要的例子就是核糖体，它能够利用氨基酸来组装蛋白质。

　　[D] 溶液中，简单氨基酸以偶极结构存在，羧基的质子转移到氨基上形成偶极结构，例如 $RCH(NH_3)^+COO^-$。这种结构被称为两性离子。但是，为方便起见，我们采用 $RCH(NH_2)COOH$ 来表示，这也是许多有机化学的传统表述。

　　[E] 埃米尔·费歇尔（1852—1919，1902年诺贝尔奖），因糖类结构和化学特性的巨大成就被人们熟知。他也是最早通过氨基酸的反应研究蛋白质组成的科学家之一。虽然锁钥模型仍然是理解酶促反应最佳方式，但它并不完全正确。丹尼尔·科什兰（1920—2007）在1960年提出诱导—契合模型：酶首先接受底物分子，然后结构重构来契合底物。

　　[F] 许多催化剂毒性物质对均相催化剂和非均相催化剂都有影响，原因在于毒性物质牢固地结合到催化剂的活性位点上，阻止目标反应物接触活性位点。事实上，许多催化剂毒性物质对人体也致毒，例如一氧化碳和硫化氢。其中的催化化学机理相同。这些物质破坏了人体功能所依靠的酶的活性。

　　[G] 为纪念德国生物化学家利奥诺·米歇里斯（1875—1949），他由于发表论文质疑一位德高望重的科学家关于怀孕检测工作的正确性，导致无法在德国科研体系中立足。米

歇里斯首先到了日本，然后到了美国，在美国期间，他在约翰霍普金斯大学和洛克菲勒研究所工作。

[H] 莫德·门顿（1879—1960）是加拿大生化学家，她曾与米歇里斯在柏林共事。她也是一位出色的艺术家和音乐家。除酶动力学研究之外，她还研究了血红蛋白和血糖浓度调节。她也多次参加了北极圈探险。

[I] 许多有机物是酶的辅助因子，铜离子和镁离子也是辅助因子。无机离子辅助因子有时候被称为必须矿物质。食物中含有这些矿物质对身体健康非常重要。

推荐阅读

Faber，Kurt. *Biotransformations in Organic Chemistry*. Springer：Berlin，2004；Chapter 1. The first chapter of this book provides a good overview of enzyme catalysis.

Gates，Bruce C. *Catalytic Chemistry*. Wiley：New York，1992；Chapter 3. A well-written book covering many of the fundamentals of catalysis and catalysts. Chapter 3 deals with enzymes.

Grunwald，Peter. *Biocatalysis*. Imperial College Press：London，2009. A very detailed treatment of enzymes and the mechanisms of enzyme-catalyzed reactions. Definitely a very useful book for those wanting to learn more about enzyme chemistry.

McMurry，John. *Organic Chemistry*. Brooks/Cole：Pacific Grove，CA，2000；Chapter 26. The discussion of proteins and enzymes in this chapter is intended to focus on the roles of enzyme catalysis in biosynthesis and in fermentation；i. e. to provide a background for the material in the next several chapters. Necessarily，an enormous amount of other information on enzymes and proteins was left out. A good place to start to explore further is in the relevant chapters in modern introductory texts on organic chemistry. Many good ones are available；this text by McMurry is a fine example.

Palmer，Trevor and Bonner，Philip. *Enzymes*. Horwood Publishing：Chichester，UK，2007. A comprehensive look at enzymes，including much useful information on their behavior and uses in both biochemistry and biotechnology.

Rothenberg，Geri. *Catalysis：Concepts and Green Applications*. Wiley-VCH：Weinheim，Germany，2008. An excellent introduction to catalysis，particularly as it applies to green chemistry and sustainable development. Chapters 3 and 5 are particularly relevant here.

第3章　光合作用和多糖合成

　　光合作用是地球上最重要的化学过程。几乎所有的生命都依赖于光合作用，植物直接依赖光合作用，食草动物或者食肉动物间接依赖光合作用。在地球的地理化学史中，绿色植物的出现以及光合作用合成氧气将大气从化学上的还原态转变为富含氧气的状态，从而让我们所知的生命能够进化。作为全球碳循环的碳汇，光合作用每年消耗约 1000 亿 t 碳。

　　光合作用将空气中的二氧化碳转化为葡萄糖，即

$$6CO_2 + 6H_2O \longrightarrow C_6H_{12}O_6 + 6O_2$$

图 3.1　梅尔文·卡尔文为理解光合作用的化学本质做出了巨大贡献。照片由劳伦斯伯克利国家实验室提供。

　　当用方程式描述上述过程时，看起来简单，其实细节非常复杂[A]。美国化学家梅尔文·卡尔文（图 3.1）因阐明光合作用的反应途径于 1961 年获得诺贝尔化学奖[B]。

　　如上所述，简单的光合作用是非常强的吸热反应，这凸显了它与众不同的本质。在 298K 时反应的吉布斯自由能变化 ΔG 为 $+2720kJ/mol$ 葡萄糖（或者 $+454kJ/mol$ CO_2）。可以预测，相应的平衡常数将远远利于反应向左侧发生。光合作用只有从其他来源输入大量的能量才能进行。生命的非自发"光合成引擎"要发挥功能需要提供能量，而该能量来自太阳。

　　在光合作用中，二氧化碳的碳原子必须经历一个还原过程，还原过程需要电子。驱动二氧化碳转化为糖类也需要能量。总而言之，组成光合作用的这些过程必须提供电子和能量。植物和动物的糖代谢释放大量的能量，因此，糖类合成自然需要输入能量。

3.1　光合作用中水的光解

　　在分析葡萄糖形成之前，应该先考虑副产物氧气的问题。反应物都含有氧原子，氧气的来源可能是二氧化碳或者水，或者两者都是。测定分子氧的化学来源涉及放射性示踪技术，这也是该技术在生物化学领域的首次应用。

　　下面的反应中，放射性同位素 $^{18}O_8$ 用 O^* 表示。两个可能的反应是：$H_2O^* + CO_2$ 与 $H_2O + CO_2^*$。两个反应在光合作用状态下都可能发生，通过检测产物可以确定 O^* 的命运。放射性的 O_2^* 只出现在放射性水为反应物的实验中，也就是说，氧气来源于水[C]。光合作用的方程式可以表示为

$$6CO_2 + 12H_2O \longrightarrow C_6H_{12}O_6 + 6O_2 + 6H_2O$$

需强调 12mol 的水分子必须参与反应（解释 6mol 氧完全来自于水）。反应方程式右侧的 6mol 水一定是其他反应的产物[D]。

还原二氧化碳所需的电子来源于辅酶尼克酰胺腺嘌呤二核苷酸（3.1），NADPH[E]。反应可以写成

$$NADPH \longrightarrow NADP^+ + 2e^- + H^+$$

其中，NADP$^+$ 是 NADPH 的氧化态，两者区别在于结构单元（3.2），该结构中，"波形键"代表该分子的其余部分，见 3.1 中 NADPH，NADPH 再生利用了源于水的电子。

$$H_2O \longrightarrow \frac{1}{2}O_2 + 2H^+ + 2e^-$$

这样的话

$$2e^- + H^+ + NADP^+ \longrightarrow NADPH$$

该过程的关键点为二氧化碳还原所需电子的最终来源是水。

水裂解反应的能量来自阳光，植物中叶片中的色素分子能够吸收阳光。叶绿素（3.3）是其中最重要的色素。

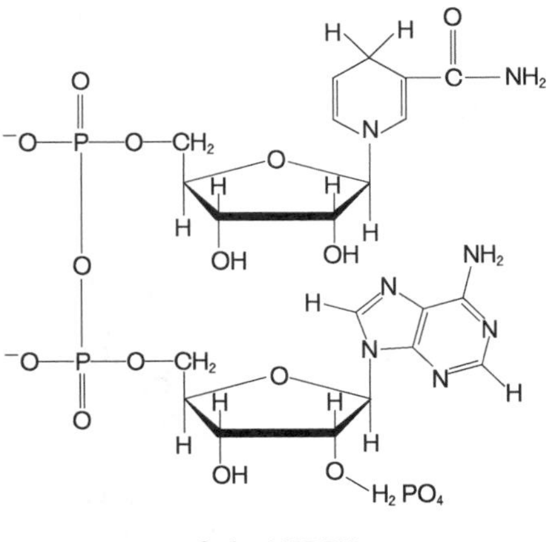

3.1　NADPH 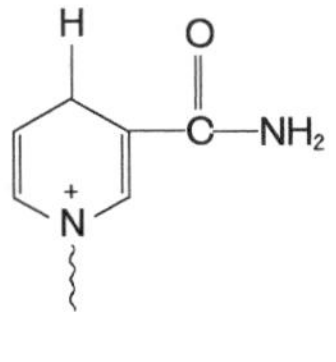　　　　　3.2　NADP$^+$ 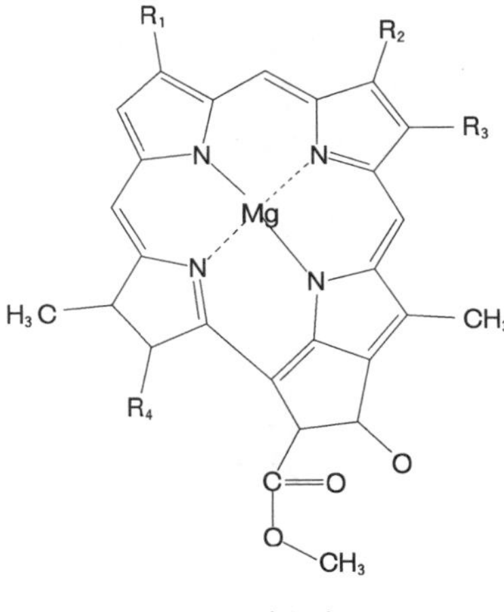　　　　　3.3　叶绿素

叶绿素有 5 种类型，它们的结构差异见表 3.1。

表 3.1　不同类型叶绿素的结构差异。

叶绿素类型	R_1	R_2	R_3	R_4
a	—CH =CH$_2$	—CH$_3$	—CH$_2$CH$_3$	X
b	—CH =CH$_2$	—CHO	—CH$_2$CH$_3$	X
c_1	—CH =CH$_2$	—CH$_3$	—CH$_2$CH$_3$	—CH =CHCOOH
c_2	—CH =CH$_2$	—CH$_3$	—CH =CH$_2$	—CH =CHCOOH
D	—CHO	—CH$_3$	—CH$_2$CH$_3$	X

注： X 的结构为长链，—CH$_2$CH$_2$COOCH$_2$CH =C(CH$_3$)CH$_2$CH$_2$CH$_2$CH(CH$_3$)CH$_2$CH$_2$CH$_2$CH(CH$_3$)CH$_2$CH$_2$CH$_2$C(CH$_3$)$_2$。

其中，叶绿素 a 含量最丰富。叶绿素吸收太阳光的能量，使基态的电子跃迁到激发态，即

$$Chl \longrightarrow Chl^*$$

这个过程将太阳能转变为化学能。处于激发态的电子比处于基态的电子更容易被转化。最终电子传递到 $NADP^+$，将其还原为 NADPH。NADPH 参与二氧化碳转化为葡萄糖的反应。

光合作用的第一个阶段主要涉及光线中的辐射能转化为化学能，并储存在一组被称为"电子载体"的化合物以及三磷酸腺苷（ATP）（3.4）中。

电子载体和 ATP 提供化学能，驱动 CO_2 合成葡萄糖。

ATP 是活细胞捕获、储存和转移其他放热反应所释放的自由能的关键组分。在活细胞的生化过程中，ATP 代表"能量货币"[1]。腺嘌呤二磷酸（ADP）合成 ATP 时，能量"存入银行"，当 ATP 将一个磷酸基团转移到另外一个分子上时，能量被"花费"，ATP 转变为 ADP（3.5）。

ATP 水解为 ADP 时，释放磷酸氢根离子 HPO^{2-} 和自由能。ADP 转化为 ATP，又变为 ADP 的过程对于活细胞非常重要。该反应可以被表述为

$$ATP + H_2O \Longleftrightarrow ADP + HPO_4^{-2} + 自由能$$

通常情况下，反应平衡远利于向右侧发生，ADP 的量是 ATP 的 10^7 倍。捕获自由能会驱动反应左移，并产生 ATP。

ATP 以及 ADP 属于磷酸酐，这类化合物的结构特点如 3.6 所示。

3.4 ATP   3.5 ADP   3.6 磷酸酐

该结构与更为熟悉的羧酸酐（例如试剂乙酸酐）结构类似，羧酸酐容易与醇类反应生成羧酸酯。例如，乙酸酐❶与乙醇反应为

$$CH_3COOCOCH_3 + CH_3CH_2OH \longrightarrow CH_3CH_2OCOCH_3 + CH_3COOH$$

该反应打断酸酐中的 C—O 键。磷酸酐也是以类似的方式反应，一个 P—O 键断裂，生成一个磷酸酯。磷酸酯可以写为 $ROPO_3^{-2}$。如果磷酸酐正好是 ATP，醇为甲醇，则反应可表示为

$$ATP + CH_3OH \longrightarrow ADP + CH_3OPO_3^{-2}$$

处于激发态的叶绿素发生反应，将其非紧密结合的电子转移到电子受体上。电子的这种转移方式是一个还原过程，其中 Chl^* 为还原剂。它触发了一个在黑暗条件下不能发生

---

❶ 原文为乙酸，有误，此处为译者订正。

的氧化还原反应，因为该反应需要光线来激发叶绿素的电子。反应产物可继续向其他能量更低的化合物转移电子。这种电子转移过程的级联之所以能够持续进行是因为沿着电子转移过程的能量载体具有比电子受体更多的能量。这样，电子转移级联进行时能释放能量。

电子的级联转移释放的能量驱动两个独立的，但是相关的过程。首先，它导致 ATP 的合成，在这个反应链中，叶绿素最初失去的电子最终回到相同的叶绿素分子上形成一个循环的电子传递链。其次，释放的能量也导致 NADPH 的合成，水在这个反应链中被氧化，即

$$2H_2O \longrightarrow O_2 + 4H^+ + 4e^-$$

水氧化释放的电子补充了叶绿素失去的电子，该反应生成氧气，这与放射性示踪实验结果是一致的。由于补充叶绿素的电子来源于水，第二个反应序列被称为非环式电子传递链。

综上所述：能量以阳光辐射的方式能进入系统，这些能量被叶绿素吸收后，使之变成激发态。在电子传递链中实现了能量传递，ATP 吸收并储存被释放的能量。非环式电子传递链中，水分子被光解。

3.2 二氧化碳固定

二氧化碳是通过与核酮糖-1,5-二磷酸（RuBP）分子反应实现"固定化"[F]或"固定"的（3.7）。

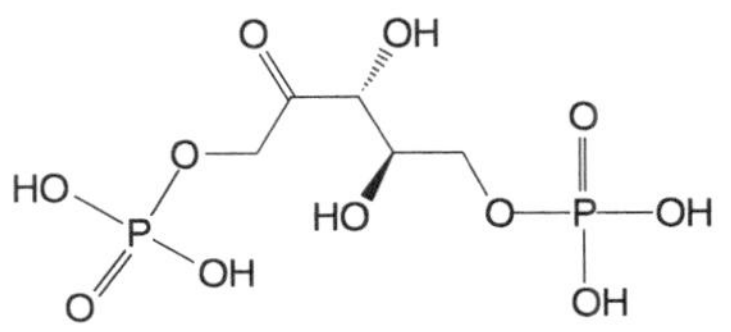

该反应是 CO_2 与 RbBP 羧基碳的酶促反应，即

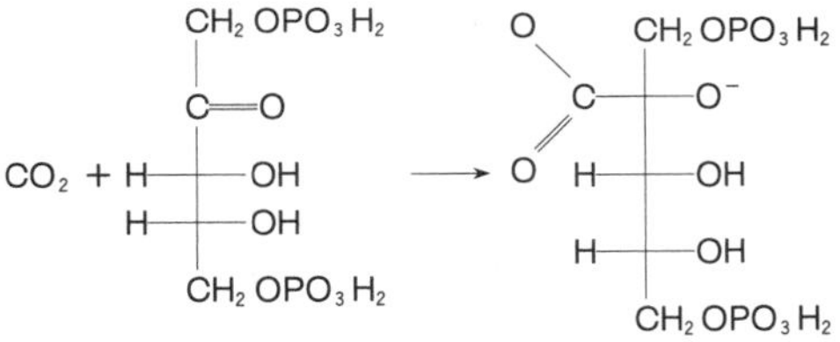

3.7 RuBP

上述结构以及下文中许多反应中的结构被称为费歇尔投影式，为了简单起见，处在"交叉"点的碳原子被省略掉了。这种结构表示方式之所以命名为费歇尔投影式是为了纪念著名的有机化学家埃米尔·费歇尔（图 2.1）[G]。催化该反应的酶，RuBP 羧化酶（也被称为 RUBISCO）有两个特点：第一，它的分子量约为 480000Da，是最大的酶分子之一；第二，RUBISCO 占到叶片总蛋白质的 30%，使之成为自然界含量最丰富的蛋白质。二氧化碳固定后形成的相对不稳定产物很快分解为两个 3-磷酸甘油酸分子，即

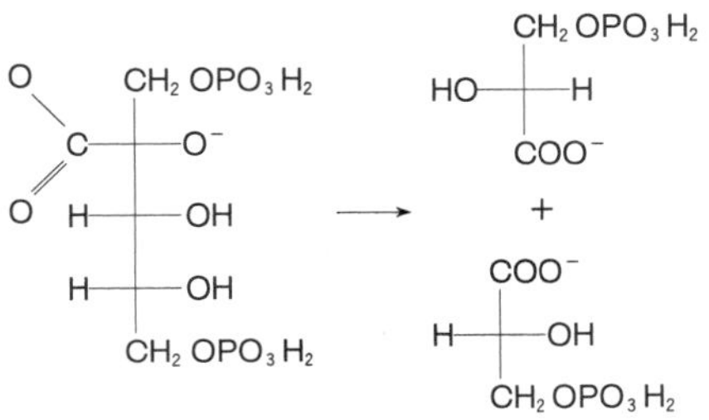

该反应生成的两个分子是相同的，将两个分子写成相互反转的结构是为了说明反应物从中部裂解成两个 3-磷酸甘油酸。通过二氧化碳固定引入的碳原子用粗体表示。3-磷酸甘油酸接着转化为甘油醛-3-磷酸，羧基转化为醛基是一个还原过程，NADPH 是其中的还原剂。

$$
\begin{array}{ccc}
\text{COO}^- & & \text{HC}{=}\text{O} \\
\text{H}{-}\!\!-\!\!{\text{OH}} & \longrightarrow & \text{H}{-}\!\!-\!\!{\text{OH}} \\
\text{H}_2\text{C}{-}\text{OPO}_3\text{H}_2 & & \text{H}_2\text{C}{-}\text{OPO}_3\text{H}_2
\end{array}
$$

3-磷酸甘油酸不仅在光合作用中具有重要作用，在其他反应途径中也很重要（将在第 4 章和第 5 章中讨论）。在光合作用中，甘油醛-3-磷酸同分异构化，形成二羟丙酮磷酸，即

$$
\begin{array}{ccc}
\text{HC}{=}\text{O} & & \text{CH}_2\text{OH} \\
\text{H}{-}\!\!-\!\!{\text{OH}} & \rightleftharpoons & \text{C}{=}\text{O} \\
\text{H}_2\text{C}{-}\text{OPO}_3\text{H}_2 & & \text{H}_2\text{C}{-}\text{OPO}_3\text{H}_2
\end{array}
$$

二羟丙酮磷酸与甘油醛-3-磷酸反应生成果糖-1,6-二磷酸，即

$$
\begin{array}{ccc}
\begin{array}{c}
\text{HC}{=}\text{O} \\
\text{H}{-}\!\!-\!\!{\text{OH}} \\
\text{H}_2\text{C}{-}\text{OPO}_3\text{H}_2 \\
+ \\
\text{CH}_2\text{OH} \\
\text{C}{=}\text{O} \\
\text{H}_2\text{C}{-}\text{OPO}_3\text{H}_2
\end{array}
& \rightleftharpoons &
\begin{array}{c}
\text{CH}_2\text{OPO}_3\text{H}_2 \\
\text{C}{=}\text{O} \\
\text{HO}{-}\!\!-\!\!{\text{H}} \\
\text{H}{-}\!\!-\!\!{\text{OH}} \\
\text{H}{-}\!\!-\!\!{\text{OH}} \\
\text{CH}_2\text{OPO}_3\text{H}_2
\end{array}
\end{array}
$$

果糖-1,6-二磷酸去磷酸化生成果糖。磷酸基的穿梭由 ATP 和 ADP 介导。

$$
\begin{array}{ccc}
\begin{array}{c}
\text{CH}_2\text{OPO}_3\text{H}_2 \\
\text{C}{=}\text{O} \\
\text{HO}{-}\!\!-\!\!{\text{H}} \\
\text{H}{-}\!\!-\!\!{\text{OH}} \\
\text{H}{-}\!\!-\!\!{\text{OH}} \\
\text{CH}_2\text{OPO}_3\text{H}_2
\end{array}
& \longrightarrow &
\begin{array}{c}
\text{CH}_2\text{OH} \\
\text{C}{=}\text{O} \\
\text{HO}{-}\!\!-\!\!{\text{H}} \\
\text{H}{-}\!\!-\!\!{\text{OH}} \\
\text{H}{-}\!\!-\!\!{\text{OH}} \\
\text{CH}_2\text{OH}
\end{array}
\end{array}
$$

果糖存在于许多水果中，这是其常用名"水果糖"的来历。蜂蜜中大部分糖也是果糖。果糖-1,6-二磷酸失去一个磷酸基生成果糖-6-磷酸，即

$$
\begin{array}{ccc}
\begin{array}{c}
\text{CH}_2\text{OPO}_3\text{H}_2 \\
\text{C}{=}\text{O} \\
\text{HO}{-}\!\!-\!\!{\text{H}} \\
\text{H}{-}\!\!-\!\!{\text{OH}} \\
\text{H}{-}\!\!-\!\!{\text{OH}} \\
\text{CH}_2\text{OPO}_3\text{H}_2
\end{array}
& \longrightarrow &
\begin{array}{c}
\text{CH}_2\text{OH} \\
\text{C}{=}\text{O} \\
\text{HO}{-}\!\!-\!\!{\text{H}} \\
\text{H}{-}\!\!-\!\!{\text{OH}} \\
\text{H}{-}\!\!-\!\!{\text{OH}} \\
\text{CH}_2\text{OPO}_3\text{H}_2
\end{array}
\end{array}
$$

这个化合物同分异构化，形成葡萄糖-6-磷酸，即

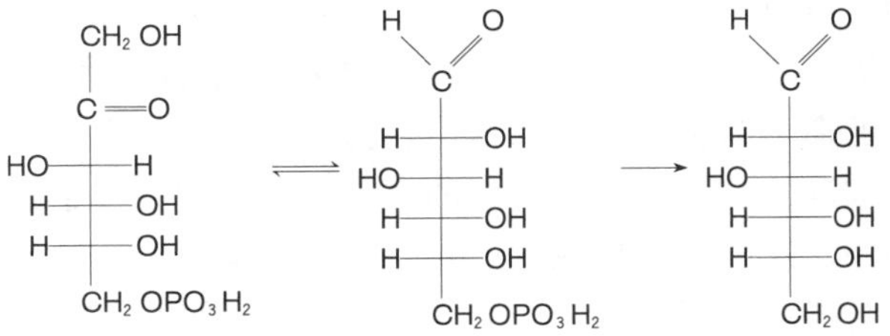

其失去另一个磷酸基得到葡萄糖（3.8）。

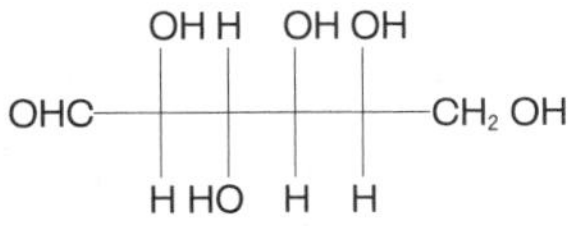

3.8 葡萄糖

3.3 葡萄糖、纤维素和淀粉

糖类，以及本章后半部分将要讨论的淀粉和纤维素都属于广义上的碳水化合物。常用的糖类分类涉及三部分命名：第一个前缀 keto-（酮）或者 aldo-（醛）表示羰基是酮还是醛；第二个前缀表示分子的碳原子数（经常但不总是戊-或己-）；第三个后缀-ose（糖）表示分子是糖。根据这个分类体系，果糖是一个己酮糖，葡萄糖是一个乙醛糖。

活的植物合成的糖类中，最重要的是葡萄糖。葡萄糖含有四个非对称碳原子，因此它具有 16（即 2^4）个同分异构醛酮糖，8 对光学活性对映异构体[H]。葡萄糖是燃料化学中非常重要的 16 种醛酮糖之一。

费歇尔投影式显示葡萄糖具有线性结构。事实上，葡萄糖与其他许多戊糖和己糖一样，存在线性和环式结构的平衡。环式结构来自于典型的醇醛反应。为简单起见，该反应可以用甲醛和甲醇反应来表示，即

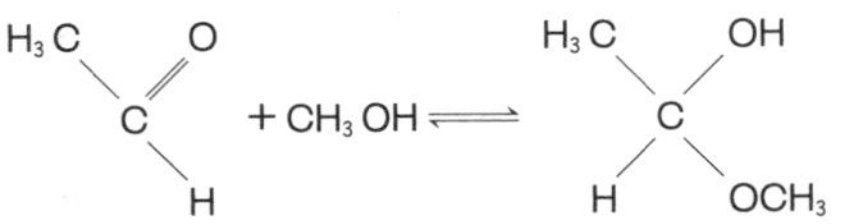

醇醛反应生成半缩醛。虽然葡萄糖是醛，但它也富含醇官能团。因此，葡萄糖与其他己糖和戊糖一样，能够形成分子内半缩醛。当分子内存在着环化形成五元环或六元环的潜力时，需注意到环化可能随时发生。戊糖和己糖不是以费歇尔投影式的线性构型方式存在于活细胞中，而是以环式分子内半缩醛的方式存在的，例如

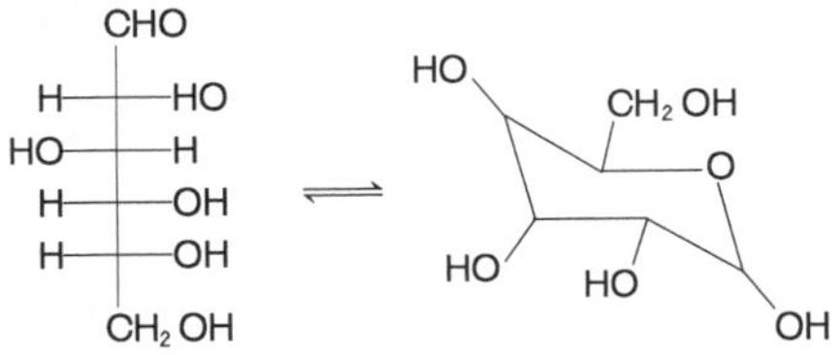

在细胞或溶液中，这个反应平衡远偏向于右边。

这些环式化合物具有自身特殊的命名。如上述吡喃式葡萄糖，具有一个六元环，其中有五个碳原子和一个氧原子，其命名来自于简单的杂环化合物吡喃（3.9）。

葡萄糖环式结构的命名为吡喃式葡萄糖，它指的是一个环形、具有吡喃式结构的葡萄糖。以半缩醛方式形成环式结构时，分子中的第一个羰基碳变成手性的，即连接到该碳原子的四个基团各不相同。这样，就形成了一对非对映立体异构物，被称为首旋异构物或异头物。由此可知，参与半缩醛形成的碳原子为异头碳，可形成两个构型：α型（3.10）和β型（3.11）。如果采用哈沃斯投影式[1]，认为半缩醛是一个平面结构，可容易判别它的 α和 β构型。

在这些结构中，α-异头物中异头碳的羟基位置可认为处在环平面的"下方"，或处在—CH_2OH 基团的反式位置，β-异头物中异头碳处在-CH_2OH 基团的顺式位置。葡萄糖是右旋对映体（即平面偏振光右旋），或"D"型葡萄糖。因此葡萄糖半缩醛的全名为α-D-吡喃葡萄糖或β-D-吡喃葡萄糖。在水相中，α和β吡喃葡萄糖的比例为 36：64。含有四个碳原子和一个氧原子的五元环糖被称为呋喃糖，源自母体化合物呋喃（3.12），即

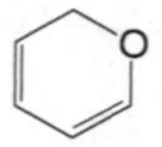

| 3.9 吡喃 | 3.10 α-葡萄糖的构型 | 3.11 β-葡萄糖的构型 | 3.12 呋喃 |

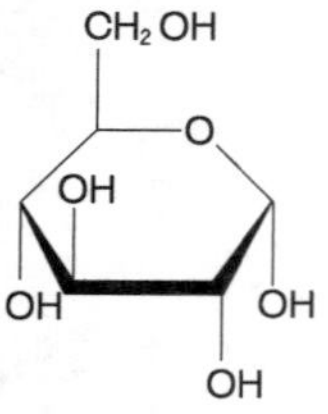

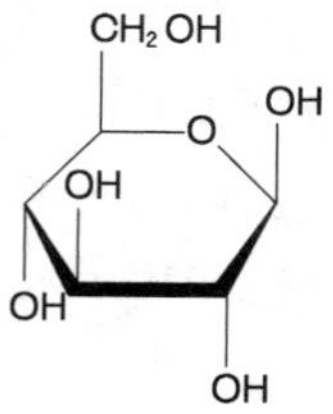

半缩醛的另一个特征反应是其可与另一分子醇发生反应生成缩醛。以乙醛的半缩醛与甲醇为例，即

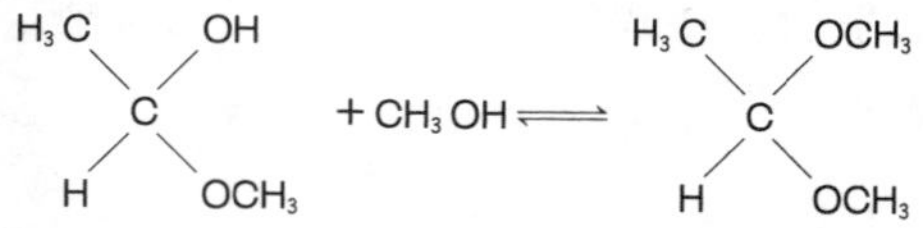

缩醛可以看做一种特殊类型的二醚，其中在同一个碳原子上结合两个醚键。虽然大多数醚（例如乙醚）不易水解，但是许多缩醛很容易发生水解。第 4 章和第 8 章将重新涉及缩醛的水解特性。缩醛的生成可看作是 2mol 醇与羰基化合物的反应。酮也能发生类似的反应，产物为缩酮。缩醛或缩酮形成的重要特点是该过程为两步反应，即醛→半缩醛→缩醛，两个反应都是可逆反应。上述反应能够向两个方向进行，在许多体系中，反应平衡有利于形成游离的羰基化合物。

糖能够以半醛形式参与缩醛合成反应。葡萄糖能够与甲醇反应形成缩醛，即

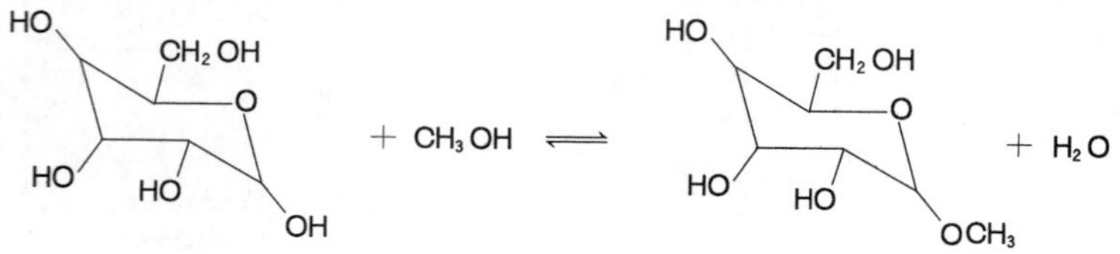

糖的缩醛称为糖苷，例如葡萄糖的缩醛是葡萄糖苷，产物中甲基 α-D-吡喃葡萄糖苷约为 65%，甲基 β-D-吡喃葡萄糖苷约为 35%。

含有醇基团的糖分子形成缩醛时，一个糖分子的半缩醛基团与另一分子的羟基反应，例如

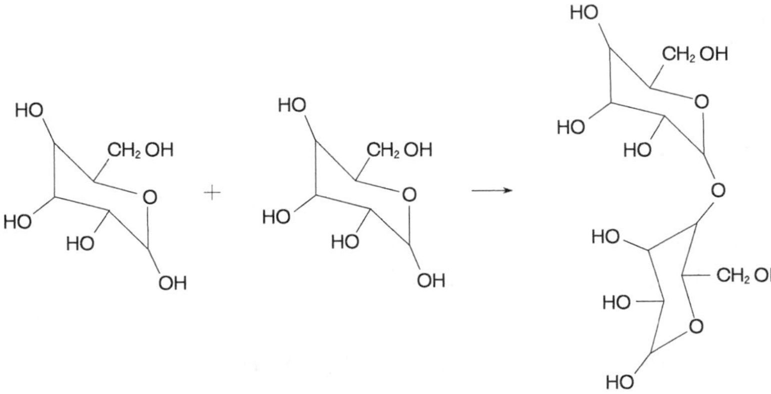

在糖分子半缩醛位点形成缩醛的新的醚键称为糖苷键，两个单糖通过糖苷键形成二糖。理论上讲，糖分子的任何一个羟基都能够与另一个分子的半缩醛碳进行反应。尤其重要的反应是异头碳 C_1 和另一糖分子的 C_4—OH 形成的糖苷键，该糖苷键称为 $1,4'$ 键。糖苷键的异头碳分为 α 和 β 构型，相应的糖苷键分别为 $1,4'$-α 糖苷键和 $1,4'$-β 糖苷键。

上述例子中的单糖为同一种糖。事实上，形成糖苷键的单糖可以是不同糖的分子，例如，葡萄糖和果糖形成常见的二糖蔗糖，它也称为食用糖，即蔗糖（3.13），是一种 $1,2'$-糖苷。

此外，自然界中存在着一大类糖苷，其中一种组分是单糖。例如天然化合物熊果苷（3.14）[1]是葡萄糖和氢醌形成的糖苷，即

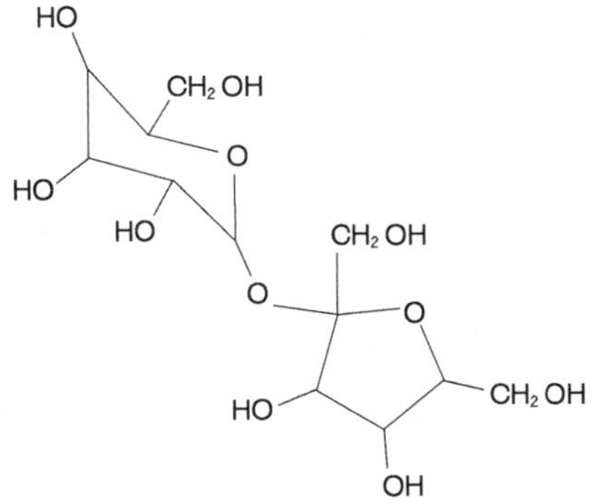

3.13　蔗糖

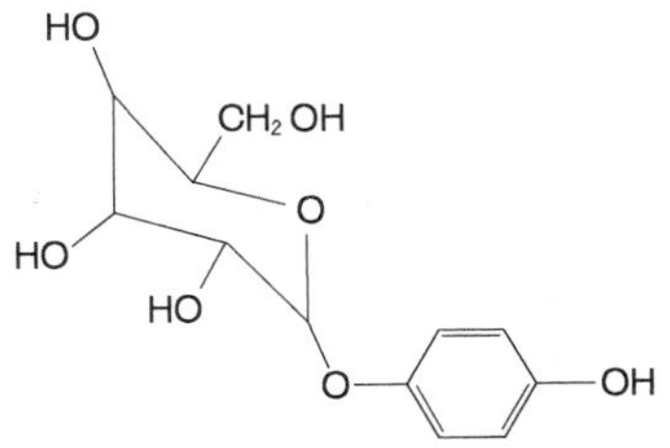

3.14　熊果苷

二糖也具有半缩醛位点和丰富的羟基，二糖继续反应能够形成三糖，依此类推，可以形成分子量很大的多糖。基于葡萄糖的两个尤其重要多糖是纤维素（3.15）和直链淀粉（3.16）。

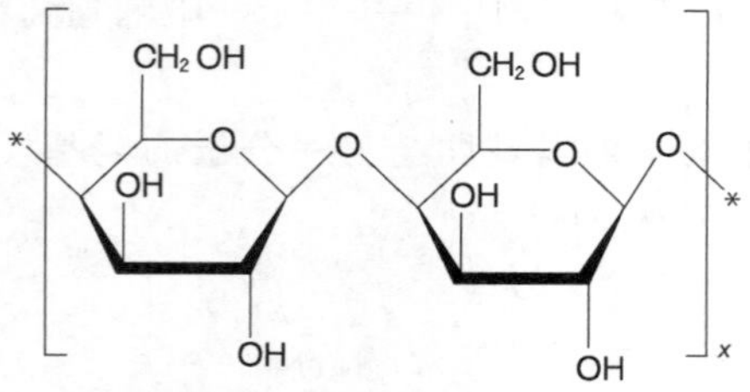

3.15 纤维素

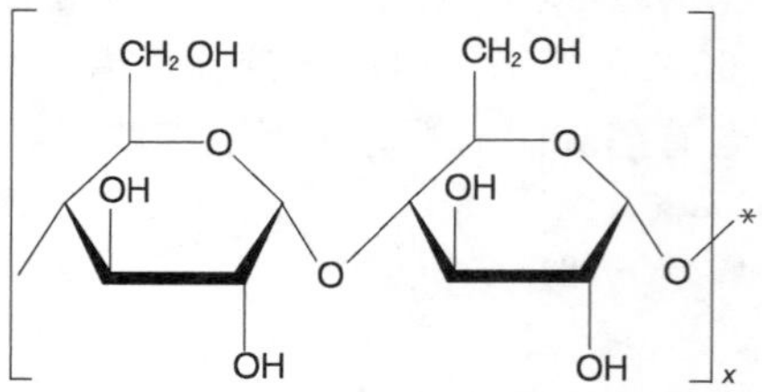

3.16 直链淀粉

纤维素和淀粉结构非常类似，但存在本质差异。两种多糖均含有单糖葡萄糖，组成单体完全相同。二者之间存在只有一个看似很小的或微不足道的区别，但是会造成显著的影响，即葡萄糖单体之间的糖苷键立体化学构型不同。纤维素和淀粉之间的这种结构差异表明了立体化学的重要性。人类的糖苷酶能够水解淀粉缩醛键，但是不能切断纤维素的缩醛键，这样我们可以消化淀粉类食物，例如马铃薯，但是不能消化木材。我们可以代谢淀粉而非纤维素的能力，不仅对人类农业和营养造成巨大影响，对生物燃料工业的发展也很重要，这一点将在第 4 章详细讨论。

作为一种结构组分，植物合成的纤维素可以增加植物体的强度和刚度。纤维素是自然界含量最丰富的有机化合物，是葡萄糖单体通过 $1,4'-\beta$-糖苷键连接而成。植物强度和刚度部分归因于纤维素链间形成氢键的能力。一组纤维素分子如此组合可形成微纤维，微纤维一般长几微米，中心为完美的晶体结构。典型的纤维素分子可能具有约 8000 个葡萄糖单体。

植物合成淀粉是为了储存能量，供以后需要生化能源时使用。淀粉具有稍微更为复杂的结构，淀粉（3.16）结构是淀粉的一种组分（直链淀粉），通过 $1,4'-\alpha$-糖苷键连接，直链淀粉含有约 1000 个葡萄糖单体，具有螺旋结构，每个螺旋由 6 个葡萄糖单体组成。支链淀粉也是葡萄糖单体通过 $1,4'-\alpha$-糖苷键组成的，它的分支点含有 $1,6'-\alpha$-糖苷键，使之形成分枝状结构。支链淀粉❶含有约 50000 个葡萄糖单体。不同植物物种淀粉中直链淀粉和支链淀粉的比例不同，例如马铃薯淀粉含有约 80% 的支链淀粉。

注释

[A] 事实上，在第 1 章中也介绍过看似简单的甲烷燃烧，甲烷完全燃烧的机制可能涉及几百个基元反应。

[B] 很明显，诺贝尔奖委员会没有咨询过卡尔文的高中物理教师，他曾告诉卡尔文，由于他太冲动，不可能成为一个成功的科学家。尽管出于经济原因，不得不抽出时间兼职于底特律的一个铜厂，他于 1931 年获得密歇根矿业技术学院的首个化学专业学位，1935 年他获明尼苏达大学博士学位。20 世纪 70 年代石油短缺时，卡尔文热衷于开发大戟属植物的汁液作为生物燃料资源。地鼠植物（Euphorbia lathyrus）和白乳木（Euphorbia tirucalli，绿玉树）合成的汁液是石油样的烃乳液。分离和利用这些汁液中的有机成分，可以

---

❶ 原文为淀粉酶，有误，此处为作者订正。

生产液体烃类物质。不幸的是，每公顷土地只能产出约 $10m^3$ 的液体，这意味着要满足美国每日炼油厂所需原料则需要 $2.4×10^5 hm^2$ 土地。

[C] 这个发现也是一件幸运的事，因为 O_2^* 可能来自于 CO_2^* 和 H_2O^*，并且/或者 O^* 可能出现在 O_2 和葡萄糖中。上述的任一种情况将会使揭示光合作用化学本质的研究变得更加复杂。

[D] 在这个过程中，氢从 NADPH 转移到 3-磷酸甘油酸：$(C_3H_5O_4)PO_3H_2+2NADPH \longrightarrow (C_3H_7O_4)PO_3H_2+2NADP$。产物分解为甘油-3-磷酸：$(C_3H_7O_4)PO_3H_2 \longrightarrow (C_3H_5O_3)PO_3H_2+H_2O$。该反应生成 6 分子 3-磷酸甘油酸和 6 分子水。

[E] 磷在燃料化学中并没有重要的实质性作用。但是，从植物生物化学中 ATP 的核心作用来说，磷在植物生长中扮演重要角色。可以通过草坪和花园肥料的实验证实磷的作用。测定肥料质量的一个重要指标就是测定磷含量。

[F] 术语"固定化"是指消除一种物质的挥发性，也就是说，将气体或易挥发液体转化为固体或不挥发液体。这种说法来源于 14 世纪末的炼金术士。这个术语可能是由炼金术士约翰·高尔创造的，他与乔叟同时代，他对乔叟的《坎特伯雷故事集》(*The Canterbury Tales*) 之《卡农和约曼的故事》(*The Canon's Yeoman's Tale*)这部著作具有重要影响，该书中是关于炼金术的专著。

[G] 埃米尔·费歇尔 (1852—1919，1902 年获得诺贝尔奖)，具有辉煌的有机化学职业生涯。除糖研究的杰出成就之外，他还为蛋白质 (第 2 章注释 [E])、嘌呤、咖啡因和染料化学做出了巨大贡献。他的父亲是一位成功商人，觉得费歇尔在商业方面不开窍，让他投身大学的科学研究。

[H] 虽然未来可能会重视生物燃料和生物加工 (例如酶催化)，但是在该燃料化学书中很少涉及光学活性和立体化学的主题。现在有大量关于有机化学方面的导论书籍，例如后面将要提及的琼斯和麦克默里的著作，这些书中至少有一章专门讨论光学活性和立体化学。

[I] 诺曼·哈沃思 (1883—1950，1937 年获得诺贝尔奖) 最初计划跟随父亲从商，从事油毡的设计和制造。该业务中对染料的兴趣引导他走向有机化学，并最终获得诺贝尔奖。除糖化学的杰出研究成果外，他还在抗坏血酸 (维生素 C) 的率先合成方面取得突破，促进了该重要化合物的低成本商业化生产。

[J] 熊果苷见于天然的蔓越莓和蓝莓，有时用作利尿剂。糖苷是一大类化合物，具有许多有趣的、有用的或危险的特性。强心剂糖苷，例如毛地黄皂苷能够促进心肌收缩。氰苷含有氰基，水解时释放氢氰酸 HCN，许多植物能利用 HCN 而无负面影响。但是对人而言，HCN 是致死剂。

参考文献

[1] McMurry, J. *Organic Chemistry*. Brooks/Cole：Belmont, CA, 2004；p. 1096.

推荐阅读

Abeles, Robert H., Frey, Perry A., and Jencks, William P. *Biochemistry*. Jones and Bartlett：Boston,

1992. Chapter 23 discusses the biochemistry of photosynthesis.

Goodwin, T. W. and Mercer, E. I. *Introduction to Plant Biochemistry*. Pergamon Press: Oxford, 1983. Chapter 5 presents the biochemistry of photosynthesis in very great detail. A very useful source for readers wishing to go beyond the level of information presented here.

Jones, Maitland. *Organic Chemistry*. Norton: New York, 1997. Chapter 24 of this excellent introductory text on organic chemistry discusses carbohydrates, and has a particularly detailed discussion of Fischer's heroic determination of the structure of glucose.

Kramer, Paul J. and Kozlowski, Theodore T. *Physiology of Woody Plants*. Academic Press: Orlando, 1979. Chapter 5 discusses, among other things, how environmental factors, such as light intensity, shading, and temperature, affect photosynthesis.

Mauseth, James D. *Botany*. Jones and Bartlett: Boston, 1998. Chapter 10 discusses photosynthesis, with information on how and where the process occurs in cellular structures within plants.

McMurry, John. *Organic Chemistry*. Brooks/Cole: Pacific Grove, CA, 2000. Another excellent introductory text on organic chemistry, with useful additional information on stereochemistry, optical isomerism, and carbohydrate chemistry.

Morton, Oliver. *Eating the Sun*. HarperCollins: New York, 2008. Subtitled "how plants power the planet," this book is devoted to explaining photosynthesis at an introductory level. A good introduction to the topic.

Purves, William K., Sadava, David, Orians, Gordon H., and Heller, H. Craig. *Life: The Science of Biology*. Sinauer Associates: Sunderland, MA, 2001. Chapter 8 of this text provides a good discussion of photosynthesis.

Smil, Vaclav. *Energy in Nature and Society*. MIT Press: Cambridge, MA, 2008. Chapter 3 discusses photosynthesis largely from the perspective of energy production and energy flows.

第 4 章　乙　　　醇

4.1　发酵化学

发酵是人类有意识开发的第一个或第二个化学过程。另一个则是燃烧过程，即火的可控利用。糖类，特别是葡萄糖，通过发酵能产生乙醇。乙醇可能是大规模合成的第一个有机化合物。乙醇在燃料化学中的重要性在于它是一种可用于交通运输的液体燃料，可以与汽油混合或替代汽油使用。

发酵的第一个环节是酶促水解多糖生产葡萄糖，淀粉比纤维素更容易水解，因此，淀粉是目前乙醇生产的优先原料。如第 3 章所述，人类能够消化淀粉，而不能消化纤维素。因此，将大量的淀粉用于生产乙醇可能会产生显著影响。葡萄糖在酶促反应中被 ATP 磷酸化，产生 α -葡萄糖- 6 -磷酸，即

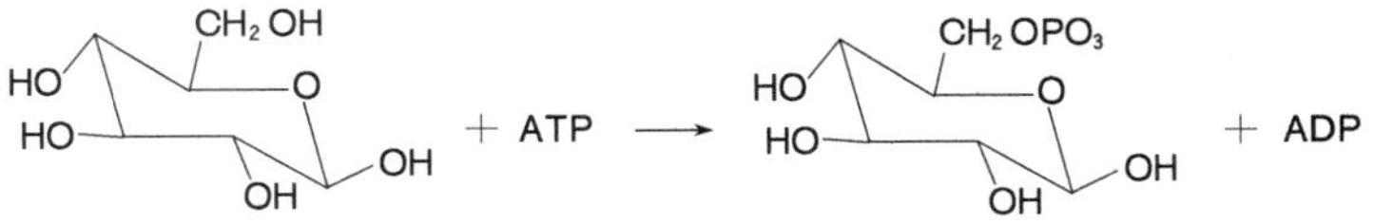

在许多生化过程中，一个热力学上不利的反应只要与至少一个另外的热力学上有利的反应耦合，使得两个（或多个）反应总的净 ΔG 为负，该反应则能够进行持续进行。葡萄糖与 $HOPO_3^{-2}$ 反应本身在热力学上不利的，但是葡萄糖与 ATP 反应形成 α -葡萄糖- 6 -磷酸和 ADP 的净 ΔG 为负。ATP 在生化过程中的作用及其重要性在于它能够驱动那些热力学上不利的反应，例如葡萄糖的磷酸化。

α -葡萄糖- 6 -磷酸异构为果糖- 6 -磷酸，从醛糖转变为酮糖。异构化通过酮-烯醇互变异构进行，在第 3 章中提到过该异构化的逆反应。α -葡萄糖- 6 -磷酸异构为果糖- 6 -磷酸，反应过程为

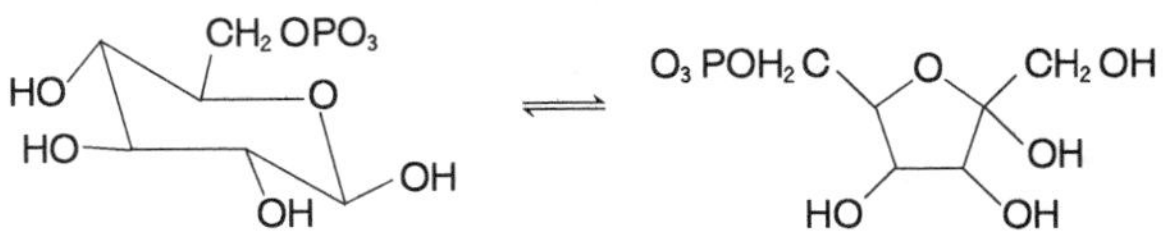

磷酸果糖激酶催化第二个磷酸化，再次利用 ATP，将果糖- 6 -磷酸转化为 1,6 -二磷酸果糖，即

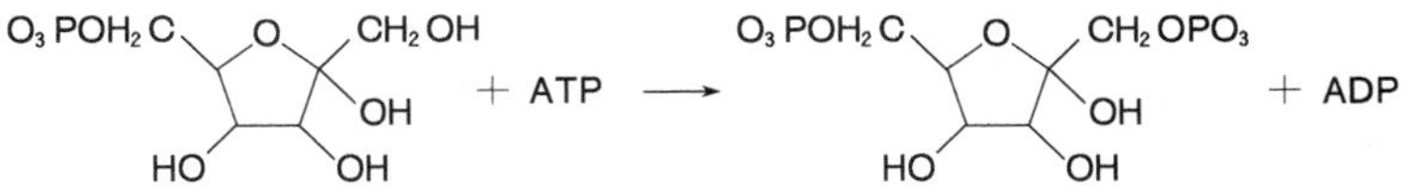

1,6-二磷酸果糖裂解为两分子甘油醛-3-磷酸，其中一分子甘油醛-3-磷酸异构为磷酸二羟丙酮。因此，化学反应为

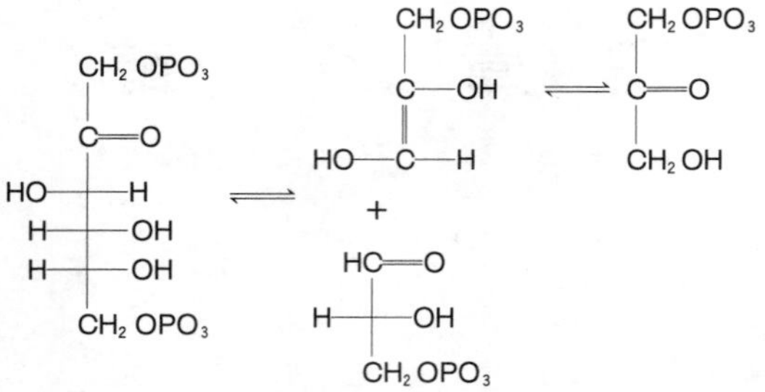

这些反应在第3章中已提到，此处他们是可逆反应。磷酸二羟丙酮通过酶促酮-烯醇互变异构，转化为另一分子甘油醛-3-磷酸。

甘油醛-3-磷酸从醛氧化为酸，磷酸化合成1,3-二磷酸甘油酸，即

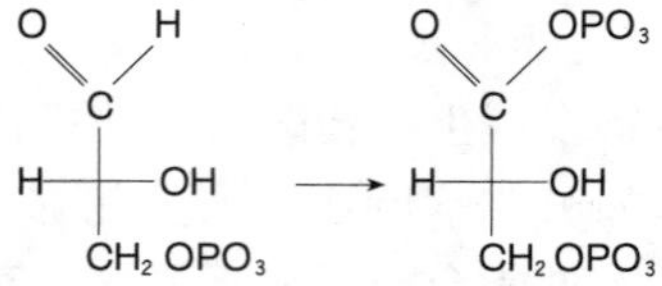

这个过程涉及辅酶烟酰胺腺嘌呤二核苷酸 NAD^+ （4.1），即

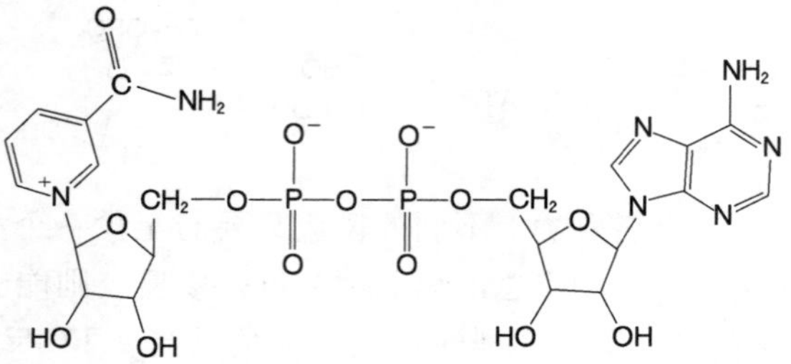

4.1 NAD^+

和 $HOPO_3^{-2}$ 离子[A]。NAD^+ 是生化系统的电子载体，其是氧化剂，即电子受体，它的还原态为能够提供电子的 NADH。1,3-二磷酸甘油酸将磷酸转移到 ADP，使 ATP 再生，即

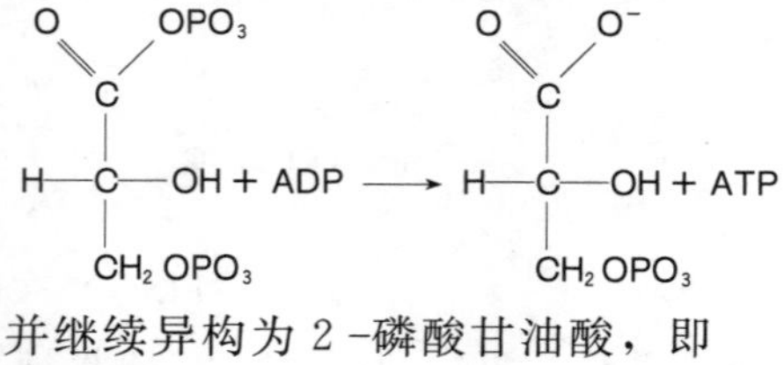

形成3-磷酸甘油酸，并继续异构为2-磷酸甘油酸，即

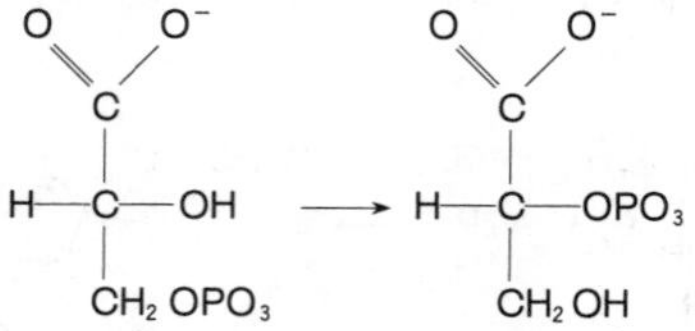

28

用蒸汽加热"浆料"能水解并释放出糖。通过与麦芽一起添加酶，能促进淀粉的酶水解[F]。温度和酶都会影响淀粉水解为葡萄糖的效率。

得到的液体送入发酵反应器，酵母产生酶可催化发酵反应进行[G]。批次发酵的典型条件为 $27\sim32℃$，pH 值 $3\sim5$，发酵时间 $48\sim72h$，总的反应式可以写作

$$C_6H_{12}O_6 \longrightarrow 2CH_3CH_2OH + 2CO_2$$

这是一个放热反应，在标准条件下的 ΔH 为 $-68.9kJ/mol$ 葡萄糖。乙醇的质量得率为 $90\%\sim95\%$，乙醇燃烧释放的热量占所消耗葡萄糖热量的 98%（从另一个角度说明，酵母在葡萄糖转化为乙醇的过程中获得极少的能量）。

随着发酵持续进行，乙醇浓度能达到 $8\%\sim12\%$。一些影响因素的累积效应使得酵母受到破坏而反应停止，例如温度升高、乙醇浓度增加和副产物形成导致的 pH 值降低等。乙醇发酵能在大规模反应器中进行，有些反应器能达到 10^6L。反应器中细胞浓度随时间变化如图 4.2 所示。

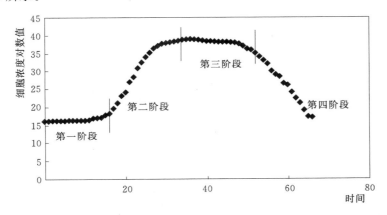

图 4.2　为生物反应器中四个细胞生长阶段的细胞浓度与时间关系。第一阶段为迟滞期，
第二阶段为对数期，第三阶段为稳定期，第四阶段为衰亡期。

图 4.2 反映了一个常见的批次反应器的情况，在此没有标明其详细特征及坐标轴刻度。根据曲线特点，可以将发酵过程分为四个阶段：第一阶段为迟滞期，细胞逐渐适应发酵系统并准备开始它们的生化工作；第二阶段为对数期，新细胞的生长速率与细胞浓度存在比例关系；第三阶段为稳定期，细胞生长速率为零，系统存在一个或多个限制，例如，缺乏必须营养物；第四阶段为衰亡期，毒性反应产物积累使得细胞浓度逐渐减少，这种现象尤见于乙醇发酵，因为乙醇浓度最终会达到酵母细胞的致死浓度。

对于一个有产物限制细胞生长的发酵系统，速率常数可以表述为

$$k = (1 - C_p/C_p^*)^n$$

式中：n 为经验常数，葡萄糖发酵为乙醇的经验常数为 0.5；C_p^* 为代谢终止时的产物浓度，$93g/dm^{3[1]}$。

从发酵罐排出的液体称为发酵液或醪液，要生产燃料级的乙醇，发酵液需要进行一系列的蒸馏处理，如图 4.3 所示。首次蒸馏的塔顶产品含 55% 乙醇，该产品也被称为高度酒[H]，随后进入二级蒸馏塔，获得含 95% 乙醇的产品。由于乙醇与水会形成 $95:5$ 的共

沸物，因此，发酵液简单蒸馏获得的乙醇最高浓度为95％（共沸物是两种或更多液体的混合物，具有恒定的沸点，即通过蒸馏不能改变其组成）。在二级蒸馏过程可以去除有些副产物，特别是醛、乙酸、乳酸、丁二酸和其他醇类[1]。醇混合物中含有丙醇、2-甲基-1-丙醇（异丁醇）、2-甲基-1-丁醇（有时候也被称为活性伯戊醇）和3-甲基-1-丁醇（异戊醇）。蒸馏塔塔底部产品杂醇油是一种具有难闻气味的油样液体[2]。获得100％乙醇的最终产品无水乙醇需要在三级蒸馏塔内"打破"95∶5的乙醇水共沸物。通过加入第三个组分，例如苯或环己烷，建立一个三元共沸物可实现上述目标。例如，在95％的乙醇中加入苯获得水—乙醇—苯共沸物，蒸馏后可获得无水乙醇。

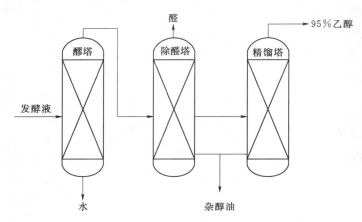

图4.3　从发酵液中获得95％乙醇的蒸馏工艺流程。

　　燃料工程面临的巨大挑战是找到其他低能耗的分离方法来取代高耗能的蒸馏过程，这可能对乙醇生产的能量平衡产生显著影响。多级蒸馏能量消耗大，会降低净能量平衡，即乙醇含有的能量与生产过程投入能量之比。采用较少的蒸馏环节，提高无水乙醇产率的分离技术能有效促进乙醇生产。其中一种新的分离技术是采用合成沸石的分子筛脱水技术。沸石含有天然晶体铝硅酸盐，具有特别的孔结构，在第14章将讨论它们其用作非均相催化剂。合成沸石的优点在于合成过程中可进行孔径大小的控制，基于孔径大小和形状可实现分离分子。利用0.3nm孔径的合成沸石能够对95％乙醇进行脱水。在这个尺度上，直径0.28nm的水分子能够通过分子筛，但是0.44nm的乙醇分子不能通过。采用双组分中一种分子具有选择透过性的膜也是实现乙醇低能耗分离的途径之一。

　　从图4.1可知，如果乙醇生产过程中的起始物料中含有单糖和二糖，能够显著简化"前端"工艺。潜在的发酵原料包括黑糖和高糖蜜。

4.3　乙醇作为发动机燃料

　　近年来乙醇被推荐用于汽油替代燃料[3]，或者汽油添加剂，而事实上乙醇在过去也曾不时用于此用途。汽油中添加乙醇不仅能提高汽油的供应量，也能改善汽油特性。在第一种情况下，无水乙醇或95∶5乙醇水共沸物可用于汽油替代燃料。在汽油中添加乙醇时，常用一个符号，例如E10来描述其为混合燃料，E表示混合燃料中含有乙醇，数字表示燃料中乙醇的百分含量。以 E10 为例，表明汽油中含有 10％的乙醇，纯乙醇可表示为 E100。

汽油是十分重要的汽车燃料，全球年消费量达到 $1.2 \times 10^9 m^3$[3]。第 12 章和第 14 章将讨论汽油的生产及其特性，本章也涉及汽油的部分特性，但是不进行详述。表 4.1 对比了 E100 和汽油的重要特性。

表 4.1　纯乙醇（E100）与汽油的部分特性对比[4]。

	乙醇	汽油
密度（20℃）(g/cm³)	0.789	0.69～0.80
常压沸点（℃）	78.5	27～225
潜热（20℃）(MJ/L)	0.662	0.251
闪点（℃）	12.8	−43～−39
自燃点（℃）	423	495
可燃性极限，空气中体积百分比	4.3～19	1.4～76
低热值（20℃）(MJ/L)	21.09	32.16
空气/燃料体积比化学计量	14.32	55
水溶性，20℃重量百分比	无限互溶	0.009
研究法辛烷值	111	88～98
蒸汽压（38℃）(kPa)	16	42～103

辛烷值是衡量燃料在气缸内抗爆震燃烧能力的一种数字指标，爆震燃烧是指正常燃烧火焰前端外部未燃烧的燃料—空气混合物的爆燃（第 14 章中详述）。乙醇的辛烷值约为 111，比大多数商业级的车用汽油（辛烷值 87～94）都高。乙醇能用于高压缩比发动机，其具有更高的热效率，即在发动机内将燃料空气混合物的化学能转化为机械能的效率更高。乙醇的一个特殊用途是作为赛车燃油，美国印地赛车赞助美国印地赛车联盟（Indy Racing Leaque）每年赞助的印第安纳波利斯 500 比赛，就是以乙醇为燃料。此外，乙醇也可以添加到低辛烷汽油，增加汽油的辛烷值。

含氧化合物的燃烧热比相应的烃类分子的低。汽油/乙醇混合物燃烧释放的能量低于相同体积汽油释放的能量，这种差异对车辆的燃料经济性具有负面影响。否则，汽油乙醇混合物具有优良的性能。表 4.2 总结了添加乙醇对受爆震限制的压缩比和热效率的影响。受爆震限制的压缩比采用实验室发动机测试，测试发动机具有不同的压缩比，以特定的燃料混合物进行试验，逐步增加压缩比直至达到起爆点。

表 4.2　汽油中添加乙醇对受爆震限制的压缩比和热效率的影响[5]。

乙醇（％）	受爆震限制的压缩比	热效率
0	6	0.32
10	6.2	0.33
25	8	0.36
50	10	0.38
100	＞10	0.38

对于大多数车辆而言，是油箱体积，而非燃料的质量限制车辆的燃料携带量。在实际应用中，体积能量密度，即单位体积的燃烧热，比质量能量密度更能提供车辆在两次补充燃料之间的里程信息。乙醇的体积能量密度约为汽油的 66%（表 4.1）。假定采用相同的车辆和驾驶环境，驾驶员使用乙醇的燃料经济性约为汽油的三分之二（L/km）。

体积能量密度涉及两个参数：单位质量燃烧热和密度。乙醇与汽油相比，最大的差异是燃烧热。比较丙烷和乙醇这两个相似的分子，能够解释差异的来源。两者都含有三个原子的"骨架"，分子量相当，分别为 44Da 和 46Da，但是，它们的燃烧焓差异显著，丙烷为 2043kJ/mol，乙醇为 1235kJ/mol。从化学概念上讲，乙醇分子可以看成是丙烷分子的 CH_2 基团被氧原子取代的衍生物，即

$$CH_3CH_2CH_3 + 2O_2 \longrightarrow CH_3CH_2OH + CO_2 + H_2O$$

燃烧焓降低是因为乙醇已经被部分氧化，而部分氧化本身是放热过程，该反应的焓为 −808kJ/mol。该反应的焓对乙醇燃烧焓没有贡献，由于该焓已经被释放，因此不可再利用[K]。

纯乙醇比汽油的蒸汽压低（由于蒸汽压受温度影响，因此蒸汽压的定量比较需基于相同温度下才有意义）。继续比较乙醇和丙烷有助于理解乙醇的蒸汽压参数。如果影响蒸汽压的唯一因素为一个分子脱离液相进入气相所需的动能，那么可以合理地预测这两种物质的沸点只差几摄氏度，毕竟它们的分子量相似。实际上，丙烷和乙醇的沸点却相差 120℃，分别为 −42℃ 和 78℃。

丙烷没有永久偶极矩，碳原子和氢原子的电负性相当［在鲍林标度上分别为（2.5）和（2.1）］，因此 C—C 键和 C—H 键基本共用电子。维持丙烷液相状态的作用力很弱，这些作用力包括诱导偶极矩、范德瓦尔斯力或色散力（第 9 章）。需要很少的能量，一般约为 0.1～5kJ/mol 就能打破这些作用力，并将丙烷分子从液相"踢"到气相。相反的，氧和氢原子电负性的巨大差异［(3.5) 对 (2.1)］导致键的极化（4.2）。

乙醇分子内键的极化提供了永久偶极矩，使乙醇分子之间存在显著的静电相互作用。对于乙醇和许多其他含有极化键的分子，分子间也存在氢键相互作用，例如（4.3）中的虚线。这些极化键是由氢原子与氧原子、氮原子或卤素原子形成的。

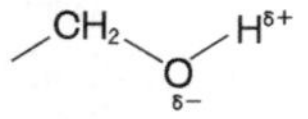

4.2　乙醇中 OH 键的极化 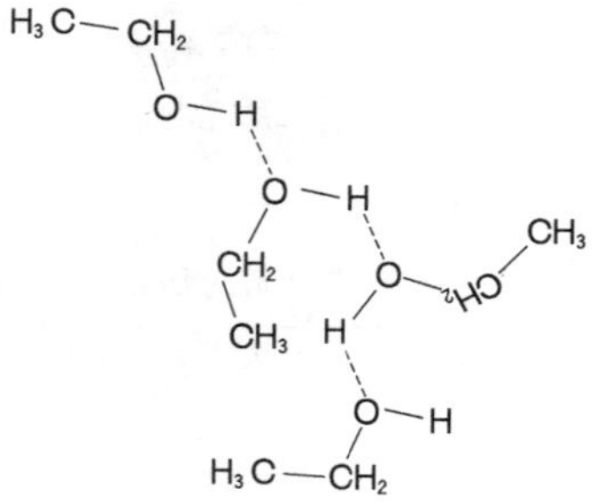　　　4.3　乙醇分子间的氢键

氢键比烃分子间的范德瓦尔斯力具有更强的相互作用，但是比共价键要弱。典型氢键的键能为 4～50kJ/mol，而共价键键能每摩尔高达几百千焦。打破氢键所需的额外能量造

成乙醇的沸点比丙烷高很多[L]。

雷德蒸汽压（RVP）经常用来表示汽油和相关燃料的蒸汽压，是指在38℃，密闭容器内蒸汽与液体体积比为4：1时的蒸汽压。汽油的典型RVP为70kPa，而乙醇为16kPa。蒸汽压与发动机或车辆性能的两种情况有关。在炎热的夏天，高挥发性（即高蒸汽压）的燃料在进入发动机之前可能已经蒸发。这将引起一系列问题：首先是发动机燃油泵运行紊乱，导致燃油喷射器压力降低；接着是发动机熄火，该状态被称为气阻。只有管路中气体冷却并冷凝为液体后，发动机才能重新启动。因此气阻会造成发动机重启困难。在寒冷的冬天，燃油必须具有足够的挥发性，至少在喷射到发动机气缸时能够部分蒸发，使得发动机在低温下能够"点火"。对于这种冷启动而言，需要燃油具有高蒸汽压。可以合理预测，使用乙醇的车辆遇到气阻问题的情况较少，但是冷启动性能比使用汽油时差。

一种有讽刺意味考虑是将汽油掺入乙醇，以改善乙醇的冷启动行为。

对于乙醇汽油混合燃料而言，添加乙醇能够增加蒸汽压。这看起来似乎与直觉不相符，但事实如此，这是因为乙醇能够与汽油的许多组分形成共沸物。这主要是由于氢键的存在，乙醇分子之间的相互作用比乙醇与任何烃分子之间的相互作用都要强。因此，汽油乙醇混合燃料的冷启动性能更佳，但也存在着潜在的气阻问题。

在汽油发动机燃烧中，有三种不良产物，即一氧化碳、氮氧化物混合物NO_x，以及被称为未燃尽烃类的未反应或部分反应的燃料分子混合物。如果不对尾气进行催化转化等有效控制，这些尾气可能被排放到大气中。在太阳光照射下，这些污染物相互作用，造成光化学烟雾污染，通常简称为"烟雾"。乙醇燃料发动机排放的一氧化碳、NO_x和未燃尽较少。乙醇中的氧原子能改变燃烧化学计量。例如，以辛烷的完全燃烧代表汽油燃烧，即

$$C_8H_{18}+12\frac{1}{2}O_2 \longrightarrow 8CO_2+9H_2O$$

每个碳原子需要1.56mol氧气。乙醇的完全燃烧为

$$C_2H_5OH+3O_2 \longrightarrow 2CO_2+3H_2O$$

每个碳原子需要1.50mol氧气。用发动机燃烧术语来讲，乙醇为稀薄燃烧，即乙醇比汽油的空气燃料比高。稀薄燃烧有利于完全燃烧，有助于降低CO排放。由于燃烧温度更低，它也有助于降低NO_x排放。乙醇的汽化潜热比汽油高（表4.1），火焰温度低，NO_x排放少。乙醇较低的蒸汽压意味着较少的蒸发损失和较低的未燃尽烃类排放。

汽油与水不混溶，汽油在水中的溶解度仅为0.009%（表4.1）。如果汽油被水污染，在油箱、加油站油罐和燃料运输车储罐底部会形成"底层水"。可以用简单的物理相分离工艺解决这个问题，回收大部分或所有的汽油。相比而言，乙醇与水能无限互溶。如果乙醇汽油混合燃料与"底层水"接触，乙醇将扩散到水中。这将造成许多问题：降低混合燃料的辛烷值；燃料系统的乙醇等损失；乙醇或其他可溶性有机化合物引起的水污染。如果纯乙醇、E95或E100被稀释后，可能对燃料特性造成潜在的负面影响。因此，必须尽可能保持乙醇、乙醇混合燃料体系的无水状态。

在巴西早期的乙醇项目期间，乙醇曾造成燃料系统和发动机部件的腐蚀。现在看起来这个已不再是问题，人们可以通过选择合适的材料来解决。烃类和乙醇的分子极性和形成氢键能力差异较大，乙醇可造成聚合物的软化、膨胀，甚至溶解，但是烃类对聚合物没有影响。这引起人们担心发动机和燃油系统密封问题。20世纪70年代美国乙醇汽油（E10）

项目期间，有些汽车制造商宣称如果车主使用乙醇汽油将导致车辆保修失效。选择合适的材料能缓解这个问题。

关于储存问题，有些汽油能形成胶和大分子量的不可溶非特定结构物质。烯烃和二烯烃的双键发生反应，寡聚化形成胶，它会堵塞燃油过滤器和喷射器。乙醇中没有烯烃和二烯烃，因此不存在生成胶的问题。乙醇汽油中胶的形成减少了，这主要是通过稀释效应降低了烯烃浓度。

对乙醇而言，除冷启动之外，不存在低温运行问题，也不存在黏度或直接凝固问题。乙醇凝固点为$-117℃$，很明显在实际驾驶温度下，没有燃料凝固的风险。

4.4　影响燃料乙醇大规模生产的因素

任何一个国家要大规模开发并接受燃料乙醇项目，必须先解决一些关键问题，包括能量平衡、CO_2中性、土地和水资源可及性，以及食品与燃料之争。

能量平衡问题主要集中在最初生产乙醇所需的能量是否比乙醇作为燃料时释放的能量更多。巴西采用甘蔗生产乙醇，从乙醇中获得的能量与生产消耗的能量之比约等于3.7。美国采用玉米淀粉生产乙醇，它的能量比饱受争议，最高的估计值约为1.5（相比之下，石油约为20）。换言之，美国的玉米乙醇燃烧释放的能量并不比生产乙醇所消耗的能量多太多。有些分析认为，能量产出和投入比实际上小于1。

在巴西，乙醇生产过程需要的所有热来自甘蔗渣燃烧，甘蔗渣是榨取糖汁后的剩余物。美国燃烧天然气为乙醇生产供热。在某种程度上，巴西乙醇生产过程中的能耗为零。假设甘蔗渣燃烧产生的CO_2在几个月后被下一季作物完全从大气中除去，那么使用甘蔗渣的更进一步的优势在于甘蔗渣燃烧不增加大气中的CO_2浓度。甘蔗，这个名字也能显示巴西燃料乙醇的优势，甘蔗含糖量约为20%，主要以单糖和二糖形式存在。以蔗糖为原料可以避免淀粉水解（例如以玉米为原料）所需的能耗。甘蔗生长容易，耕作简单，大多一年一收，在特定有利环境里，也可以一年两收。相比之下，玉米需要一些更耗能的操作，例如耕作和施肥。

人们对生物燃料感兴趣的主要原因是想要实质性地减少或者消除大气中CO_2浓度的净增加。原则上讲，生物燃料是CO_2中性的，燃料生产和后续燃烧产生的CO_2在一年内的下一季生物质种植过程中会被从大气中吸收。对甘蔗乙醇而言，由于采取甘蔗渣供热等措施，有可能实现CO_2中性。玉米淀粉作为原料时，农业机械（例如拖拉机），肥料合成，乙醇合成过程中消耗天然气等会带来额外的CO_2排放。

不能忽略甘蔗和玉米等生物质作物所需的土地资源和水资源。从能源经济分析，很明显美国没有足够的土地种植玉米，使得玉米乙醇完全替代汽油。生物燃料目前的原料作物或潜在的原料作物都需要大量的水。淡水或者再生水能否满足基于生物燃料的全球大规模能源经济，现在还不得而知。

使用玉米生产乙醇的最突出的问题在于玉米是粮食，也是我们食用动物的饲料来源。从人或动物食物中分流大量的玉米来生产乙醇，在目前全球营养不良和饥饿水平下，会引发道德和伦理问题。可以用粮食来制造燃料吗？这个问题经常以"粮食与燃料之争"为人所知，粮食不限于玉米，也适用于其他潜在的粮食作物。争论本身不属于科学和工程范畴，但是它与科学和工程紧密相关。一方面，玉米价格的显著上涨将直接影响动物饲料（因此，也影响到鸡肉、牛肉和猪肉价格）和人类食品。反过来，这些价格上涨将对消费者产生严重影响，特别是低收入人群。另一方面，至少在美国包装食品的价格成本中很大一部分来自于加工、包装和配送。食品中实际组分的成本只占价格的其中一部分，甚至小部分。也可以认为玉米涨价有助于搞活低迷或停滞的农村经济。

4.5 纤维乙醇

淀粉容易水解为葡萄糖，葡萄糖能够发酵生产乙醇，因此淀粉可以作为乙醇生产的原料。纤维素也是葡萄糖的聚合物。人类缺乏水解纤维的酶，以纤维素为原料生产乙醇不需要占用人类的食物。如果种植纤维素资源植物不占用基本农业用地，不需要集中施肥和田间管理，纤维乙醇的优势就会更显著。纤维乙醇这个术语是指利用纤维素生产的乙醇。在化学组成上，不同来源的乙醇并没有区别，纤维这个形容词只表明乙醇的生产原料。

在大多数植物细胞壁中，纤维素与半纤维素及木质素结合在一起。木质素是与纤维素不同的一种生物聚合物。纤维素、半纤维素和木质素结合在一起称为木质纤维素。第 6 章中将详细讨论纤维素和木质素。木质纤维素加工处理面临的挑战在于需要寻找高效的分离方式将木质纤维素与植物的其他部分分开，然后再将纤维素、半纤维素与木质素分离，进而用简便的化学或酶促过程水解纤维素和半纤维素，同时木质素用于能源生产（类似于甘蔗渣）或转化为可能的化学品。此外，纤维素历经亿万年的植物进化，其能防止细菌、真菌和气候对植物体破坏，已经成为了地球上含量最丰富的有机化合物。纤维素对化学和生物降解的抵御特性，给植物带来了良好的保护，这也使其在乙醇生产过程中难以降解。许多酶催化纤维素降解的反应很慢。纤维素的化学处理需要用一些令人生畏的化学试剂，例如浓氢氧化钠或浓硫酸。

柳枝稷（*Panicum virgatum*）可作为纤维乙醇生产的原料之一。如果大规模年复一年的种植，也可能引起与玉米类似的顾虑，即作物单一、土壤侵蚀、水消耗以及对杀虫剂和除草剂的需求。

纤维乙醇生产从首先要经过一步或多步的处理以降低原料颗粒尺寸。然后进行预处理过程，采用热水处理，即在热水中反应，来"松动"纤维素分子，并将其从木质素中分离开来，以及除去半纤维素。一旦纤维素分子变得易于被"攻击"，利用纤维水解酶催化的糖化过程将纤维素转化为葡萄糖和木糖❶。采用酵母进一步发酵糖液，即可生产乙醇。然而酵母中的酶不能将五碳糖转化为乙醇。要获得最大的乙醇产率，未来的纤维乙醇生产过程可以采用基因工程菌株，它们能够同时发酵五碳糖和六碳糖。最后，液相的乙醇溶液须经过蒸馏。发酵过程中不能转化的富含木质素的固形物可以作为原料为过程提供热量。

从原料选择到纤维素分离和水解过程，纤维乙醇还具有很大的提升空间。此外，人们一致认为，在经济而高效的纤维乙醇工艺开发成功之前，淀粉基乙醇只是一种权宜之计，

---

❶ 此处原文有误，纤维素水解得不到木糖，只有半纤维素水解才可以得到木糖。

特别是玉米乙醇。

注释

[A] NAD⁺ 及其还原态 NADH，烟酰胺腺嘌呤二核苷酸与第 2 章中的 NADPH 结构非常类似，后者含有一个额外的磷酸基团。NAD^+ 是一种有用的生化氧化剂。

[B] 该名称是为了纪念德国生化学家古斯塔夫·恩布登（1874—1933）和奥托·迈耶霍夫（1884—1951，1922 年诺贝尔奖获得者）。在转向研究糖代谢之前，恩布登研究肝脏代谢过程，为早期了解糖尿病做出了贡献。迈耶霍夫因研究肌肉组织中的代谢共同获得 1922 年医学和生理学诺贝尔奖。迈耶霍夫是犹太人，幸运的是，他在大屠杀期间幸免于难，1940 年他到达费城，并在那里度过余生。

[C] 人体在缺氧状态下，丙酮酸被还原为乳酸，即

当快速消耗葡萄糖或淀粉等能源物质时，如果体内没有足够的氧气将丙酮酸氧化为 CO_2，可能出现上述情况。当高强度锻炼或工作时，乳酸在肌肉中积累会引起"酸痛"。肌肉开始酸痛时，表明我们体内从有氧状态向厌氧状态转变。

[D] 在极少数情况下，人类可能受白色念珠菌（*Candida albicans*）菌落折磨。在肠道中，这种酵母菌落几乎能发酵任何来源的糖类，例如糖果、点心或饮料。肠道中含有这种酵母菌的人可能无辜地摄入含糖食品或饮料，在没有明显缘由的情况下完全醉酒。这些不幸的人实质上充当了人体发酵罐。幸运的是，现在的抗生素能够杀死这些酵母菌落。

[E] 乙醇脱水合成乙烯相对容易。理论上，来源于天然物质发酵的乙醇能够作为可再生原料脱水制备乙烯，乃至乙烯衍生物，例如聚合物。

[F] 麦芽是大麦等谷物"发芽"过程的产物。这个过程中，谷物一般被沉浸在水中发芽，然后在炉窑中用热空气干燥终止继续发芽，麦芽发芽过程有助于产生促进淀粉降解为葡萄糖的酶。

[G] 酵母是单细胞真菌，已知有 1500 种左右。最重要的是酿酒酵母（*Saccharomyces cerevisiae*），常用于发酵生产乙醇。*Saccharomyces* 被简略地翻译为 "sugar fungus（糖真菌）"。在能源技术中，酵母有新的应用，就是微生物燃料电池，用微生物将化学能转化为电能。

[H] 啤酒和红酒的乙醇体积分数上限为 15%。要获得更高浓度乙醇，生产朗姆酒、伏特加或威士忌酒等至少需要一步蒸馏环节。这种酒精饮料被称为"蒸馏烈酒"。严格讲，烈酒不含糖或其他风味物质，而利口酒是添加了糖和/或风味物质的酒精饮料。"烈酒（spirit）"这个词很可能来自炼金术，当炼金术加热一个物体时，会有蒸汽释放出来，无论什么物质被加热，蒸汽都被称为"精气"。例如，俗称鹿角的碳酸铵受热分解为氨气和二氧化碳，捕获氨气的水溶液被称为鹿角精。

［I］红酒和威士忌酒等酒精饮料的特征性风味来源于少量发酵副产物，例如异戊醇及其乙酸酯、丁酸乙酯、乙酸乙酯和 2-苯乙醇。

［J］很久之前，人类就采用乙醇作为车辆燃料，这可以追溯到 19 世纪晚期。1917 年亨利福特与威尔逊总统会面，极力劝说美国应当发展乙醇车辆。如果实现，历史可能会被彻底改写！19 世纪二三十年代，包括欧洲和南美国家在内的许多国家都有大量的涉及乙醇与汽油混合的燃料项目。在美国中西部，农业液体燃料取得了一定成功，其中含 78％乙醇、15％苯和 7％其他醇类，年销售量达到 7500 万 L。

［K］当然，假设的丙烷转化为乙醇过程中焓不会真的"消失"，事实上，该过程的焓可以计算，因为丙烷燃烧的焓（－2043kJ/mol）是丙烷氧化为乙醇的焓（－808kJ/mol）和乙醇燃烧的焓（－1235kJ/mol）之和。

［L］从这个角度来讲，水是空前的冠军。水分子能与相邻分子形成两个分子间氢键。水分子的分子量为 18Da，沸点为 100℃。与其可比的烃分子甲烷的分子量为 16Da，沸点为－162℃。虽然两者分子量只差 2Da，但是沸点相差 262℃。

参考文献

［1］ Fogler, H. S. *Elements of Chemical Reaction Engineering*. Pearson Education International：Saddle River, NJ, 2006；p. 424.

［2］ Budavari, S. *The Merck Index*. Merck and Co.：Rahway, NJ, 1989；p. 676.

［3］ Statistics from the International Energy Agency website, http：//www. iea. org.

［4］ Adapted from extensive data in Klass, Donald L. *Biomass for Renewable Energy, Fuels, and Chemicals*. Academic Press：San Diego, 1998；p. 392.

［5］ Schobert, H. H. *The Chemistry of Hydrocarbon Fuels*. Butterworths：London, 1990；p. 314.

推荐阅读

Brannt, W. T. *Distillation and Rectification of Alcohol*. Lindsay Publications：Bradley, IL, 2004；and Wright, F. B. *Distillation of Alcohol and De - Naturing*. Lindsay Publications：Bradley, IL, 1994. These two books are inexpensive paperback reprints of monographs originally published in 1885 and 1907, respectively. They contain much useful information for readers interested in the history of fuel technology, particularly ethanol technology.

Fogler, H. Scott. *Elements of Chemical Reaction Engineering*. Pearson Education International：Saddle River, NJ, 2006. Chapter 7 of this classic chemical engineering text is an excellent discussion of bioreactor engineering and enzymatic reactions.

Guibet, Jean - Claude. *Fuels and Engines*. Éditions Technip：Paris, 1999. Chapter 6 provides a solid discussion of ethanol, and comparisons with other alternative fuels. A very useful reference source.

Humphrey, Arthur E. and Lee, S. Edward. Industrial fermentation：principles, processes, and products. In：*Riegel's Handbook of Industrial Chemistry* (Kent, James A., ed.) Van Nostrand Reinhold：New York, 1992；Chapter 24. A very useful resource for learning more about fermentation processing, not just for ethanol production, but also for producing many other useful organic compounds.

Lee, Snggyu, Speight, James G., and Loyalka, Sudarshan K. *Handbook of Alternative Fuel Technologies*. CRC Press：Boca Raton, FL, 2007. Chapters 10 and 11 discuss ethanol, from corn and from lignocellulose feedstocks, respectively.

Lorenzetti, Maureen Shields. *Alternative Motor Fuels*. PennWell: Tulsa, OK, 1996. Though some of the statistical information is now dated, this is still a useful introductory book on this subject. Chapter 2 provides a good history of alternative fuels, and Chapter 6, a good overview on ethanol.

Minteer, Shelley. *Alcoholic Fuels*. Taylor and Francis: Boca Raton, FL, 2006. Chapters 4, 5, 7, and 8 provide useful information on ethanol from corn, as well as on using ethanol in blends such as E10 and E85.

Mousdale, David M. *Biofuels*. CRC Press: Boca Raton, FL, 2008. Many of the chapters of this book – particularly Chapters 1, 3, 4, and 5 – provide very useful technical information on ethanol, including historical development, production from cellulosic feedstocks, and economics.

Pimentel, David. *Biofuels, Solar and Wind as Renewable Energy Systems*. Springer: New York, 2008. Numerous chapters of this useful book relate to ethanol fuels, including much good information on the Brazilian experience.

Ramage, M. P. and Tilman, G. D. *Liquid Transportation Fuels from Coal and Biomass*. National Academies Press: Washington, 2009. This book represents the most up – to – date study on this topic, with much useful information on biofuels, including ethanol.

第 5 章　植物油脂与生物柴油

5.1　植物油脂的生物合成

　　植物利用葡萄糖合成淀粉，为未来之需储存能量。植物和动物具有第二种能量储藏机制：合成脂肪和油脂。由于能量密度不同，植物进化出两种能量储存方式。淀粉的燃烧热值为 $-17.5MJ/kg$ 或 $-26.2MJ/L$。相比之下，花生油的燃烧热为 $-33.7MJ/kg$ 或 $-33.5MJ/L$。在活的植物主体内，质量和体积一般不是关键参数，对植物而言将能量储存为能量密度较低的淀粉形式不存在问题。为下一代储存能量时，在坚果或种子有限空间里储存的能量多少则非常重要。与淀粉相比，油脂具有显著的优势。脂类物质是生物学上重要的化合物，广义上分为脂肪和油脂。脂类的典型特点为不溶于水，溶于常见的有机溶剂，例如氯仿或乙醚。脂类包括许多各种各样的化合物，例如蜂蜡、胆固醇和松节油。

　　脂肪和油脂是酯类。特别地，脂肪和油脂的醇部分为 $1,2,3$ -丙三醇，也被称为甘油；酸部分是长链脂肪族酸，统称脂肪酸。这些脂肪酸分子量大于丁酸，但是在生物学上重要的典型脂肪酸的碳原子数不小于 12。脂肪酸与甘油形成的酯称为甘油酯，根据甘油上羟基被酯化的数目，甘油酯分为三类，分别为甘油单酯、甘油二酯和甘油三酯。植物中，最主要的形式为甘油三酯[A]。甘油单酯和甘油二酯只在脂肪消化过程中起到重要作用。简单的甘油三酯中三个脂肪酸部分是相同的，混合甘油三酯中，甘油上羟基被不同的脂肪酸酯化，植物中混合三甘油酯占据主导地位。20℃时呈固态甘油三酯被划分为脂肪，液态的为油脂。一般情况下，脂肪含有饱和脂肪酸，而油脂含有不饱和脂肪酸。动物通常采用脂肪储存能量，植物采用油脂储存能量。

　　在甘油三酯中，即使含有三个不同的脂肪酸基团，这三个脂肪酸链也将互相平行排布（例如三月桂酸甘油酯，5.1）。

　　该结构就像用铅笔并排排列在一起，这种结构能够让单个分子通过范德瓦尔斯力或色散力（第 9 章中详细讨论）堆积在一起。这些作用力是最弱的分子间相互作用，但是大的分子为这些作用力提供了大的表面积。虽然熔点较低，但这些分子在室温下是固态的。大多数动物脂（即牛和羊的脂肪）的熔点为 $40\sim46$℃。

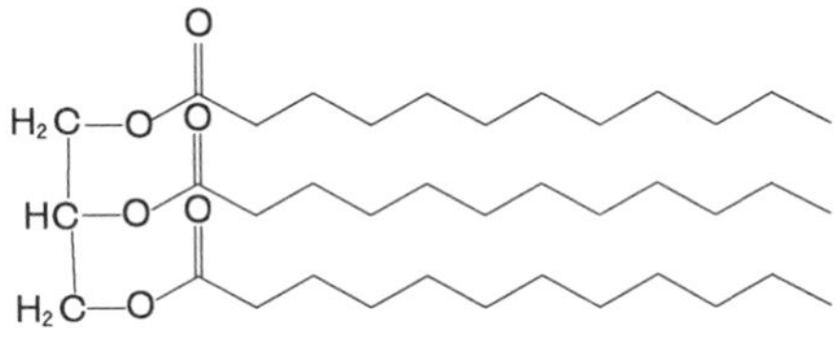

5.1　三月桂酸甘油酯

　　脂肪酸链中可能含有一个或多个双键，双键的存在首先可能导致在双键处形成顺式或反式异构[B]；其次，由于在双键处分子不能自由旋转，在链内会出现永久的"扭结"。链内含有多个双键的化合物被称为多不饱和脂肪酸[C]。当脂肪酸链被扭结时，分子不能像饱和脂肪酸那样排列，也不能像铅笔那样整齐排列来增加分子间相互作用，否则不饱和脂肪酸形成的甘油三酯在室温下可能是液态的。该行为与母体酸分子一致。12~20个碳原子的饱和脂肪酸熔点为44~75℃，熔点随分子量增加而增加。不饱和脂肪酸熔点低很多，与母体饱和脂肪酸相比，即使含一个双键，也可能使熔点降低几十摄氏度。20个碳原子的花生四烯酸含四个双键，熔点为−50℃，比饱和花生酸的熔点低125℃[D]。

天然的脂肪酸大约有200种，考虑到200种脂肪酸在混合甘油三酯中的可能组合，甘油残基C1、C2和C3位置可能的排列，以及许多甘油三酯C2位置不对称导致的光学异构，那可估计约有3000万种不同的脂肪或油脂。但是，在燃料化学的背景下，对于脂类只需要记住大多数脂肪酸含有12~20个碳原子，且几乎都含有偶数碳原子（含羧基碳），以及双键大多数为反式构型。

植物为下一代的萌芽在种子或坚果中储存了能量，在胚体发育到它自身开始光合作用之前可利用这些能量。在此期间，油脂在ATP驱动下转化为糖类和蛋白质。许多烹调用油来源于植物种子或坚果，常见的烹调用油包括橄榄油、菜籽油和花生油。成熟的植物一般不把油脂作为能源储存形式，因此除坚果和种子之外，植物组织中的油含量非常低[E]。

脂肪和油脂的生物合成涉及酶促反应过程。与光合作用和葡萄糖降解过程一样，我们不关注脂类合成所涉及的酶名称和结构。植物通过光合作用合成糖类，将糖类转化为植物生命过程中重要的其他化合物。第4章中讨论了葡萄糖降解为丙酮酸的生化过程，丙酮酸有多个代谢去向，包括通过发酵和呼吸作用分别转化为乙醇和CO_2。丙酮酸也是脂肪和油脂合成的起始物质，反应途径从典型的α-酮酸脱羧开始，即

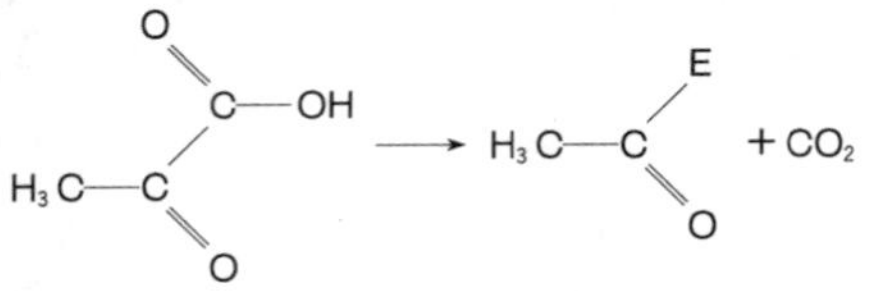

在本反应式及后续反应式中，字母E代表酶。脱羧后在酶上结合一个乙醛残基，在ATP协助下，甲基碳原子上可以再结合一个羧基，即

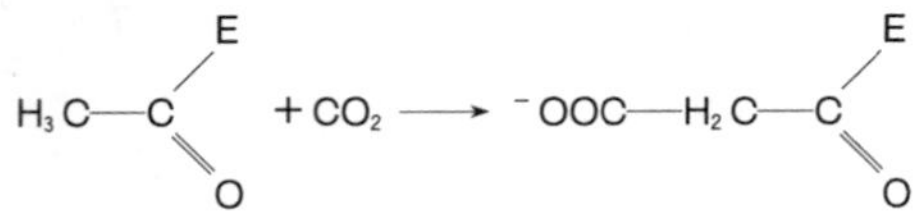

然后，发生下面的反应，即

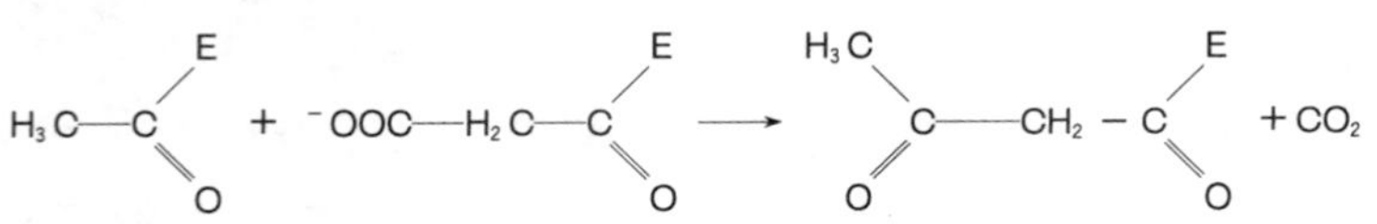

形成的四碳链结合在酶上，NADPH在这个过程中充当电子载体和还原剂。在NADPH存在的情况下，游离的羰基碳被还原为醇。紧接着，在一系列反应中，醇脱水为烯烃，烯烃被还原，即

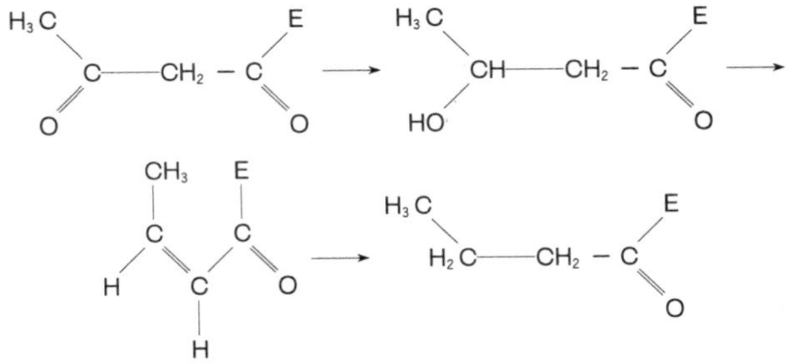

这些反应的终产物为四碳链，它可以（也确实）要经历类似多次上述反应，即

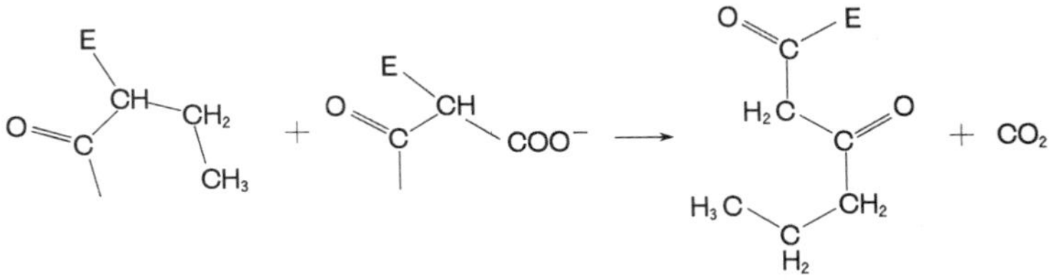

另一轮羰基还原、醇脱水和烯饱和后形成六碳链。下一个循环后形成八碳链，然后是十碳链，继续反应可形成十六碳链，即棕榈酸[F]。这些反应从丙酮酸脱羧后的二碳单元开始，通过每次增加两个碳原子的方式持续进行。因此，几乎所有的天然脂肪酸都含有偶数碳原子。一般情况下碳链延伸到 16 个碳原子后终止。之后，其他的生化过程将修饰链长和/或在链内引入双键。甘油基的合成涉及二羟丙酮-3-磷酸，在 NADPH 的参与下，二羟丙酮-3-磷酸还原为甘油-3-磷酸，即

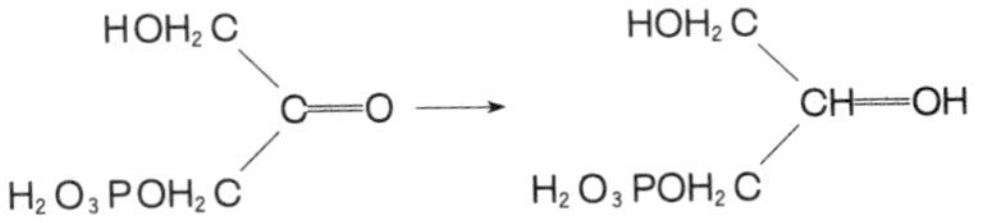

接着，生物合成过程的脂肪酸残基依次通过酶促反应结合上来，形成单甘油酯和甘油二酯，最终形成甘油三酯。

5.2　植物油脂直接用作柴油燃料

鲁道夫·狄塞尔首次申请的专利（1892 年）中包括了在发动机中使用脂肪和油脂的内容。1900 年巴黎世界博览会期间，狄塞尔公开展示了发动机使用植物油脂运转[G]，当时他使用了花生油。从 20 世纪 20 年代开始，一些非洲国家使用棕榈油和棉籽油，例如在当时的比属刚果[H]，植物油脂既用于固定式柴油发动机也用于拖拉机和公交车，而直接用作柴油燃料是植物油脂最简单的利用方式之一。当然，作为"生物燃料油"它们直燃后能够获得热源或产生蒸汽[I]。一般情况下，植物种子在干燥和破碎后，压榨获得油脂，液体被称为粗榨油，固体被称为压饼或油饼，后者是很有价值的动物饲料。用蒸汽处理粗榨油，沉淀游离脂肪酸和磷脂，然后通过离心分离除去。磷脂在结构上与甘油三酯相关，它相当于甘油三酯的一个脂肪酸链被磷酸二酯所取代。这个阶段得到的油称为脱胶油。如果

要用于食品或烹调的话，还需要一系列处理来获得所需的纯度。当油脂直接用作柴油燃料时，有时候称之为直燃植物油（SVO）。在化学品和燃料加工过程中，简单是最重要的优点。因此，有必要考虑关于油脂的一个问题，即为什么油脂一般不直接用作柴油燃料，而需要转化为所谓的生物燃料。

表 5.1 列举了一些 SVO 作为燃料使用的重要特性[1]。

表 5.1　植物油脂特性[1]。

	菜籽油	椰子油	棉籽油	棕榈油	花生油	大豆油
密度（kg/L）（20℃）	0.916	0.915	0.915	—	0.914	0.915
运动黏度（mm²/s）（20℃）	77.8	29.8①	69.9	28.6②	88.5	28.5①
熔点范围（℃）	−2～0	20～28	−4～0	23～27	−3～0	−29～−12
十六烷值	32～36	40～42	35～40	38～40	39～41	36～39
热值（MJ/kg）	37.44	37.41	36.78	36.51	36.68	36.82
热值（MJ/L）	34.30	34.23	33.66		33.52	33.73

① 在 38.5℃。

② 在 50℃。

从质量基准上来看，植物油脂的热值比石油来源的传统柴油（即化石柴油）低 10%～15%，原因在于油脂分子中含有氧原子。正如第 4 章所述，相对于结构和分子量可比的烃类，分子中含有氧原子会降低燃烧热。不过从体积能量基准来比较，热值并没有低很多，这主要得益于植物油脂相对较大的密度。植物油脂的单位体积能量，例如 MJ/L，只比化石柴油低 5%。质量基准上化石柴油的热值约为 42～44MJ/kg，而在体积基准上为 35～37MJ/L。

十六烷值表示燃料自燃性的指标（将在第 15 章讨论），植物油脂的十六烷值为 30 多到 40，柴油汽车和轻型卡车发动机燃油的理想十六烷值约为 50。化石柴油的十六烷值为 40～60。

在给定温度下，植物油脂比化石柴油的黏度高一个数量级。随温度降低，植物油脂的黏度比化石柴油增加更快。加热植物油脂能降低黏度，即便如此，化石柴油仍具有黏度优势。例如，50℃的菜籽油黏度比 20℃的化石柴油高五倍。油脂的熔点较高在寒冷季节会带来问题。例如，任何植物油脂的冷滤点（CFPP）均高于化石柴油。冷滤点是指在规定时间内，当测试油每分钟通过过滤器不足 20mL 时的最高温度。化石柴油的 CFPP 值为 −30～−10℃，这个数值低于，或在最好的情况下，与表 5.1 中的部分熔点值重叠。

化石柴油能够完全蒸馏。与之不同的是，植物油脂只能蒸馏其中 20% 的组分，而继续增加蒸馏釜温度时样品可能发生分解。在油脂加工过程中，这不是问题，因为生产过程中不需要通过蒸馏获得产品。但是，这种在高温下分解的倾向意味着植物油脂在燃烧温度下可能在发动机中形成积碳。

植物油脂与石油来源燃料的物质相容性差异很大，燃油系统的任何部分与水接触都要引起重视，特别是作为密封件或软管的弹性体。植物油脂难以与天然橡胶、丁腈橡胶和聚丙烯等材料兼容。

在空气中长期储存液体燃料可能导致形成高黏性寡聚胶。胶在燃料使用时可能带来严重问题，包括沉积在燃料泵内部部件，堵塞燃料喷射器或喷嘴以及黏塞活塞环。胶是分子内双键通过寡聚形成的。化石燃料中双键来源于烯烃。氧气通过引发寡聚生成碳—碳双键而促进胶的形成，即

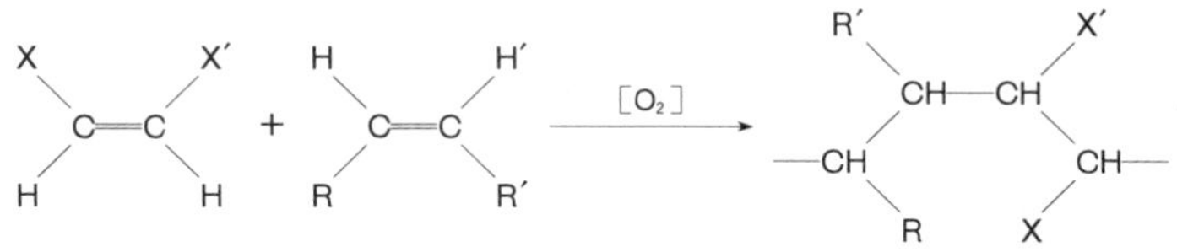

或通过形成碳—氧—碳键而促进胶的形成，即

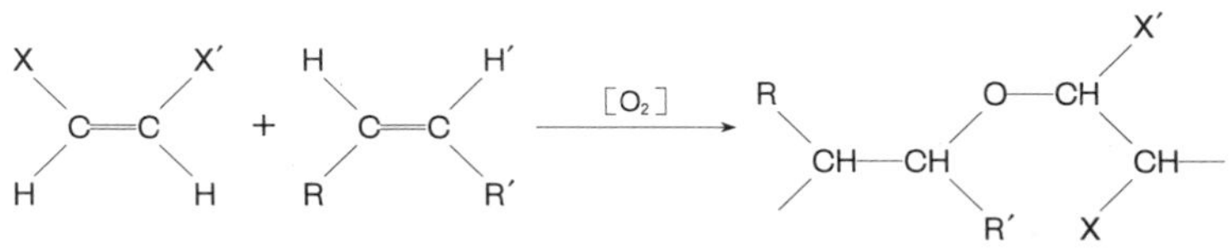

植物油脂中脂肪酸的双键位点为这些反应提供了上佳机会。在植物油脂的其他用途中，我们需要这种寡聚反应在表面、形成胶样附着膜，例如亚麻油可在高档家具或枪托表面形成坚硬的、几乎不透水的结构。这种用途的植物油脂被称为干性油[J]。油基油漆中的植物油脂在油漆暴露于空气中干燥时能够结合色素颗粒，亚麻油仍然是首选的油脂。

比较植物油脂与化石柴油，我们可以发现现代柴油发动机很难使用 SVO，特别是在寒冷季节。然而，现在人们对采用餐厨油脂用作柴油发动机燃料的兴趣不断增加。这些物质有许多名称，包括废弃植物油脂（WVO）和餐厨废油（UCO）。这些废油脂由于处理困难，现在能够以很低成本或零成本收集。废弃食用油可能含有一些动物油脂，也可能含有骨头、肉、皮肤以及碳质固体。这些油脂一般用于 $160 \sim 185{}^{\circ}\mathrm{C}$ 的油浴油炸。加热到此温度下可能导致油脂分子的热分解，其中一个产物是碳质固体。无论餐厅管理的如何细致和清洁，WVO 可能仍含有水分。水分在储罐中形成分离层，细菌和其他微生物在水—油界面生长，会形成生物污泥，也可能形成有机酸。

SVO 和 WVO 用作柴油燃料的部分不良特性可以通过与化石柴油混合来改善[K]。但是，这样做的话，无论从技术层面还是管理层面都有问题的：在技术层面上，这样做是否会损害发动机或燃料系统；在管理层面上，这样做是否合法。

5.3 植物油脂转酯化

甘油三酯是酯类，生成酯的反应是可逆反应，以乙酸和甲醇为例，即

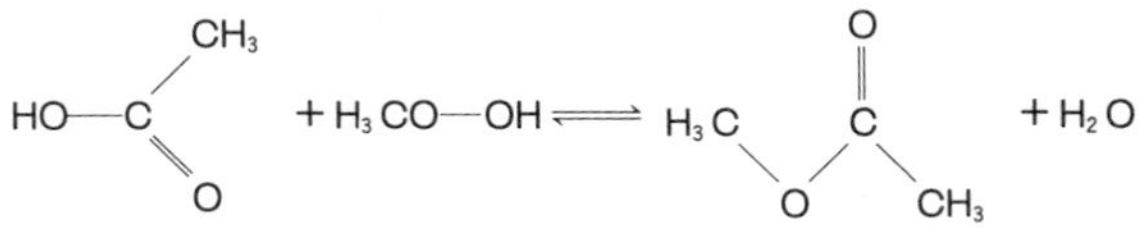

驱动上述反应可逆进行表明酯可被水解。脂肪和油脂水解的方式与乙酸甲酯的类似。

下面以乙酸甲酯为例说明水解机制。

酯水解反应有两种途径。在有酸（例如硫酸）的情况下，羧基被质子化，即

$$H_3C-O-\underset{\underset{CH_3}{|}}{\overset{\overset{O}{\|}}{C}} + H^+ \longrightarrow H_3C-O-\underset{\underset{CH_3}{|}}{\overset{\overset{\overset{H}{|}}{\overset{+}{O}}}{C}}$$

然后，中间产物受到水分子攻击，即

$$H_3C-O-\underset{\underset{CH_3}{|}}{\overset{\overset{\overset{H}{|}}{\overset{+}{O}}}{C}} + H_2O \rightleftharpoons CH_3O-\underset{\underset{\overset{+}{O}H_2}{|}}{\overset{\overset{OH}{|}}{C}}-CH_3$$

该产物具有以原羧基碳原子为中心的四面体构型。此时质子发生转移，即

$$CH_3O-\underset{\underset{\overset{+}{O}H_2}{|}}{\overset{\overset{OH}{|}}{C}}-CH_3 \rightleftharpoons \overset{H^+}{} CH_3O-\underset{\underset{OH}{|}}{\overset{\overset{OH}{|}}{C}}-CH_3$$

在释放甲醇的同时，来源于酸的质子也解离出来。

$$H^+ + CH_3O-\underset{\underset{OH}{|}}{\overset{\overset{OH}{|}}{C}}-CH_3 \rightleftharpoons HO-\underset{\underset{O}{\|}}{\overset{\overset{CH_3}{|}}{C}} + H_3C-OH + H^+$$

催化剂的特性之一就是在反应中不发生永久改变。因此，基于反应结束后质子的再生，可以说酸是该反应的催化剂。上述反应可视为酯的酸催化水解反应。该反应经常在溶液中进行，酸是其中的均相催化剂。

酯水解的另一个途径是采用氢氧化钠和氢氧化钾等碱代替酸。反应从氢氧根进攻羧基开始，即

$$H_3C-O-\underset{\underset{CH_3}{|}}{\overset{\overset{O}{\|}}{C}} + OH^- \rightleftharpoons {}^-O-\underset{\underset{OH}{|}}{\overset{\overset{CH_3}{|}}{C}}-CH_3$$

中间产物中消去烷氧基离子，即

$${}^-O-\underset{\underset{OH}{|}}{\overset{\overset{CH_3}{|}}{C}}-CH_3 \longrightarrow HO-\underset{\underset{O}{\|}}{\overset{\overset{CH_3}{|}}{C}} + H_3C-O^-$$

烷氧基是极强的碱，烷氧基离子能快速脱除羧酸的质子，即

$$\text{HO} - \underset{\underset{O}{\|}}{\overset{\overset{CH_3}{|}}{C}} \quad + H_3C - O^- \longrightarrow \quad {}^-O - \underset{\underset{O}{\|}}{\overset{\overset{CH_3}{|}}{C}} \quad + CH_3 - OH$$

反应产物包括游离醇和羧酸的金属盐，金属离子来自碱，例如 Na^+ 或 K^+。如有需要，这些羧酸钠或钾可以作为一种终产物分离出来[L]。羧酸的进一步分离可以通过酸化来实现。

在碱参与的酯水解反应中，氢氧根离子会进入产物中。碱在反应结束后通常不回收或再生。由于氢氧根离子作为反应物消耗，因此严格来讲，碱不是催化剂。所以该反应不是碱催化的水解反应，而更应该是碱诱导或碱促进的酯水解反应。由于酯形成和水解之间存在平衡为

$$RCOOH + HOR' \rightleftharpoons RCOOR' + H_2O$$

该反应平衡移动可以用勒夏特列原理（平衡移动原理）解释[M]。碱诱导的水解反应是推动反应平衡向左移动的一种途径，因为羧酸盐与醇不能发生反应，即

$$RCOO^- + R'OH \xrightarrow{X} RCOOR' + OH^-$$

由于碱诱导的水解反应合成的钠盐或钾盐是肥皂，因此该反应也被称为皂化反应。

如上所述，酸催化水解反应的关键步骤是水攻击羧基碳原子。水的氢离子成为产物醇中羟基的组成部分，氢氧根离子变成羟基，结合到酸的羧基碳原子上，水分子可以按照（5.2）方式分开，即

H—OH 可以看做是整个羟基化合物家族的母体化合物，例如 H—OH，CH_3—OH，CH_3CH_2—OH。当然，这些化合物也是醇类。因此，可以类似地分析酸催化的"醇解反应"，如采用甲醇作为醇反应物，即

去向为醇 H—OH 去向为酸

5.2　水分子组成

$$RCOOR' + CH_3OH \rightleftharpoons RCOOCH_3 + R'OH$$

该反应本质上与水解反应相同，所不同的是水解反应中羟基结合到酸的羧基碳上，而该反应中是烷氧基，例如—OCH_3，结合到羧基碳上。该反应不生成游离的羧酸，而是形成一个新的酯分子。该过程被称为转酯化反应，甲醇与脂肪和油脂的转酯化反应是生物柴油燃料合成的关键路径。

5.4　生物柴油

由于甘油三酯的分子太大，造成了植物油脂燃料的一些不良特性，潜在的改善途径是将甘油三酯水解，获得脂肪酸。脂肪酸直接用作燃料也存在劣势，因为酸具有腐蚀性。即使脂肪酸与硫酸和硝酸等矿物酸相比酸性很弱，但金属长时间暴露其中也会加速腐蚀。与乙醇不同，脂肪酸不溶于水，但是极性羧基可能与水通过氢键结合，导致燃料中水的积累。酸催化水解油脂获得的游离脂肪酸用作燃料不是一个可行的解决方案。

早在第二次世界大战战后的 20 世纪 40 年代，人们就对植物油脂与甲醇或乙醇的转酯化反应有所关注。20 世纪 50 年代全球石油很廉价，这种关注也就基本没有了。直到 20 世纪 70 年代，随着所谓的能源危机和油价暴涨，人们再次关注转酯化反应。在过去的几

十年中，人们对植物油脂转酯化的关注再度增加。虽然乙醇也用于转酯化反应，但是甲醇是常用的转酯化醇类。现在所说的生物柴油就是脂肪酸甲酯。

植物油脂转酯化生产生物柴油通常采用氢氧化钾或氢氧化钠进行诱导。氢氧化钠由于廉价和易于获得，因此是首选的催化剂。在非水相体系中，碱与甲醇反应生成甲氧基，甲氧基攻击酯，即

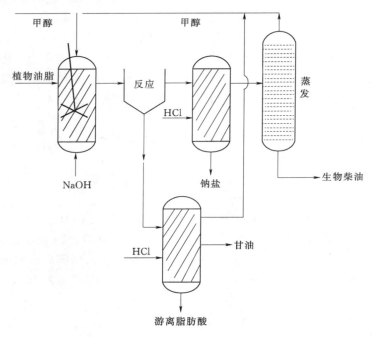

和

$$R'O^- + CH_3OH \longrightarrow R'OH + CH_3O^-$$

图 5.1 是生物柴油生产的工艺流程图。

图 5.1　生物柴油生产的工艺流程图。

转酯化反应在搅拌反应器中进行。受油脂、碱和醇（有些生物柴油工艺中，用乙醇替代甲醇）影响，反应条件有所差异。一般情况下，反应条件为 25～60℃，常压，反应时间为 20min 到数小时，醇油摩尔比为 5～10。反应器中液体分为两相，一相为主要的甲酯产物，另一相主要为甘油。这些相分离可在后续的两个单元中实现。甲酯产物即粗生物柴油或"脂肪酸甲酯"（FAME），必须进行酸处理来中和未反应的碱或甲醇盐。水洗能去除可溶性盐（如硫酸钠或硫酸钾）。该物流中可能含有过量的甲醇，可以通过蒸馏来收集和回用。干燥处理能除去生物柴油中的水分。终产物生物柴油是纯化、洗涤并干燥后的FAME 混合物。甘油是具有市场潜力的副产物，未处理甘油可原样销售给采购商，提纯

后直接使用。此外，甘油物流也可以进行原位处理，包括酸中和、去除未反应的碱或甲醇盐、脱盐和回收甲醇。

表5.2比较了生物柴油与传统化石柴油的主要特性[2]。汽车或轻型卡车等车辆中使用的标准柴油燃料是2号-D燃料。1号-D燃料是精制煤油（这些燃料将在第15章中讨论）。

表5.2　1号-D，2号-D柴油与生物柴油性能比较[2]。

	1号-D 化石柴油	2号-D 化石柴油	生物柴油
闪点（℃），最低	38	52	130
水分和沉淀物含量（%），最高	0.05	0.05	0.05
90%馏出温度（℃）	288	338	360
40℃运动黏度（mm²/s），最高	1.3	1.9	1.9
40℃运动黏度（mm²/s），最高	2.4	4.1	6.0
兰氏残炭（%），最大	0.15	0.35	0.05
灰分（%），最大	0.01	0.01	0.02
硫分（%），最大	0.05	0.05	0.05
十六烷值，最小	40	40	47

一般来讲，与初始植物油脂相比，转酯化通常能将十六烷值提高12～15个单位，使生物柴油的十六烷值达到50左右，与化石柴油具有可比性。生物柴油的密度比化石柴油的略高，典型密度为0.86～0.9kg/L，2号-D柴油为0.85。

对于设计为使用化石柴油的燃料系统和发动机而言，使用生物柴油时只需较少或者不需要改造。两者的体积能量密度相当，2号-D和大豆油生产的生物柴油的体积能量密度分别为35.8MJ/L和32.8MJ/L。

不同国家或地区的生物柴油挥发性标准存在差异，通常生物柴油的90%馏出温度比化石柴油的要高。例如：生物柴油和2号-D的馏出温度分别为360℃和338℃；90%馏出温度是指90%以上的液体被蒸馏出的温度；闪点是指在规定的试验条件下，液体表面上产生的蒸汽能维持火焰的最低温度；生物柴油的最低闪点为130℃，表明从防火安全的角度看这种燃料的操作和储存是安全的。

生物柴油的冷启动特性取决于所用的制备原料。在最好的情况下，生物柴油和化石柴油具有相似的特性。但是在恶劣情况下，采用高度饱和原料制备的生物柴油在0℃以上会凝固。在生物柴油中残留部分游离甲醇，或混合更轻的易挥发液体（如煤油）等能改善生物柴油的冷启动特性。生物柴油的冷滤点、浊点和倾点与化石柴油的相当，甚至更优。

生物柴油的黏度与石油柴油相当，这也是可以预期的，因为二者的分子结构类似。例如肉豆蔻酸甲酯是生物柴油的一个可能组分，而十六烷是化石柴油的组分（5.3），即

生物柴油，或者与化石柴油调和的生物柴油无需改造就能用于现有的燃料供应基础设施和柴油发动机。其命名和乙醇汽油混合燃料类似，只是用字母B来代表生物柴油。例如，B20表示在化

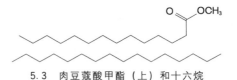

5.3　肉豆蔻酸甲酯（上）和十六烷

石柴油中添加了 20％ 的生物柴油。生物柴油可生物降解，因此偶然溢洒或泄漏不会产生化石燃料所带来的严重问题。

　　生物柴油不含硫，意味着燃烧过程没有 SO_x 排放。使用生物柴油能减少一氧化碳、颗粒物和未燃尽烃类的排放。与使用化石柴油相比，100％ 生物柴油与尾气催化器联合使用能减少 45％～65％ 的 SO_x 排放，如图 5.2 所示。

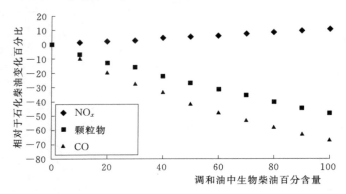

图 5.2　生物柴油与化石柴油调和后发动机排放的变化。

　　在不改造发动机的情况下，生物柴油可导致 NO_x 排放增加约 10％，如果柴油发动机正时工作（指发动机循环中正好注入燃料的时间点），则有望降低 NO_x 排放。但是这样的话，如果发动机改用化石柴油后不及时调整正时系统，可能影响发动机的燃烧效率。

　　许多国家正在提高对化石柴油中硫含量的限制，降低柴油车辆的 SO_x 排放，但是这样做也会带来一些负面的影响。含硫化合物能有助于石油柴油的润滑性，即能减少燃料系统和发动机的磨损。脱除石油柴油中的硫能减排，但也可能造成润滑性减少引起的磨损。生物柴油中没有含硫化合物，但是它比化石柴油的润滑性更高。在化石柴油中添加生物柴油也能提高调和油的润滑性，狄塞尔自己也发现并报道了使用植物油脂带来的发动机减排和润滑性能改善[3-4]。

　　鲁道夫·狄塞尔是一个卓越的工程师和预言家。以狄塞尔一百年之前预见性的评论来结束本章再合适不过了："今天看来，源于植物的油脂油品用作燃料之事可能微不足道，但随着时间推移，这些油品可能变得和现在的天然矿物油品及焦油产品同样重要。……这些油品……可以肯定的是，即使所有自然存储的固体和液体燃料储量被耗尽，仍能从来自太阳的热能获得马达运转的动力，对于农业而言这些油脂油品是取之不尽、用之不竭的"[3-4]。

注释

　　[A] 体检经常检测血液中的甘油三酯水平，这些甘油三酯与本书文讨论的脂肪和油脂类似，能为身体提供能源。甘油三酯水平升高会增加罹患心脏病的风险，也可能暗示一些潜在的健康状况，如高血压、甲状腺功能减退症或肾脏疾病。

　　[B] 烯烃的立体化学异构在燃料化学中不是很重要，特别是对于双取代的烯烃，例如具有 $R_1HC{=\!=}CHR_2$ 结构的烯烃，采用顺式、反式命名来区分就足够了。对于更复杂的

结构，例如 $R_1HC=CHR_2R_3$，顺式、反式命名系统就不够清楚，最好采用更准确的 E-Z 体系。现在所有的有机化学教科书都有介绍 E-Z 命名系统及其使用规则。

[C] 有些食品被吹捧其中多不饱和脂肪含量高，例如海鲜和坚果。多不饱和脂肪是指一条或多条脂肪酸链中含有多个双键的甘油三酯。多不饱和脂肪被认为具有许多营养和医疗益处，例如具有潜在的降低心脏病或其他心血管疾病能力。但是，也有研究表明，多不饱和脂肪酸含量高的饮食将增加患特定癌症的风险，以及其能促进已有癌症转移到体内其他部位。

[D] 饱和母体脂肪酸花生酸是花生油中的少量组分。不饱和衍生物花生四烯酸是多数哺乳动物体内非常重要的化合物，在肌肉组织的生长中扮演重要的生化角色。该物质在营养中属于 $\omega-6$ 多不饱和脂肪酸。

[E] 植物产生的精油可以通过蒸馏法提取。虽然合成量少，但是它们具有非常重要的商业价值。精油与甘油三酯结构不同，此处不同精油之间的结构差异也较大。常用的精油如用于食品调味剂的薄荷油和留兰香油，用作药物的桉树油，用作驱蚊剂的香茅油以及用作香水的柠檬草油和广藿香油。

[F] 棕榈酸，$C_{15}H_{31}COOH$，也被称为十六烷酸。但是脂肪和脂肪酸的命名多采用俗名。俗名没有系统性，除了那些表明来源植物的脂肪和脂肪酸。

[G] 虽然 vegetable 这个词狭义上来讲一般用来表示特定的为人类所需而种植的植物，但在牛津英语词典中，该词是形容词，表示"植物及其组成部分所属的、组成或含有的、衍生的或来源的……"植物油脂（vegetable oil）的合理意思为来源于任何植物的油脂，与我们是否使用无关。

[H] 比属刚果现在正式成为刚果民主共和国，直到最近还有扎伊尔。

[I] 在第二次世界大战后期，日本海军采用来自满洲（中国东北地区的旧称）的大豆油来补给燃料油的供应不足。有报道表明，大和号是曾经建造过的最大和最重的战舰，在 1945 年 4 月的最后突围中使用豆油替代化石燃料。

[J] 在绘画中使用植物油的历史可追溯到 17 世纪。从公元 1400 年开始，亚麻油就被提炼和精制到不同的纯度来使用。乔治·瓦萨里的作品《艺苑名人传》(*Lives of the Artists*) 可能是首部描述艺术史的书籍（1550 年），其中赞扬了画家简·范艾克，但是，正如在艺术、科学和技术发展史中的其他成就一样，油画的发展过程中包含了很多艺术家的微小的改进。

[K] 公正地讲，文献在这一点上的陈述不一致。例如，摩西戴尔提到植物油脂和化石柴油可调和，而肯普说这两种液体完全不相容（推荐阅读中列出了这两位作者的书籍）。

[L] 肥皂是脂肪酸的金属盐。它们能用于洗涤清洁的原因在于盐离子（Na^+ 或 K^+）能溶于水，而疏水的烃链能溶解于其他烃类物质中，例如油脂，或脏物颗粒周围的油膜中。降低水的表面张力有助于脏物颗粒的附着与去除。肥皂也还有其他金属离子，例如铝离子、钙离子或锌离子，它们也能溶于水。因此，肥皂除作为清洁剂之外，还有其他用途，例如用作油脂增稠剂、润滑脂和用于扑面粉。

[M] 在实验室中，为避免反应平衡带来的问题，通常用醇与酰基氯或酸酐的不可逆反应来合成酯。对逆反应而言，通常采用碱诱导的水解反应，因为碱与酯的反应不可逆，

这样能够消除反应平衡。当这些办法不管用时，可以利用勒夏特列原理，即用过量的反应物或者适当方法，例如蒸馏，除去产物。

参考文献

[1] Adapted from Guibet，J. C. *Fuels and Engines*，Éditions Technip：Paris，1999；p. 607.

[2] Adapted from Kemp，W. H. *Biodiesel：Basics and Beyond*. Aztext Press：Tamworth，ONT，2006；p. 64 and 568.

[3] Diesel，R. The Diesel oil engine. *Engineering*，1912，93，395–406.

[4] Diesel，R. The Diesel oil engine and its industrial importance，particularly for Great Britain. *Proceedings of the Institute of Mechanical Engineering*，1912，179–280.

推荐阅读

Goodwin，T. W. and Mercer，E. I. *Introduction to Plant Biochemistry*. Pergamon Press：Oxford，1983. Chapter 8 provides detailed information on the biosynthesis of fats and oils.

Hou，Ching T. and Shaw，Jei–fu. *Biocatalysis and Bioenergy*. Wiley：New York，2008. This book is a collection of edited chapters from an international symposium held in 2006. The first ten chapters deal with various issues in the production and use of biodiesel.

Kemp，William H. *Biodiesel：Basics and Beyond*. Aztext Press：Tamworth，ONT，2006. A solid book on biodiesel，and probably the most thorough and careful treatment of the steps and procedures in making one's own biodiesel fuel. Anyone contemplating making biodiesel at home should read this book.

McMurry，John and Begley，Tadhg. *The Organic Chemistry of Biological Pathways*. Roberts：Englewood，CO，2005. Chapter 3 includes a discussion of the biosynthesis of fatty acids.

Morrison，Robert T. and Boyd，Robert N. *Organic Chemistry*. Prentice Hall：Englewood Cliffs，NJ，1992. All modern introductory organic chemistry texts discuss ester synthesis，hydrolysis，and transesterification. Chapter 20 of this book is a fine example.

Mousdale，David M. *Biofuels*. CRC Press：Boca Raton，FL，2008. Chapter 6 provides a solid overview of the chemistry and production of biodiesel.

Starbuck，Jon. and Harper，Gavin D. J. *Run Your Diesel Vehicle on Biofuels*. McGraw–Hill：New York，2009. Many books have been published in recent years for laypersons who are reasonably handy with tools and who are interested in producing biodiesel fuel at home and/or converting a vehicle to run on biodiesel. This book has excellent illustrations and checklists of tools needed，and steps to be followed.

第6章 木材的组成与反应

不同种木材在物理特性，如颜色、密度和硬度上表现出相当大的差异。密度在一定数量级范围内变化，可从 110kg/m³（巴尔沙木）到 1330kg/m³（愈疮树）颜色上从一些枫树的近白色到名字与"黑色"同义的乌木的黑色。金氏硬度测定法（Janka test）[A]再次显示出愈疮树（硬度 20000N）和巴尔沙木（硬度 440N）的硬度极值。一些木材几乎没有明显的纹理结构，而其他的木材有非常明显的纹理结构，可以用来制作上好的家具。但是，尽管木材之间的差异性很大，所有的木材，不论是来自哪里的什么植物，都有许多共性。

所有的木材都有细胞结构，其中细胞壁是由生物聚合物构成的，其将在本章后面讨论。木材具有各向异性，沿三个主要轴向表现出不同的物理属性。这种各向异性是由于纤维素结构、木材细胞形状及其相对于树干的取向导致的。木材会因湿度和温度的变化吸收或者失去水分（也就是说，木材是有吸湿性的）。由于各向异性，水分的吸收或者失去会导致在三个轴向上具有非等同的膨胀性或者收缩性。真菌、细菌和像白蚁这样的昆虫会攻击木材，木材又具有生物可降解性，这具有优点和缺点。显然，我们不希望木材结构腐烂。但是，当采用真菌或细菌有意地降解木材中的生物聚合物以生产有用的化学或燃料产品时，这种可降解性在化学处理中很有用。

木材很容易燃烧。木头是人类祖先最先使用的燃料之一（即使不是第一的话），可以追溯到数万年前的史前时期。大约 150 万年前，人类的祖先——直立人在非洲的某些地方学会使用火。木材对很多化学物质表现出惊人的抗性，而且人们利用它对化学品和腐蚀的抗性将其作为一种建筑材料用于工业化学过程中[B]。以制浆造纸行业的经验来看，需要很剧烈的化学处理才能够快速降解木头。在制浆造纸行业中，木头与氢氧化钠和硫化钠的混合物在 175℃左右和 0.7MPa 下反应数小时变成纸浆。只要小心保存使其远离火和生物降解，木材可以留存很长时间。已知有接近 3000 年的木器存在，如在安纳托利亚（现在的土耳其）王室墓中的木制家具可以追溯到公元前 800 年。在建筑上木材不仅耐用，而且很可能是任何常见建筑材料中最好的热绝缘体。干燥的木头也是很好的电绝缘体。

木材是木本植物的材料或"所有物"（木本植物有时也被称为高等植物）。木本植物有两个特征：首先，它们有维管束，这意味着它们有专门的导管组织用于运输植物体内的液体（6.1）。

其次，它们是多年生植物，特别是那些茎或树干逐年生长的植物。三种植物被列为木本植物：乔木，一种高度超过 7m 左右且通常有一个茎或者树干的植物；灌木，高度低于 7m 且通常有多个茎的植物；以及藤本植物，木质攀援性藤蔓。

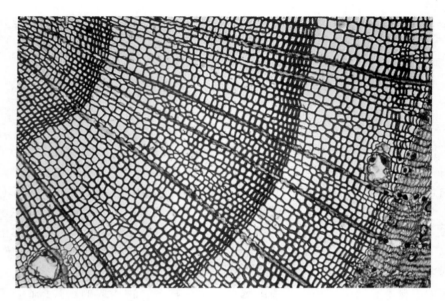

图 6.1　木材的横截面显示了维管束结构，植物体用来运输营养和水分的特定组织系统。

　　木材的主要化学成分分为四大类，第一类是聚糖。第 3 章介绍的纤维素，是葡萄糖以 β-1，4′缩醛键连接的聚合物。木材中纤维素的葡萄糖单体数量从几百到一万不等。纤维素链以平行的方式组装，形成带状结构（6.1），称为微纤丝。

6.1　微纤丝

　　纤维素在木材聚糖中约占 50％～65％。其余 35％～50％的聚糖为半纤维素[C]。在植物细胞壁中，半纤维素沉积在纤维素微纤丝之间，形成很牢固的结构。半纤维素通常被称为基质聚糖，其为纤维素的微纤丝提供了基质。这种结构类似于钢筋混凝土[D]。半纤维素的相对含量决定了木材是柔韧的还是坚硬的。半纤维素除含有葡萄糖外还有其他单糖构成。有一种半纤维素类型是以五碳醛糖为基础的，主要为阿拉伯糖（6.2）和木糖（6.3）。

这些糖形成了聚木糖类半纤维素，是硬木中主要的半纤维素。第二种类型的半纤维素是以己醛醣，即葡萄糖（6.4）、半乳糖（6.5）和甘露糖（6.6）为基础的。

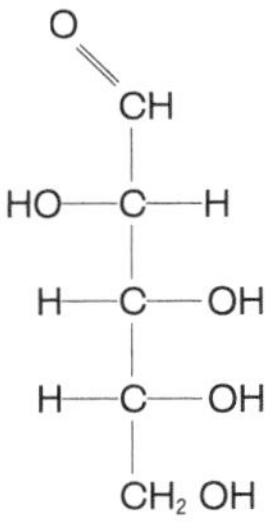

6.2 阿拉伯糖 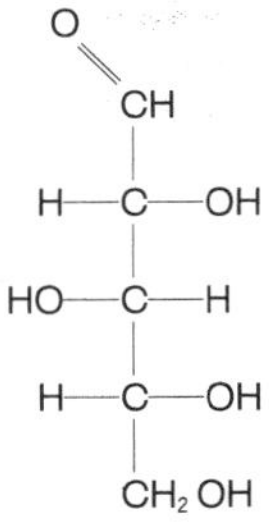　　6.3 木糖 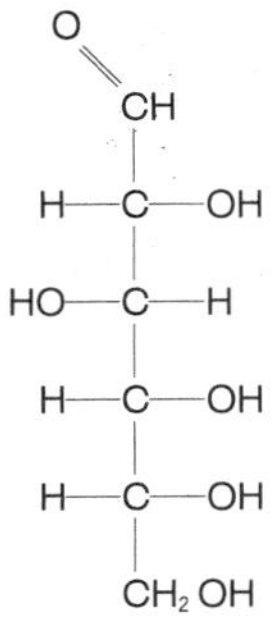　　6.4 葡萄糖 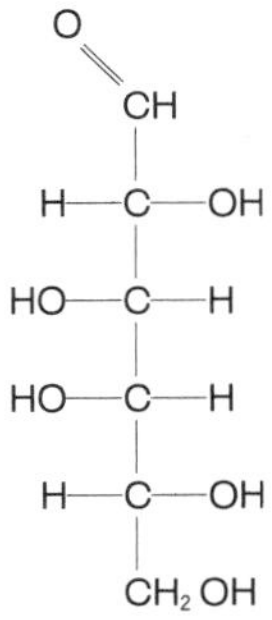　　6.5 半乳糖 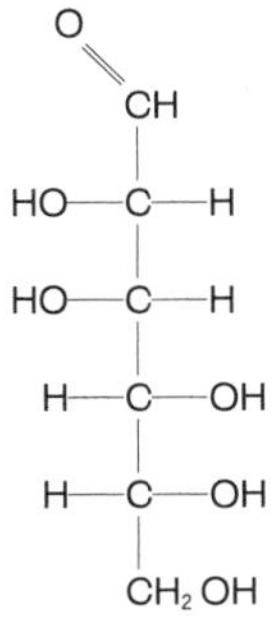　　6.6 甘露糖

这种半乳糖葡萄糖甘露糖类半纤维素主要存在于软木中。与纤维素不同，半纤维素溶易于稀碱，且很容易在稀酸中水解生成简单的单糖。

木质素是木材中第三类关键生物聚合物，是由对-香豆醇（6.7）、松柏醇（6.8）和芥子醇（6.9）三种单体形成的共聚物。

从概念上讲，木质素单体可以被认为是苯基丙烷的衍生物（6.10）。

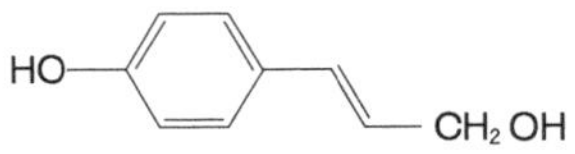

6.7 对-香豆醇 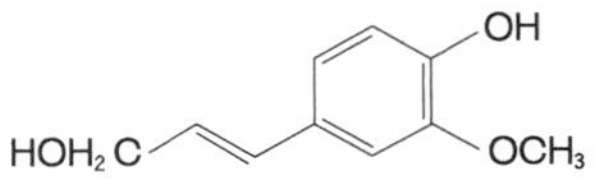　　　　　　　6.8 松柏醇

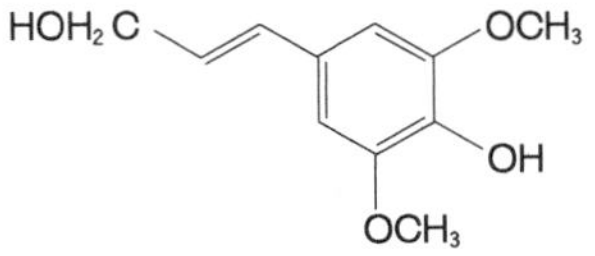

6.9 芥子醇 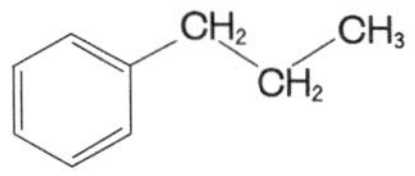　　　　　　　6.10 苯基丙烷

植物中还含有前面几章讨论的化合物——蛋白质、聚糖和脂肪。木质素通常只出现在木本植物中。木质素使植物具有结构刚性，这是树本能够直立生长而非躺倒在地上的原因之一。活体植物中的木质素是无定型聚合物。细胞壁内先形成聚糖，之后发生木质化，直到细胞不再生长。木质素占木本植物细胞壁的 $15\%\sim35\%$。木质素通过与聚糖基质相互作用进一步加固细胞壁。通过简单地比较木材和棉花的手感就可以感知这些特性——木材含有木质素，而棉花没有。此外，木质素难以溶解、难以化学降解[E]，且比聚糖更不吸湿，所以它能保护纤维素微纤丝和半纤维素不受化学和生物降解。木质素可以从聚糖中分离或提取出来，但稍有难度。

不同种类的木本植物中木质素单体的比例不同，导致木质素结构各不相同。结构（6.11）为一种木质素片段的代表性结构，改编自文献［1］。

单体的聚合反应通过自由基中间体发生（自由基及其反应在第 7 章中讨论）。这里

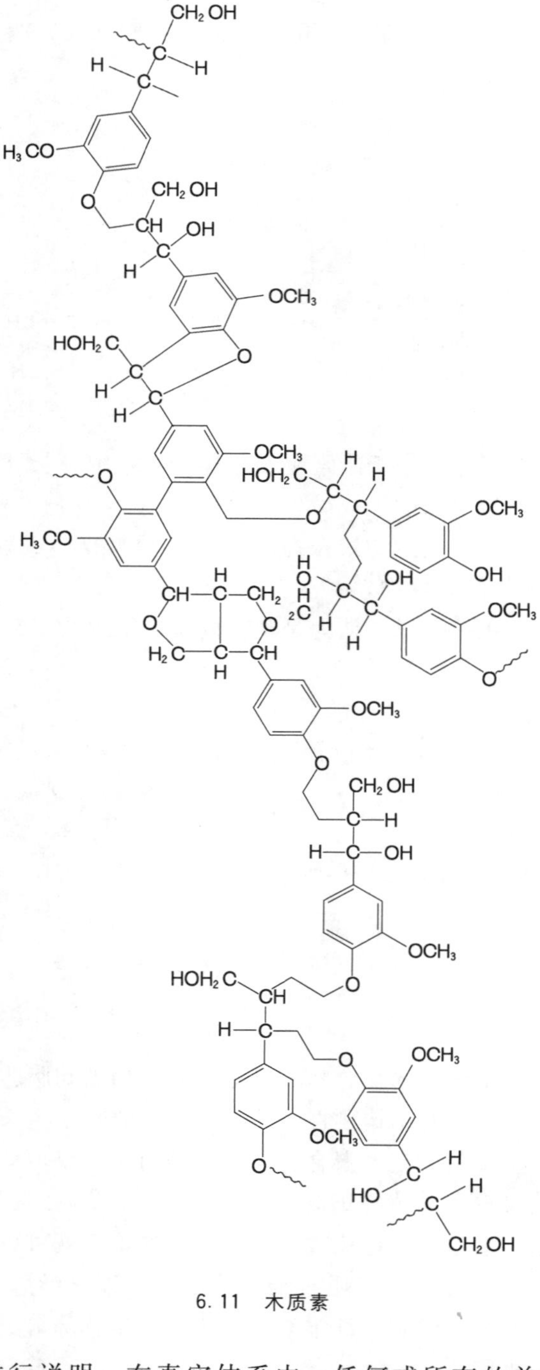

6.11　木质素

以对香豆醇作为单体进行说明；在真实体系中，任何或所有的单体都可以参与到这些反应中，并且可以以各种比例反应。反应可能首先以酚基上的氧原子形成自由基开始。自由基与侧链的双键反应生成二聚体，这个二聚体在苄基碳上有一个新的自由基位点，即

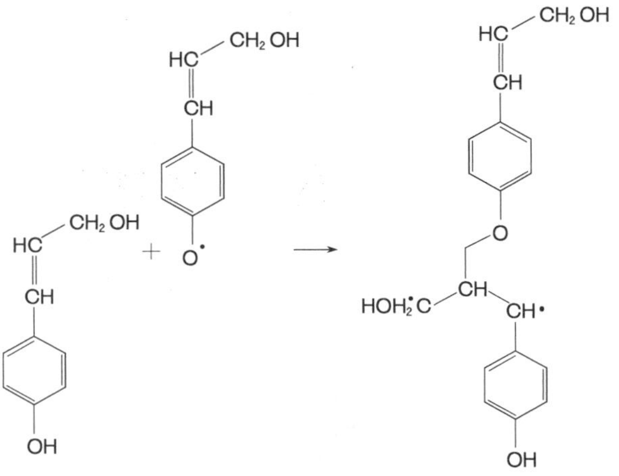

然后，二聚体的自由基反应生成三聚体，即

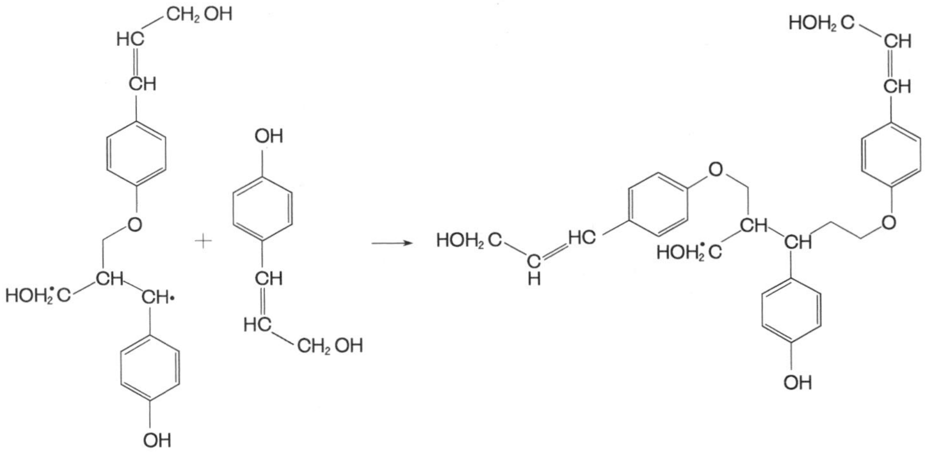

并且这个过程持续到聚合木质素结构的最终形成。

除只存在于木本植物中外[1]，木质素结构的其他方面也值得注意。木质素中大约三分之二碳存在于芳香结构中。芳香环体系很稳定，在脂肪族化合物能很好反应的条件下其可能不反应，或者只能很慢地反应。木质素的醚键连接与聚糖中的糖苷醚键连接不同。木质素中的醚键不容易水解或发生反应。因此，木质素分子比起到目前为止所讨论的其他化合物的反应性更弱。木质素结构的相对稳定性在有机质转化为化石燃料过程中具有特别的重要性（第 8 章）。木质素还含有酚类基官能团，其在乙醇或生物柴油化学中无显著作用。

所谓抽提物的化合物是指那些可以用蒸汽蒸馏或溶剂萃取从木材中提取出来的物质。抽提物通常只有木材重量的百分之几，但包含了许多种化合物，比如脂肪、游离脂肪酸、蜡、树脂、单宁、树胶、萜类、黄酮类、芪类、环庚三烯和挥发性碳氢化合物。

单宁具有复杂的多酚结构，分子量通常在 500～3000Da。单宁化合物是一些木材抽提

---

❶　译者注：事实上木质素还存在于很多非本本类的维管植物中。

物，可以用来把兽皮染成棕色，即把兽皮变成皮革。单宁包括两种类型。可水解的单宁含有被没食子酸（6.12）或者六羟基二苯基酸（6.13）酯化的葡萄糖。

缩聚单宁有寡聚或聚合结构，原花青素片段（6.14）就是一个例子。

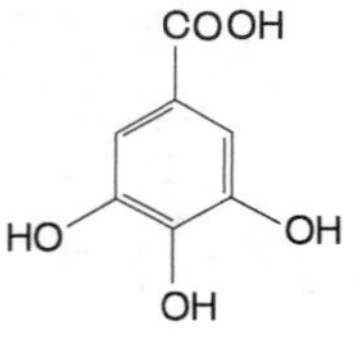

6.12　没食子酸 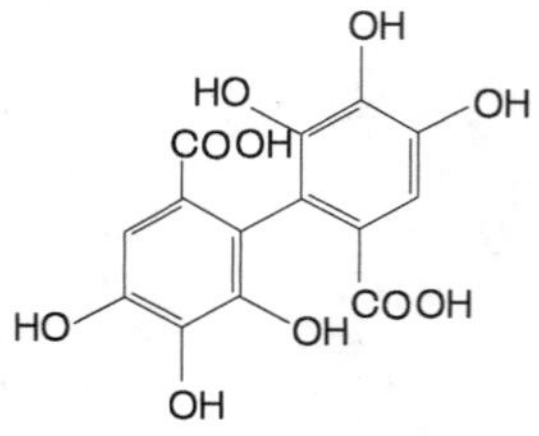　　　　6.13　六羟基二苯基酸 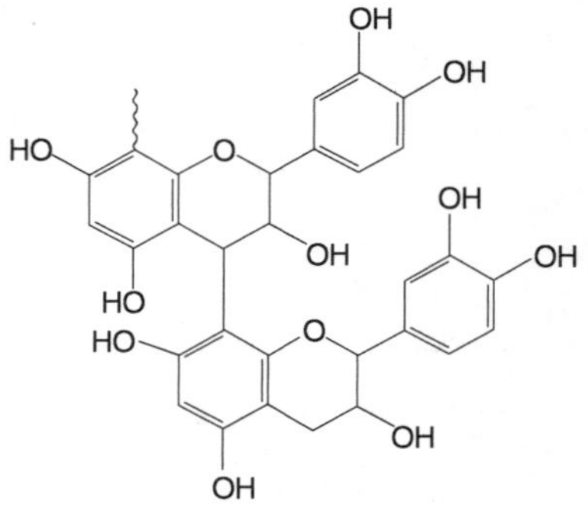　　　　6.14　原花青素

结构（6.14）中的"波形键"表示进一步的寡聚反应可能发生的位置。

萜类物质可能包含超过一万种的化合物，其衍生于一个基本的五碳结构单元，该单元的母体烃是 2-甲基-1,3-丁二烯（6.15），通常被称为异戊二烯。

树脂衍生于三萜酸，如松香酸（6.16）。

木本植物产生树脂用于伤口愈合以及防止真菌攻击。树脂通过双键发生寡聚，形成高分子量、微溶（或不可溶）的如树胶一样的物质（第 5 章）。二苯乙烯类衍生物来自于母体 1,2-二苯乙烯（对二苯乙烯），赤松素（6.17）是一个例子，即

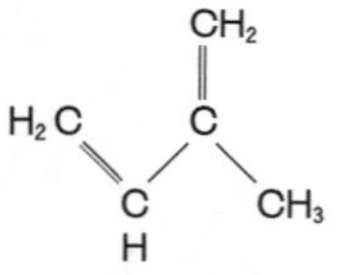

6.15　异戊二烯 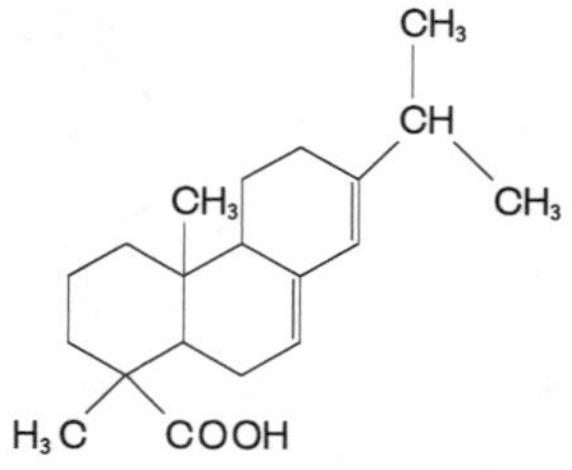　　　　6.16　松香酸 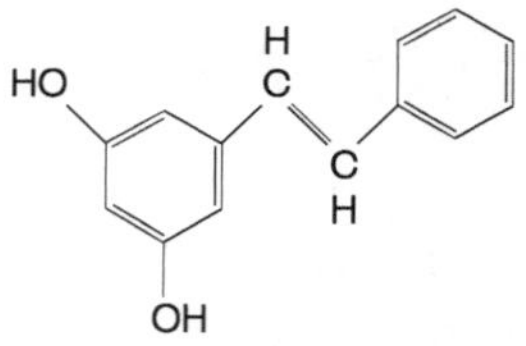　　　　6.17　赤松素

一些对二苯乙烯对攻击木材的真菌是有毒的，其他的可以阻止动物吃植物。比如，赤松素可以阻碍野兔吃松树的嫩枝。

蜡属于脂质家族，可调节水在树叶和茎上的渗透性。蜡通常是长链醇与脂肪酸形成的酯，一些蜡质可能也含有烷烃、长链醇类和脂肪酸。一个例子是来自巴西棕榈树的棕榈蜡，结构可以表示成 $CH_3(CH_2)_xCOO(CH_2)_yCH_3$，其中 x 为 22～26，y 为 30～32。巴西棕榈蜡在汽车、地板蜡、化妆品和用于制造牙印模混合物中具有商业价值。蜡中的烷烃通常有奇数个碳原子。有些植物包含相对较小的碳氢化合物，如松脂中的庚烷。植物蜡中有很大的烷烃，如 C_{27}、C_{29} 和 C_{31}。几乎所有天然脂肪酸都含有偶数个碳原子（第 5 章）。植物蜡中的烷烃的碳原子数是奇数的，表明它们是由大的脂肪酸脱羧得到的，即

$$CH_3(CH_2)_{26}COOH \longrightarrow CH_3(CH_2)_{25}CH_3 + CO_2 \uparrow$$

圆白菜叶子蜡质层中发现的二十九烷 $C_{29}H_{60}$ 就是一个例子。在夏天温暖、阳光明媚的日子，植物可以释放挥发性碳氢化合物，如异戊二烯。阳光促进这些化合物的氧化，产生一种自然烟雾，这些雾霭成为一些森林地区的特征，如美国的蓝岭和大烟山。

抽提物使得木材有特征香气和颜色。一些抽提物有巨大的商业价值，例如所谓的海军补给品[F]，如松脂和松香。松脂，也被称为松节水或者松节油，通过蒸馏松树的树脂得到。它可用作多种清漆和油的有用溶剂、涂料稀释剂或者介质，以及脱漆剂。松香是树脂中的挥发性成分被蒸馏后得到的残余物，具有广泛的商业用途，包括清漆、印刷油墨到防水剂和木头抛光剂等。对松木进行蒸汽蒸馏可获得松油，其含有多种萜烯的醇衍生物，例如雪松醇（6.18），以及多种萜烃（$C_{10}H_{16}$ 的同分异构体），例如 α-萜品烯（6.19）。

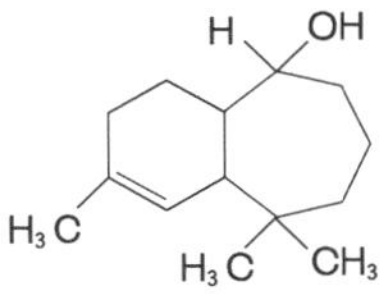

6.18　雪松醇 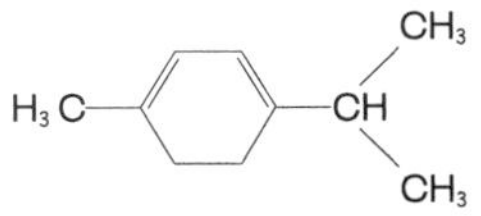　　　　　　　　　　　　6.19　α-萜品烯

松油是一种非常有用的消毒剂，在医院或公共厕所可以闻到其特殊的气味（不止是可以帮助掩盖多种令人不快的气味）。沥青是一种从木材热解中得到的高黏度残留物[G]。在航海时期，沥青在木板的黏合以及其他需要紧密黏合的地方和材料防水等应用中是极其宝贵的。

木材中含有少量的无机成分。这些无机成分被植物吸收并用于各种生化功能。例如，镁是叶绿素的重要组成部分。当木材被燃烧后，这些无机物变成了不可燃的剩余物，即灰分。木材内其实是没有灰分的，灰分是木材在燃烧过程中各种无机组分的反应产物。灰分通常占木材干重的约 $0.1\% \sim 0.5\%$。木材灰分的主要成分是碱金属和碱土金属元素，主要为钾、镁和钙[H]。

木材可以直接使用制作木料、家具和许多其他有用的木制器物。或者可以作为燃料燃烧或转化为有用的燃料或者化学品。本章剩下的部分将讨论木材或木材衍生物作为燃料使用。大量的木材还被用于生产燃料之外的产品。最值得注意的是纸制品，不过其他的材料，如玻璃纸和人造丝，也源于木材。

6.1　木材燃烧

木材作为燃料使用可以追溯到史前时代。木头是人类最先利用的主要燃料，并且一直到 19 世纪（在欧洲和美国，此时木头被煤取代）都是世界范围内的主要燃料。木材仍然是发展中国家许多地区的重要燃料，特别是家庭使用。世界上一半的人口都在使用包括木材在内的各种各样的生物燃料，用于烹饪和其他家用。可用于燃烧或者转化为其他燃料产品的木材资源不仅仅局限于新砍伐的木头，林产行业的废料，如树皮或者那些太小而不能用作木材的木头碎片，可以用作有用的燃料。林业废弃物——枯枝和砍伐树木的碎片——是木质燃料的另一个来源。

完全干燥的木材的热值大约是 18～21MJ/kg，取决于木材来自于哪种树木。由于木质素比纤维素具有更高的燃烧热值（分别是 26MJ/kg 和 18MJ/kg），木材的热值随木质素含量而变化。抽提物有更高的热值，但是它们占木材总质量的比例通常很低。尽管如此，树脂质木材比含少量树脂或者不含树脂的木材具有更高的热值。以干基重量计算的热值，单位为 MJ/kg，可以估算[3]为

$$CV = 17.5F + 26.5(1-F)$$

其中 F 是木材中纤维素和半纤维素的含量。完全干燥的木材的热值为优质煤热值的约 75%，石油热值的约 40%。但是，完全干燥的木材实际是极难获得的，因为木材收获的时候含有大量的水分，对于一些软木而言多达 40%～45%。燃烧刚收获的木材，即所谓的绿木，能提供的热量大约为 5MJ/kg。即使砍下的木材被很小心地保存不被雨淋，并且在空气中干燥数月，依然含有约 15% 的水分，这种风干的木材的热值约为 15MJ/kg。

从几个方面来讲总之，木材对于工业化前或发展中社会是一种理想的燃料。它在地球表面自然存在，所以不需要使用类似于采矿或挖掘技术来从地下开采出来。至少过去木头在世界的许多地方都广泛而丰富地存在。即使只掌握最少的燃烧原理知识就可以让木头在简单的器具中燃烧，几乎每个有过露营或者户外烹饪经验的人都有这种体验。只要有足够的火柴与耐心，几乎每个人都可以让木头燃烧起来。

固体燃料的燃烧通常分为两个阶段。燃料中的挥发性组分被火焰的热量蒸发，然后在气相均相反应中被点燃和燃烧。剩余的高含碳固体（炭）在气—固非均相中点燃并燃烧。与煤相比，木头中挥发性组分的比例通常高得多，达 80%。这一点在调整现有的燃煤设备为燃木设备，或者在评估煤与木头共燃时必须考虑到。任何燃烧室设计必须确保挥发物在炉子里完全点燃并燃烧，而不是逃逸出去了。

在开放环境或者在相对简单的家用设施中燃烧木头会产生显著的空气污染。当木头被加热到它的燃点时，挥发性组分挥发。在木头火堆附近待过的人，其身上的衣服和头发上有明显的烟味，它就来自于这些挥发性组分。部分挥发物可能对健康也有不利的影响。不完全燃烧会产生潜在的致命物——一氧化碳。烟中还含有灰分细颗粒、烟尘和部分燃烧的木头。

燃烧过程中诸如钠、钾、镁、钙的无机成分与二氧化硅、氧化铝和黏土反应形成相对低熔点的化合物。这些低熔点的产物沉积在炉内形成黏性的表面，可以积累更多的灰分，并阻碍传热。极端情况下，炉壁上可以形成融化、流动的炉渣。在流化燃烧中，低熔点的灰分组分能够加速床层中颗粒的烧结，直到颗粒变大到不能再被流化。设计和操作燃烧木头或其他生物质原料的设备时必须考虑传热表面的潜在污染、出渣和烧结。

从某种意义上说，木材是一种可再生能源，因为可以种植新树来代替已经收获的树木。与玉米、甘蔗以及油料作物不同，新种植的树木在一年之内难以长到成熟期。从历史和当前的经验得到的大量证据表明，大规模砍树用于家庭或者工业燃料会导致林区的破坏。这样的森林砍伐会带来其他很多环境问题。一种保证木材可再生供应的可持续策略是从专门种植和管理的林地中循环砍伐以定期收获木材，这种做法被称为矮林作业。杂交杨树和柳树都适合矮林作业。根据所种的树种不同，收获循环周期约 7～20 年。

6.2 木材热解

6.2.1 木炭

我们发现火没有将木材完全燃烧，留下了黑的、脆的残留物，这些残留物如果重新被回收并再次点燃，也是很好的燃料。这种残留物我们现在称之为木炭。最终人们发现木炭残渣的产生是因为没有足够的氧气（空气）来使木头完全消耗。基于这种发现，有意在缺乏空气的情况下加热木头或者在空气严格受限的条件下燃烧木头可以制备木炭。同时，人们意识到在木材转化为木炭过程中被"煮"出来的一些挥发性组分同样有利用价值。

木炭以及接下来将要讨论的化学品的生产涉及热解，即通过热使化合物分解。因为热解过程将木材转化为高碳质材料，即木炭，因此这个过程也被称为碳化过程。因为挥发性化合物已经逸出，但残余的非挥发性物质发生明显改变，因此该过程又被称为干馏。木材的活跃热分解在250℃左右开始。工业碳化在500℃左右进行。

木炭是一种很好的燃料，它有非常高的热值，大约30MJ/kg，相当于最优质的煤的热值，是风干木材热值的两倍。纤维素、半纤维素和木质素有很多含氧结构。在碳化过程中，因加热挥发的组分带走了很大一部分氧。因此残余木炭的热值比木材原料的热值高。木炭的硫含量为零，因此燃烧过程没有二氧化硫排放的问题。木炭燃烧的火焰干净且无烟。这些因素使得木炭比木材更适合于家用以及陶瓷烧制等工业应用，因为陶瓷这样的产品须避免燃料燃烧产物带来的污染。砖窑和石灰窑同样也用木炭烧制。不过，如果空气供应不充足，木炭燃烧会产生大量的一氧化碳。

木炭不像纤维素，其并没有像纤维素特有的分子结构。它甚至没有像半纤维素和木质素那样可以近似的结构。木炭含有很高比例的碳（75%～100%）。大部分或者所有的碳都在芳香结构中。商业木炭来自于400～500℃下的干馏。它含有高达25%的不完全碳化的有机化合物，且可能含有氢和氧。木炭得率取决于木材原料、含水率以及特定的工艺条件。最好的情况下，制作木炭的获得率为30%～40%。

木炭生产中需要燃烧部分木材来提供必要的热量以碳化剩余部分。因此，该过程并不经济，在前工业化社会可能尤其是这样。木炭生产的最简单方法是在地面上或者坑里堆起一堆木头，然后点燃，再通过热碳化未燃烧的木头。

这个粗糙又迅速的方法可能达到350～500℃的温度。木炭的获得率可能还不到初始木头用量的25%，也可能只有10%。现代的过程控制和质量控制的工程概念还没有应用到早期的木炭生产中，所以不同批次的得率与产品质量都不一样。当小心地碳化木材时，正如泰国永久建筑的砖窑所使用的那样，木炭获得率提高到40%，并且每吨净重木炭的生产成本比更初级的方法低了约三分之一。

除了直接作为燃料使用，木炭自古以来还在冶金行业上被用作还原剂。其最先用于铜的生产，用来生产青铜合金，然后是铁的生产。木炭用于冶金有几个优点，包括几乎不含杂质，如磷或硫（这些杂质会污染金属），以及在通风炉中能够获得2000℃左右的温度。不幸的是，木炭在冶金上的应用会消耗大量的木材。罗马铜冶炼以每天净生产1t铜的生产速率，每年消耗约5000hm² 的森林。18世纪的英国高炉生产300t铁需要约12000t木材[2]。冶金行业的扩张导致欧洲许多地方的森林被过度砍伐。如今，木炭作为还原剂的唯一主要应用是在巴西的钢铁行业。

木材有细胞结构，其特征是具有为流体提供通道的维管束组织。当木材小心地碳化以后，细胞壁和维管束的"管道"可以保留在固体产品中。因此，木炭通常是高度多孔的。木炭的总表面积，包括所谓的形成细胞壁孔的内部表面，可达 $200\sim300m^2/g$。这些多孔木炭用于净化液体或气体格外有用。即使是一个制备粗糙的木炭在这方面也有一些用处。许多研发都致力于制备被称为活性炭的特殊吸附剂，它有设计好的孔径和表面积以吸附特定的某些和某类化合物。活性炭的表面积可以超过 $1000m^2/g$。从木材（和其他原料，包括煤）生产活性炭的产业不断增长，预计每年增长 5%～10%。在可预见的未来似乎仍会如此，因为世界各国越来越重视环境保护或修复，而活性炭在这些方面有很重要的应用。

碳化过程会赶走水分、抽提物衍生的或者生物聚合物热解生成的许多低分子量有机物。碳化过程的冷凝蒸汽会产生一种被称为木醋的水溶液。它是一种由多达约 50 种小极性（因此可溶于水）有机物组成的稀溶液。这些化合物中，得率最高且商业应用上最重要的是醋酸、丙酮和甲醇。其他的产品包括乙醇和 2-丙烯-1-醇（烯丙醇）。曾有一段时间硬木的碳化是醋酸、丙酮和甲醇的主要来源，这些产品都有重要的化学用途。但是，随着对这三种产品的工业需求已经增长到不能靠木材碳化来满足，人们又开发出了别的方法。

碳化也形成浓缩的非水有机物质。这些物质通常被称为木焦油，木焦油一词指的是一种复杂的有机化合物的混合物[1]，通常是黏性的高分子量物质，由热解或干馏产生。焦油可以分离得到沸点低于 200℃ 的轻油、沸点高于 200℃ 的重油和沥青。轻油是醛类、羧酸、酯类和酮类的混合物。重油包含各种各样的酚衍生物，其用途之一是作为木材的防腐剂（如用于铁轨上的枕木），被称为木焦油杂酚油或者木馏油。

6.2.2 甲醇

甲醇是历史上从木醋中回收的最重要的化合物之一。它的俗名，木醇，反映出了这一点。甲醇可作为一种有用的工业溶剂，也可作为工业原料合成几种有机产品，如甲醛、醋酸。全球化工行业每年消耗超过 4000 万 t 甲醇。在木材热解中，甲醇来源于两个方面：木质素的脱甲基化和气相反应。气相反应为

$$CO+2H_2 \longrightarrow CH_3OH$$

$$CO+3H_2 \longrightarrow CH_3OH+H_2O$$

甲醇还曾不时被建议作为一种潜在的机动车燃料。甲醇在该应用上的利弊会在后面的第 21 章中介绍，即甲醇的现代工业合成。我们不能期望木材热解获得满足当前化学工业需求的甲醇用量。以硬木为原料，从木醋中得到的甲醇得率约为 20L/t 干木材，如果以软木为原料，只有约 10L/t 干木材。仅满足全球化学工业对甲醇的需求就需要每年消耗 25 亿 t 干硬木。如果加之燃料级别的甲醇需求，情况则会更糟糕。

6.3 木材气化

现在大部分甲醇是从天然气，特别是甲烷制备的。虽然该过程技术上很成功，并且可以在全球范围内大规模实践，但是它依赖于化石资源而非可再生原料。天然气是一种优质

的气体燃料，因此将天然气从燃料市场转移出来，用于合成化学产品的做法是存在争议的。

木材气化涉及蒸汽与木材组分的反应。在不考虑无机成分和忽略少量氮元素（硫含量为零）的情况下，完全干燥的硬木的经验式是 $C_{48}H_{68}O_{32}$。相同情况下，软木的是 $C_{45}H_{62}O_{26}$。相应的与蒸汽的反应可以写为

$$C_{48}H_{68}O_{32} + 16H_2O \longrightarrow 48CO + 50H_2$$
$$C_{45}H_{62}O_{26} + 19H_2O \longrightarrow 45CO + 50H_2$$

该过程需要考虑两个相关的重要但非常不同的地方。首先，含碳原料与蒸汽的反应非常重要且用途广泛，因为几乎所有含碳原料都可以发生[J]。这个反应的方方面面反复出现在关于天然气、石油和煤化学的讨论中。其次，即使木材可以认为是如这些经验式所示的简单化合物，实际反应也不会如此简单。有些木材可能在与蒸汽反应之前就发生热解，有些可能燃烧。因此会形成许多气态和冷凝产品。

木材气化的重要和期望的产品是一氧化碳和氢气混合物，被叫作合成气。这个名字源于合成气体可以用来合成很有用的产品，包括甲醇和液态烃。这些合成反应的化学原理和技术将在后面进行探讨，即当前从天然气合成甲醇和从煤合成液体烃类的内容（第21章）。木材转化成合成气为采用生物质而非化石燃料资源来大量生产甲醇提供了一条潜在的路线，并且比从木醋中分离得到的甲醇更多。

木材气化合成甲醇包括的反应为

$$CO + 2H_2 \longrightarrow CH_3OH$$

第21章将讨论该反应的工业化运行、反应条件以及催化作用。前两个反应式表明木材产生的合成气与甲醇合成所需的合成气在化学计量关系上并不匹配。基于木材的经验分子式，气化过程产生的合成气中 H_2/CO 比大约为1，但是合成甲醇需要二者的比例为2。幸运的是，有一个相对简单的方法来解决这个明显的问题，即水煤气变换反应为

$$CO + H_2O \Longleftrightarrow CO_2 + H_2$$

水煤气变换是一个平衡反应，这使得它可以应用勒夏特列原理驱动反应向需要的方向移动，来提高或者降低 H_2/CO 所需的比例，从纯CO到纯 H_2[K]。因此，从木材（或其他生物质）到甲醇的路线包括气化、水煤气变换以及甲醇合成。

这种将生物质转化为甲醇的方法是燃料化学强大力量的第一个例子。只要有合适的反应器设计，几乎所有含碳原料，生物质或化石原料，都可以转化为合成气。然后通过水煤气变换，合成气的 H_2/CO 比可以转变到任何想要的值。最后，转换气可以用来产生各种各样的燃料和工业化学品，包括甲烷、甲醇和各种液体烃。

其他用于气化的固体原料是煤（第19章）。木材气化需要不同的燃料备料设备，因为煤通常是脆性固体，而许多木材和其他形式的生物质是纤维质的。然而，木材一旦减小到适当的尺寸且足够干燥，其具有对蒸汽和氧气要求较低、下游气体转换更少的优点。此外，木材不含硫，下游操作不需要从气体中除去硫化氢。原料收集以及运输到加工厂的经济性限制了木材气化设备的规模。经济上可行的收集和运输的最大半径随经济模型的假设条件不同而有所差别，但一般在 $50 \sim 160km$。

在一些国家人们认为生物质的燃烧是不会增加二氧化碳排放的，原理是下一轮植物的

生长会消耗大气中的二氧化碳，这些二氧化碳与使用生物质产生的二氧化碳量相当。如果没有二氧化碳捕获技术，煤气化厂就是一个大型的二氧化碳排放源。煤与木材的混用，不管是在同一个反应器中共同气化，还是煤与木材分别在不同的平行气化炉中气化，是减少气化厂二氧化碳排放（或者所谓的碳足迹）的一种策略。

6.4 木材糖化和发酵

木材中的聚糖可以被分解成简单单体——戊糖和己糖。之后，己糖可以被酵母中的酶发酵生成乙醇。原理与第 4 章讨论的一样。实际上，将纤维素与其他木材成分分开，然后将纤维素水解成己糖才是最主要的挑战。而且，半纤维素水解得到的戊糖通常不能被发酵。

贝吉乌斯-莱瑙工艺[L]用 40%～45%的盐酸水溶液逆流处理干木头片。最后得到的溶液含有约 25%的糖以及各种低聚糖，糖得率大约为 65%。真空蒸馏回收盐酸并循环使用，得到糖的水溶液。喷雾干燥后得到固体糖，随后在 2%的稀酸溶液中水解得到单糖作为发酵反应器的原料（该过程得到的糖同样可以供人类使用）。

麦迪逊工艺用 0.5%的硫酸水溶液与锯末、木屑在 130～180℃和 1MPa 压力下反应。溶液中大概含有 5%的糖和 5%的残酸，残酸采用氢氧化钙中和。该过程的糖得率约为纤维素的 50%，其可转化获得乙醇得率 250L/t。贝吉乌斯-莱瑙工艺可以得到乙醇得率高达325L/t。

注释

[A] 金氏硬度测定法是测定将直径为 11.3mm 的钢球嵌入到物体中的深度等于其直径一半时所需要的力。金氏硬度数据的一个实际应用是用于选择作为地板的木材。

[B] 木材被用作燃料或者化学处理过程的材料时，也有很严重的缺陷。当木材与几乎任何化合物的浓的水溶液接触时，木材中的水会跑到溶液中，即脱水，进而发生严重皱缩。热的酸或碱水溶液会缓慢水解木材中的纤维素和半纤维素。

[C] 半纤维素这个术语是 19 世纪 90 年代瑞士农业化学家恩斯特·舒尔茨（1840—1912）发明的，他错误地认为半纤维素是更小的、聚合度更少的纤维素，前缀“hemi-”意味着一半。尽管我们现在知道舒尔茨的半纤维素结构模型是错误的，但还是沿用了这个名称。

[D] 钢筋混凝土是添加了另一种材料来提高整体强度的混凝土。通常，遭受挤压的时候混凝土很坚固，但当遭到拉伸时就很脆弱了。因此，加固的目的是要提高抗拉伸强度。最常见的方法是使用钢筋或钢网来达到这个目的。钢具有很好的抗拉强度。对于钢筋混凝土块，混凝土具有抗压强度，而钢筋具有抗拉强度。在最坏的情况下，如果混凝土裂了，加固材料可以把这些碎块支撑在一起。

[E] 在这里，可以看到缩醛和半缩醛中醚键相对于常规醚键反应性的化学结果。醚是木质素结构单体之间的重要结合键。醚键对于水解的抗性是木质素比聚糖具有更低反应性的重要原因。

［F］ 在那些大多数船只是由木头制造的时期，船里或船上各种有用的产品都来自松木。由于它们与普遍的木船相连关系，这些产品通常以松脂制品著称。它们包括用作密封剂的沥青、用作溶剂和机动车涂料的松节油以及用来制造清漆、封蜡和木材抛光剂的松香。

［G］ 和焦炭一样，沥青是一个燃料化学术语，其出现与几种燃料原料有关。沥青黏度很高，常温下看起来像固体，且通常是芳香族的，是非常有用的黏合剂或密封剂。但来自木材的沥青与来自石油残留物以及来自煤焦油的沥青在物理性质或化学组成上都不一样。

［H］ 木材中含有钾，这使得木材灰分对于脂肪和油的皂化（基于碱的水解）制备肥皂非常有价值。人们用木材作为家庭供热和烹饪后可以保存灰分，然后通过将灰分浸泡到热水中来生产氢氧化钾溶液。如果还保存废弃食用油和脂肪，这些材料与氢氧化钾反应为自制肥皂提供了非常有用的（而且基本免费的）源料。该过程最重要的是要确保没有游离的 KOH 残留在肥皂中。游离氢氧化钾的苛性非常强，不仅可以除去污垢和污渍，也会损伤皮肤和皮下组织。

［I］ 就像沥青一样，焦油是另一个经常出现在燃料化学中的术语。其通常指热解后黏性的、芳香的产物，但组成和物理性质随原料和热解条件变化很大。

［J］ 这并不是意味着在相同的硬件条件下各种含碳原料都可以被气化。反应器的设计必须与原料特点相适应。除此之外，原料的物理状态（固态、液态或气态）对反应器的设计和操作都有重要影响。后续讨论天然气的蒸汽重整与煤炭气化时会再提到这些方面。

［K］ 在工业处理过程中，通常不需要转换整个气体物流，只要有足够的气获得所需要的 H_2/CO 比值即可。一部分合成气可以不经过转换反应器。第 20 章会重新提到这点。

［L］ 该工艺是由弗里德里希·贝吉乌斯（1884—1949）开发的，现在更为人们所知的是他在煤液化方面的工作，第 22 章还会再讨论。

参考文献

［1］ Goodwin，T. W. and Mercer，E. I. *Introduction to Plant Biochemistry*. Pergamon：Oxford，1983；page 69.

［2］ Smil，Vaclav. *Energy in Nature and Society*. MIT Press：Cambridge，2008；page 191.

［3］ Modified from Tillman，David A. *Wood as an Energy Resource*. Academic Press：New York，1978；page 68.

推荐阅读

Breitmaier，Eberhard. *Terpenes*. Wiley - VCH：Weinheim，2006. A short monograph on these compounds，recommended for those seeking more detailed information on this extensive family of plant components.

Goodwin，T. W. and Mercer，E. I. *Introduction to Plant Biochemistry*. Pergamon Press：Oxford，1983. This excellent book has a wealth of additional information on the composition，biosynthesis，and reactions of the many types of compound discussed in this chapter.

Higman，Christopher and van der Burgt，Maarten. *Gasification*. Elsevier：Amsterdam，2008. Chapter 5 of this fine book discusses aspects of biomass gasification.

Mauseth，James D. *Botany*. Jones and Bartlett：Sudbury，MA，1998. Chapter 8 has a useful discussion， supplemented by numerous excellent illustrations, on the structure of wood from a botanical perspective.

Ryan, John Fuller. *Wartime Woodburners*. Schiffer Military History: Atglen, PA, 2009. The well - known adage that "necessity is the mother of invention" is amply illustrated in this book, which discusses the use of gas produced from wood as a motor vehicle fuel - in effect, how to convert a vehicle (including motorcycles) into a rolling wood gasifier.

Tillman, David A. *Wood as an Energy Resource*. Academic Press: New York, 1978. Though some sections, on current uses and forecasts, are now out of date, this book remains a very useful review of the applications of wood as fuel.

Young, Raymond A. Wood and wood products. In: *Riegel's Handbook of Industrial Chemistry*. (Kent, James A., ed.) Van Nostrand Reinhold: New York, 1992; Chapter 7. A comprehensive review of the reactions and processes of wood in the chemical industries, with much useful information on processes - such as pulp and paper manufacturing - not covered in this book.

第 7 章　反 应 中 间 体

反应的中间体中如果碳的价态大于常见的四价，该物质一般具有高反应活性。已知的反应中间体有五种：碳鎓离子[A]，其中碳为五价，例如甲鎓离子 CH_5^+；碳正离子；自由基；碳负离子，其中碳为三价；以及二价碳烯。燃料化学中最重要的反应中间体为碳正离子和自由基。

7.1　键的形成与解离

当一个化学反应的最终效应是一个或多个化学键断裂时，总反应毫无例外地是吸热反应。如果反应机制中基元反应之一为键断裂反应，即使总反应是放热反应，该步骤则仍然一定是吸热反应。

假设有两个普通原子 A 和 B 从无限远距离（在原子尺度上的"无限"距离，例如可能是 1mm）互相靠近。开始时，它们之间没有相互作用。当接近到一定距离时，两者开始相互作用，此时，A—B 系统的势能比两个单独的 A 原子和 B 原子势能之和要低。势能继续降低，直至两者之间形成键。继续减小 A—B 间距离，两个原子电子云排斥将导致势能迅速增加。

莫尔斯势能曲线是描述势能与原子间距离关系的曲线[B]，如图 7.1 所示。

最低能量状态，基态，并不是正好处在"势阱"的最底部。势阱最底部的点为零点能量，为避免违反海森堡不确定性原理，该点键能量设定为绝对零点[C]。增加键的能量（一般为热能）将促使系统达到较高的振动能量状态，如图 7.2 所示。

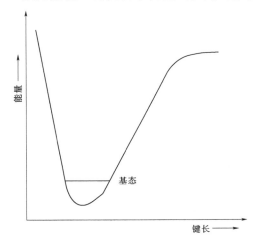

图 7.1　势能曲线，或莫尔斯曲线，显示了势能是假定分子的原子间距离的函数。水平线为振动能量基态。

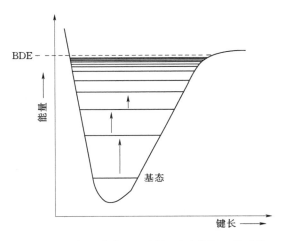

图 7.2　增加系统能量，例如通过热能，使系统振动能量持续增加，直到振动能量与两原子相处"无限"远时的能量相同。

继续增加键的能量，系统振动能量越来越高，直到振动能量与两原子相处"无限"远时的能量相同。该状态下能量大小不足以使两个原子保持成键，二者随之分开。此时的能量就是键解离能量 BDE。连续的能态能量高于键的解离能。每一个共价键具有特定的键解离能。普通的共价化学键 A∶B 有两种断裂方式。在均裂时，共用电子均等地分配给成键的两个原子，即

$$A\text{:}B \longrightarrow A\cdot + \cdot B$$

而在异裂过程中，共价键断裂时，共用电子对完全转移给成键原子中的某个原子，即

$$A\text{:}B \longrightarrow A^+ + \text{:}B^-$$

分子中某一键均裂还是异裂，决定于反应条件以及与分子反应的试剂（如果有的话）。燃料化学中键的均裂最常见的是由热或者自由基反应来引发的。虽然在燃料化学中不常见，但是其他因素也能引发均裂，例如光线（光解）、X-射线、γ-射线或电子束（辐解）。虽然自由基反应对异裂没有影响，但是酸碱催化剂能够加速异裂。光线对异裂反应也没有影响。极性效应，例如对溶剂极性的敏感性，对自由基反应的影响比对相应的离子反应影响要小。

7.2 自由基

19 世纪和 20 世纪初，"自由基"这个术语特指分子的一部分，例如可以说二甲苯分子 $C_6H_4(CH_3)_2$ 包含两个甲基自由基。那个时候，形容词"自由的"用来区分单独存在的物质，例如甲基自由基 $CH_3\cdot$。现在"基团"用来描述分子的一部分，例如二甲苯中的两组甲基。因此，虽然仍然经常用形容词"自由的"，但是，严格来讲该词不是必须的。

7.2.1 引发反应

均裂是热诱导（即非催化）烃分子键断裂的主要方式，产物是自由基。自由基具有三个特点，即分子中至少有一个未配对电子、电荷中性以及通常具有高反应活性。两个原子结合形成共价键释放能量，即新产物分子的焓比两个单独原子的低。例如，两个氢原子结合形成双原子氢分子 H_2，该反应是强放热反应，焓变为 $-435kJ/mol$。因此，键断裂反应是吸热反应，必须提供能量来断裂共价键。均裂键的解离能与单独的原子成键释放的能量刚好相等。表 7.1 列举了燃料化学中重要的键解离能。

表 7.1　均裂键解离能（kJ/mol，25℃）[1]，断裂键用破折号表示。

键	能量	键	能量
H—H	435	CH_3—CH_3	368
CH_3—H	435	CH_3CH_2—CH_3	356
CH_3CH_2—H	410	CH_3CH_2—CH_2CH_3	343
$(CH_3)_2CH$—H	395	$(CH_3)_2CH$—CH_3	351
$(CH_3)_3C$—H	381	$(CH_3)_3C$—CH_3	335
$C_6H_5CH_2$—H	356	CH_3—OH	383
CH_2＝$CHCH_2$—H	356	CH_3O—CH_3	335
CH_2＝CH—H	452	HO—H	498
C_6H_5—H	460	CH_3CH_2O—H	431

这些值仅针对均裂反应。任何键的实际解离能决定于键断裂时的分子内化学环境。因此，任何给定的键，例如 C—H，在不同物质中的解离能存在微小差异，其反映了物质结构的区别。

在燃料化学的大多数反应中，驱动均裂的能量来自于热，即这些过程为热解过程。

在烷烃中，分子量越大，C—C 键均裂越容易进行。癸烷、十六和三十二烷（$C_{32}H_{66}$）在 425℃的 C—C 键相对断裂活性为 1∶1.85∶3。该特性对于石油组分的热解加工具有重要意义（第 16 章），因为高沸点组分的大分子烷烃比低沸点组分更容易断裂，即裂化。

燃料化学中的许多化合物含有多种键，通常加工处理的是不同化合物的混合物。当温度达到某种化合物的热解温度时，其他类型的键也会断裂。此外，热解中间产物可能发生一个或多个后续反应。因此，热解过程的产物经常是一个复杂的混合物。如果要求某一产物具有较高的收率时，这些热解产物则较少有用。形成自由基的第二条路线是一个稳定的分子与已有的自由基反应，例如

$$A:B + X \cdot \longrightarrow A:X + B \cdot$$

如果自由基与非自由基分子（即分子中所有电子自旋都配对）反应，产物之一必然是自由基。这些反应分为两类：自由基从中性分子获得一个原子（经常是氢原子），或者自由基加成到双键上。无论哪种情况，自由基都能够进入其他反应，这些反应经常是连续反应。由于从稳定分子生成自由基的反应可引发后续的一系列反应，因此生成自由基的反应被称为引发反应。均裂键离解能可以用来评估自由基的相对稳定性。生成自由基所需的能量也越多，自由基吸收的能量越多，其势能也越高。稳定性与势能成反比，因此伯自由基比仲自由基更稳定，其原因在于生成伯自由基的能量较低（自由基稳定性是指相对于其来源烃的稳定性）。该结论同样地也适用于生成叔自由基、甲基自由基和其他类型的自由基。自由基越稳定，其形成也越容易。随着产物自由基稳定性增加，某一键均裂的可能性增加。此外，在许多涉及自由基的反应中稳定性也决定了反应活性。

甲烷分子中，四个 C—H 键涉及碳原子 sp^3 杂化轨道。形成自由基时将剩余三个 C—H 键的轨道杂化改变为 sp^2 杂化。自由基变为平面结构，未配对电子占据与三个 C—H 键平面垂直的未杂化的 p 轨道。从四面体向三方结构变化过程中烷基数目越多，生成热就越少。

乙基自由基可看作是甲基自由基的一个氢原子被—CH_3 基团取代，—CH_3 取代基的一个 sp^3 杂化轨道中的电子对与含有未配对电子的碳原子中未填满的 p 轨道相互作用，会发生电子离域。这种类型的电子相互作用称为超共轭，其对自由基具有稳定作用。增加超共轭的机会则能增加其稳定性。仲异丙基自由基 $CH_3CH \cdot CH_3$ 可看作是甲基自由基的两个氢原子被—CH_3 基团取代。在叔丁基自由基（CH_3）$_3C \cdot$ 中，该效应更明显。超共轭电子相互作用可解释所观测的自由基的稳定性顺序，即叔基＞仲基＞伯基＞甲基。

7.2.2 增长反应

自由基一旦形成，将经历许多反应。自由基反应经常会在产物中形成新的自由基，其相应地也经历类似的反应，有些自由基反应的产物中会形成"第三代"自由基。由于能够让一系列自由基反应持续进行，生成新自由基的自由基反应被称为增长反应。一系列这样

的反应也被称为链式反应，其中每个反应过程的产物都是后一个反应过程的反应物。增长反应的活化能较低，如果这些反应的能垒高，反应自由基可能在后面所述的终止反应中快速消耗，使链式反应快速终止。

夺氢反应涉及从自由基中转移氢原子，例如

$$CH_3CH_2CH_3 + \cdot CH_3 \longrightarrow CH_3CH \cdot CH_3 + CH_4$$

甲基自由基与丙烷的简单反应也强调了夺氢反应决定于分子中氢原子的位置，即该原子是否为伯氢、仲氢或叔氢。甲基自由基与 2-甲基丙烷（异丁烷）的类似反应会更快，即

$$(CH_3)_3CH + \cdot CH_3 \longrightarrow (CH_3)_3C \cdot + CH_4$$

夺取叔碳上的氢原子比仲碳上的更快，相应地，仲碳上的氢比伯碳上的更容易被夺取。夺氢反应速率的这种排序决定于相应的 C—H 键能。异丙醇中的叔碳与氢原子的键能为 385kJ/mol，丙烷中仲碳的 C—H 键为 397kJ/mol，乙烷中 C—H 键能提高至 410kJ/mol。

夺氢反应可以用来衡量不同类型自由基的相对稳定性。乙基自由基与丙烷和甲烷的混合物反应，可能发生两个反应，即

$$CH_3CH_2 \cdot + CH_3CH_3 \longrightarrow CH_3CH_3 + CH_3CH_2 \cdot$$

或

$$CH_3CH_2 \cdot + CH_4 \longrightarrow CH_3CH_3 + \cdot CH_3$$

事实上，能够发生的反应毫无例外总是第一个反应，说明乙基自由基，即伯自由基（1°），比甲基自由基更稳定。从此处讨论的反应以及被测试的许多类似反应结果可以建立自由基稳定性的顺序，即

$$苄基 \approx 烯丙基 > 3° > 2° > 1° > 甲基 > 乙烯基 \approx 苯基$$

了解自由基稳定性的排序有助于预测自由基反应的过程和结果。

夺氢反应中新形成的自由基能够再次参与其他的夺氢反应，或者其他的自由基反应。

氢封是一类特殊的夺氢反应，其中特意地将外部氢来源作为氢源。氢气（H_2）是一种外部氢源，这类反应可描述为

$$R—CH_2 \cdot + H_2 \longrightarrow R—CH_3 + H \cdot$$

随后可能发生

$$R—CH_2 \cdot + H \cdot \longrightarrow R—CH_3$$

或者，氢供体化合物提供 $H \cdot$，其中一个或多个氢处于容易被夺取的位点。典型的氢供体是 1,2,3,4-四氢化萘，俗称萘满。虽然很多化合物是比萘满更好的氢供体，但是在许多实验室研究中，特别是煤直接液化（第 22 章）领域，通常选择萘满作为氢供体。萘满失去 H·后形成苯甲基自由基，即

失去第二个 H·生成 1,2-二氢化萘，即

新形成的双键与芳香环共轭。剩余的两个 sp^3 碳原子失去氢原子后形成另一个苯甲基自由基和一个烯丙基自由基。由于烯丙基和苄基失去氢原子会形成共振稳定化的自由基，所以在夺氢反应中这些氢原子很容易发生反应。因此，这两个剩余的氢原子很容易被夺取。总反应为

$$\text{（反应式：萘满 } +2R^{\blacksquare} \longrightarrow \text{ 萘 } +2RH\text{）}$$

1,2-二氢化萘如此容易失去剩余的两个氢原子，以至于在萘满作为氢供体的反应中即使有 1,2-二氢化萘，也很难被分离出来。

β 键断裂反应会造成分子断裂或破碎。可以用 1° 自由基来说明 β 键断裂反应，即

$$R-CH_2-CH_2-CH_2\cdot \longrightarrow R-CH_2\cdot + CH_2=CH_2$$

在含有自由基分子中的 β 碳原子处发生键断裂，1° 自由基经历 β 键断裂后形成乙烯和减少了两个碳原子的新 1° 自由基。2° 自由基在 β 键断裂后倾向于形成长链自由基产物。例如

$$CH_3CH_2CH_2CH\cdot CH_2CH_2CH_2CH_2CH_2CH_3 \longrightarrow CH_3CH_2CH_2CH_2CH_2\cdot +$$
$$CH_2=CHCH_2CH_2CH_3$$

比下列反应更容易进行，即

$$CH_3CH_2CH_2CH\cdot CH_2CH_2CH_2CH_2CH_2CH_3 \longrightarrow CH_3CH_2\cdot +$$
$$CH_2=CHCH_2CH_2CH_2CH_2CH_3$$

当形成特别稳定的自由基产品时，会出现例外的情况，例如苯甲基自由基比新的 1° 自由基更容易形成。

1° 自由基的 β 键断裂可以生成新的、更短的 1° 自由基和乙烯，且在合适的反应条件下，反应可以继续发生，生成新的、更短的 1° 自由基和更多的乙烯。通过选择适合的反应条件，例如，高温有利于吸热断键反应，而低压利于气体合成反应，可以通过 β 键断裂反应将烃蜡等大分子物质转化为高得率的乙烯。该过程称为蜡裂解或"拉链断裂"。由于乙烯是全球最重要的工业有机物，因此该过程具有巨大的商业价值。

反应自由基能够与许多不饱和化合物进行加成反应。加成位置倾向于发生在取代基最小的位点，以形成更稳定的自由基中间体。

自由基反应与碳正离子反应的区别将在后面讨论，主要区别在于烷基自由基不发生碳结构重排。有些不常见的自由基会发生重排，但是这些反应不是燃料化学的重要反应。如果 1° 自由基长链构型弯曲后能从碳链内部碳原子上夺取一个氢原子，1° 自由基能够转化为更稳定的 2° 自由基。

$$RCH_2CH_2CH_2CH_2^{\blacksquare} \longrightarrow \text{（环状中间体）} \longrightarrow RCHCH_2CH_2CH_2CH_3$$

夺氢的碳原子一般位于碳链尾部第 4 或第 5 个碳原子，因此能形成五元或六元环，该反应称为 1,4- 或 1,5-氢转移，也被称为"回咬"反应。在此反应中 1° 自由基转化为 2° 自由基。在其他结构中，能形成 3°、苯甲基或烯丙基自由基。由于反应中形成了新自由基，因此氢转移反应属于链增长反应。

随着原子转移距离增加，当氢转移距离超过从 5 位到 1 位的距离时，氢转移反应发生

71

的可能性会越来越低。原因在于随着链长持续增加，形成特定的碳链构型的可能性逐渐降低。对于短链自由基而言，随着链长减少，原子转移时形成共线性重排将带来链内巨大的张力，因此氢转移变得越来越难。

其他常见的自由基内重排仅见于 1,2 -转移，其一般涉及芳香基迁移。很少有烷基或环烷基迁移。当重排生成的自由基比起始自由基更稳定时，这些反应能够发生。例如，当 2,2,2 -三苯基乙基自由基被稳定化时，1,1,2 -三苯乙烷是主要产品。

7.2.3　终止反应

只生成一个或多个稳定分子的自由基反应称为终止反应，其导致自由基链式反应停止。要继续反应的话，则需要一个新的引发过程。

最常见的终止过程是两个不一定相同的自由基聚合，例如

$$A \cdot + \cdot B \longrightarrow A:B$$

该过程被称为自由基聚合、自由基再聚合或自由基偶合。这些反应的活化能几乎为零，因此两个自由基的扩散速率足够接近结合通常限制速率的重组。这些反应的速率常数很大，能达到 $10^{10}/(s \cdot mol)$ 数量级。由于气相自由基聚合反应是键均裂反应的逆反应，因此反应的活化能为零。可能的例外情况为，自由基相互接近时存在显著的空间位阻。反应热就是键解离能的负值。燃料化学中，大多数聚合产物比起始原料的反应活性低（自由基一般比产品稳定性低，这些反应不可逆）。有些反应中原料没有被转化为目标产物，而是更难反应的物质。由于反应没有沿着正确的方向进行，这些自由基聚合反应也被称为退化反应。

许多自由基反应中，自由基浓度比其他分子的浓度低。可以发现，在自由基浓度较低的情况下，自由基聚合合成的产物浓度比自由基与非自由基反应形成的其他产物浓度要低。但是，某些情况下聚合产物能占到总产物的一定量，因为即使自由基间的碰撞非常少，但是碰撞引起的反应非常有效。终止反应非常少的第二个原因在于如果两个自由基靠近，成键释放的能量必须耗散掉。由于成键释放的能量与解离能完全相等，如果能量不能被耗散掉，将导致形成的键重新断裂。

歧化反应是指自由基 β 位的氢原子从一个自由基转移到另一个自由基的反应。歧化反应是一类特殊的夺氢反应，一个自由基从另一个自由基夺取氢原子。第二个自由基不一定和第一个自由基相同，但两者当然也可以是相同的自由基。例如，两个丙基自由基反应为

$$CH_3CH \cdot CH_3 + CH_3CH \cdot CH_3 \longrightarrow CH_3CH_2CH_3 + CH_3CH = CH_2$$

如上所示，当反应自由基是饱和烃衍生物时，产物是烷烃和相应的烯烃。两种产物都是稳定（即非自由基）分子，不能增长其他自由基反应。与自由基聚合反应一样，至少对于简单的烷基自由基而言，歧化反应的速率非常快。

7.3　自由基与氧的反应

许多化合物在空气中会经历缓慢的氧化，即自氧化过程。分子氧是双自由基，容易与自由基反应形成过氧化物。与燃烧反应相比，这些反应在环境温度或接近环境温度，以及更低的温度下进行，反应速率也慢很多。通常阳光是引发剂。反应性自由基也可作为引发

剂。不饱和化合物发生自氧化的原因在于烯丙基氢原子容易被夺取。例如，存在引发剂时环己烯与大气中的氧反应，引发形成 3 -环己烯基氢过氧化物，即

随后的氢过氧化物反应形成烯丙基自由基，其寡聚成高分子量、高黏度或硬质材料。这些反应同样也是一些过程的原因，例如植物油脂用作柴油燃料（第 5 章）时角质的形成与沉积，植物分泌树脂硬化用于封闭伤口（第 6 章），以及汽油中烯烃形成胶质（第 14 章）[D,E]。

大多数氧化反应的前两个步骤通常是

$$C—H+O_2 \longrightarrow C \cdot +H—O—O \cdot$$

和

$$C \cdot +O_2 \longrightarrow C—O—O \cdot$$

以异丁烷为例，第一步骤是氧分子夺取叔氢原子，即

$$(CH_3)_3CH+O_2 \longrightarrow (CH_3)_3CH \cdot + \cdot OOH$$

氧夺取 H· 的容易程度取决于潜在的自由基中心碳原子上结合的官能团种类。在该步骤中形成的叔丁基自由基与氧反应为

$$(CH_3)_3C \cdot +O_2 \longrightarrow (CH_3)_3COO \cdot$$

接下来发生的反应存在几种可能性。

一种可能的反应路径是形成叔丁基氢过氧化物，即

$$(CH_3)_3COO \cdot +(CH_3)_3CH \longrightarrow (CH_3)_3COO \cdot +(CH_3)_3C \cdot ❶$$

或者，两个叔丁基过氧自由基反应消除氧，即

$$(CH_3)_3COO \cdot + \cdot OOC(CH_3)_3 \longrightarrow (CH_3)_3CO \cdot +O_2+ \cdot OC(CH_3)_3$$

前一个反应更容易发生。在较高温度下，如在典型的燃烧过程中比低温自氧化过程中，其他反应途径可以很好地进行。其中之一就是 C—C 和 O—O 键同时断裂的协同反应，即

增长反应

$$C \cdot +O_2 \longrightarrow C—O—O \cdot \longrightarrow C—OOH+C \cdot \longrightarrow \cdots$$

能顺利进行。2° 或 3° 碳原子的 C—H 键比 1° 更容易与 ROO· 自由基反应。从烯丙基或苄基碳原子更容易夺取氢。自由基中心每增加一个烷基能将氢脱去的速率提高 3 倍，从苄基碳原子中脱去氢原子更容易约 25 倍，而从烯丙基碳原子脱氢则更容易约 100 倍。这再次

❶ 此处原著有误,应更改为 $(CH_3)_3COO \cdot +(CH_3)_3CH \longrightarrow (CH_3)_3COOH+(CH_3)_3C \cdot$

说明了最具反应性的自由基就是能形成稳定自由基的分子。具有苄基、烯丙基或叔碳原子的化合物对氧化物显示出最高的敏感性。然而，对于任何化合物，自氧化基本的链式反应机制都从攻击活性自由基（指定为 In·）的引发反应开始，即

$$In \cdot + R—H \longrightarrow R \cdot + In—H$$
$$R \cdot + O_2 \longrightarrow ROO \cdot$$
$$ROO \cdot + R—H \longrightarrow ROOH + R \cdot$$

对于不添加引发剂的反应，烃能自催化其自氧化反应。氢过氧化物是良好的自由基引发剂。在自氧化早期，氢过氧化物的浓度稳定增加，即生成的氢过氧化物能引发越来越多的链式反应。在该过程的早期，反应速率可以与所吸收的氧量几乎成比例。

通过向系统中加入抗氧化剂可以延迟或停止自氧化反应。一些抗氧化剂与过氧自由基反应可预防链反应的发生，其他抗氧化剂能与潜在的引发剂反应，防止引发反应发生。所谓的受阻酚是广泛使用的抗氧化剂，其中酚基被大体积烷基部分屏蔽，与烷烃相比，受阻酚更容易与烷烃过氧基反应。2,6-二叔丁基-4-甲基苯酚，俗称BHT（丁基化羟基甲苯）是已知的受阻酚，其广泛用于植物油、石油产品、塑料、橡胶以及食品中。抗氧化剂反应形成的自由基倾向于终止链式反应，例如通过二聚化而不是增长链式反应。

7.4　碳正离子

碳原子和另一原子之间的键异裂原则上可以以两种方式发生，即

$$C:X \longrightarrow C^+ + :X^-$$
$$C:X \longrightarrow C:^- + X^+$$

第一反应产生带正电荷的三价碳阳离子，碳正离子。碳自由基和碳正离子都是缺电子物质。通常，两者都是高度反应性的短寿命中间体。物质 $C:^-$ 是碳负离子，具有高反应活性，但在燃料化学中没有太多作用。上面所述是形成碳正离子的一种方式，即直接离子化。此外，将质子或其他带正电荷的物质添加到烯烃或炔烃，也能产生碳正离子。

异裂键解离能远高于相应的均裂过程。如表 7.1 所示，H—H 键的异裂键解离能为 1678kJ/mol，CH_3—H 的为 1310kJ/mol，CH_3—OH 的为 1146。异裂具有较高解离能的原因在于相对于中性物质的分离，分离两个带电物质需要额外能量。因此，通过简单的气相反应产生碳正离子的过程是强吸热反应。例如，叔丁基碳正离子（$(CH_3)C^+$）的形成热（特别稳定的碳正离子）为 +678kJ/mol。

碳正离子的相对稳定性遵循碳自由基的稳定性顺序：叔基＞仲基＞伯基＞甲基。烷基往往是电子释放基团，这意味着它们将使电子密度朝向正电荷的位置移动，即正电荷部分离域至烷基。乙基、异丙基和叔丁基碳正离子分别具有一个、两个和三个有助于其稳定性的甲基，因此叔碳正离子最稳定的，伯碳正离子最不稳定。判断稳定性的一个很好的经验

法则就是离子越稳定，形成越快。乙烯基和苯基碳正离子相对不稳定，不容易形成。相比之下，烯丙基和苄基碳正离子特别稳定，其原因在于烯丙基碳正离子中正电荷的共振离域和苄基碳正离子芳环上正电荷的离域。伯烯丙基或苄基碳正离子具有与仲烷基碳阳离子相当的稳定性。

与对应的自由基相比，不同结构碳正离子的稳定性差异更明显。例如，叔丁基自由基比甲基自由基更稳定，差异约 50kJ/mol，但叔丁基和甲基碳正离子之间的差异为约 300kJ/mol。

烷基能够促进碳正离子稳定性是超共轭的另一表现。在碳正离子中，未杂化的 p 轨道是完全空的。超共轭涉及从烷基取代基到碳正离子位点的电子转移，很显然，碳正离子位点缺电子。与自由基相比，超共轭能为碳正离子提供高的稳定性。

碳正离子的一个重要性质是其碳骨架结构重排的能力，这也是燃料化学中努力的方向。原则上讲，结构重排非常快，而且更有利于形成更稳定的碳正离子。碳正离子可以通过被称为氢负离子转移或氢负离子迁移的过程重排，尽管似乎不形成：H^- 离子；然而，该反应涉及氢的迁移。氢原子与碳正离子位点上的空 p 轨道相互作用。过渡态期间涉及的两个碳原子重新杂化。sp^2 杂化位点的碳原子就是碳正离子的中心，其与迁移过来的含有电子对的氢原子成键，重新杂化成 sp^3。同时，失去氢的 sp^3 杂化碳原子再次杂化到 sp^2 并获得正电荷。举个例子，即

$$(CH_3)_2CHCH^+CH_3 \longrightarrow (CH_3)_2C^+CH_2CH_3$$

该过程将伯碳正离子转化为叔碳正离子。

在类似的烷基迁移过程中，带电子对的烷基与碳正离子中心形成新的 C—C 键。净效果是碳正离子位点和烷基交换位置，即

$$(CH_3)_3CCH^+CH_3 \longrightarrow (CH_3)_2C^+CH(CH_3)_2$$

仲碳正离子再次重排，形成一个更稳定的叔碳正离子。通过桥接中间体或过渡态实现烷基迁移，其中涉及迁移基团的两个电子形成的三中心键，即

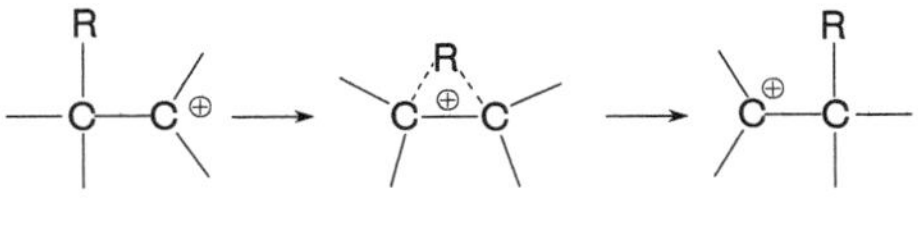

不管迁移基团是氢负离子还是烷基，它都不会完全离开分子。

重排的活化能通常较小。由于热力学驱动力和低活化势垒，将碳正离子转化为更稳定结构的重排实际上是不可避免的。

大多数碳正离子重排涉及迁移基团的 1、2 位转移，但重排不限于 1、2 位。例如，在汽油的加工中，环己烷到甲基环戊烷的碳正离子环缩小反应（第 14 章）就很重要，即

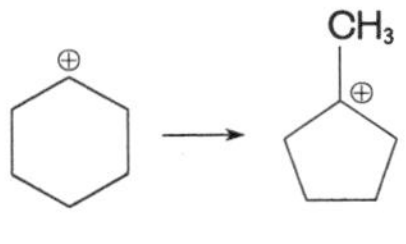

有些类型的重排涉及双键的迁移。通过双键的质子化容易发生双键迁移，随后另一个碳原子失去一个质子，即

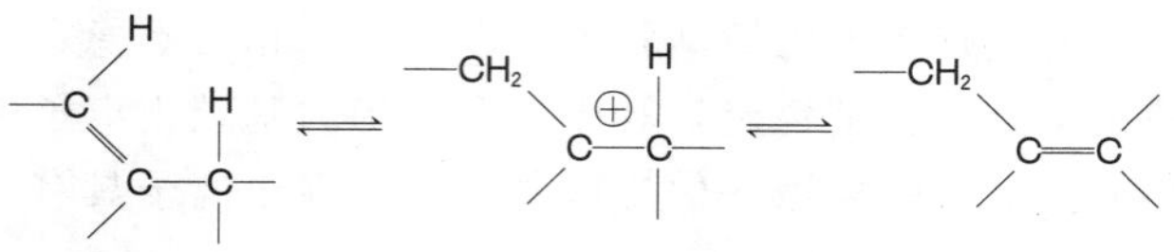

碳骨架内双键迁移能产生最稳定的双键异构体，即双键共轭或双键最大程度取代。除了刚刚讨论的结构重排之外，碳正离子还能发生许多反应，包括正离子与负离子结合；从烷烃中夺取氢负离子形成新的碳正离子；失去质子形成烯烃；加成到烯烃以产生新的更大的碳正离子[F]。其中前两个反应可以认为是自由基化学的聚合反应和夺氢反应的类似反应。其中碳正离子形成稳定产物的反应非常快，例如与具有电子对的带负电荷的物质结合。

碳正离子加成到烯烃对于汽油的生产很重要（第 14 章）。例如，异丁烷与 2-甲基丙烯（异丁烯）反应。在酸性催化剂如浓硫酸或氢氟酸存在的条件下，质子加成到异丁烯中的双键能够形成叔丁基碳正离子，即

$$(CH_3)_2C = CH_2 + H^+ \longrightarrow (CH_3)_3C^+$$

叔丁基碳正离子加成到另一个异丁烯分子的双键上，形成八碳碳正离子，即

$$(CH_3)_2C = CH_2 + (CH_3)_3C^+ \longrightarrow (CH_3)_2C^+ CH_2C(CH_3)_3$$

异丁烷分子的氢负离子被新的更大的碳正离子夺取，即

$$(CH_3)_2C^+ CH_2C(CH_3)_3 + (CH_3)_3CH \longrightarrow (CH_3)_2CHCH_2C(CH_3)_3 + (CH_3)_3C^+$$

该步骤产生八碳的稳定烷烃和新的叔丁基碳正离子。如第 14 章所讨论的，该反应的稳定产物为 2,2,4-三甲基戊烷，其沸点在汽油范围内，因此形成 2,2,4-三甲基戊烷能增加了汽油的产率。由于该物质辛烷值为 100，因此它也是理想的汽油产品。

碳双键的加成在生物合成环化反应中具有重要作用，该反应能形成天然的含有环烷烃或环烯烃环物质。例如，柠檬油中一种令人愉快的气味成分——苎烯，即

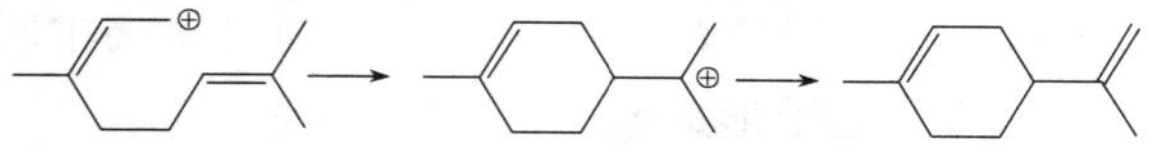

天然化合物的五元和六元环结构可通过各种转化形成化石燃料，这或许可以解释石油中存在环烷烃的原因。

如上所述，许多碳正离子反应的产品之间又能产生新的碳正离子。正如自由基反应的情况，这些"第二代"碳正离子进一步参与各种碳正离子反应，产生链式反应，直到它最终形成稳定的非离子产物。因此，碳正离子反应的引发、增长和终止过程与自由基的一样。

7.5　氢再分配

燃料化学中的许多反应以某种方式涉及到产物中的氢再分配。因此，跟踪系统中氢及其去向很有必要。有几种方法可以做到这一点。一种方便有效的方法是氢追踪方法，是 H/C 原子比（非质量比）。已知分子式时，通过检查或简单计算可以容易地确定 H/C 原子比。如果使用分析数据，也可直接计算 H/C 比，即

$$(H/C)_{\text{原子}} = (H/C)_{\text{质量}} \cdot (12/1)$$

丙基自由基的两个反应 β 键断裂和歧化反应能说明氢在自由基反应过程中的再分配。同样的方法适用于碳正离子反应，即

$$CH_3-CH_2-CH_2 \cdot \longrightarrow \cdot CH_3 + CH_2 = CH_2$$

在该 β 键断裂反应中，丙基自由基的 H/C 原子比为 2.33。在产物中，甲基自由基的 H/C 原子比为 3.00，乙烯为 2.00。对于歧化反应

$$CH_3-CH_2-CH_2 \cdot + CH_3-CH_2-CH_2 \cdot \longrightarrow CH_3-CH_2-CH_3 + CH_2 = CH-CH_3$$

H/C 原子比为 2.33 的丙基自由基形成的丙烷 H/C 原子比为 2.67，丙烯为 2.00。此处不再对这点进行过多的讨论，关键的结论是，相对于起始物质，在没有外部氢源的情况下烃的反应过程产生两种产物，即富氢的（即更高的 H/C 原子比）物质和富碳的（即较低的 H/C 原子比）物质。

注释

［A］ 多年来，带正电荷的三价碳原子物质被称为碳鎓离子，例如甲基离子 CH_3^+。尽管后缀 - onium 通常指具有比中性原子更高价态的物质，但是在有机命名法的长期实践中仍采用鎓离子命名，例如，铵鎓离子中的四价氮，NH_4^+。几十年来，很多文献中使用碳鎓离子这个术语来命名 CH_3^+ 这类物质。美国化学家乔治奥拉（1994 年诺贝尔奖获得者）证明了在超强酸介质中产生五价碳物质的可能性，如 CH_5^+。这些五价物质是真正的碳鎓离子，而术语碳正离子却被广泛用于描述三价正离子物质。

［B］ 命名以纪念美国物理学家菲利普·莫尔斯（1903—1985）。在他杰出的职业生涯中，莫尔斯曾担任布鲁克海文国家实验室主任，他也是麻省理工学院声学实验室的创始主任。莫尔斯也被公认是建立运筹学领域的主要人物之一。

［C］ 如果振动基态位于莫氏曲线的最底部，原则上可以准确地确定成键原子的位置和速度，但是，这有违于不确定性原理。

［D］ 这些过程也造成了含有不饱和脂肪酸链的脂肪或油脂食品（例如黄油）的酸败。在这种情况下，自氧化导致长脂肪酸链降解成较短的羧酸，其中许多物质具有令人非常不愉快的气味。

［E］ 因为自氧化反应能产生坚硬的、水密性和气密性涂层结构，一些植物油，特别是亚麻籽油和桐油，已被用于油漆、清漆和定型剂。这些油脂容易与氧反应，原因在于它们作为甘油三酯，其中的脂肪酸含有两个或更多个 C=C 键。这些酸 C=C 键中的氢原子易于被氧夺取，从而诱导油脂的自由基聚合过程。

［F］ 碳正离子也可以使芳环烷基化。但在燃料化学中芳环的烷基并不重要，因为经常涉及的是脱烷基化反应。然而，该反应对石油化学的相关领域很重要。其中苯与乙烯的烷基化是聚苯乙烯（经由乙苯及其脱氢为苯乙烯）生产途径中的第一步。芳环的烷基化对有机合成也很重要，例如多数有机化学导论教科书中，会详细讨论傅里德—克拉夫茨反应。

参考文献

［1］ Adapted from Solomons，T. W. G. *Organic Chemistry*，Wiley：New York，1988；p. 400.

推荐阅读

Carey，Francis A. and Sundberg，Richard J. *Advanced Organic Chemistry. Part A. Structure and Mechanisms*. Plenum Press：New York，1990. Chapter 12 provides an extensive review of radical reactions, while Chapters 5 and 6 discuss many aspects of carbocation chemistry.

Fossey，J.，Lefort，D.，and Sorba，J. *Free Radicals in Organic Chemistry*. Wiley：Chichester, 1995. A first-rate introduction to radical processes，going much deeper than this chapter and any of the introductory texts in organic chemistry.

Isaacs，Neil S. *Physical Organic Chemistry*. Longman Scientific and Technical：Harlow, UK, 1987. Chapter 15 provides a solid discussion of radical reactions.

Morrison，Robert T. and Boyd，Robert N. *Organic Chemistry*. Prentice Hall：Englewood Cliffs，NJ, 1992. All modern introductory textbooks of organic chemistry provide discussions of carbocations and their reactions. This book is particularly useful.

Pine，Stanley H. *Organic Chemistry*. McGraw - Hill：New York，1987. Chapter 24 provides a good review of free radicals and their reactions. The discussion includes many kinds of compound not treated here，including halogenated and other heteroatomic compounds.

Smith，Michael B. and March，Jerry. *March's Advanced Organic Chemistry*. Wiley：Hoboken，NJ, 2007. Chapter 5 is an excellent overview of the reactive intermediates of organic chemistry，with much useful information on radicals and carbocations.

Stein，S. E. A fundamental chemical kinetics approach to coal conversion. In：*New Approaches in Coal Chemistry*. （Blaustein，B. D.，Bockrath，B. C.，and Friedman，S.，eds. ） American Chemical Society：Washington，1981；Chapter 7. A useful and detailed review of radical chemistry. Though the emphasis is on coal chemistry，the material in this chapter has wide applicability throughout much of fuel chemistry.

第8章　化石燃料的形成

在满足可再生和 CO_2 中和的理想方面，乙醇、生物柴油和木材或多或少取得了成功，但仍然存在一些问题：通过生物质来满足能源需求，是否有足够多的可耕种土地或林地的可及性；生物质生长用水的可及性；以及对于乙醇和一些生物柴油的原料而言，食物与燃料之间的持续争论。因此，大多数工业化国家还继续严重依赖于化石燃料来满足其能源需求。在未来几十年内，化石燃料仍然是世界能源需求的重要贡献者。

第 1 章介绍了全球碳循环，如图 1.1 和图 1.5 所示。化石燃料的来源代表了在全球碳循环示意图右侧的"旁路"，如图 8.1 所示。

尽管有机物质反应或转化成化石燃料的过程很复杂，但用于在实验室中研究简单反应的推理同样适用。重要信息包括原材料的性质、反应条件（温度、压力、时间和催化剂），以及一些反应机理的知识。

有机物质形成化石燃料是基于仅有 98%～99% 的有机物质被完全腐解的事实。化石是现今保存在地壳中的曾经存活的有机体残余物。化石燃料，意味着这些燃料来源于活生物体的曾经存活的化学成分，有证据可以支持[A]。石油和煤都含有被称为生物标志的化

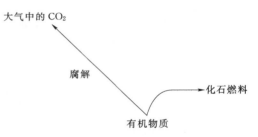

图 8.1　全球碳循环的一小部分，由图 1.4
简化，表明化石燃料代表了有机物质
转化的替代反应途径。

合物，这样的生物标志已知存在于活的有机体中，或显然源自生物体的化合物。例如，许多石油样品中微量存在的 2,6,10,14-四甲基十五烷（姥鲛烷），已知存在于活体植物的蜡中。石油还含有光学活性化合物，表明存在手性分子（即在其镜像上不能重叠的结构）。尽管手性分子可由非手性原料合成，通常存在大量手性分子在本质上表明其来源于生物化学过程中的其他手性分子。煤炭提供更直接的证据：清晰可见的煤化植物部位（第17 章）。

地球上仍然藏有大量的化石燃料，表明了残余有机物质的量非常巨大。平均而言，约 7kg 累积在有机物质中的碳最终产生 1g 化石燃料中的碳。2005 年，世界化石燃料年消耗量相当于 7.5 亿 t 碳，来源于约 5 万亿 t（50×10^{12} t）有机物质中的碳[1]。有利于活生物体大量生长的环境有三个特点：丰富的光、水分和温度。化石燃料的前体通常来自热带或亚热带生态系统中[B]，如湿地、沼泽、三角洲和泻湖。

8.1　从有机物质到油母质的成岩作用

第 1 章介绍了简单的单糖腐解过程，即

$$C_6H_{12}O_6 + 6O_2 \longrightarrow 6CO_2 + 6H_2O$$

有机物质的任何其他组分物也可以写出类似的反应。腐解中的关键反应物是氧气（来自空气）。大部分沉积有机物质的腐解反应通过好氧菌中的酶来促进。这些菌的数量非常巨大，每克土壤中有约 10^9 个细菌，每公顷有 3t 细菌。氧浓度高于 1mg/L 以上时可有效进行好氧分解。化石燃料形成第一步要求沉积的有机物质免受空气破坏，或进一步地，免受好氧菌作用。用不含溶氧的水（即积水）或沉积物（泥浆或淤泥）覆盖有机物质是实现这种作用的有效方式。在埋藏深度大约 1m 处，氧气可以以足够高的浓度扩散通过水或沉积物而进行腐解过程。化石燃料的形成可以看作是有机物质的腐解速率和埋藏速率之间的竞赛。

深度大于约 1m 时，氧含量减少到可以使好氧腐解过程停止的水平。此时，新的化学过程开始。这些过程同样由细菌促进，但是那些细菌不需要氧气，即厌氧菌。在厌氧条件下，所需的氧气浓度通常小于 0.1mg/L。厌氧菌可利用硫酸盐或硝酸盐作为能源，将其还原为硫化氢和氮。

厌氧反应的反应物来自在前几章中介绍的有机物质组分：纤维素和半纤维素、淀粉、糖苷、木质素、蛋白质、脂肪和油、蜡、类固醇、树脂和烃。埋藏于 1m 以下深度的有机物质是一个非常丰富的化学物质的"大杂烩"（stew）。这些分子一般通过水解反应开始降解。离地表只有几米的温度非常接近周围环境，所以热解可能还没有发挥作用。压力也接近周围环境。

在这些条件下多糖非常容易水解，反应为

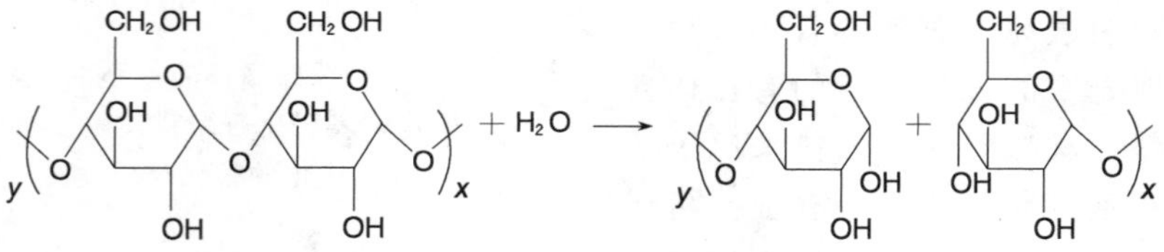

类似地，糖苷也易于反应，即

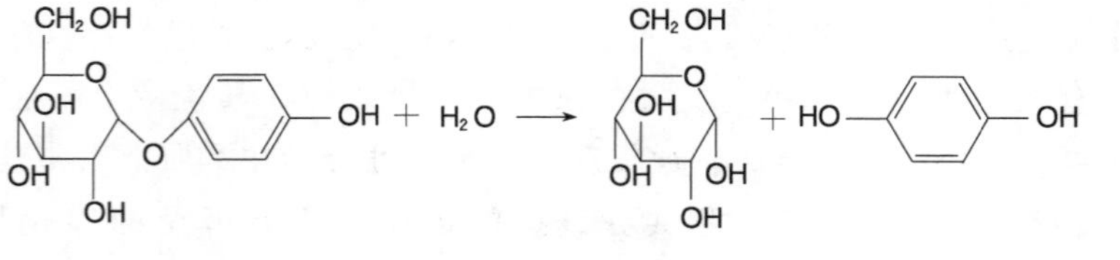

肽键同样易于水解，即

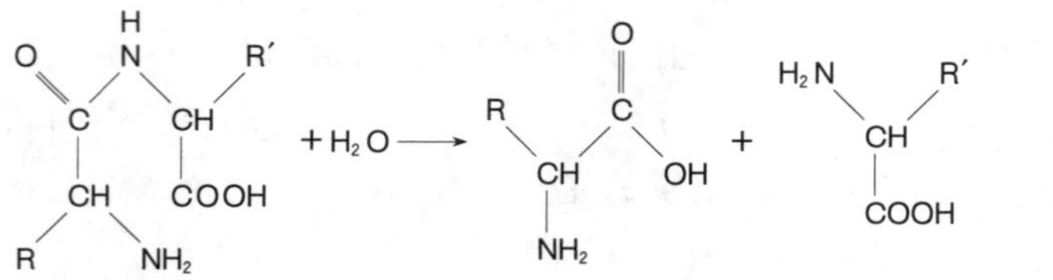

厌氧菌中的酶大大加速这些过程，对多肽水解而言速率提高倍数可达 10^{10}。虽然厌氧菌不利用空气中的氧气来驱动其内部生化过程，它们仍然必须以某种方式进行氧化。氨基酸的氧化脱氨作用是这种氧化途径的一个例子，即

$$\begin{array}{ccc} R\ \ \ COOH & & R\ \ \ COOH \\ \diagdown C \diagup & \xrightarrow{[O]} & \diagdown C \diagup & +H_2O \\ CH & & C \\ | & & \| \\ NH_2 & & NH \end{array}$$

该反应的产物，亚氨基酸与水反应生成氨气和 α-酮酸，即

$$\begin{array}{ccc} R\ \ \ COOH & & R\ \ \ COOH \\ \diagdown C \diagup & +H_2O \longrightarrow & \diagdown C \diagup & +NH_3 \\ \| & & \| \\ NH & & O \end{array}$$

该反应解释了为何"有机物质"大量沉积的地方有明显的氨味，有时达到对人体有毒害的量，如马厩和户外厕所。第 4 章介绍了 α-酮酸特有的脱羧反应，即

$$\begin{array}{ccc} R\ \ \ COOH & & R\ \ \ H \\ \diagdown C \diagup & \longrightarrow & \diagdown C \diagup & +CO_2 \\ \| & & \| \\ O & & O \end{array}$$

厌氧菌同样降解单糖，即

$$C_6H_{12}O_6 \longrightarrow 3CH_4 + 3CO_2$$

与好需氧腐解形成重要对比的是厌氧反应不包含氧分子。以这种方式产生的甲烷俗称为沼气[C,D]，有时又被称为生物甲烷，以将其与来源于随后的燃料形成过程中生成的甲烷相区分。

脂肪和油在这些条件下不会大量水解。蜡中的酯基团在温和的反应条件下几乎不可能水解，部分原因是由于该官能团位于由两种长的疏水性烃链形成的结构内部深处（事实上，我们实际来使用蜡作为木材和其他材料的防水涂料）。木质素中的甲氧基和其他醚键在一定程度上不会反应。其他有机物质的组分，例如树脂和烷烃，缺乏可水解的官能团。表 8.1 总结了预测的有机物质的水解反应。

表 8.1　有机物质基本组分的水解反应和预期产物。

官能团	反应性	主要产物	次要产物
糖	高	糖类	
糖苷	高	糖酚类	$CO_2 + CH_4$
肽	高	氨基酸	$CO_2 + NH_3 +$ 醛类
酯	适中	脂肪酸	
蜡	低	脂肪酸长链醇	
醚	非常低	酚类	
烃	无	无	

随着厌氧反应的进行，单糖、氨基酸、酚类和醛类再结合生成黄腐酸。这些具有不确定结构的化合物分子量为 $700 \sim 10000Da$，并且溶解在酸水溶液中。进一步的缩合反应得到腐殖酸。腐殖酸，棕色至黑色，高分子量固体（$10000 \sim 300000Da$），溶于碱水溶液，但当溶液酸化时沉淀。这种对腐殖酸的描述只是一种操作性定义：它并未真正说明什么是腐殖酸，只是说明其在一定条件下的性质如何。操作性定义会多次出现，特别是在石油和煤化学的讨论中。

在约 10m 的深度，厌氧菌的作用停止。此时，细菌消耗了它们能够代谢的大部分物质。在一些反应中生成的酚类化合物起到杀菌剂的作用[E]。此外，某些细菌——放线菌产生多种抗生素化合物，包括诸如放线菌素、链霉素和四环素等药学上重要的产品。此深度处的化学混合物包括：腐殖酸、未反应或部分反应的脂肪、油和蜡、轻微改性的木质素，以及树脂和其他烃类。这些物质以知之甚少的方式结合形成油母质。油母质结构排列概念模型类似于苯酚—甲醛树脂（8.1）。

其是由苯酚与甲醛反应产生的。尿素—甲醛树脂（8.2）是另一概念模型。

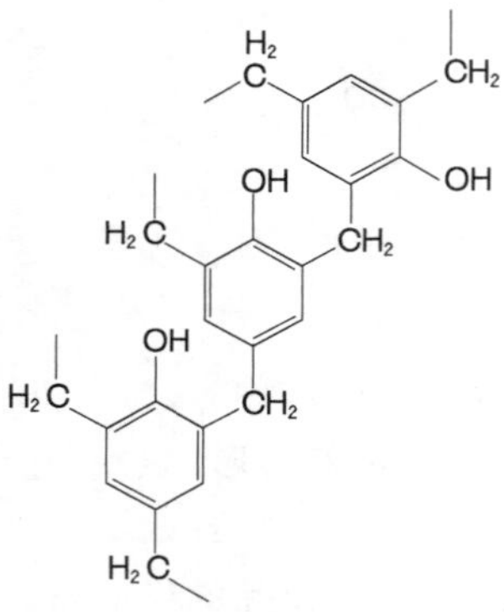

8.1　苯酚—甲醛树脂 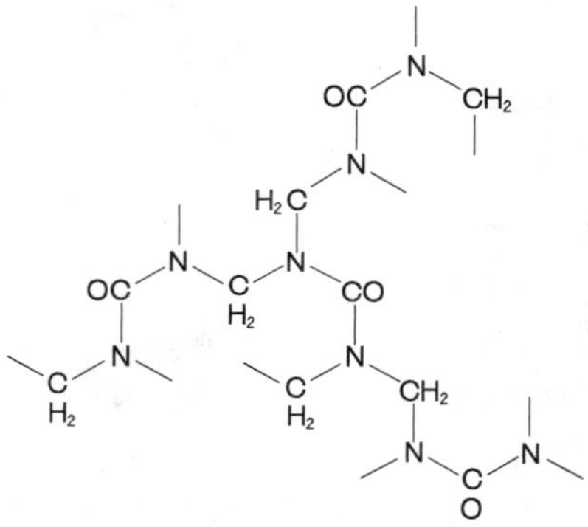　　　　　8.2　尿素—甲醛树脂

在自然界中，反应混合物除了苯酚、甲醛和尿素外，还包括许多苯酚衍生物、各种脂肪族醛和胺。这些结构形成非常快速，且非常复杂。

油母质的操作性定义是棕黑色、高分子量聚合的有机固体，不溶于含碱的水、非氧化性酸和常见的有机溶剂。根据主要的有机物质来源，人们已确定了三种类型的油母质（表8.2）。

表8.2　基于主要来源有机物质定义的油母质类型。

来　源	命　名	类　型
藻类	藻型	Ⅰ
浮游生物	腐泥型	Ⅱ
木本植物	腐殖型	Ⅲ

藻型油母质、腐泥型油母质和腐殖型油母质可能的分子结构分别表示为8.3、8.4和8.5[2]。

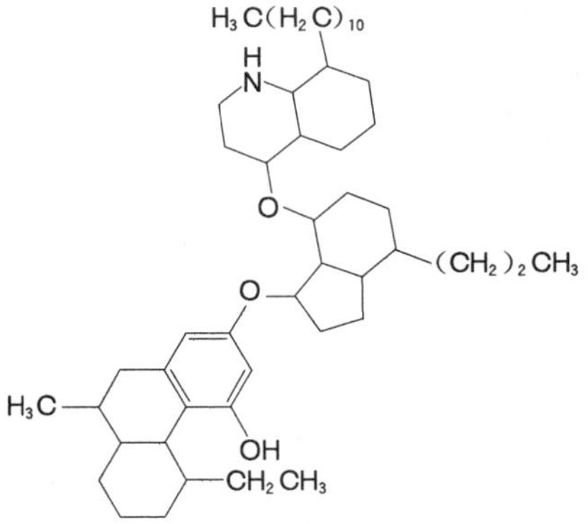

8.3 藻型油母质

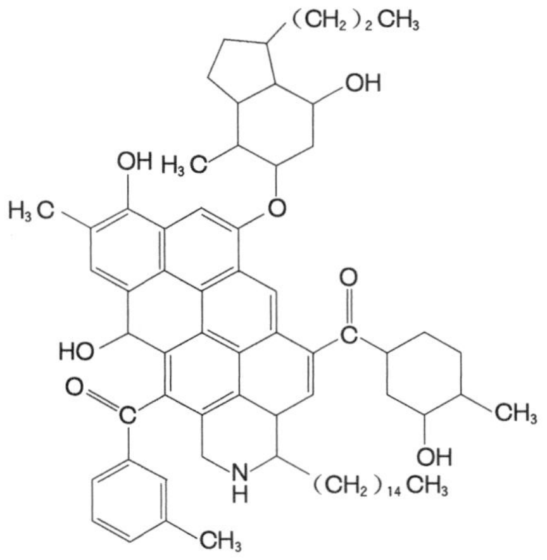

8.4 腐泥型油母质

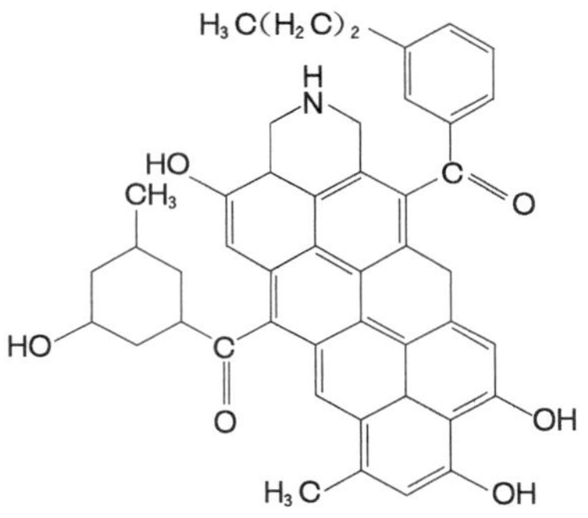

8.5 腐殖型油母质

油母质的形成继续到约 1000m 的深度，其中温度可能达到约 50℃。油母质本质上是有机物质与化石燃料之间的"中间点"。由于厌氧菌的重要作用，油母质的形成有时被称为化石燃料形成的生化阶段，又被称为成岩作用，其意味着通过组分的溶解和再结合来实现物质的转变。油母质的形成标志着化石燃料形成的第一阶段结束。

8.2 从油母质到化石燃料的深成作用

在成岩作用结束时，油母质可能暴露于有氧条件下，在这种情况下会逐渐被氧化并损失，或者在使其能够缓慢地转化为化石燃料的条件下，在地壳内部越埋越深。油母质转化为化石燃料主要是受温度（地壳中的自然热量）驱动。为此，油母质的转化有时被称为化石燃料形成的地球化学阶段，又被称为深成作用，在石油地质领域，该术语描述了油母质转化为烃类产物的整个过程。热量主要来源于放射性物质的分解，特别是地壳中的 ^{40}K、^{232}Th、^{235}U 和 ^{238}U。地热梯度根据位置而变化，通常为 $10\sim30℃/km$。有时异常情况，如岩浆的侵入，可能会在小面积范围内产生更大的热量。

深成作用的反应条件为：温度，60℃ 至几百摄氏度的范围内；压力，由于上覆岩石的

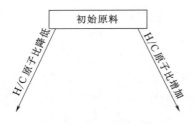

图 8.2　在没有外部氢源的任何燃料化学系统中，反应形成一组比反应物氢含量更高的产物，即具有较高的 H/C 原子比；并形成另一组比反应物碳含量更高的产物，即具有较低的 H/C 比。

重量可能会升高，或在某些情况下通过在造山期间由岩石折叠产生；反应时间，非常长，从数千年到数百万年。没有外部供应的反应物，所以在深成作用中发生的反应代表了油母质组分在结构或组成上的重新排列。这些改变主要由温度驱动。

由于深成作用是由热量驱动的，我们可以预测自由基化学占主导地位。正如第 7 章结尾所提到的，在缺少外部氢源的情况下发生的自由基反应产生两种产物：相对于原料富氢的产物（即高 H/C 原子比）和富碳的产物（低 H/C 原子比）。从一个非常简单的物质（如丙基自由基）到复杂的大分子的、不明确的物质（如油母质），始终遵从这个规则。这可用"倒 V"图来解释（图 8.2）。

将图 8.2 扩展，可能会问箭头指向哪儿，即深成作用的最终点是什么，见表 8.3。含氢最高的碳化合物可能是甲烷（CH_4），它也是热力学上最稳定的烃类。最终的富碳物质是碳本身，即 H/C 原子比为 0。石墨是热力学上稳定的纯碳形式。

表 8.3　原料的 H/C 原子比降低伴随着富氢产物与富碳产物的相对量的降低，正如在深成作用完成时所观测到的甲烷与石墨比例降低。

原料	分子式	H/C 比	预期的 CH_4/石墨比
丙烷	C_3H_8	2.67	2.00
庚烷	C_7H_{16}	2.28	1.33
二十一烷	$C_{21}H_{44}$	2.09	1.10
甲苯	C_7H_8	1.14	0.40
蒽	$C_{18}H_{12}$	0.67	0.20

油母质的深成作用通常仅部分进行到生成石墨和甲烷。正如在其他任何化学过程中那样，反应条件的强度决定了反应的程度，即油母质离转化为最终产物石墨和甲烷还有多远。在深成作用中，时间和温度是主要条件，这在概念上表示为如图 8.3 所示。

在自然系统中，富氢产物继续增加 H/C 原子比的唯一途径是利用从富碳产物中提取的氢。该过程说明了在富碳侧观察到的 H/C 原子比降低的原因。随着深成作用的进行，氢从低 H/C 原子比的产物转移到高 H/C 原子比的产物，这是"富的越富，穷的越穷"的说法在地球化学上的表现。这在图 8.4 中进行了阐述。

此外，还必须考虑的是富氢产物或富碳产物哪一种占优势的问题。在其他更简单的化学过程中，反应物是化学计量控制的结果。如果原始油母质是

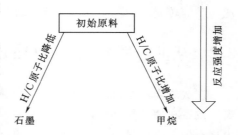

图 8.3　理论上转化为富氢产物和富碳产物将导致分别形成甲烷和石墨。系统离生成这些最终产物还有多远取决于反应条件的强度——温度、时间、压力和可能的催化剂。

相对富含氢的，则富氢产物占优势。类似的，相对富含碳（氢较少）的原始油母质主要产生富碳产物。可用假设的简单化合物转化为甲烷和石墨为例来说明 H/C 原子比对产物分配的影响。甲苯的 H/C 原子比为 1.1。在以下反应中，即

$$C_6H_5CH_3 \longrightarrow 2CH_4 + 5C$$

甲烷与石墨的比率为 2：5 或 0.4。相比之下，与甲苯具有相同碳原子数目的庚烷（C_7H_{16}），其 H/C 原子比为 2.3。类似的反应为

$$C_7H_{16} \longrightarrow 4CH_4 + 3C$$

其中甲烷与石墨的比率为 4：3 或 1.33。原料 H/C 原子比越高，产生富氢产物的量越大。

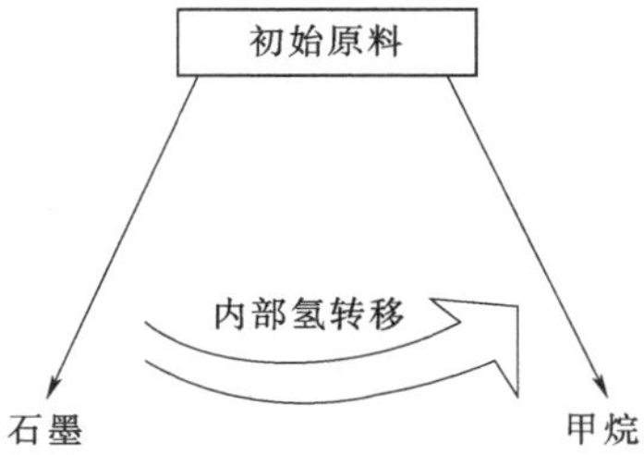

三种类型的油母质（表 8.2）的 H/C 原子比不同。Ⅰ型和Ⅱ型（即藻型油母质和腐泥型油母质）具有相对高的 H/C 原子比，分别为约 1.7 和 1.4。相比之下，Ⅲ型（腐殖型油母质）具有相对低的 H/C 原子比，通常小于 1。因而，可以预期Ⅰ型和Ⅱ型油母质将产生相对富氢的产物，而Ⅲ型油母质将产生相对富碳的产物。主要的富氢产物是石油和天然气，富碳产物是煤。

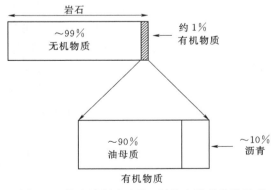

图 8.4 由于氢从富碳侧转移到富氢侧而形成两组产物，即富氢产物和富碳产物。

8.3 藻型油母质和腐泥型油母质的深成作用

高 H/C 原子比和低 O/C 原子比是富含脂质的Ⅰ型和Ⅱ型油母质元素组成的特征。含有可转变成石油和/或天然气的油母质的沉积层称为源岩。源岩的质量取决于其含有有机碳的量。有机碳含量为 1%～2% 时是好的源岩；有机碳含量大于 4% 是优质源岩。一部分有机碳，约 10%，可溶于常用的有机溶剂如氯仿或二硫化碳，得到沥青，不溶性剩余物是油母质，如图 8.5 所示。

分子大小和物理性质之间的关系将在第 9 章进行了详细地探讨，但好的经验法则是，先形成液体产物，然后形成气体产物，分子大小需要逐渐降低。这只能通过断裂 C—C 键来实现。键均裂是实现分子大小变小的关键过程。由温度驱动的键均裂有时被称为热裂解。

石油含有数千种单体化合物。这种组成复杂性部分是由于热裂化反应可产生非常大量的可能产物。像丁烷这样的相当简单的分子，其裂化也说明了这个问题。例如，丁烷的初始裂化可以以两种方式进行，即

$$CH_3CH_2CH_2CH_3 \longrightarrow CH_3CH_2CH_2 \cdot + \cdot CH_3$$
$$CH_3CH_2CH_2CH_3 \longrightarrow CH_3CH_2 \cdot + \cdot CH_2CH_3$$

从键解离能大小可知，后者反应更易于发生（CH_3CH_2—CH_2CH_3 键断裂为 343kJ/mol，

图 8.5 许多油源岩由约 1% 的有机碳物质组成，其余为无机物。有机物自身中，约 90% 为油母质，10% 为沥青。

$CH_3CH_2CH_2$—CH_3 键断裂为 $364kJ/mol$），但两者都很可能有助于热裂解过程。丁烷中的 C—C 键均裂产生三种自由基：甲基、乙基和丙基自由基。然后这些自由基中的每一种都可发生在第 7 章中介绍的一个或多个自由基反应。表 8.4 中总结了可能的产物。

表 8.4　丁烷热裂解期间产生的可能的自由基反应产物。

原始自由基	过程	产物
甲基	脱氢反应	甲烷
	与 ·CH_3 再结合	乙烷
	与 ·CH_2CH_3 再结合	丙烷
乙基	脱氢反应	乙烷
	歧化反应	乙烷和乙烯
	与 ·CH_3 再结合	丙烷
丙基	脱氢反应	丙烷
	歧化反应	丙烷和丙烯
	β-键裂开	乙烯和 ·CH_3
	裂化反应	·CH_3 和 ·CH_2CH_2·

该例子没有考虑比原料更大的产物，例如由乙基和丙基结合得到戊烷。即使如此，相对简单的单一化合物丁烷的热裂解产生了五种稳定的反应产物，即甲烷、乙烷、乙烯、丙烷和丙烯。

沥青或油母质中的分子比丁烷大得多，如三十烷（$C_{30}H_{62}$）。三十烷中的原始 C—C 键断裂可产生 29 种不同的基团，从甲基到二十九烷初级自由基（·$C_{29}H_{59}$），每个都可能会发生第 7 章中讨论的所有自由基反应。并且对于每一种延伸反应，所谓的第二级自由基可以且将会自身进行进一步的反应。第三级、第四级……自由基同样会反应，直到最终终止于产生一系列稳定的产物。从如三十烷所示的单一大分子烃得到的稳定产物的数量非常巨大。结合丁烷产生所有可能的较小烷烃和烯烃的例子，三十烷的热裂化可形成 57 种烷烃和 1 种烯烃。

此外，裂解产物组成的复杂性源于这样的事实，即天然存在的沥青或油母质并不是单一化合物，而是由具有许多可能分子结构的多种化合物组成的混合物。天然物质也存在支链结构，如姥鲛烷，和环状结构，如枞酸。热裂化本质上是从含有 16 个至超过 40 个碳原子，具有直链、支链和环状结构化合物的混合物开始的。一旦开始裂解，第 7 章中讨论的所有自由基反应基本上都会发生。由所有这些反应形成的最终液体产物——石油，是含有数百种可能产物的混合物，这些可能的产物是通过上述原料的六种类型的自由基反应产生的。

油母质到沥青的转化在约 60℃ 开始。随着热裂解开始，可以预测给定分子中的任意 C—C 键断裂。三十烷具有两个末端 C—C 键，可断裂产生 ·CH_3 和 ·$C_{29}H_{59}$，在分子内部具有 27 个 C—C 键。而更有可能的是在分子内部的某处而不是在末端的 C—C 键处发生断裂。因此，初始裂解产物更可能是中等到大型的大分子。

裂解速率随着温度升高而增加。将阿伦尼乌斯方程写为其扩展形式，即

$$\ln k = \ln A - E_a / RT$$

式中：k 为速率常数；A 为指数因子；E_a 为活化能；R 为气体常数；T 为开尔文温度。上述表明油的形成与时间呈线性增加关系，而随温度呈指数增加。更多的 C—C 键随着温度的升高而断裂。如果原料中含有来自于较早的裂解反应产物，其将仍然具有更小的分子大小。这不仅会导致更多的键断裂，而且产物分子的大小也会变得更小。

在环境条件下为气体的较小烃类的首次大量出现在 110℃ 左右的温度下。温度达到约 170℃ 时，形成液体产物石油的剧烈裂解反应停止，此时仅有气体形成。这种剧烈深成作用的最终气体产物是甲烷。

虽然原则上高温热裂解使系统反应驱向于生成甲烷，但是没有足够的氢可用于将所有的碳完全转化为甲烷。以庚烷作为简单模型，其转化为甲烷的反应为

$$C_7H_{16} \longrightarrow 4CH_4 + 3C$$

其中 C 表示预期的伴生的石墨碳固体。如果形成的甲烷占用了所有的氢，必然留下一些碳。或者，考虑在形成甲烷时消耗所有的庚烷，即

$$C_7H_{16} + 12H \longrightarrow 7CH_4$$

如反应过程按上式进行，带来的额外问题是氢来自哪里。

氢在天然系统中并不以 H_2 的形式存在。驱动庚烷转化为甲烷所需的氢必须来自深成作用中的自由基反应。这种氢的内部转移必然导致形成富碳产物。自由基歧化和脱氢反应有助于驱动这些过程。深成作用期间由 C—C 键断裂形成的自由基的歧化可以表示为

$$2R—CH_2—CH_2—CH_2 \cdot \longrightarrow R—CH_2—CH_2—CH_3 + R—CH_2—CH = CH_2$$

烯烃产物在烯丙基的位置发生氢原子脱除，即

$$R—CH_2—CH_2—CH = CH_2 + R' \cdot \longrightarrow R—CH_2—CH \cdot —CH = CH_2 + R'H$$

烯丙基可进一步歧化，得到二烯（$R—CH = CH—CH = CH_2$）。进一步脱氢可产生三烯和环状化合物，最终是芳烃形式。随着苯环融合成更大的多环芳环系统则可获得更多的氢，其中多环芳环系统继续向石墨转变。苯的 H/C 原子比为 1，萘的 H/C 原子比为 0.80，菲或蒽的 H/C 原子比为 0.71。由环化、芳构化以及芳香环系统的形成脱去氢，导致那些分子转化为石墨。这些过程中脱去的氢在油母质转化为较小的烃类分子并最终转化为甲烷时被消耗。

生成油和气的成岩作用和深成作用的全顺序总结在如图 8.6 所示的油母质成熟图中。纵轴表示从地表到内部逐渐增加的深度，并且由于自然地热梯度，因而也代表逐渐升高的温度。深成作用的生化反应生成的第一种目的产物是生物甲烷。随着油母质的分解，最终出现分子大小足够小到在通常条件下是液体的产物——称为石油或原油的物质。深成作用中油的形成开始于对应约 60℃ 的深度，此即油区的开始。

在油区开始处形成的油仅代表有限程度的深成作用，其含有相对较大的分子，因此其预期特点是黏稠的，具有相对高的密度，并且具有高的沸程（分子结构和物理性质之间的关系将在第 9 章中进一步讨论）。随着深成作用的继续进行，油的分子组分逐渐变得更小，因此沸程、黏度和密度降低。同时形成更轻质的油，并最终形成 H/C 原子比渐增的气体，同时必须形成 H/C 原子比渐低的高度芳香族化合物。这表明轻质油应含有高浓度的芳香族化合物，然而并非如此。

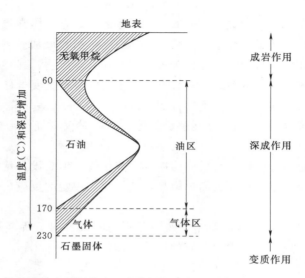

图 8.6　油和气的形成是由厌氧菌在地表附近生产甲烷造成的，油区开始在约 60℃处，
在最大或接近最大油产生处开始形成一些气体，油区结束在约 170℃处，
以及气体区结束在约 225℃处。

　　溶解度差异是导致轻质油不是高度芳香族化合物的主要原因。传统有效的化学原则是"相似相溶"原则。随着体系逐渐形成越来越轻的脂肪族分子，并且同时必然有越来越多的较大的芳香族分子产生，芳烃变得难溶于富含氢的油。最终，随着深成作用的继续进行，芳烃可形成单独的相。在实验室中，将戊烷、己烷或庚烷添加到石油中可分离出高分子量的芳香相，称为沥青质。自然存在的大量轻质烃类或气体，可以将沥青质从油中沉淀出来，该过程被称为脱沥青。沥青质又转化成天然沥青和其他高度芳香的高密度黏稠物质。

　　约 170℃时油区结束，此时唯一的深成作用的产物是气体。该过渡代表了气体区的开始。约 225℃时气体生成停止。最终产物是碳质的高度芳香固体。

　　气体形成发生在油母质成熟图的两个区域：深成作用期间形成生物气，以及由深成作用产生额外的气体。生物气的唯一烃组分是甲烷，因为甲烷是特定生物化学反应的唯一气态烃产物。相比之下，随着深成作用进入更深的油区，一些小的裂解产物是在环境温度或接近环境温度下为气态的分子，包括乙烷、丙烷、丁烷，甚至是戊烷至庚烷。来自油区中部附近到底部的气体是这些轻质烃的混合物。深成作用越强烈，气态 $C_2 \sim C_7$ 分子裂化为甲烷的可能性越大。由气体区向下，气体中甲烷的含量越来越高，主要为甲烷的气体或仅含甲烷的气体，在靠近气体区底部出现烃类产物。

　　油母质的主要组分是碳、氢和氧。原则上，深成作用期间的组分变化可通过在三元图或三变量笛卡尔坐标上标绘出这些元素的量来追踪。然而，更方便的是通过使用比率将三个变量减少到两个。这样，化学组成的变化可以通过熟知的二维坐标图来表示。按照惯例，标准方法是以 H/C 原子比对 O/C 原子比作图。这样的图被称为范克里弗伦（van Krevelen）图[F]。Ⅱ型油母质深成作用的范克里弗伦图如图 8.7 所示。

石墨（其中 H/C＝O/C＝0）位于范克里弗伦图的原点。早期深成作用的初始转变表现为图 8.7 的 A 区域，其中热不稳定官能团以 CO_2 和 H_2O 的形式脱去。油的形成发生在 B 区域，气体的形成发生在 C 区域。随着这些变化发生，剩余的物质碳含量越来越高，如曲线指示，朝向原点。

含有超过 1％的Ⅰ型或Ⅱ型油母质的沉积物是两种其他燃料，即油页岩（具有 2％～50％油母质）和煤（具有大于 50％油母质）的前体。油页岩是腐泥型的油母质，即主要由非海洋藻类形成。术语"腐泥（sapropelic）"来源于希腊词，意为"腐烂（rotten）"，似乎表明这种无定形的、部分分解的物质是通过腐烂形成的。腐泥有机物质并入到无机沉积物中，该混合物进而转化为被称作油页岩的物质（图 8.8）。

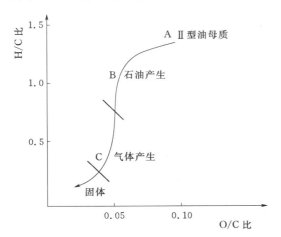

图 8.7　范克里弗伦图可以追踪油母质深成作用中的组分变化，如此处所示的Ⅱ型油母质。这种类型的图是图 8.6 的补充。

图 8.8　油页岩标本。尽管如此命名，相对于富含油母质的物质加热时能够产生油而言，油页岩里没有油。

遗憾的是术语"油页岩"通常并不是准确的，实际上这些沉积物中如果有的话，也只有很少量的液体油，并且无机部分不是页岩。无机物包含各种矿物，例如石英、铝硅酸盐或碳酸盐。油页岩可以含有高达 50％的有机物，但是通常含量比该含量更低。可商业开采的油页岩含有约 30％的有机物。有机物的组成通常为碳 70％～80％、氢 7％～11％、氮 1％～2％、硫 1％～8％和氧 9％～17％。碳含量一定时，油页岩具有比煤更高的氢含量和更少的氧含量。

油页岩比油源岩更类似于煤，因为在达到 350℃左右的温度时才能实现大量生产油。与煤类似，油页岩在加热时不熔化而是经历不可逆的热分解。相比于来自煤热解得到的液体，从油页岩产生的液烃更接近于石油液体。来自最优质页岩的油含有高百分比的烷烃，但往往硫的含量也高。来自页岩的油的氧和氮含量通常比石油中的高。

8.4　腐殖型油母质的深成作用

大部分腐殖煤形成于常规条件下的泥炭沼泽中。有机物质在泥炭沼泽、湿地或沼泽中形成和累积，这些地方水流大部分处于停滞状态。成岩作用将这种累积的有机物质转化为泥炭（Ⅲ型油母质）。目前在欧洲、北美洲和部分亚洲北部地区发现了巨大储量的泥炭，其被用于家庭供热，偶尔也用于满足工业或小型公用设施的需求。从沼泽中分离的泥炭含水量高于有机物质（在一些情况下水分高达90%）。完全干燥的泥炭的热值为 $20\sim23MJ/kg$，比木材高但比大部分煤低。使用泥炭作为燃料的主要原因是该地区缺乏可利用的煤炭。

泥炭的形成和累积在被无机沉积物覆盖后终止。沉积物层随着越来越多的沉积物累积而逐渐变厚。埋藏的泥炭经历了自然地热梯度导致的温度渐增。同时，累积的覆盖沉积物重量增加了在泥炭上的压力[G]。

随着泥炭在无机沉积物层内被有效地密封，非常长时间的典型地质过程也随之开始。假设在典型地热梯度下，煤可能不会经历极端温度。埋藏到 10km 深度相当于暴露于 $100\sim300℃$ 的温度下。这些温度似乎太低而不能驱动热解化学反应的发生，经验法则表明热解反应在约 350℃ 时变得显著。但是在这种情况下，时间站在我们这边。煤形成所需的漫长时间在人类时间尺度上来看是无限缓慢的，而在地质时间尺度上来看是可以发生的，腐殖油母质的深成作用需要数千万年。速率常数为 $10^{-10}/s$ 的反应可能需要 300 年才能得到实验室实验的第一个数据点，但三千万年有 $10^{15}s$，可以有大量时间来发生非常缓慢的反应。

大量存在的结构未改变或轻微改变的木质素对Ⅲ型油母质的贡献使其相对于Ⅰ型和Ⅱ型油母质的深成作用具有几个重要的区别：首先，Ⅲ型油母质的 H/C 原子比（$1.4\sim1.8$）明显低于Ⅰ型和Ⅱ型的 H/C 原子比（通常小于1），图 8.5 表明Ⅲ型油母质的深成作用主要产生富碳产物；其次，木质素具有在成岩作用中幸存的几乎没有转变的大分子结构，深成作用的反应涉及大分子内部的转化，即固体的转化。Ⅲ型或腐殖型油母质的深成作用，通常被称为煤化。煤化的程度反映了逐步降低的 H/C 原子比和 O/C 原子比及稳定增加的碳含量。煤化还导致煤级别的提高。虽然分配等级的实际标准涉及燃烧和焦化行为（第 17 章），对于本节中的讨论，级别可认为是沿着油母质到石墨路径的进程。

在深成作用的早期，在成岩作用中幸存且参与腐殖酸和油母质形成的物质开始裂解。如果存在地下水，可以水解蜡或未反应的脂肪，即

$$RCH_2COOCH_2CH_2R' + H_2O \longrightarrow RCH_2COOH + HOCH_2CH_2R'$$

反应产物参与热驱动的脱羧和脱水反应。

醇在高温下在黏土矿物的催化反应中脱水。黏土在自然界中含量丰富，并且在促进深成作用的一些反应中起作用。醇脱水可以表示为

$$RCH_2CH_2OH \longrightarrow RCH = CH_2 + H_2O$$

在实验室中，该反应在约 160℃ 时发生。埋藏在 1km 处的油母质可能暴露于约 60℃ 的温度，这取决于局部地热梯度。根据温度每上升 10℃ 反应速率翻倍，或者温度每下降 10℃ 反应速率减半的经验法则，醇脱水的速率将减少 $(1/2)^{10}$ 倍，即 1/1024 倍。即在实验室 160℃ 下进行 3h 的脱水反应，在自然界 60℃ 下则需要 8 周的时间。这在地质时间尺度上已是非常快速了。

酸在高温下脱羧为

$$RCH_2COOH \longrightarrow RCH_3 + CO_2$$

酸的热脱羧在实验室 $300\sim400℃$ 下发生。油母质在深成作用期间通常不经历这样高的温度，但是再一次，对于典型的深成作用温度（即 $100\sim200℃$）预期低得多的反应速率，仍然在数千到数百万年的时间内获得实质性的转化。

酯也经历了热诱导的脱羧反应，直接产物是烯烃和酸，即

$$R'CH_2CH_2OOCR \longrightarrow R'CH = CH_2 + HOOCR$$

由于在该反应中形成的酸可能脱羧，最终产物是烷烃、烯烃和二氧化碳。以其中的一种组分巴西棕榈蜡为例，即

$$CH_3(CH_2)_{22}COOCH_2CH_2(CH_2)_{29}CH_3 \longrightarrow$$

$$CH_3(CH_2)_{21}CH_3 + CH_2 = CH(CH_2)_{29}CH_3 + CO_2$$

木质素的部分降解会导致首先释放出单体组分，随后是进一步的降解反应。以芥子醇为例，即

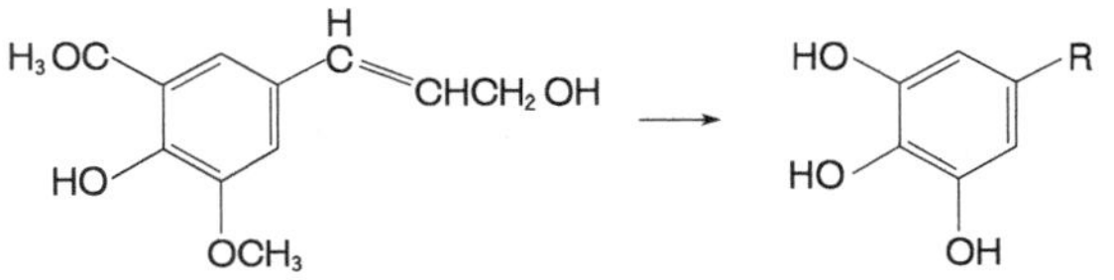

可能的反应产物 $1,2,3$ -三羟基苯（连苯三酚）可进行自缩合反应，即

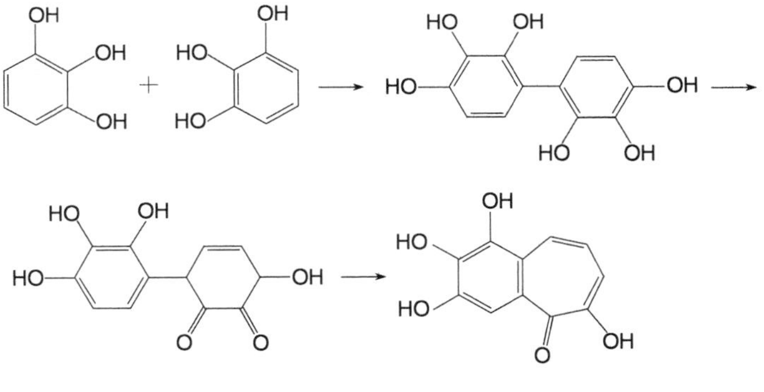

整个过程导致环状化合物缩合生成更大的多环系统，并脱去二氧化碳。

到此为止，所讨论的反应均具有以小的挥发性分子脱去氧的共同特征。在范克里弗伦图上，横坐标方向上从油母质开始的反应路径（即 O/C 原子比逐渐降低的路径）具有较小的斜率，如图 8.9 所示。系统的碳含量越来越高，如范克里弗伦图上从右到左的路径所示（图 8.9）。

氢再分配过程（图 8.4）显示最终的反应产物之一是石墨，其位于范克里弗伦图的原点。因此，沿着Ⅲ型油母质的反应途径必须有一些位置的斜率发生显著变化，使得曲线朝向原点"弯曲"，如图 8.10 所示。

简单有机化合物的变化行为可再一次为随着深成作用的进行可能预期观察到的现象提供解释。随着 H/C 原子比降低，形成的固体物质的可溶性越来越低且越来越难熔（表 8.5）。

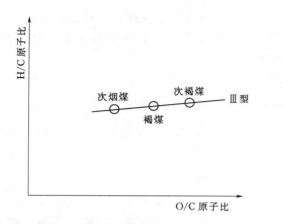

图 8.9　煤化的早期阶段（Ⅲ型油母质的深成作用）
导致在范克里弗伦图上以缓和斜率的斜线形成
次褐煤、褐煤和次烟煤。

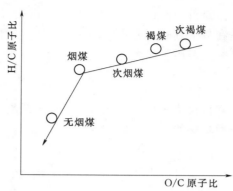

图 8.10　随着煤化的进行，路径的斜率随着
烟煤和无烟煤的形成而急剧下降。

表 8.5　随着在一系列芳香族化合物中 H/C 原子比降低，它们变得越来越难熔且溶解性越差。

H/C 原子比	实例	周围环境下的物理状态	熔点（℃）	可　溶　性
1.00	苯	液体	6	可溶于许多常见溶剂或易与许多常见溶剂混合
0.80	萘	固体	80	
0.71	菲	固体	100	
0.63	芘	固体	150	可溶于少量常见溶剂
0.60	苯并［e］芘	固体	311	可溶于氯仿
0.50	六苯并苯石墨	固体	434	难溶于苯
0		固体	约 3800	完全不溶

　　Ⅲ型油母质成熟时，这些难熔的、不可溶的物质即是煤。

　　Ⅲ型油母质（泥炭）按质量计约含碳 55％、氢 6％和氧 35％，与木质素和纤维素的组分相差不大，见表 8.6。

表 8.6　纤维素、挪威云杉木质素和巴西泥炭的元素组成比较。

样品	碳（％）	氢（％）	氧（％）	H/C 原子比	O/C 原子比
纤维素	42.1	6.4	51.5	1.83	0.92
木质素	62.5	5.7	31.7	1.10	0.38
泥炭	58.4	6.6	34.6	1.35	0.44

　　早期的深成作用导致脱氧且碳含量明显增加（碳的明显增加是百分比总和为 100％的不可避免的表象。如果一种成分的含量下降，则另一种成分的含量必须上升。实际上并没有碳被添加到系统中）。泥炭压缩至约为其初始体积的一半，并且氧含量通过深成作用降低时首先产生通常被称为柴煤的物质，其具有约碳 65％、氢 6％和氧 25％的组成（在本节中，元素组成仅针对沉积物的碳质部分，未考虑可能随煤并入的水或各种矿物。如何解

释以及为什么这样将在第 17 章讨论）。这个过程大约需要三千万年。柴煤是中欧和东欧以及澳大利亚的重要能源。

进一步压缩到初始泥炭体积的约四分之一，并且进一步降低氧含量则产生褐煤[H]，其含碳 72％、氢 6％和氧 20％，此时大约已经过六千万至七千万年。褐煤在世界上许多地方具有重要的商业价值的储量，包括东欧、俄罗斯、美国、加拿大、中国、印度尼西亚、印度以及巴西等。褐煤主要应用于发电厂锅炉燃烧来生产蒸汽。在褐煤之后继续进行的深成作用包括进一步脱去羧基和甲基基团。树脂的组分可脱羧，即

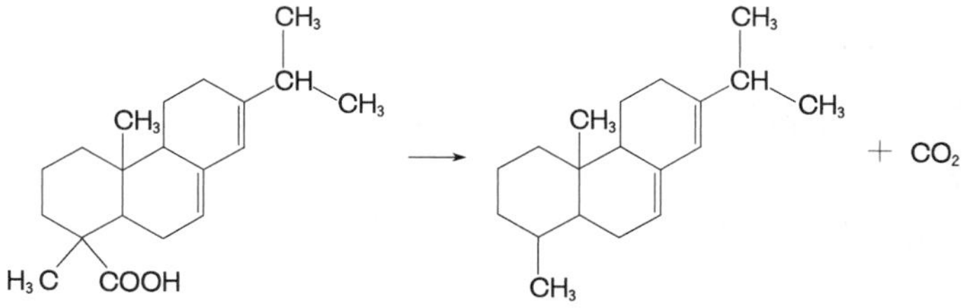

深成作用下一种产物是亚烟煤，其元素组成约为碳 75％、氢 5％和氧 15％。世界上最大且商业上最重要的亚烟煤储藏地域之一是美国西部鲍德河盆地区域，约占美国煤总产量的三分之一。

亚烟煤阶段之后深成作用的主要变化似乎是以不连续的顺序进行，被称为煤化跃变。在约 60℃，一组新的反应变得重要。该温度与Ⅰ型和Ⅱ型油母质的深成作用中的油区开始温度大致相同。第一次煤化跃变发生在碳组分含量占约 80％时，该点代表了烟煤组成范围的开始，也是在范克里弗伦图上发生斜率显著变化的点。此时，氢再分配正式开始，H/C 原子比开始下降。

在第一次煤化跃变中，几种类型的反应现在变得重要。通常，它们发生在 1～2km 的深度，或者温度超过 60℃ 的位置。通过上覆沉积层继续压缩，将原始 7～20m 的泥炭层压缩至约 1m 的烟煤层。树脂经历部分脱烷基化和芳构化，即

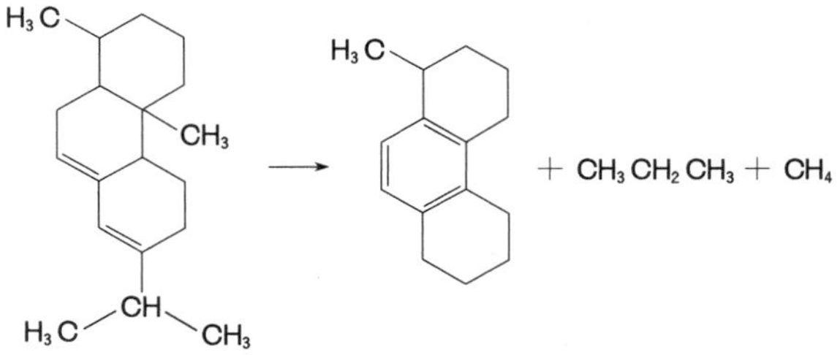

烷基芳香烃发生侧链断裂为

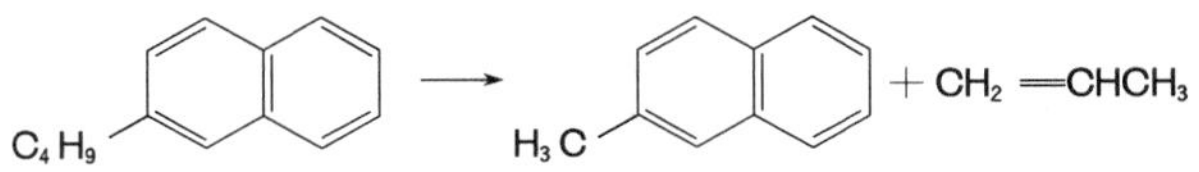

脂肪或脂肪衍生物质的长烷基链经过热裂解，即

$$C_{27}H_{56} \longrightarrow C_{13}H_{26} + C_{14}H_{30}$$

这些例子中都包括了预期的氢再分配过程。正丁基萘（H/C 原子比为 1.14）裂解产生甲基萘（H/C 原子比为 0.91）和丙烯（H/C 原子比为 2.00）。并且，此例中，二十七烷（H/C 原子比为 2.07）裂解产生十三碳烯（H/C 原子比为 2.00）和十四烷（H/C 原子比为 2.14）。

这些反应导致一些轻质产物的形成，其可以从中逸出，同样导致剩余物质中 H/C 原子比的降低。此时减少 H/C 原子比变得比减少 O/C 原子比更重要，这种效应在范克里弗伦图上形成斜率变化。

第一次煤化跃变标志着开始形成在商业应用中最重要的煤——烟煤。烟煤是世界上储量最丰富且最具商业价值的煤炭。与所有煤一样，它们在当今工业化国家中的主要用途是用于发电厂生产蒸汽。烟煤的第二大重要用途是转化为焦炭用作燃料和冶金行业（特别是铁和钢）的还原剂。

二氧化碳是柴煤、褐煤和亚烟煤形成中的主要气态产物。第一次煤化跃变之后，甲烷变成主要的气态产物。测量煤床中捕获气体的 CH_4/CO_2 比是分析其地质成熟度的良好指标。随着气体产物性质的这一转变，固体组分的主要变化变成脱氢作用，而脱氧作用相对较少。在范克里弗伦图上，这表现为 H/C 原子比的显著下降，而 O/C 原子比的下降不明显，该效应表现为随着反应路径向左侧移动时，曲线继续具有显著的斜率变化。

第二次煤化跃变发生在碳含量约 87% 时。此时通过酚官能团的破坏而脱氧，同时还大量产生甲烷。该深度的温度可能超过 120℃。由于甲烷（H/C 原子比为 4.00）的形成，其他反应产物的 H/C 原子比逐渐降低。以十一烷伪劣，假设的产生甲烷的反应顺序为

$$C_{11}H_{24} \longrightarrow CH_4 + C_{10}H_{20}$$

$$C_{10}H_{20} \longrightarrow CH_4 + C_9H_{16}$$

$$C_9H_{16} \longrightarrow CH_4 + C_8H_{12}$$

从癸烯到壬二烯到辛三烯的产物，H/C 原子比依次逐渐降低，分别为 2.00，1.77 和 1.50。原则上，在其余产物的 H/C 原子比变为 0 之前，会形成三个以上的甲烷分子。

富含碳的反应产物经历了环化和芳构化变得越来越不饱和。例如，2,4,6-辛三烯转化为邻二甲苯，即

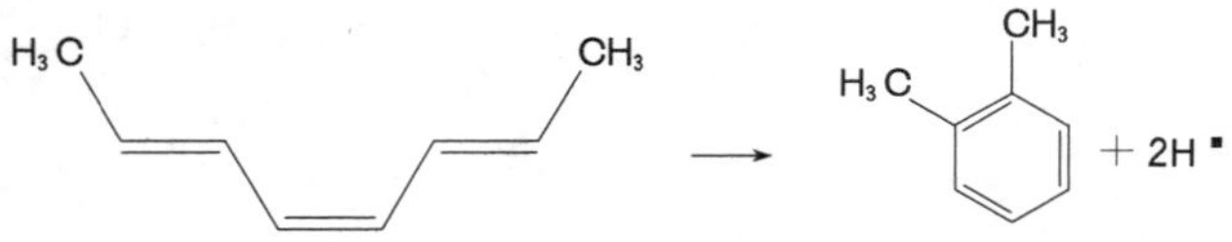

芳构化还可以提供氢源以满足富氢产物的要求。更多的氢可以通过形成多环芳香体系获得，例如，邻二甲苯转化为 1,2-二甲基-9,10-二氢蒽为

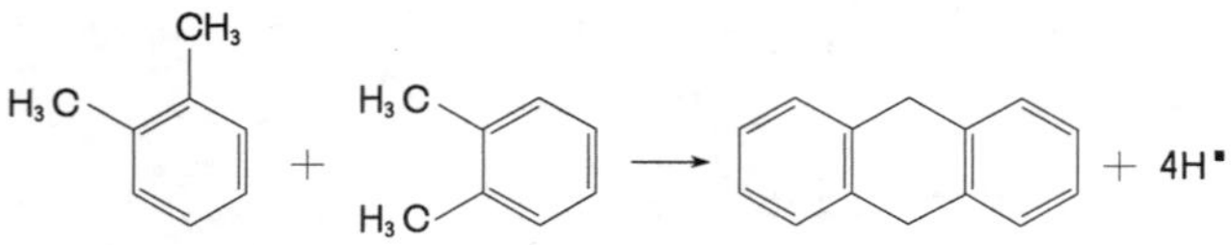

或转化为 1,2,4,5-四甲基三亚苯，即

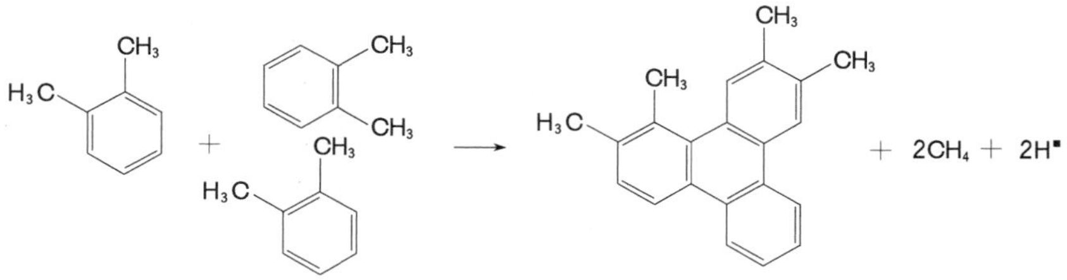

その中、该步骤中 H/C 原子比从 1.25 进一步降低为 0.90。

芳环开始垂直排列，对于堆叠的芳环化合物家族，环戊烷可作为可能的例子，即

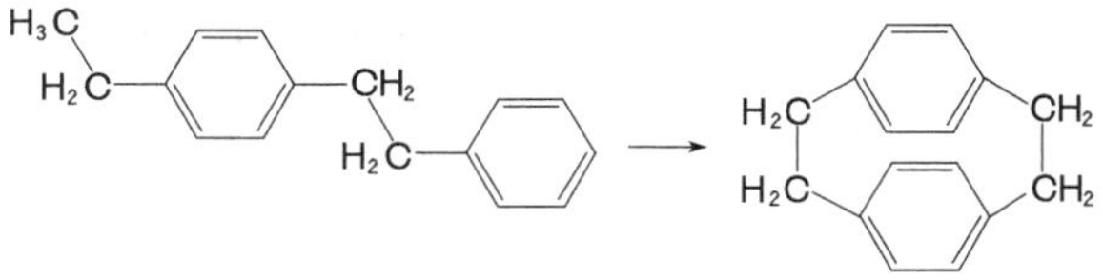

脱氧作用随着酚类化合物的脱氧而继续进行为

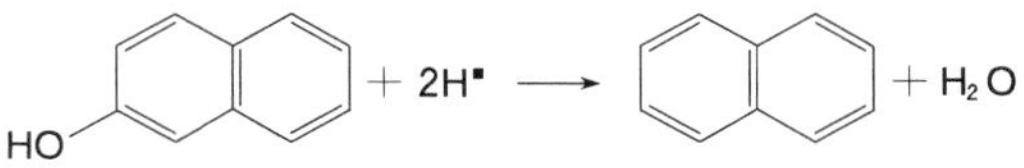

还可能伴随着缩合环化，即

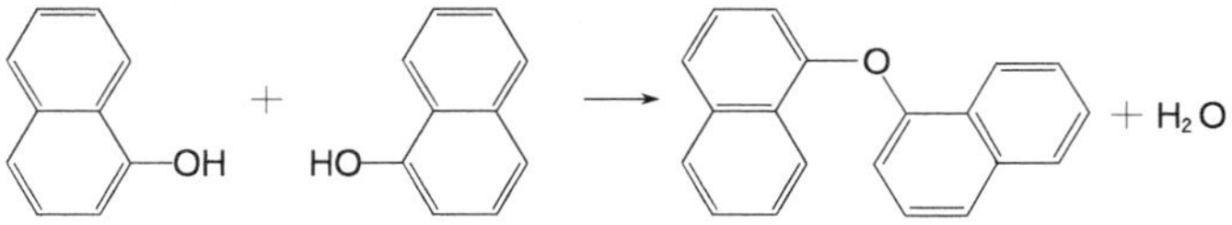

第三次煤化跃变在碳含量约 91% 时，此时标志着无烟煤形成的开始，该过程涉及高温，可能还有高压。实际上，世界上所有具有商业价值的无烟煤储藏之地都是发生过岩层剧烈折叠的山区。通过岩层折叠产生的高压可能有助于无烟煤的形成。同时有甲烷的大量形成，每公斤煤约 200L 甲烷的形成量。甲烷可来自从芳环体系中剩余甲基的脱除。环系统的芳构化进一步发生，以及芳环进一步缩合成多环芳香体系。这些过程伴随着芳环体系的垂直排列或堆叠。芳环的缩合以蒽的脱氢聚合反应为例，即

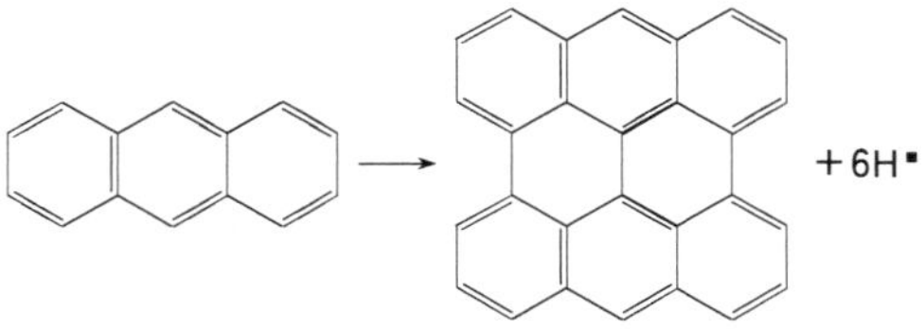

此外，具有芳环垂直堆叠的化合物继续反应产生更大的环体系。在二苯撑环烷烃化学中，含有四个堆叠芳环的化合物可以转化为具有更大环体系的产物，即

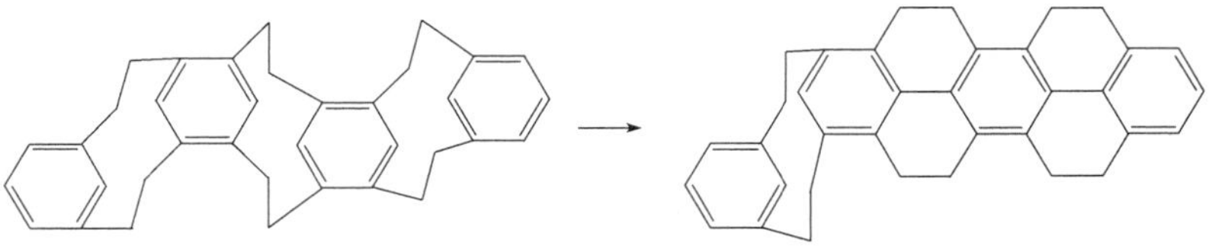

剧烈的反应条件可驱动芳环的脱甲基作用，即

脱甲基化伴随着环体系的连续缩合，如蒽的脱氢聚合作用，并且继续发生环体系的垂直排列。该过程可能需要几亿年的时间，并将 H/C 原子比降低到约 0.5。极端的温度和压力形成高度芳香的近似石墨的固体，即

这些无烟煤可能有三亿到四亿年历史，并且含碳约 93%。

在含碳量为约 96% 时，形成高级碳化无烟煤。此时发生环状结构的芳构化继续发生，并缩合成近似石墨的结构。在足够长时间和足够剧烈的反应条件下，则可形成天然石墨。天然石墨是"终极煤"，是纯碳，其所有的原子都被并入芳环体系并完全排列成层状结构，即

从柴煤到无烟煤的演变是沿着范克里弗伦图的常规过渡，具体可通过碳含量的增加来表征，从柴煤（含碳量小于 70%）到无烟煤（含碳量大于 90%）。这使得根据经历的煤化程度对煤进行分类或分级成为可能，即通过它们在范克里弗伦图上的位置或它们的碳含量来表示。煤等级系统确实已存在，柴煤排在最低等级，无烟煤等级最高。这些等级分类系统将在第 17 章讨论。

地球的地热梯度提供了煤化过程所需的热量。煤被埋藏得越深，其经历的温度越高，并且暴露于此温度下的时间更长。这种煤可能转化为高等级煤。因为埋藏需要很长的地质时间，通常煤埋藏得越深，年龄就越大。希尔特规则[I]指出，煤被埋藏得越深就越老，获得的等级排名也越高。通过煤的年龄、深度或等级，就可以定性地推断出其他两个有关性质的信息。希尔特规则仅适用于某一区域的单个煤层，且没有证据显示该区域有过异常的地质活动。当比较来自不同地理区域或来自有异常地质活动地区的煤时，该规则并不适用。

与烟煤和无烟煤一起形成的甲烷一直备受关注，甲烷从煤中缓慢渗透到矿井中可导致空气中甲烷的浓度达到约 5%～13% 时，即达到爆炸极限。不经意的火花或明火可能引起甲烷爆炸，煤粉吹入空气中又会立刻导致破坏性的二次粉尘爆炸[J]。矿工使用 *firedamp*

的名称来特指从煤中渗出的甲烷。世界上已有成千上万的矿工在甲烷爆炸中丧命，直到今天仍是这样，几个世纪以来人们已意识到沼气的危险性[K]。累积的甲烷在煤层中保持高压，有时在连续采煤时以近似爆炸的力量释放，最终将剩余煤层的机械强度降低到不再能保持高压力。然后，累积的甲烷爆发释放，使通道上的任何煤层或岩石发生碎裂。矿工称这种现象为"大爆发"（outburst）。大爆发会产生高速飞行的煤或岩石碎片，对在附近工作的任何人都可能是致命的。甲烷是温室气体，虽然没有二氧化碳那么臭名昭著，但它甚至可以更高效地吸收红外辐射。从煤层中缓慢释放出来的甲烷，或者人们通过在矿井中大量循环空气来专门去除甲烷以使其低于爆炸极限，这些排放的甲烷会促进温室效应的产生。

甲烷是一种极好的燃料。仅以此为由时，可将甲烷从煤层中采出并用作燃料。术语"煤层甲烷（coalbed methane）"用于指从煤中捕获并作为燃料而回收的甲烷。当然，回收煤层甲烷还提高了煤矿安全性，减少了排放到大气层中的甲烷。

8.5　总结

油母质的转化过程可以在单个范克里弗伦图上表示，如图 8.11 所示。

所有油母质具有通过脱羧和脱水生成 CO_2 和 H_2O 的初始区域。Ⅰ型和Ⅱ型油母质显示出长的油形成区。油从源岩迁移出，并且由进一步的深成作用反应而损失（油在其迁移期间或之后经历进一步的反应，但那些不是油母质深成作用的一部分）。图 8.11 所示的反应路径显示了剩余有机物的组成变化。已迁移出的油或气体不显示在图 8.11 中。一些油可以由Ⅲ型油母质形成，但其通常不被认为是油源岩。任何油母质都能形成气体。有机物的剧烈热解伴随着大量的气体形成。随着气体继续产生，固体变得越来越像石墨。油和气的一起出现并不罕见，并且是图 8.11 中油区下半部的特征。

如果同一地理区域可获得适当的有机物来源，煤、油和气体可能一起存在。由于温度和时间增加的组合效应，煤等级也提高。

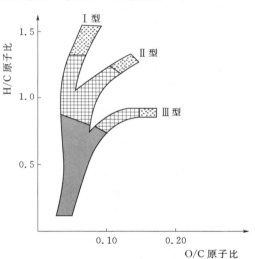

图 8.11　三种主要类型的油母质转化为气体、油和碳质固体的简易范克里弗伦图。该图未考虑从油母质中迁移出的气体或油。

随着温度的升高，油的裂解使更轻质的油含量逐渐增加，最终形成气体。因此，随着煤等级的增加，任何可能与其相关联的油都变得更为轻质。等级范围的高部区域与高反应温度、长反应时间或两者有关，可合理预测此区域存在煤和气体，但没有油。这种关系如图 8.12 所示。

地球上存在这种情况的例子。例如，威利斯顿盆地，包括西北达科他州，东蒙大拿和

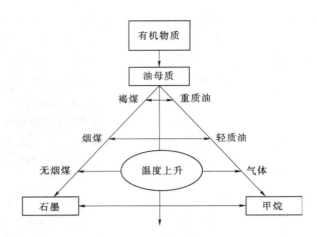

图 8.12　随着深成作用的强度，例如测量温度的增加，Ⅰ型和Ⅱ型油母质的主要产物
通常与Ⅲ型油母质的产物相关联，例如重油与褐煤相关联，或气体与无烟煤相关联。

南萨斯喀彻温省的广阔地区，有重油和褐煤。在荷兰的斯洛赫特伦，气体可能来自于深埋的煤的深成作用，这些煤是气体储藏的基础。前面提到的印度尼西亚的马哈坎三角洲地区，也储藏了丰富的油和气。

注释

[A] 不时有化石燃料来源于非生物源料的说法。这些说法主要由一些个人推崇，从杰出的科学家如德米特里·门捷列夫和马塞利·贝特洛到彻底的狂热分子。门捷列夫假设碳在地球地幔非常高的温度下反应可产生金属碳化物，例如 CaC_2。在地壳中，碳化物可与水反应形成乙炔，例如，$CaC_2 + 2H_2O \longrightarrow Ca(OH)_2 + C_2H_2$。乙炔可以三聚化成苯，或以其他方式反应形成长链烃。所有这些反应可在实验室中进行，但在石油形成中该假说并非主流。极端说法是，数十亿年前，随着通过太空中的物质增加形成地球，这个原始星球不知何故穿过了外太空中的石油宇宙暴雨在这个过程中形成巨大的油池。

[B] 如今在南极洲和远北的斯匹次卑尔根岛发现煤炭，在干旱的中东有丰富的石油。这些事实表明，地球的气候和陆地的相对位置可能随着地质时间而发生显著变化。

[C] 在填埋场堆积的有机物中可能发生相同的化学过程，这产生两个问题：第一，甲烷是易燃的，并且以一定比例混合的甲烷—空气是爆炸性的，大量甲烷生成成为安全隐患；第二，甲烷是一种强大的温室气体，来自垃圾填埋场的甲烷会促进全球气候变化。然而，燃料工程师已经找到了从填埋场中回收和捕获甲烷并将其用作燃料的方法。以这种方式得到的气体俗名填埋气体。专门回收垃圾填埋气体提供了另一种燃料来源，同时减少了安全危害和温室气体排放。除了填埋外，可对其他来源的有机物如农业废物专门进行厌氧消化处理，由此生产有用的燃料气体。

[D] 在湿地或沼泽中看到间歇性的闪光是许多幽灵、地精或其他超自然效应恐怖故事的来源。一个这样的故事发生在位于美国的弗吉尼亚州和北卡罗来纳州边界的迪斯默尔沼泽。在那里，诺福克和西部铁路公司的前任制动员不知怎么跌倒在轨道上而导致过往的

火车切掉他的头颅，而闪光被认为是无头人的鬼魂在摆动他的提灯寻找他的断头。

[E] 苯酚，俗名石碳酸，是 1867 年由英国医生约瑟夫·利斯特爵士（1827—1912）用于手术的第一种杀菌剂和消毒剂。值得注意的是，苯酚通过皮肤摄取或吸收会对健康造成严重的影响，即使相对少量（约 15g）的苯酚也是致命的。2-甲氧基-4-甲基苯酚（甲氧甲酚）是杂酚油中存在的一种酚，广泛用于防腐和消毒。

[F] 德克·范克里弗伦（1914—2001），荷兰科学家，在其多元化的职业生涯中，在多个领域取得了卓越成就，并担任过各种管理职位，包括荷兰国家煤矿的研究主任，后来担任 Akzo 公司的研发负责人。即使积极从事管理，他仍然发表了许多科学文献论文，并出版了两本具有里程碑意义的书，一本是关于煤炭的，另一本是关于聚合物的。

[G] 对煤中压力的作用似乎还没有形成一致的共识。一些煤炭地质学家提出与山地形成相关的极端构造压力可能加速煤化作用。其他人认为压力可能会延缓煤化作用中的一些化学反应，尽管可能影响煤炭的物理性质。

[H] 在一些煤炭的文献中，特别是来自美国以外的文献，术语"柴煤"和"褐煤"被同义地使用。然而，其他人认为这两者之间存在区别，例如柴煤的碳含量略低，且其在开采条件下的水分含量更高。

[I] 以德国地质学家卡尔·希尔特命名，他于 1873 年发表了这一规则。除了在德国西北亚琛附近的黑措根拉特有一条以他命名的街道外，几乎没有关于他的生活和事业的现代文献。

[J] 首位意识到煤矿沼气严重危害性的人已淹没在历史长河中，但首先针对其采取措施的人是汉弗莱·戴维爵士（1778—1829）。受到纽卡斯尔附近菲林矿井可怕爆炸的影响，戴维在 1815 年左右开发了使用金属纱布的安全灯来防止灯火焰的热量点燃甲烷—空气混合物。戴维灯或其各种变型在被电灯替换之前是矿工的标准设备。戴维对科学做出了许多其他贡献，包括清楚地认识到空气对有机物腐烂的重要性（但是在戴维的时代，有氧微生物的作用是未知的）。戴维到目前为止对科学最伟大的贡献是他给迈克尔·法拉第（Michael Faraday）提供作为实验室助理的机会，法拉第成为 19 世纪最伟大的化学家和物理学家之一。

[K] 许多地下采矿公司曾经雇用被称为防火监护员的人，其工作是在工作倒班开始大约 2h 前独自进入矿井，通过检查灯的火焰颜色特征变化来测试沼气的存在。防火监护员可以保证当天特定的时间段在矿井安全工作，或如果沼气浓度过高则禁止矿工进入。这项工作要求非凡的勇气。

参考文献

[1] Smil, Vaclav. *Energy in Nature and Society*. MIT Press：Cambridge, 2008；Chapter 3.

[2] Combaz, A. Les kérogènes vus au microscope. In：*Kerogen*. （Durand, Bernard, ed.）Éditions Technip；Paris, 1980；Chapter 3.

推荐阅读

Berkowitz, Norbert. *Fossil Hydrocarbons*. Academic Press；San Diego, 1997. Chapter 2 of this book focuses on origins of fossil fuels, including the oil sands, asphalts, and sapropelic coals.

Bouška, Vladimír. *Geochemistry of Coal*. Elsevier: Amsterdam, 1981. Roughly the first half of this book is devoted to coalification processes.

Dukes, J. S. Burning buried sunshine. *Climatic Change*, 2003, 61, 31 – 44. A very useful discussion concerning the enormous amounts of organic matter that had to have accumulated to produce the fossil fuels we utilize today.

Durand, Bernard. (ed.) *Kerogen*. Éditions Technip: Paris, 1980. A collection of chapters from various authors, relating to various aspects of kerogen formation, composition, and characterization.

Engel, Michael H. and Macko, Stephen A. (eds.) *Organic Geochemistry: Principles and Applications*. Plenum Press: New York, 1993. This book is an edited collection of chapters by different authors, many of the chapters dealing in great detail with diagenesis and thermal alteration of organic matter.

Given, Peter H. An essay on the organic geochemistry of coal. In: *Coal Science. Volume* 3. (Gorbaty, Martin L., Larsen, John W., and Wender, Irving, eds.) Academic Press: Orlando, 1984; pp. 65 – 252. A tour – de – force of ideas on coal formation and structure, supplemented with extensive references.

Levorsen, A. I. *Geology of Petroleum*. W. H. Freeman: San Francisco, 1954. An old book, but a classic in its field. Chapter 11 discusses the origin of petroleum.

Mackenzie, Fred T. (ed.) *Sediments, Diagenesis, and Sedimentary Rocks*. Elsevier: Amsterdam, 2005. This book is also a collection of chapters by various authors. Chapters 8 and 9, on coal formation and on oil and gas, respectively, are thorough discussions relevant to the present chapter.

Murchison, Duncan G. and Westoll, T. Stanley. *Coal and Coal – bearing Strata*. Oliver and Boyd: Edinburgh, 1968. Though now dated in part, this book still provides a good, solid review of coal geology.

Nardi, James B. *Life in the Soil*. University of Chicago Press: Chicago, 2007. To look at what happens to the "other" 98% of organic matter that actually does decay, this book provides much useful and interesting information on the roles of various organisms in breaking down accumulated organic matter.

North, F. K. *Petroleum Geology*. Allen and Unwin: Boston, 1985. Chapters 6 and 7 in this useful text discuss organic matter and its accumulation, and then conversion to petroleum.

Selley, Richard C. *Elements of Petroleum Geology*. W. H. Freeman: New York, 1985. An excellent introductory text in the field. Chapter 5 discusses the origin of petroleum.

Speight, James G. *The Chemistry and Technology of Petroleum*. Marcel Dekker: New York, 1991. A very useful book on most aspects of petroleum. Chapter 2 is of particular relevance here.

Thomas, Larry. *Handbook of Practical Coal Geology*. Wiley: Chichester, UK, 1992. Chapter 3 is particularly useful; several other chapters also expand on the discussion presented here.

van Krevelen, D. W. *Coal: Typology – Physics – Chemistry – Constitution*. Elsevier: Amsterdam, 1993. The best book on coal. Chapters 3 through 7 are pertinent to the material discussed here.

第 9 章　碳氢化合物中的结构—性能关系

9.1　分子间的相互作用

事实上，燃料化学中涉及的所有物质都由共价键分子组成。大多数分子为仅含有氢和碳原子的化合物。另外还有一些分子含有一个或多个杂原子，如氧、氮或硫原子。燃料的物理性质在燃料技术和应用中具有许多重要作用，例如：沸点的差异通常在蒸馏过程中用于分离；车辆或飞机上可以装载的燃料量受体积而不是质量限制，因此密度很重要；由于需要流体流动或从一个地方被泵送到另一个地方，因而黏度也很重要。对化学组成和分子结构如何影响物理性质的研究表明，物质的性质不是随机的，而是存在着分子组成、结构和性质之间的基本联系。此外，这种联系有效提供了通过对物质组成的估计预期出物质的性质（或反之亦然）的指导规则。

大多数物质最显著的性质是其物理状态，即固体、液体或气体。因此第一个研究着眼点便是为什么分子会形成固体或液体，为什么一切不全都是气体。为了以凝聚相（即作为液体或固体）存在，必须具有足够强的分子之间的吸引力以使分子保持互相接近的状态。

在一些分子中，正电荷的中心和负电荷的中心不重合。水是一个很好的例子，水分子具有永久的电偶极矩。这种效应存在是因为原子具有不同的电负性。例如，在鲍林电负性表（表 9.1）上氧的电负性值为 3.5，氢的为 2.1。因为氧原子具有更强的吸引电子能力，在水分子中，负电荷的中心接近氧原子，正电荷的中心更接近氢原子，因此产生偶极矩。极性分子可以通过偶极子的静电相互作用吸引彼此。

表 9.1 给出了燃料化学中主要元素的鲍林电负性。

表 9.1　基于鲍林定标的燃料化学中主要元素的电负性值。

元素	电负性	元素	电负性
碳	2.5	氮	3.0
氢	2.1	硫	2.5
氧	3.5		

碳和氢之间的电负性存在微小差异，故 C—H 键仅具有很小的偶极，且这些偶极子因对称结构可以互相抵消，因此烷烃没有永久偶极矩[A]。然而，这些分子之间必须存在某种相互作用，否则它们不会以凝聚相的形式存在。由静电相互作用产生的分子之间较弱的短程相互作用通常称为范德瓦尔斯力[B]，如图 9.1 所示。

具有永久偶极矩的分子可以在非极性分子中诱导产生诱导偶极子，从而在一个分子的

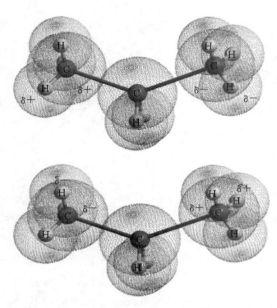

图 9.1 两个丙烷分子之间范德华力的形成机理。分子中的瞬时偶极子在相邻分子中诱导产生偶极子。

永久偶极子和另一个分子的诱导偶极子之间建立电子相互作用。这种相互作用的强度取决于偶极子在非极性分子中的诱导容易程度，即其极化性。极化涉及分子中电子云的变形。极性分子在相邻的非极性分子上诱导偶极子，是因为永久偶极子的电场使非极性分子极化，导致在后者中诱导出小的偶极子。

在没有永久偶极矩的分子中，原子中的电子运动建立了连续变化的临时偶极子，但其寿命非常短。临时偶极子可以在相邻的可极化分子中诱导同样短寿命和连续变化的偶极子，也可以引起分子之间的静电相互作用，尽管这种作用非常弱。平均来看，虽然电荷在非极性分子中的分布均匀，但是电子在不断地运动。在某个时刻，电子分布可暂时地不均匀，使得分子的一部分具有微小的负电荷，而另一部分具有微小的正电荷。在该时刻，分子具有很小的偶极矩。这种小而短暂的偶极子可以在相邻的可极化分子中诱导相应的偶极子。发生这种效应是因为在分子中累积的临时电荷扭曲了相邻分子中的电子云分布。临时偶极子的幅度和取向会不断变化，而相邻分子中的偶极子也将随之变化。结果便是两个分子之间的静电相互作用会持续存在。一个分子的诱导偶极子与相邻分子的偶极子的相互作用称为分散力或伦敦力[C]。尽管诱导的偶极子不断波动，但它们在非极性分子之间产生有吸引力的相互作用。伦敦力非常弱，但无论如何，在决定和影响燃料化学中化合物的许多物理性质方面，它扮演着重要角色。普通静电相互作用取决于电荷之间距离的平方，与之不同的是，伦敦力取决于分子间距离的六次幂。

伦敦力是最弱的分子间相互作用，而最强的是氢键。在分子中，如果氢原子键合到具有高电负性（通常为氮、氧或氟）原子上，氢原子和相邻分子强电负性原子上的未成对电子对之间可以发生非常强的相互作用。如在水中，当一个水分子中共价键合的氢原子与相邻分子的氧原子上未成对电子相互作用时，便形成氢键。氢键的强度比共价键弱一个数量级，氢键具有约 4～40kJ/mol 的键能，许多共价键的键能为 300～400kJ/mol，但是比具有永久偶极矩或伦敦力等的分子之间相互作用强得多。虽然氟在燃料化学中没有显著的作用，但氧和氮在燃料中还是会存在，因此氢键会对燃料的物理和化学性质产生影响。

9.2　挥发性

以正构烷烃的挥发性为基准，可以与其他类型的目标化合物进行比较，包括支链烷烃、环烷烃、芳香族化合物和杂原子化合物。正烷烃没有偶极矩，但具有可极化的电子云，这允许分子之间存在伦敦力相互作用。正烷烃的标准沸点[D]是分子中碳原子数目的函数（图 9.2），该函数可便捷地给出该族化合物中挥发性与碳原子数目之间的关系。

可以用几个因素说明，如图 9.2 中的关系。第一个因素，任何化合物的沸点可以近似表征分子间相互作用的强度，因为沸点是分子热运动变得足以克服那些分子间吸引力的温度，而分子间作用力正是凝聚相存在的原因。当一个分子的表面接近相邻分子的表面时，非常短距离的伦敦力开始起作用。大分子具有更大的表面积，因此其可极化电子云的表面更大。烷烃分子越大，与相邻分子可涉及伦敦力相互作用越多。大分子之间的伦敦力相互作用更强，因此与较小同系物相比大分子具有更高的沸点。

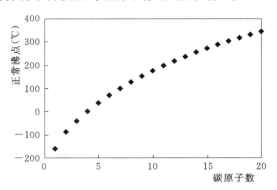

图 9.2　碳原子数为前 20 的正烷烃的
正常沸点与碳原子数的关系。

第二个因素涉及质量：具有较大分子质量的分子需要更多的热能，才能获得足够大的速度以允许它们从液相中逸出。分子中的碳原子数目与其分子质量直接相关，因此分子量也与沸点的大小有关。随着烷烃尺寸的增加，沸点的升高由伦敦力和分子量的增加两个因素引起。

还有一个疑问是，为什么图 9.2 所示的趋势具有稳定的、逐渐降低的斜率。甲烷是一种小分子，仅有非常弱的伦敦力相互作用，因此具有非常低的沸点 $-162℃$。与甲烷相比，乙烷是大小约为甲烷分子的两倍。乙烷的分子量相对于甲烷的分子量几乎翻倍（30 对 16Da），因此需要更多的热能才能给乙烷足够的动能以逃逸液态。乙烷还具有更多数量的可参与诱导偶极子的电子。由于乙烷是物理上更大的分子，因此存在更多的表面，感应偶极子可以在其上形成。正是因为些原因，乙烷的沸点（$-88℃$）远高于甲烷。

比较丙烷和乙烷可以扩展这些论点：分子量增加、数量更多可形成诱导偶极的电子和更大的表面积能够使感应偶极之间产生更大的吸引力。因此丙烷（$-42℃$）在比乙烷高的温度下沸腾。类似的论点适用于丙烷与丁烷（沸点 $-0.5℃$）比较，但此时已经有另一个效应在起作用。乙烷的分子量接近甲烷的两倍。从乙烷到丙烷的质量增加仅为 47%，从丙烷到丁烷的增加为 32%。随着正烷烃分子中碳原子个数每增加一个，可以认为是将分子的大小扩展一个亚甲基—CH_2—。从一种烷烃到下一种，额外的亚甲基对分子大小和质量的比例作用将稳定地减少。戊烷分子足够大，因此该化合物在普通环境条件下为液体，沸点为 36℃。随着分子尺寸继续增加，三个因素（分子质量、产生诱导偶极子的更大机会和更大的表面积）的影响最终将导致烷烃在环境条件下为固体。例如，十七烷在 22℃ 熔化。

支链的影响主要反映分子表面积的差异，可以影响伦敦力相互作用的强度。烷烃异构体的数量随着碳原子数的增加而大大增加：戊烷存在三种异构体，癸烷有 75 种异构体，二十烷有 366319 种异构体。异烷烃，即在 2-碳上具有单一甲基分支的烷烃，是异构烷烃最简单的类型。最简单的异构化合物是 2-甲基丙烷，俗称为异丁烷。图 9.3 比较了 2-甲基丙烷至 2-甲基十一烷的异构化合物与其正烷烃的正常沸点。

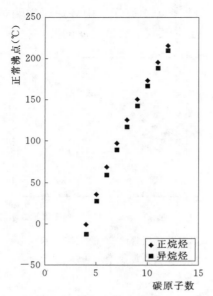

图 9.3 说明了两点，首先，异构化合物的沸点总是低于相应的正烷烃。由于分子量相同，能够解释该现象的原因只能为伦敦力相互作用较低和异构化合物的表面积较小。其次，随着分子尺寸的增加，正烷烃和相应的异构化合物之间的沸点差异减小，例如正丁烷和异丁烷之间相差 12℃，正十二烷和 2-甲基十一烷只相差 6℃。该效应是因为随着更多的亚甲基被引入链中，异构化合物的结构变得越来越像直链烷烃，2-甲基的比例效应稳定地减少。

高度对称支化烷烃可以特别说明减少分子表面积对减少分子间相互作用的影响。例如，三种异构体的沸点显著不同：正戊烷为 36℃；2-甲基丁烷（异戊烷）为 28℃；非常对称的 2,2-二甲基丙烷（新戊烷）为 9℃。这三种异构体区别在于新戊烷在几何上具有最紧密的分子结构，而正戊烷具有最大程度的延伸结构。正戊烷分子具有更大的表面积，在表面上可以发生更多感应偶极子之间的相互作用。因此，正戊烷显示出最高的沸点。像新戊烷这样的分子可以被认为具有近似球形的表面。对于包围相似质量的形状来说，球体具有最小的表面积。

图 9.3 随碳原子数目增加，2-甲基支链烷烃（异烷烃）与正烷烃的沸点比较。较小分子的支链异构体显示出明显较低的沸点，随着分子大小的增加差异减小。

随着碳原子数的增加，异构体的数量快速扩增，以致难以将沸点规律进行一般化。对于一系列异构体，具有最高度支链化结构的化合物通常是最易挥发的。对于烷烃异构体，沸腾温度变化规律为正烷烃＞异烷烃＞高支链化烷烃。这种关系可以在表 9.2 的数据中看到，其中比较了己烷的五种异构体。

表 9.2 己烷五种异构体的正常沸点。值得注意的是高度对称的 2,2-二甲基丁烷具有比其他异构体低得多的沸点。

化合物	沸点（℃）	化合物	沸点（℃）
正己烷	69	2,3-二甲基丁烷	58
3-甲基戊烷	63	2,2-二甲基丁烷	50
2-甲基戊烷	60		

与对应的正烷烃相比，环烷烃具有较高的沸点（图 9.4）。与环烷烃相比，正烷烃的分子量有非常小的优势（2Da），并不能解释上述差异，因此图 9.4 中所示的差异应该反映出了环烷烃中增加的伦敦力作用。如果极性化发生在环烷烃分子的整个表面上，则盘状环烷烃将呈现出比正烷烃的圆柱形分子更大的伦敦力相互作用。

燃料化学中感兴趣的单环环烷烃是环戊烷、环己烷及其衍生物。环烷烃也存在大量的潜在异构体，包括环结构的多重烷基化和烷基链中的支链化。烷基环烷烃的分子量和沸点会高于母体环烷烃的分子量和沸点，图 9.5 说明了这一点。随着烷基链长度的增加，沸点的增加可以显示出预期的分子量效应。事实上，除了甲基衍生物之外，该效果看起来完全是分子量导致的，因为正烷基环戊烷和支链少一个碳原子的环己烷的沸点相差约±1℃。例如，乙基环己烷和正丙基环戊烷具有相同的分子式（C_8H_{16}）沸点分别为132℃和131℃。

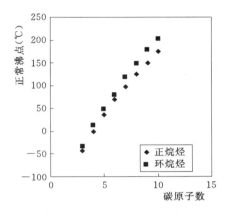

图9.4 正烷烃与相同碳原子数的环烷烃的沸点比较。环烷烃始终显示出较高的沸点。

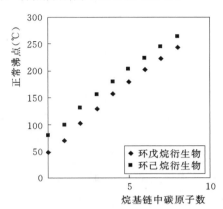

图9.5 正烷基环烷烃的正常沸点与烷基链中碳原子数的关系。

多环环烷烃也具有比相应的烷烃更高的沸点。十氢化萘有两种异构体，即反式异构体（9.1）在187℃沸腾，而顺式异构体（9.2）在196℃沸腾。相比之下，正癸烷的沸点只有174℃。

9.1 反式十氢化萘　　　　9.2 顺式十氢化萘

与相应的烷烃相比，碳碳双键或三键对沸点的影响相对较小。烯烃的沸点通常和具有相同碳原子数和相同链支链化程度烷烃的沸点相差无几。炔烃也表现出相同的特点，虽然炔烃族化合物在燃料化学中并不重要[E]。

决定伦敦力大小的重要因素是分子中电子的相对极化性，即电子响应相邻分子的变化而产生临时偶极矩的能力。共轭系统特别容易偏振，因为参与电子具有离域共轭系统的能力。芳香族化合物具有用于电子离域的π-键系统，因此具有显著的分子间相互作用，有时也称为π—π相互作用。

芳香族化合物具有比相同碳原子数正烷烃明显更高的沸点。图9.6显示了苯、萘、蒽（9.3）和并四苯（9.4）的沸点。

芳香族化合物的分子量低于具有相同碳原

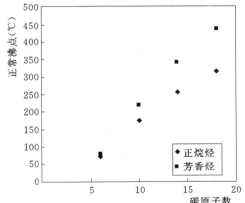

图9.6 苯、萘、蒽和并四苯的沸点与相同碳原子数的正烷烃的比较。

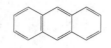

9.3 蒽 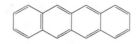 9.4 并四苯

子数的烷烃的分子量，因此较高的沸点反映了芳香族体系的极化率（即 π—π 相互作用）增强分子间相互作用的重要性。图 9.6 显示随着稠环数目的增加，芳香族化合物相对于烷烃沸腾温度的增加幅度也相应变大，表明分子间相互作用的稳步增强。芳香族体系中环缩合的极限是石墨，其沸点估计约为 3800℃。

与烷基环烷烃一样，芳香族化合物的烷基衍生物有更多种可能的异构体。与烷基环己烷类似，正烷基苯的沸点与烷基侧链的长度对呈正相关趋势。事实上，对于这两个家族中的大多数化合物，沸点最多相差几摄氏度。例如，正丁基苯在 183℃ 沸腾，正丁基环己烷在 180℃ 沸腾；正辛基苯和正辛基环己烷具有相同的沸点 264℃。

关于烃类沸点有一条经验法则：对于具有相同碳原子数的烃分子，沸点大小为芳香烃＞环烷烃＞直链烷烃＞异烷烃＞高度支链化的烷烃。若将杂原子（氮、氧或硫）引入这些化合物中，会导致在分子中产生永久偶极矩的可能性。具有永久偶极矩的分子（偶极—偶极相互作用）的沸点比仅具有诱导偶极的分子更高，因为在偶极子带相反电荷的末端和在相邻分子中的电性相反的末端之间具有更强的吸引力。类似的比较例子如四氢呋喃与环戊烷（分子量相差 2Da）的沸点分别为 65℃ 和 49℃，以及吡啶与苯的沸点分别为 115℃ 和 80℃，其中极性吡啶的沸点比非极性苯的沸点高 35℃。当强极性结构的分子中存在杂原子时，差异会更为显著。例如，丙酮在 56℃ 下沸腾，而非极性异丁烷（具有相同的分子量）在 −12℃ 下沸腾。相比之下，线性醚（例如二乙醚）具有与相同分子量的正烷烃大致相当的沸点，因为它们都具有相对低的偶极矩。表 9.3 总结了这些差异[F]。

表 9.3 极性对提高杂原子化合物沸点的影响（相对于对应烃的沸点）。对应烃的偶极矩为零。

杂原子化合物	偶极矩（D）	沸点（℃）	对应烃	沸点（℃）
二乙醚	1.10	34	戊烷	36
四氢呋喃	1.75	65	环戊烷	49
吡啶	2.22	115	苯	80
丙酮	3.92	56	异丁烷	−12

当杂原子的存在涉及形成氢键时，影响更为显著。与氮或氧原子共价键合的氢原子能够与杂原子上的非键电子对形成[G]强相互作用。氢键对物理性能有重大影响。甲烷和水具有几乎相同的分子量，分别为 16Da 和 18Da，但它们的沸点相差 269℃（分别为 −169℃ 和 100℃）[H]。醇具有比相当的烷烃或相关的醚高得多的沸点，因为醇的分子可以形成氢键相互作用，而烷烃和醚的分子不能。因此，即使两种化合物具有相同的分子量，乙醇（78℃）也比二甲醚（−25℃）具有更高的沸点。苯酚类似于脂肪族醇，也能够形成强的分子间氢键。因此，苯酚也具有比相同分子量的烃更高的沸点。

羧酸不是重要的燃料组分，但可能是燃料生产的中间体，如可用于生产生物柴油。羧酸可以彼此形成强氢键，因此通常具有高沸点。在纯液体甚至在气相中，羧酸主要以氢键二聚体存在，例如乙酸二聚体（9.5）。在这些二聚体中，每个 O—H···O 相互作用为 25～34kJ/mol。

9.5 乙酸

叔胺通常在比相同分子量的伯胺和仲胺具有更低的沸点，因为叔胺缺乏形成氢键的能力。胺比醇形成的氢键更弱，沸点低于相应醇的沸点。通常胺的沸点高于相应的烷烃，但低于相应的醇。伯胺和仲胺可形成氢键，因此具有比对应醚更高的沸点。

硫醇比相当分子量的醇具有更低的沸点，这可以通过硫醇形成非常弱的氢键来解释，因为硫和氢之间的电负性相差较小。但是，引入硫原子提高了结构上类似的化合物的沸点（这两个陈述不矛盾，一是比较具有几乎相同分子量的化合物；二是比较具有相似结构的化合物）。例如，二正丙基硫醚，$CH_3—CH_2—CH_2—S—CH_2—CH_2—CH_3$，沸点为141℃，而正庚烷 $CH_3—CH_2—CH_2—CH_2—CH_2—CH_2—CH_3$ 的沸点为98℃。两个原因可以解释这一点。首先，尽管硫具有与碳或氢相似的电负性（表9.1），但许多含硫化合物具有永久偶极矩。例如，二丙基硫醚具有约1.6D的偶极矩。永久偶极子之间的分子间相互作用比临时诱导偶极之间的相互作用更强。此外，理论上将质量为14Da的亚甲基—CH_2—替换质量为32Da的硫原子—S—，增加了分子量，因此与相应烷烃相比，需要获得足够的动能才能将含硫分子移动到气相中。

相对于烷烃，含硫化合物沸点的增加在生产中具有实际的影响。当石油通过蒸馏（在第12章中讨论）分离时，含硫化合物倾向于在较高沸点的馏分中积累。

9.3 熔化和凝固

真正的熔化（即完全可逆的物理状态变化）在燃料化学中人们很少感兴趣。然而，凝固在液体燃料的低温性能方面非常重要。

正烷烃的熔点随分子量增加而增加，但与沸点行为相比更复杂一些。熔点与分子中碳原子数的关系表现为从一种烷烃到下一种烷烃的波动增加，而不是在沸点图上看到的平滑增加（图9.2）。但是，对具有奇数碳原子的化合物和具有偶数碳原子分别绘制的熔点变化曲线，将显示出预期的平滑趋势（图9.7）。

这种差异是由于具有偶数个原子的碳链可以在固体中更加紧密地堆积。越紧密的分子堆积意味着每个分子及其相邻分子之间的伦敦力越大，因此熔点越高。

与沸点一样，由于大量可能的支链结构，支链化对烷烃的熔点的影响难以推广为一般结论。两种特殊情况涉及分子对称性的影响。第一，许多支链结构具有比相应正烷烃更低的熔点，因为支链干扰固体中有规则的分子堆积。对于分子中的偶数和奇数碳原子，异化合物（即2-甲基烷烃）的熔点比相应的正烷烃低约20～30℃。第二，高度对称的支链化结构可导致令人惊讶的高熔点。例如，2,2,3,3-四甲基丁烷在101℃熔化，而其直链异构体（正辛烷）的熔点为−57℃，差值接近160℃。虽然这代表极端情况，但是通常对称支链化合物具有高熔点，因为这样的结构容易在固体中装配在一起。对称支链化合物也倾向于具有相对低的沸点，这是由于它们的大致球形使液体中的伦敦力相互作用最小，这两种不同的对称效应——提高熔点但降低沸点——可使液体形态具有非常窄的温度范围。例

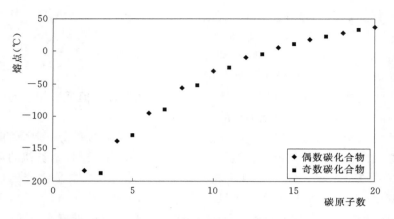

图 9.7　正烷烃的熔点随分子中碳原子数目变化而变化。当数据绘制为
具有偶数或奇数碳原子的两个独立化合物时，熔点变化较平滑。

如，2,2,3,3-四甲基丁烷在 106℃下沸腾，仅比其熔点高 5℃。

环烷烃比相同数目碳原子的正烷烃具有更高的熔点，但在具有偶数和奇数碳原子的化合物之间显示类似的交替性。这些效应源自将不同形状的分子组装成规则的固体结构的容易性（或难度）。正烷基环戊烷和正烷基环己烷都具有远低于母体环烷烃的熔点。此外，这些化合物的熔点低于相同碳原子数的正烷烃的熔点。例如，辛基环己烷的熔点低于相应的母体环己烷的熔点（分别为 −20℃ 和 6℃），同时也低于对应正烷烃（十四烷，其也在 6℃ 熔化）。环戊烷和环己烷的这些烷基衍生物的分子形状既不是完全线性的也不是完全环状的，这可能使得难以将这些分子容纳在固体结构中。

大多数芳烃具有比相应的脂肪族化合物高得多的熔点。例如，十氢化萘在室温下是自由流动的液体，但萘是固体，熔点为 80℃。向结构中加入更多的环使得熔点迅速上升，例如，蒽的沸点达到 436℃，苯并蒽（9.6）的沸点达到 438℃。

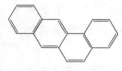

9.6　苯并蒽

造成上述沸点增加的原因是，平坦对称的结构容易组装成规则的固体，并且由于离域 π 体系的高极化性使得分子间具有更强的相互作用。

与环己烷衍生物类似，正烷基苯的熔点明显低于苯的熔点，并且低于相同碳数的正烷烃。以甲苯与苯为例，苯分子上的甲基会导致甲苯熔点降低 100℃（分别为甲苯 −95℃ 和苯 5℃），因为甲基破坏了容易堆积成固体的六元环结构。再比如说，大分子庚基苯的熔点为 −48℃，而对应的正烷烃十三烷在 −5℃ 熔融。多取代的烷基苯会使分子对称的效果变得明显。对于二取代苯，对位异构体通常比不太对称的邻位和间位异构体具有更高的熔点。在二甲苯中，熔点的变化与结构对称性有关：最不对称的异构体间二甲苯在 −48℃ 熔化；二甲苯的熔点为 13℃。这种区别可以在石油化学工业中被很好地使用，其中更有价值的对二甲苯可以通过分级结晶的方法从三种异构体的混合物中提取。更多取代基的化合物显示出相似的趋势。如 1,2,4,5-四甲基苯在约 85～100℃ 的温度下熔化，高于不太对称的 1,2,3,5-四甲基苯和 1,2,3,4-四甲基苯（预共聚物）异构体。

短链醇（即甲醇到1-丁醇）的熔点高于具有大约相同分子量的相应正烷烃的熔点。这表明醇之间氢键相互作用的重要性。具有永久偶极矩但缺乏氢键的醚的熔点落在醇和相关烷烃之间（表9.4）。

表9.4　两组结构相关的醇、醚和烷烃的熔点的比较。

三　原　子　链		五　原　子　链	
化合物	熔点（℃）	化合物	熔点（℃）
丙烷	−188	戊烷	−130
二甲醚	−141	二乙醚	−116
乙醇	−114	1-丁醇	−89

羧酸形成强氢键的能力意味着它们具有相对高的熔点以及高沸点。脂肪酸的熔点随着链长度的增加而增加。许多天然存在的脂肪酸在链中含有一个或多个双键，其在碳链中起到永久"扭结"的效果。所得到的弯曲链使得分子更难获得晶体结构所需的紧密接触。脂肪酸的熔点顺序——硬脂酸、油酸、亚油酸和亚麻酸——提供了一个很好的例子（表9.5）。

表9.5　双键数目对C18脂肪酸熔点的影响。

酸	双键数量	熔点（℃）
硬脂酸	0	69
油酸	1	13
亚油酸	2	−7
亚麻酸	3	−11

含硫化合物的熔点一般高于主链中具有相同碳链长度烃分子的熔点，例如二乙基硫醚熔点为−104℃，而戊烷为−130℃。这一现象可以反映硫化合物中轻微的永久偶极矩。与具有大致相同分子量的烃相比，含硫化合物具有较低的熔点。例如，乙烷硫醇（62Da）在−148℃下熔化，而丁烷（58Da）的熔点为−138℃。

9.4　密度和API度

随着分子中碳原子或—CH₂—基团数目的增加，分子的质量相应增加，但由于各种异构体三维构型的不同，分子占据的体积可能不成比例地增加。例如，典型的正烷烃，如癸烷中，可以在固体中发现分子（即使不是所有分子）的规则排列。在液体中，额外的运动自由度会导致更多无序的分子构型，例如碳原子链的卷绕、弯曲或缠结。由于液体中分子的紧密排列，即使液体中结构构型的随机性比固体中更强，分子间相互作用也不会减少太多。质量比体积的增加更快，宏观上可以将这种效应解释为密度增加。与沸点一样，正烷烃密度的增加幅度随着分子尺寸的增加而减小，因为随着分子变大，从一个分子到下一个分子的质量百分比变化越来越小。偶数和奇数碳原子对密度仅有较小的影响（图9.8）。

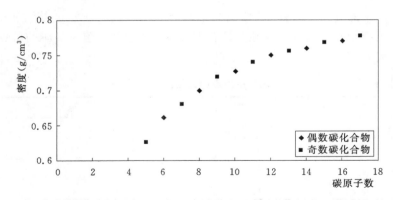

图 9.8 室温下正烷烃液体的密度与分子中的碳原子数的关系。

密度最终趋近于约 0.8g/cm³，实际上所有烷烃的密度都比水小。具有偶数碳原子的正烷烃的分子可能更好地填充，不仅增加了分子间的相互作用，而且这也是密度增加的原因。

比重的概念将所感兴趣物质的密度与相同温度下的水的密度关联起来。在 4℃ 时水的密度为 1g/cm³，因此在该温度下的比重和密度在数值上相等。区别在于比重是无量纲数，而密度的单位为每体积的质量。任何液体的密度都随着温度的升高而降低。对于许多普通液体，温度对密度的影响不是很大。然而，为精确起见，必须给出进行测量的温度，并且在相同温度下进行液体之间的比较。在化石燃料或生物燃料转化或利用的实际装置中，所使用压力的范围对密度影响非常小，通常可以忽略。

特别是在石油技术中，API 度（API 指美国石油学会）也用于表示液体密度。API 度计算公式为

$$API 度 = 141.5/比重 - 131.5$$

其中液体的比重是相对于 15.6℃ （60.6F）水密度的比重。由于比重是无量纲数，因此 API 度似乎也必须如此。然而，API 度通常以度为单位表示，例如液体可以说是 29° 的 API 度。API 度可以更清楚地反映液体密度的微小差异。例如，两种液体可能具有 0.84 和 0.88 的比重，这看起来是较小的差异，但这两种液体的 API 度是 37° 和 29°。API 度与比重呈反比，和密度也呈反比关系，API 度越高，液体密度越小。由于水的比重为 1，其 API 度为 10°。因此在水中 API 度小于 10° 的材料将沉底，而那些 API 度大于 10° 的材料将漂浮。API 度大于 31.1° 的油分类为轻油；范围在 22.3°~31.1° 的油为中油；API 度小于 22.3° 的为重油[1]。

密度、比重或 API 度的测量相对容易，与表征其他烷烃特性的仪器相比，可以使用较便宜的设备进行测试。如本章后面所述，这些参数也可以与许多其他液体特性相关，例如黏度和硫含量。因此，密度或 API 度的测量提供了液体总体质量的良好指标。

密度表示了在给定体积中可以容纳的分子多少。组装的紧密度直接涉及分子形状。比较正己烷和 2-甲基戊烷（异己烷），与正烷烃结构相比，将异构体装填到给定体积中效率较低。在异构体中，产生分支的甲基正如翘出的拇指。因为异构体的组装效率较低，故与正烷烃相比其密度会略微降低，异己烷密度为 0.654g/cm³，而正己烷密度为 0.660g/cm³

（对应 84.9°和 82.9°API 度）。大量可能的高度支链化烷烃结构使得这些化合物之间的密度关系难以一般化。高度对称支链化烷烃如 2,3-二甲基丁烷可以有效地填充，因此密度高于相应正烷烃。2,3-二甲基丁烷的密度为 0.668g/cm³，而正己烷的密度为 0.660g/cm³（对应 80.3°和 82.9°API 度）。

环烷烃具有比相应烷烃更高的密度。例如，己烷的密度为 0.66g/cm³，而环己烷的密度为 0.78g/cm³。这种差异是因为环状结构可以在给定体积中更有效地填充，与可以采用各种潜在构型的相对柔性链分子相比，环状结构分子构型数量有限。正烷基环己烷和正烷基环戊烷的密度大于其各自的母体环烷烃的密度，并且随着烷基链的长度增加，密度显示出较小的增加。

与相应的环烷烃相比，芳香族化合物具有更高的密度：苯的密度为 0.88g/cm³，而环己烷为 0.78g/cm³。苯的结构是完全平面的，由于碳原子的 sp² 杂化，产生 120° C—C 键角，形成了精确的正六边形结构。这些平面分子在包装到给定体积中比椅式或船式结构的环己烷更有效。苯和烷基苯的密度比水小，但比具有大约相同分子量的烷烃密度大。对于具有相同碳原子数的化合物，API 度按照烷烃＞环烷烃＞芳烃的顺序依次降低。在芳烃中，API 度随着环数量的增加而降低。正烷基苯具有比苯更低的密度，可能是因为组装这些部分环状、部分线性的分子会更困难。

在一定程度上，分子形状也涉及密度的差异。例如，己烷的密度为 0.66g/cm³，环己烷的密度为 0.78g/cm³，苯的密度为 0.88g/cm³。这个序列表明，与己烷的柔性圆柱体相比，更多的环己烷"盘"状结构可以容纳在给定体积中，并且完全平坦的苯环可以容纳更多。

因为 API 度和沸点都与各种类型化合物分子中碳原子数有关，所以 API 度和沸点之间也应该有一些关系。图 9.9 说明了具有 6～14 个碳原子的正烷烃、正烷基环己烷和正烷基苯的 API 度和沸点的关系。

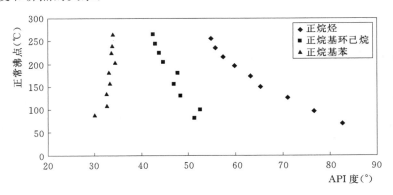

图 9.9 六至十四个碳原子的三类烃的 API 度和沸点之间的关系。

这些数据表明低 API 度的液体可能富含高沸点化合物，其中芳香族化合物具有显著贡献，而高 API 度的液体最可能是具有高浓度低沸点的脂肪族化合物。

杂原子对 API 度有显著影响。需要特别关注的是硫，硫化合物具有令人恶心的气味，在燃烧期间会形成潜在的污染物（硫氧化物），对金属表面具有轻微的腐蚀性，并且会使催化剂中毒（第 13 章）。由于硫对 API 度有显著影响，因此通过在实验室测量 API 度，就可以估计硫的含量。硫的影响可以通过比较庚烷和二丙基硫醚来说明。从概念上讲，二丙基硫醚可以被认为是硫原子替换了庚烷中间的亚甲基[J]。C—C 键长度为 0.154nm，C—S 键长度为 0.181nm。假设两个分子都是圆柱形的，—CH_2—被—S—代替将使分子的体积增加约 5%，两个取代基原子质量分别为 14Da 和 32Da，意味着二丙基硫醚的分子量比庚烷的大 18%。由于质量增加超过体积增加比例，硫化合物可能具有比相应的烃化合物更高的密度和更低的 API 度。这种关系的扩展见表 9.6 中的数据。

表 9.6 所选含硫化合物与烃类似物的 API 度比较。

硫化合物	API 度（°）	烃类似物	API 度（°）
苯并噻吩	−8.2	二氢化茚	10.6
1-丁硫醇	36.6	戊烷	94.5
2-丁硫醇	39.1	2-甲基丁烷	96.7
丁基乙基硫醚	37.4	庚烷	76.7
环己烷硫醇	13.2	甲基环己烷	52.5
二苄基硫化物	2.2	1,3-二苯基丙烷	9.0
二叔丁基硫醚	42.1	2,2,4,4-四甲基戊烷	65.2
二庚硫醚	36.6	十五烷	52.6
二苯基硫醚	−4.4	二苯基甲烷	9.8
异丙基硫醚	40.1	2-甲基戊烷	86.2
1-庚烷硫醇	36.4	辛烷	71.0
2-甲基苯硫酚	4.4	邻二甲苯	30.1
丙硫基苯	10.1	正丁基苯	33.0
硫杂环庚烷	11.3	环庚烷	43.2

与相似分子量的烃相比，氮或氧原子的引入也会导致密度增加。该效应似乎与含有杂原子分子的极性相关，见表 9.7 中的数据。极性的增加可导致分子间距离减小，允许每单位体积容纳更多的分子。

表 9.7 与戊烷有关的一系列含氧或含氮化合物的密度和 API 度与偶极矩的关系。

化合物	偶极矩（D）	密度（g/cm³）	API 度（°）
戊烷	0	0.626	94.5
二乙胺	0.92	0.706	69.0
丁胺	1.0	0.741	59.4
二乙醚	1.1	0.714	66.7
1-丁醇	1.66	0.810	43.3

9.5 黏度

黏度衡量流动阻力。它直接涉及分子间相互作用，因为这种力倾向于抵抗一个分子相对于另一个分子的运动。对于牛顿流体[K]，剪切速率与剪切应力成比例，黏度是比例常数。黏度单位为帕斯卡·秒，Pa·s。1Pa 为 $1N/m^2$；如果对于面积为 $1m^2$ 的平板，1N 的力在 x 方向上产生 1m/s 的流体速度（相对于在 y 方向上 1m 远的另一块平板），则该流体的黏度为 1Pa·s。黏度涉及的应用较多，例如从井中泵油、油或其产品通过炼油管道的流动、燃料通过管线的流动以及液体用于润滑。所有液体的黏度都随着温度的升高而降低。与密度数据一样，获得黏度数据的温度应与黏度信息一起指出。对于大多数液体，黏度对温度的依赖性远大于温度对密度的影响，因此在考虑黏度行为时需要更加注意温度的影响。

因为结构通常在二维图纸上绘制，所以可能忽略碳氢化合物分子真正的三维构型。烷烃不是线性的，如 CH_3—CH_2—CH_2—CH_2—CH_3 的三维构型（9.7）。

此外，这些分子除了线性构型以及在结构 9.7 中暗示的"之"字形结构，还可以涉及由碳原子链的弯曲和扭曲形成的其他构型。这样的构型可以互相缠结，并且随着碳链的延长，缠结的机会随之增加。同时，随着链长度增加，分子的表面积也增加，从而产生更大的伦敦力相互作用。如果这种分子

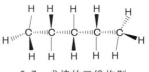

9.7 戊烷的三维构型

在受限空间（例如管道）中组装，并且在分子的一端施加剪切应力，含有互相缠结大分子的系统将难以流动（例如让煮熟的意大利面条在管道中流动会很困难）对于较小的分子，链缠结较少，分子间相互作用也较小，因此更容易实现流动。对于较大的分子，分子间相互作用不会由于流过的分子而减弱太多。举例来说，对于十二烷，当一个分子的链段滑过另一个分子时，其位置很容易被第三个十二烷分子的链段填充。

对于烷烃，黏度随链长的增加而增加，如图 9.10 所示。

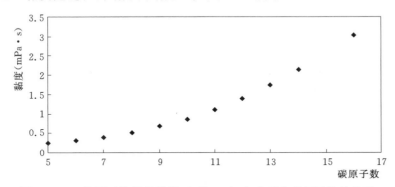

图 9.10 25℃下正烷烃的黏度（mPa·s）与分子中碳原子数的关系。

支链烷烃具有比直链异构体更高的黏度，这可能是违反直觉的，因为支链化合物之间具有较低的伦敦力相互作用。这种联系源于支链化合物之间更大的分子缠结机会。环烷烃的黏度大约是可比较的链状化合物黏度的两倍，这与环化合物中增加的伦敦力相互作用一致。苯的黏度略低于环己烷的黏度，这表明完全平坦的苯分子可能比船式或椅式构造的环己烷环更容易流动。具有两个或多个稠环的芳香族化合物在环境温度下是固体。

在相同温度下，己烷的黏度为 0.33mPa·s，而环己烷的黏度为 1.20mPa·s。这种差异可以通过两个因素来解释。第一，环己烷中的分子间相互作用比己烷中的大，如沸点

差异中解释的那样。第二，分子流体动力学也不同。液体己烷中的分子运动涉及短的、有弹性的棒在移动经过彼此，而在环己烷中是随机取向的"盘"状结构移动。苯的黏度在这两种化合物之间，为0.65mPa·s，这一方面是由于苯分子存在比己烷更大的分子间相互作用，另一方面完全平坦的苯分子可能比非平面环己烷分子更容易在液体中移动。

杂原子化合物具有比对应烃更高的黏度，表明永久偶极矩对分子间相互作用的影响。用硫原子代替亚甲基差不多能使黏度加倍。例如，在25℃下，环戊烷的黏度为0.413mPa·s，而四氢噻吩的黏度为0.973mPa·s。当存在氢键时，黏度相对于烃大大增加。例如，正丁胺在25℃下的黏度大于戊烷黏度的两倍，其黏度分别为0.574与0.224mPa·s。醇羟基具有更显著的效果，可以将黏度增加一个数量级；例如，正戊醇在25℃下的黏度为3.619mPa·s，但是主链中具有6个原子的烃（己烷）的黏度仅为0.300mPa·s。在脂肪、油和天然蜡中，黏度也随着碳链变长而增加。对于这些化合物，还必须考虑在链中存在双键的影响。由于双键导致碳链的"扭结"，从而降低了分子之间的紧密接触，不饱和脂肪酸具有比相关的饱和酸更低的黏度。因此由不饱和键脂肪酸构成的油脂具有比类似的完全饱和油脂更低的黏度。

由于密度、黏度和沸点都取决于分子大小，因此它们之间也有一定关系，包括黏度对API度的依赖性，如图9.11所示，以及黏度和沸点之间的关系，如图9.12所示。

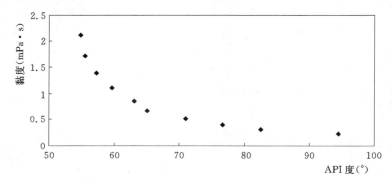

图9.11　25℃时正烷烃的黏度与API度的函数关系。

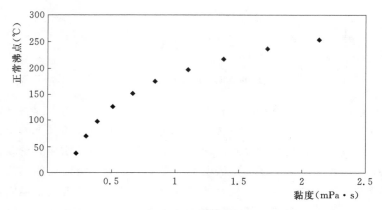

图9.12　25℃下正烷烃的沸点和黏度之间的关系。

图 9.11 表明低 API 度的液体可能具有较高的黏度。此外，高黏度的液体可能具有高沸点。因此，低 API 度液体倾向于具有高沸点和高黏度，并且可能含有较高浓度的芳香族和含硫化合物。

9.6 水溶性

大多数烃微溶于水。"油水不溶"的俗语可以形象说明这一点。不过许多烃类在水中有很小的溶解度。表 9.8 中的数据可以说明。

表 9.8 所选烃在 25℃ 水中的溶解度。

化合物	溶解度（化合物/水）（g/kg）	化合物	溶解度（化合物/水）（g/kg）
己烷	1.6×10^{-2}	癸烷	2×10^{-5}
环己烷	5.5×10^{-2}	萘	3×10^{-2}
苯	7.5×10^{-1}		

通常，芳香烃比脂肪族化合物更易溶。这是因为芳香族化合物具有更高的极化率，因此可以更好地与高极性水分子相互作用。烃在水中的溶解度随着分子尺寸的增加而降低。例如，大于 40 个碳原子的石蜡分子是完全不溶的。

当考虑能与水形成氢键的化合物时，情况会有所不同。甲醇和乙醇与水以任意比例混溶。1-丁醇是另一种具有作为燃料潜力的醇，其溶解度约 90g/kg。醇的溶解度随着分子大小的增加而减小，因为与其他物理性质的变化规律类似，随着尺寸增加，分子的特殊部分（这里指羟基）占整个分子的比例越来越小，化合物变得越来越像烃，因此对物理性质的贡献也越来越小。从燃料的角度看，较小的醇在水中的易混溶性或溶解性是关注的重点，因为需要考虑它们在处理或储存期间被掺水的可能性。

与其脂族对应物质一样，较小的酚也是水溶性的。苯酚具有约 82g/kg 的溶解度。虽然酚不能直接用作燃料，但是在煤和木材热解过程中会产生酚。因此在这些方法中使用的水都会被苯酚（以及其他化合物）污染，需要在排放到环境之前进行处理。

醚不包含可参与氢键形成的氢原子，但可以接受来自水分子的氢键。因此，较小的醚分子可溶于水。具有作为柴油燃料潜力的二甲醚在水中的溶解度约为 76g/kg。

胺不能直接用作燃料，但是一些氨基化合物可用于各种燃料的加工过程中。与醇和酚类似，伯胺和仲胺可以与水形成强氢键，因此相对低分子量的胺是水溶性的。叔胺不能彼此形成氢键，因为缺少与氮原子键合的氢原子，但是像醚一样其可以与水分子形成氢键。

9.7 燃烧热

燃烧热（通常是指燃烧焓）表示单位燃料（基于摩尔、质量或体积）燃烧时释放的热量。术语"热值"和"发热值"通常与"燃烧热"可互换使用。在本书中，术语"燃烧热"与纯化合物结合使用，术语"热值"用来表示混合物或结构不明确的燃料。

所报道的燃烧热取决于燃烧过程如何进行。也就是说，可以设想两个反应，其一般可

以写为

$$燃料+O_2 \longrightarrow H_2O(g)+CO_2(g)$$
$$燃料+O_2 \longrightarrow H_2O(l)+CO_2(g)$$

其不同之处在于产物水是作为气体还是液体产生的。后一过程会释放更多的热，因为它包括水的冷凝热，即

$$H_2O(g) \longrightarrow H_2O(l)$$

术语高热值（HHV）是指以液体水为产物时的燃烧热，若产物水是蒸汽相，则对应低热值（LHV）。以十四烷为例（喷气燃料的常见组分），高热值为 $-9.39MJ/mol$，低热值为 $-8.73MJ/mol$。

影响液体燃料燃烧热的第二个因素是燃料的物理状态。有些燃烧热对应的燃料状态为气体，而有些燃烧热对应的燃料状态为液体。燃料初始状态为气体时燃烧热较高，因为在这种情况下不必考虑液体的蒸发热。再次以十四烷燃烧为例，气态燃料在反应中释放的热是 $-9.46MJ/mol$，即

$$C_{14}H_{30}(g)+\frac{23}{2}O_2 \longrightarrow 15H_2O(g)+14CO_2$$

而下述液态燃料对应的燃烧热是 $-9.39MJ/mol$，即

$$C_{14}H_{30}(l)+\frac{23}{2}O_2 \longrightarrow 15H_2O(g)+14CO_2$$

由于任何燃料的最终目的都是作为能源燃烧，所以在评估、比较和选择各种燃料时燃烧热具有非常重要的作用。燃烧热如何表达也很关键。在一些情形下，比如说车辆和飞机，燃料箱的体积而不是质量决定了可以携带燃料多少，因此每单位体积的燃烧热，有时也称为体积能量密度，便是重要的标准。当体积不是限制因素时，如发电厂用于燃烧发电的煤炭，每单位质量的燃烧热更为重要。尽管燃烧热在评价燃料时是非常重要的属性，但它并不是唯一标准，还应该考虑许多其他物理和化学性质，如硫含量、黏度、灰分含量和储藏稳定性等。

在烷烃中，支链化合物比相应的直链异构体更加稳定，生成支链化合物放出的热量比生成直链化合物稍多。因此直链化合物的燃烧过程中放出的热量更多，即从这方面看直链异构体是稍好的燃料。但实际上两者差异很小，在实际应用中可以忽略不计。一些辛烷异构体的数据说明了这一点，见表9.9。

表9.9 部分辛烷异构体的生成热和燃烧热。

化合物	生成热（kJ/mol）	燃烧热（kJ/mol）
正辛烷	-208	-5117
2-甲基庚烷	-216	-5110
2,2,4-三甲基戊烷	-224	-5101

烷烃的摩尔燃烧热随着分子质量增加而增加，分子中每增加一个—CH_2—基团，燃烧热约增加 650kJ。从单位质量燃烧热角度来看，甲烷在烷烃中具有最高的燃烧热。燃料的质量燃烧热随着分子大小的增加而减小，碳原子数大于辛烷的分子质量燃烧热几乎不变。

氢元素具有约142MJ/kg的燃烧热，而碳具有约34MJ/kg的燃烧热。当比较单位质量样品的燃烧热时，高氢含量的化合物具有明显优势。这导致正烷烃燃烧热和H/C原子比之间的关系如图9.13所示。

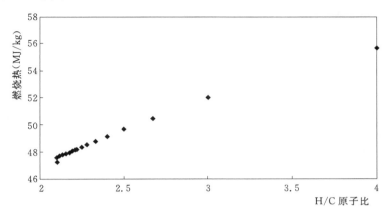

图9.13 正烷烃燃烧热与H/C原子比的关系。其中反应物为气态，生成的水为液态。

对于碳原子数大于辛烷的烷烃，基于质量的燃烧热几乎不变，因为H/C原子比接近（但不是精确的）常数。癸烷（$C_{10}H_{22}$）的H/C原子比为2.20，将分子大小增加三倍至三十烷（$C_{30}H_{62}$），H/C比降低至2.07。

在烷烃中，低分子量化合物也具有较低密度。对于较大的分子，其较大的密度也可以部分抵消单位重量的较低燃烧热。例如十六烷（$C_{16}H_{34}$）是柴油燃料的重要组分，其燃烧热比最轻的液体烷烃戊烷低约3%（十六烷约47.7MJ/kg，戊烷约49.1MJ/kg），但是体积燃烧热高出近20%（分别为36.7MJ/L和30.7MJ/L）。表9.10比较了正烷烃基于重量

表9.10 一些正烷烃基于质量和体积的燃烧热。数据是针对烷烃为气态以及产物水为液态的情形。

化合物	燃 烧 热	
	质量燃烧热（MJ/kg）	体积燃烧热（MJ/L）
戊烷	−49.1	−30.7
己烷	−48.8	−32.2
庚烷	−48.5	−33.0
辛烷	−48.4	−33.8
癸烷	−48.1	−35.0
十一烷	−48	−35.5
十二烷	−47.9	−35.9
十三烷	−47.8	−36.1
十四烷	−47.8	−36.3
十五烷	−47.8	−36.7
十六烷	−47.7	−36.7
十七烷	−47.7	−37.1

和体积的燃烧热。在燃料体积有限的情况下，由于具有较高的体积燃烧热，分子量较大的烷烃将优于分子量较小的烷烃。当然，其他因素对于特定目的的燃料选择也是很重要的，例如点火和燃烧特性、挥发性和耐冻性。

环烷烃具有比相同碳原子数的烷烃略低的燃烧热。例如，己烷燃烧热为$-4144kJ/mol$，而环己烷仅为$-3926kJ/mol$。该趋势遵循前面讨论的H/C原子比的规则，己烷的H/C原子比为2.33，环己烷的为2.00。由于密度差异，环烷烃较大的密度使得单位体积具有较高的燃烧热。己烷和环己烷，体积燃烧热分别为$-31.8MJ/L$和$-36.4MJ/L$。富含环烷烃的燃料广泛用于航空燃料，因为可以从给定体积的燃料获得更多的热量。

环戊烷、环己烷和它们的烷基衍生物都具有几乎相同的质量燃烧热，分别为$-11.2MJ/kg$和$-11.3MJ/kg$。因为这些化合物的密度随着烷基侧链增加而变大，它们的体积燃烧热随着烷基链尺寸的增加而缓慢增加。

芳烃燃烧热远低于相应的环烷烃，例如苯的燃烧热为$-3.27MJ/mol$，而环己烷为$-3.93MJ/mol$。部分原因在于苯具有比环己烷低得多的H/C原子比，但苯的共振稳定能也具有显著的作用。苯和其他芳香族化合物的共振稳定通常在氢化热的背景下讨论，反应方程式为

$$C_6H_6 + 3H_2 \longrightarrow C_6H_{12}$$

从环己烯和环己二烯氢化的热量，可以推测[L]一定条件下苯的预期氢化热。但事实上测得苯的氢化热低于该外推值约150kJ/mol。也就是说，苯比由这种推测所预期的更稳定。燃烧苯比加氢容易得多，但在燃烧中（实际是在任何必须克服共振稳定的反应中）同样存在由于芳香族分子特殊共振稳定性带来的能量"代价"。

烷基苯的质量燃烧热随着侧链长度的增加而缓慢增加，因为随着更多的亚甲基被引入链中，H/C原子比增加，体积燃烧热也会随之缓慢增加。

杂原子化合物相对于具有相同数目的烃（例如将乙醇与丙烷或甲胺与乙烷进行比较）有较低的燃烧热。氧原子对燃烧热没有任何贡献，因此相对于烃分子质量燃烧热会大大降低。该效果在小分子中更为明显，因为杂原子对化合物的组成和分子量具有较大的影响。例如乙醇的摩尔燃烧热比丙烷的低约38%，乙醚比戊烷小22%。硫有助于燃烧热，因此相对于母体烃，含硫化合物燃烧热的减少没有含氧化合物那么明显。例如，丙烷的燃烧热为$-2058kJ/mol$，二甲醚的燃烧热降至$-1460kJ/mol$，然而二甲硫醚燃烧热又升高到$-1904kJ/mol$。杂原子也会带来其他问题，特别是在燃烧期间形成氮氧化物或硫氧化物，这些化合物需要进行净化以避免其被排放到环境中。

9.8 芳香性的特殊影响

到此为止，似乎看起来考虑分子间相互作用、表面积和分子形状提供了一种方便和一致的方式，将烷烃、环烷烃和芳香烃性质的解释联系起来。己烷、环己烷和苯之间的比较已在前面的部分中讨论。但是当考虑苯以外的多环基结构时，此关系似乎不再成立了。芳香族的下一个成员是双环化合物萘$C_{10}H_8$，对应的双环环烷烃是十氢化萘，十碳原子烷烃是癸烷。先前基于分子形状对密度的影响建立的论据还可以像预期的那样发挥作用。三种

化合物的密度分别为癸烷 $0.73g/cm^3$，萘烷为 $0.90g/cm^3$，萘为 $1.14g/cm^3$。预测的沸点顺序应该是：癸烷＜十氢化萘≈萘，但实际结果只是部分支持这一点。癸烷的沸点为174℃，萘烷为194℃（可以预期到），但萘的沸点为218℃，比预期的高很多。这表明在萘的情况下还有其他因素起作用，并且癸烷和十氢化萘在室温下是自由流动的液体，而萘是固体（熔点为80℃），这一事实也表明还有其他因素作用。除了伦敦力或范德瓦尔斯力相互作用之外，还必须涉及一些因素。这种其他因素被认为是芳环体系上的高度可极化的π电子云，存在π—π相互作用。由于离域π电子的易极化性，π—π相互作用比与烷烃中的引起伦敦力相互作用的临时诱导偶极更强，但不如氢键或共价键强。

芳香族结构中增加稠合环的数目会增加π—π相互作用。增加的熔点和降低的溶解度反映了这一点。具有三个或更多个稠环的多环芳烃可以以好多种异构体存在。随着该族中的化合物变得更大，可能的异构体的数目相应增加，尽管不如烷烃异构体增加的速度快。二苯并芘（9.8～9.11）提供了一个很好的例子。

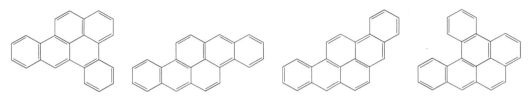

9.8　二苯并［a，e］芘　　9.9　二苯并［a，h］芘　　9.10　二苯并［a，i］芘　9.11　二苯并［a，l］芘

与脂肪族化合物一样，分子形状影响在固态下组装成规则结构的能力，从而影响决定熔点和溶解度的分子间相互作用。因此，稠环数目和熔点或溶解度之间没有单一、全面的关系。不过一般而言，随着稠环数目的增加，熔点会增加，溶解度会降低。当只关注单一结构族的缩合物（例如从萘到并六苯缩合[M]化合物）时，可以发现有规律的趋势（图9.14）。

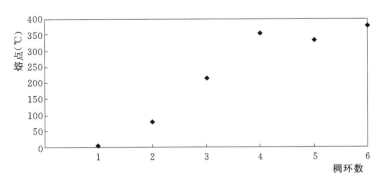

图 9.14　苯和线性缩合化合物的熔点变化与稠环数的关系。
并五苯的数据未得到充分确认。

注释

［A］第二个因素也会发挥作用。每个极化化学键可以被认为是单个载体，而分子的

偶极是所有单个载体的净效应。在高度对称的分子中，即使每个键是高度极化的，也可以使整个分子净偶极为零。四面体四氯化碳分子可以作为经典案例：其偶极矩为零，尽管碳和氯之间的电负性存在差异（分别为 2.5 和 3.0）。

[B] 约翰尼斯·范德瓦尔斯（1837—1923，1910 年获得诺贝尔物理学奖）在 19 世纪末和 20 世纪初对科学作出了巨大贡献。他的博士论文建立了适用于气态和液态的状态方程。该方程基于以他的名字命名的分子间作用力，解释了液体和气体的压力、体积和温度之间的关系。范德瓦尔斯的其他贡献包括建立相应州的法律、毛细管理论和二元溶液理论。范德瓦尔斯的博士论文至今仍然在印刷（通过多佛出版公司的凤凰版），这一成就鲜有人及。

[C] 这些力与伦敦市毫无关系，他们被命名为伦敦力是为了纪念物理学家弗里茨·伦敦（1900—1954）。伦敦在德国出生接受教育，并在德国度过了他的早期职业生涯。他在 1933 年希特勒上台后离开，当时纳粹政权开始实施其种族打压政策，制定了反犹太人法律。后来在英国和法国度过一段时期之后，最终定居在美国，他在杜克大学那里度过余生。他除了对化学键和分子间相互作用领域的贡献，还帮助发展超导性和超流动性（与他的兄弟海因茨一起）。

[D] 重要的是要记住，任何物质在其蒸汽压升高到等于环境压力时沸腾，即沸点的大小取决于它们被测量时的压力。在本章以及本书的其余部分中，沸点数据总是以标准沸点形式给出，即在 101.3kPa（1 大气压）下的沸点，除非在本书中有特别的说明。

[E] 唯一的例外是乙炔（C_2H_2），也是最简单的炔烃。乙炔是有用的燃料气体，例如在焊接中经常使用。乙炔通常由碳化钙与水的反应制成：$CaC_2 + 2H_2O \longrightarrow Ca(OH)_2 + C_2H_2$。反过来，碳化钙来自氧化物与碳的反应，其中无烟煤可以作为相对廉价的碳源：$CaO + 3C \longrightarrow CaC_2 + CO$。在 20 世纪早期的几十年中，在便宜的石油（以及由其制备的乙烯）应用之前，乙炔是有机化学工业中的关键原料。

[F] 德拜是通常用于表示偶极矩的单位，尽管它不是 SI 单位。实际使用 SI 单位是 C·m，但这个单位太大而不方便使用，两个单位之间的转换关系是 1 德拜＝3.336×10^{-30}C·m。

[G] 有证据表明，水和其他能够形成氢键的分子也可以在某些条件下与芳香族分子结合。很可能是与氧共价键合的氢原子可以与芳香族分子的 π 电子云系统相互作用，就像它与非键合电子对形成氢键一样。在燃料化学中，与芳香族体系氢键结合是否重要到目前还不清楚。

[H] 在环境条件下，水作为液态存在的原因在于水分子之间存在氢键相互作用。地球上几乎所有生命形式都需要液态水或者生活在液态水中。如果没有氢键，水在常温和常压下肯定是一种气体，沸点大约在 -150℃。生命的起源（即便它可能发生）和随后的演变将会有很大不同。

[I] 不同的机构可能使用略微不同的值来进行这些分类，但是差异不是太大。此外，有时 API 度小于 10° 的油被分类为超重油。

[J] 这并不意味着二丙基硫化物可以通过简单的化学版本的"剪切和粘贴"合成，即其中心亚甲基碳被除去，而硫原子平滑的嵌入到分子中。可以获得有机硫化物的合成路线较多，比如说可以从硫醇开始，丙硫醇通过与碱反应形成阴离子，然后使阴离子与适当的

烷基卤化物反应。

［K］最简单的烃及其杂原子衍生物是牛顿流体。重质原油、焦油和类似高分子量化合物的复杂混合物是具有复杂黏度行为的非牛顿液体。对于本章中给出的关于纯化合物的讨论，牛顿流体的假设是合理的。

［L］这个结果也是数据外推风险的一个很好实例。关于这一点可能产生的问题，最有力的警告可以参见马克·吐温的《密西西比河上的生活》（*Life on the Mississippi*）。

［M］多环芳烃是指由多个环缩合而成，且任何给定的碳原子被不超过两个环共享，实例包括蒽和菲。术语"稠环芳烃"则指由多个环缩合而成，且碳原子可以在超过两个环之间共享的化合物，如芘。

参考文献

［1］ Pauling，L. *The Nature of the Chemical Bond*. Cornell University Press：Ithaca，1960；Chapter 3.
（Might as well go straight to the fount. ）

推荐阅读

Harvey，R. G. *Polycyclic Aromatic Hydrocarbons*. Wiley－VCH；New York，1997. Unfortunately，most introductory textbooks of organic chemistry seldom mention aromatic hydrocarbons larger than naphthalene （or sometimes even larger than benzene）. This monograph is a useful source of information on a large number of compounds of this kind.

Lide，D. R. *Handbook of Chemistry and Physics*. CRC Press；Boca Raton，FL，2009. There are many useful compilations，in print and on the web，of data on the physical and thermochemical properties of hydrocarbons and the related heteroatomic compounds. This book in particular is an excellent resource.

Reid，R. C.，Prausnitz，J. M.，and Poling，B. E. *The Properties of Gases and Liquids*. McGraw－Hill：New York，1987. This book is an excellent source of methods for calculating or estimating properties of liquids from fundamental information. It treats many of the properties discussed in this chapter，and a great many more besides.

Smith，M. B. and March，J. *March's Advanced Organic Chemistry*. Wiley；Hoboken，NJ，2007. Chapter 3 provides an in－depth discussion of weak interactions such as hydrogen bonding and π－π interactions，with numerous references to the primary literature.

Szmant，H. Harry. *Organic Chemistry*. Prentice－Hall；Englewood Cliffs，NJ，1957. Though this is now a rather elderly textbook，Chapter 24 provides a good discussion of the physical properties of organic compounds，much more so than many modern introductory organic texts.

Twain，M. *Life on the Mississippi*. Numerous editions of this classic are available. In Chapter XⅦ，Twain extrapolates data accumulated over 176 years to "prove" that the Mississippi River must once have been 1300000 miles long. This chapter should be required reading for all scientists and engineers.

第 10 章　天然气的成分、性质和加工过程

天然气是烃与不同含量的非烃物质组成的混合物，通常以气相或与地下储层中的石油一起以液相存在。天然气中主要的烃类成分是甲烷，在世界的大部分地区，经过处理并输配给消费者的天然气几乎完全由甲烷组成。

在成岩作用期间产生的天然气通常沿着地壳中的多孔岩石迁移，直至遇到无孔岩石结构。无孔岩石阻止天然气的进一步迁移，并有效地将其捕集在下方的多孔岩石中，多孔岩石便成了天然气的储层。天然气可以根据其形成的方式来进行分类。油田伴生气伴随原油共生，或溶解在油中，或在油的上层单独以气相存在，前者称为溶解气，后者称为气层气。非伴生气不与原油伴随共生。非伴生气储存层的出现是由于天然气的迁移位置与原油迁移位置不同，或者由于气体在气体区中生成，即没有油。世界上 60％ 的天然气都是非伴生气。

自然界中的富含甲烷的气体还有一些其他来源。成岩作用期间产生的生物气体来自厌氧细菌对累积有机物的作用。垃圾填埋气以相同的方式产生，但不同之处在于原料是生活有机废弃物，其作为固体垃圾在填埋场中堆积。人类或其他动物的排泄物也可以由相同的方式反应，为农场甚至家用提供有用的燃料来源[A]。煤层中形成和积累的甲烷，在煤矿开采前可对其进行分离采出，这是甲烷的又一个来源——煤层气。

甲烷的另外两种来源可以提供巨大的燃料储备。一个来源是页岩。页岩气在页岩（层状、压实的黏土或淤泥沉积物）中产生，页岩富含油母质，且经历了油区中典型的深成作用。与常规油源岩不同，页岩的渗透性很小，因此气体在其中不迁移而是吸附在页岩的孔隙和天然裂缝中。许多国家都有页岩，这些页岩要么已经是天然气的来源，要么是未来的潜在来源。另一个与众不同的来源是海底或远北的苔原。在低温下，水分子缔合成足够大的笼状结构，内部可容纳小分子。甲烷会以这种方式被捕获。这种通用结构称为笼形水合物，当被捕获的分子是甲烷时，称为天然气水合物或甲烷水合物[B]。乐观的估计表明可能有 2500Gt 的甲烷储存在海底的水合物中，还有 500Gt 水合物储存在北部苔原的永冻土中。这个量超过了其余已知的天然气储存总量[C]。2007 年世界天然气消耗总量为 2.7Gt。

天然气中是否包含其他轻质烷烃和烯烃取决于它在油区或气体区中形成的位置。在深成作用阶段的热裂解会产生除甲烷外的其他气态产物。由此可形成两种天然气：一种基本上以甲烷作为其唯一的烃类组分；另一种除了甲烷外还包含其他轻质烷烃和烯烃。如下一节所讨论的，这些轻质烃的沸点有着显著的差异（表 10.1）。

表 10.1　C_6 及以下正构烷烃和 1-烯烃的正常沸点。

物质	正常沸点（℃）	物质	正常沸点（℃）
甲烷	−162	1-丁烯	−6
乙烷	−88	戊烷	36
乙烯	−104	1-戊烯	30
丙烷	−42	己烷	69
丙烯	−48	1-己烯	63
丁烷	−0.5		

这些挥发性差异使得比甲烷重的组分更容易冷凝。气体可以分类为干气，基本上纯的甲烷和湿气，其中可冷凝烃的量大于 $0.040L/m^3$。在本书中，术语"湿"和"干"与水无关，它们仅仅表示可冷凝烃的存在。从湿气中回收的烃本身也是有用的物质，可采用本章后面所讨论的方法进行分离。乙烷可转化为乙烯，乙烯是石油化学工业中最重要的原料。丙烷和丁烷本身就是有用的燃气，丙烷还是 LPG，即液化石油气的主要成分。

在环境温度下为液体的可冷凝烃构成天然汽油（有时也称为井口汽油或戊烷以上的烃），可用作石化原料或与炼油厂中的其他汽油混合。天然汽油的组成根据来源的不同而有所差异。通常它由戊烷和更大的烃组成，但一些样品会含有可观量（百分之几十）的丁烷。

一些天然气中含有硫化氢，通常含量较少[D]，这种气体被称为酸性气体。硫化氢产生方式有几种。某些氨基酸含有巯基，如半胱氨酸，$HSCH_2CH(NH_2)COOH$。含有这种氨基酸的蛋白质在无氧条件下降解释放出 H_2S，海水中的硫酸根离子，其在阴离子中浓度仅次于氯化物，可被微生物厌氧还原，即

$$3SO_4^{2-} + C_6H_{12}O_6 \longrightarrow 6HCO_3^- + 3H_2S$$

不论什么来源的硫，只要在成岩作用下存留就可被并入油母质的各种有机组分中。之后，在深成作用阶段硫化物可能会热解。硫存在于有机化合物的多种官能团中，但 C—S 键比 C—O 键具有更低的解离能，因此这些官能团可能会通过类似于第 8 章所讨论的含氧官能团所发生的反应而损失。例如，硫醇受热脱硫的反应可表示为

$$RCH_2CH_2SH \longrightarrow RCH =\!\!= CH_2 + H_2S$$

酸性气体的存在带来许多问题。硫化氢具有可怕的气味（它有臭鸡蛋的味道），更糟的是它具有毒性。在空气中百万分之十五的含量时就达到短时间暴露的限制，即暴露15min 就会严重影响身体健康。硫化氢溶解在水中形成低酸性溶液，可以腐蚀储存和处理气体设备的金属部件。当燃烧时存在于气体中的硫化氢被转化为硫氧化物，即

$$2H_2S + 3O_2 \longrightarrow 2H_2O + 2SO_2$$
$$H_2S + 2O_2 \longrightarrow H_2O + SO_3$$

这些氧化物被释放到大气后，最终将被洗出，从而降低雨水的 pH 值。这导致了严重的环境问题，即人们通常所说的酸雨[E]。从天然气中去除硫化氢的过程统称为脱硫，将在本章后面的内容中进行讨论。

一些天然气还含有惰性气体，其中氦气是最重要的。天然气中已知的氦气含量高达约8%。在美国，氦的主要商业来源是在得克萨斯大草原区中发现的天然气，其具有约 2%

的氦。其余的重要来源是在阿尔及利亚，卡塔尔也有一定可能。氦来源于地壳中铀、钍和镭的同位素的放射性衰变，例如

$$^{238}U_{92} \longrightarrow {}^{234}Th_{90} + {}^{4}He_2$$

天然气中还存在其他量较少的惰性气体，如氩气和氦气[F]。氦也来源于铀、钍和镭的放射性衰变，例如

$$^{226}Ra_{88} \longrightarrow {}^{222}Rn_{86} + {}^{4}He_2$$

氦可通过一系列低温过程进行回收。天然气首先被充分冷却以冷凝烃，留下气态的氮和氦的混合物。进一步冷却导致氮冷凝，剩余的气体在液氮温度，即 196℃ 下通过活性炭吸附剂吸附。

在一些天然气中还存在少量的氢，它与天然气共生可能是由于在深成作用后期的脱氢反应。氢气是一种非常活泼的气体，容易通过任何孔隙、裂缝或其他漏洞穿过岩层（或在工艺设备中）。因为地球的重力场不足以保留氢气，生成的少量氢气经常会逃逸到大气中。

二氧化碳通常是（但不总是）天然气的次要组分。如在墨西哥、巴基斯坦和北海，二氧化碳在天然气中的含量可达 50% 甚至更多。二氧化碳的产生归因于几个过程，包括厌氧降解反应，即

$$C_6H_{12}O_6 \longrightarrow 3CH_4 + 3CO_2$$

脱羧反应，即

$$RCH_2CH_2COOH \longrightarrow RCH_2CH_3 + CO_2$$

地表水渗透通过储层形成的地表水中的氧将烃氧化，即

$$CH_4 + 2O_2 \longrightarrow 2H_2O + CO_2$$

还可能包括与岩浆接触而被剧烈加热的碳酸盐的热分解，即

$$CaCO_3 \longrightarrow CaO + CO_2$$

世界各地天然气的组成根据其来源的矿井有很大的差异。表 10.2 显示了来自世界不同地区的天然气样品的组成。

表 10.2　不同来源的天然气组成（体积分数）例子。丁烷和戊烷的数据包括正构和异构化合物，"己烷＋"包括 C_6 和更大的烃。

组分气体	阿尔及利亚	加拿大（西部）	丹麦	泰国	美国（宾夕法尼亚）
甲烷	83.0	95.2	87.2	72.4	88.2
乙烷	7.2	2.5	6.8	3.5	11.0
丙烷	2.3	0.2	3.1	1.1	1.9
丁烷	1.0	0.06	1.0	0.5	0.79
戊烷	0.3	0.02	0.17	0.1	0.26
己烷＋	NR	0.01	0.05	0.07	0.11
氦	0.2	—	—	—	0.10
氢	—	微量	—	—	0.003
氮	5.8	1.3	0.3	16.0	3.04
二氧化碳	0.2	0.7	1.4	6.3	0.02

10.1 气体处理

天然气在进入管道系统销售给消费者前通常需要经过若干加工或纯化步骤。这些操作主要是去除甲烷外的其他组分：水、硫化氢和其他烃类气体。处理的量和使用的具体处理步骤取决于矿井气体的组成。

10.1.1 脱水

脱水通常是气体处理的第一步。原因主要有：后续的一些处理步骤在 0℃ 以下操作，在处理气体时，存在的任何水将冻结成冰；分配和储存系统中的气体中的水分可能在寒冷的天气期间导致阀门、计量器和燃料管线"结冰"；蒸汽冷凝成液态水可加速腐蚀，因为硫化氢和二氧化碳溶解到液体中会产生稀的酸性溶液。

可以通过液体吸收或者固体表面吸附来去除水蒸气，这两种方法都有优点，且两者都在商业上使用。气体脱水器为罐式或塔式的，气体在其中通常以逆流流动方式与吸收水分的化合物接触。这类化合物包括二甘醇（$HOCH_2CH_2OCH_2CH_2OH$）、三甘醇（$HOCH_2CH_2OCH_2CH_2OCH_2CH_2OH$），或四甘醇（$HOCH_2CH_2OCH_2CH_2OCH_2CH_2OCH_2CH_2OH$）。其中，三甘醇是主要的选择，当然其他化合物的效果也很好。甘醇的使用取决于两个性质：首先，这些分子中的氧原子的丰度提供了许多通过氢键吸收和保留水分子的位点，分子末端羟基中氢原子可以氢键结合到水分子上，而分子内部的醚基中的氧原子可以接受来自水分子的氢键；其次，这些二醇具有非常低的蒸汽压，这意味着在处理期间，去除水分时，气体物流不会被新杂质（即甘醇蒸汽）污染。

图 10.1 给出了脱水过程的流程图。含有水分的气体在逆流吸收器中与脱水剂接触，水被转移到脱水剂中，产生所需要的干燥气体，以及水溶液，如三甘醇溶液。过程经济性要求回收和再循环甘醇。再生甘醇的方法包括在真空中处理以将水作为蒸汽抽出并随后进行冷凝，或采用不与甘醇反应的蒸汽在一定条件下对甘醇进行汽提。

有些方案是基于水蒸气吸附到固体表面上的机理。在此方法中，吸附是由于水分子与吸附剂（也称为干燥剂）表面的范德瓦尔斯力相互作用产生的。在两种具体情况下优选使用固体：一种是在相对较小规模的过程中，这些过程通常流程简单、容易操作；另一种是气体中的水需要基本完全脱除时。

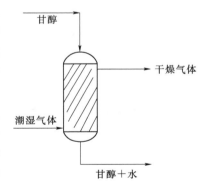

图 10.1　使用甘醇作为脱水剂的简单气体脱水方法。

有多种固体可以用于吸附脱水，包括硅胶、活性氧化铝、活性铝土矿和分子筛。硅胶是二氧化硅的胶体形式，由于其单位质量的高表面积，作为脱水剂有多种应用。许多电子和光学商品在包装中带有一小包硅胶，以防止水蒸气在运输和存储期间冷凝在物品上。活性氧化铝是具有高孔隙率的氧化铝颗粒，因此它也具有可用于吸附的高表面积。活性铝土矿也是类似的，但它除了氧化铝之外还具有其他成分，例如氧化铁或黏土（铝土矿更多地被人们所知是铝主要来源的矿石），分子筛是天然或合成的沸石矿物[G]，其孔径足够小以允许某些分子进入或穿过固体，同时阻止较大尺寸的分子进入。在此方面，它们在分子水平上的应用类似于分离不同尺寸颗粒的普通筛子，如把岩石从沙子中分离出来。

最简单的吸附系统包括含有吸附剂床层的容器，让气体按要求流过床层。当吸附剂吸收了足够多的水分时达到吸水容量的极限，必须进行再生才能继续使用，此时可采用热气流通过床层来实现吸附剂再生。更具有可操作性的系统是采用两个并联的容器，当一个用于吸附脱水时另一个用于再生。

10.1.2 气体脱硫

硫化氢的负面特性使脱硫成为气体处理中最重要的单元操作，当然，已经有了多种脱除硫的方法。

有效的硫化氢吸收剂为烷醇胺族化合物。最简单的是单乙醇胺（MEA），$HOCH_2CH_2NH_2$。这些化合物含有醇和胺的官能团。该族化合物中其他适合脱硫的化合物包括二乙醇胺（DEA）$(HOCH_2CH_2)_2NH$；二异丙胺（DIPA）$[(CH_3)_2CH]_2NH$。使用这些试剂进行脱硫的原理是硫化氢作为弱酸可以被碱吸收和保留。与脱水一样，除去一种杂质，即 H_2S，不应向气体中引入新的杂质。因此，用于脱硫的试剂应该是具有低蒸汽压的温和碱，二乙醇胺能很好地满足这些要求，即

$$(HOCH_2CH_2)_2NH + H_2S \longrightarrow (HOCH_2CH_2)_2NH_2^+ + HS^-$$

图 10.2 说明了用链烷醇胺脱硫的工艺流程。酸性气体以逆流方式接触链烷醇胺。得到的称为"富硫"溶液的链烷醇胺—硫化氢溶液进入汽提塔，并在其中用蒸汽进行处理以除去硫化氢和可能溶解在链烷醇胺中的二氧化碳。然后"贫硫"链烷醇胺被循环回到吸收器。硫化氢和二氧化碳的混合物，统称为酸性气体（因为它们都能溶解在水中形成温和的酸性溶液），被输送到处理单元进行处理，例如采用克劳斯工艺，其将在下文和第 20 章中进行讨论。

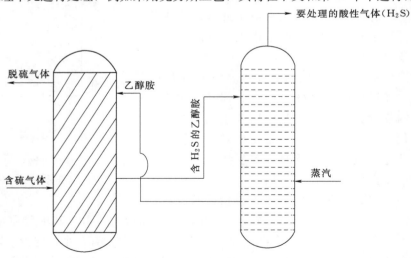

图 10.2　使用乙醇胺作为脱硫剂进行脱硫，之后用蒸汽进行
汽提以除去 H_2S 并再生乙醇胺。

当气体中的 H_2S 含量非常高时，可以回收硫并将其出售，如卖给硫酸厂家来获得更多的利润。克劳斯工艺[H]是实现该目的的一种方式。在某种意义上，克劳斯工艺可以被认为主要是生产硫的方法，而不是专门用于脱硫的方法。克劳斯工艺通常用于从气体中除去硫化氢的下游过程。硫的回收率取决于硫化氢至硫的氧化过程，分两步，即

$$H_2S+\frac{3}{2}O_2 \longrightarrow H_2O+SO_2$$

$$2H_2S+SO_2 \longrightarrow 2H_2O+3S$$

净反应为
$$3H_2S+\frac{3}{2}O_2 \longrightarrow 3H_2O+3S$$

第一步反应会伴有硫化氢直接生成硫的反应，即

$$H_2S+\frac{1}{2}O_2 \longrightarrow H_2O+S$$

硫化氢与氧的两个反应都是热反应过程，在550℃以上进行。硫化氢与二氧化硫的反应是在约370℃下进行的催化过程，活性氧化铝是该反应的有效催化剂。

过程流程图如图10.3所示。

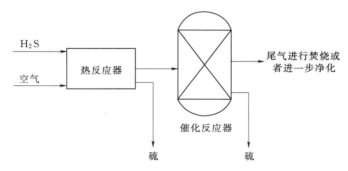

图 10.3　克劳斯工艺由两步组成，首先 H_2S 在热反应中部分转化为 SO_2，
随后 SO_2 与 H_2S 发生催化反应。

采用三相催化反应器，约97％的硫化氢可以转化成硫。根据工厂所在地的空气质量标准，残留的硫气体（可能包括少量的羰基硫化物和二硫化碳）和存在的二氧化碳可能被排放到大气中。否则，来自克劳斯单元操作的这些所谓的尾气必须进一步处理以减少硫的排放。

10.1.3　分离 C_2^+ 烃

如果气体还是"湿"的，则脱硫后的气体还需经过轻油吸收器。在该单元中，气体在约20℃和3.5MPa的条件下与己烷接触。由于烃既不是酸性的也不是碱性的，也不能以氢键键合，因此不能采用脱水和脱硫的策略。相反地，该方法是将烃溶解在合适的溶剂中。基于"相似相溶"的经验法则，己烷对于较轻的烷烃是一种良好的溶剂。随着温度的降低和压力的升高，气体在液体中的溶解度随之增加，基于此原理来进行选择温度和压力条件。己烷中溶解了轻质烃气体的溶液称为富集轻质油。将富集轻质油进行分馏产生乙烷、丙烷和丁烷。与乙二醇和乙醇胺不同的是一些己烷蒸汽会不可避免地进入到气体中。

利用重油吸收器能够除去己烷。

对湿气冷凝物进行分馏可回收乙烷和丙烷纯组分。蒸馏必须在高压下进行，以保持一些组分处于液相。乙烷的主要用途是用于乙烯的生产，之后乙烯在石油化学工业中被大量使用（每年约1.1亿t），用于制备聚合物如聚乙烯和聚氯乙烯，这些聚合物在现代生活中几乎无处不在。乙烷在蒸汽存在的条件下加热至900℃时可脱氢为乙烯[1]。在大气压下，丙烷的沸点是−42℃，因此非常容易液化，其是构成了LPG的主要组分。

通过压缩气体提高压力可以使相对不挥发的高级烷烃液化，或通过蒸馏来自重油吸收器的液体来回收天然汽油。天然汽油可用作从石油蒸馏获得的汽油的添加剂，特别是用于提高共混物的蒸汽压，改善寒冷天气的启动性。天然汽油具有相对低的辛烷值，约为65，其本身在现代高压缩比发动机中并不具有良好的性能。然而，天然汽油在世界的一些地方可直接用作车辆的液体燃料。如今，未用作共混原料的天然汽油被出售用于石化生产，主要用于转化为乙烯。与天然气本身一样，不同来源的天然汽油的组成差别很大。通常，天然气的主要组分包括30%～80%的C_5烃，即戊烷，异戊烷和2,3-二甲基丁烷；15%～40%的C_6烃，即己烷，2-和3-甲基戊烷、甲基环戊烷和环己烷；少量，约1%的苯；5%～30%的C_7烃，例如庚烷、甲基己烷、二甲基环戊烷和甲基环己烷；百分之几的甲苯；约5%的各种C_8烃。

丁烷和2-甲基丙烷（异丁烷），被称为C_8馏分，容易液化。丁烷在1℃下沸腾，在环境温度下仅需要稍高的压力，约230kPa，就能将其保持为液相。在打火机中可见的透明液体燃料就是丁烷。戊烷、2-甲基丁烷（异戊烷）和2,2-二甲基丙烷（新戊烷）构成C_8馏分。根据这些产品的组成和质量，它们可用于汽油调和或乙烯生产。

图10.4给出了气体处理的步骤。

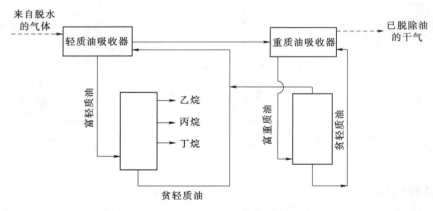

图10.4　从甲烷中除去较大的气态烃的流程图。

在该操作之后，所得产物有时称为汽提气体。在添加少量的气味剂后，其最终可以进入输送管道以出售给消费者。

最终供应给消费者的天然气中甲烷含量一般大于90%，并且通常接近100%。甲烷气体肉眼不可见，可与空气自由混合，并且没有气味。它也是高度易燃的，与空气混合含量达5%～15%就会爆炸。需要一些简单的方法来确定天然气是否泄漏，以避免潜在的悲剧发生[J]。这可通过添加气味剂来实现，使得天然气泄漏时可以通过气味来检测。气味剂通常是小的有机硫化合物，或这些化合物的混合物。气味混合物的常见组分是 2-甲基-2-丙硫醇（叔丁基硫醇），一种具有很浓烈的腐烂白菜气味的化合物。尽管将硫化合物添加到脱硫气体中似乎与脱硫的目的不相符，但是小分子硫醇和相关的硫化物具有很臭的气味，使得它们可以在百万分之一的水平下也很容易地被检测到。气味剂燃烧时产生的微量的 SO_x 也是可忽略的。

10.2　天然气用作优质燃料

几个相关标准表明天然气是一种优质燃料。基于相等质量时，天然气的燃烧与其他任何烃类燃料相比都能释放更多的能量[K]。其释放单位能量时产生的二氧化碳更少，即 $0.05kgCO_2/MJ$。天然气不含无机的成灰组分，因此在燃烧时无残留物。酸性气体很容易脱硫，消除了燃烧时硫排放的问题。与固体相比，流体在流程或燃烧系统中更容易处理、计量和调节。在普通条件下气体的低密度使得难以储存大量的气体燃料，除非将其压缩至高压或用低温法将其作为液体存储。然而，大多数天然气消费者，特别是家庭用户，可以直接连接到分配系统，避免了其他燃料通常需要的现场存储的要求。

对于纯甲烷，反应为

$$CH_4(g)+2O_2(g) \longrightarrow CO_2(g)+H_2O(L)$$

反应的焓变是 $-892kJ/mol$。在初始燃烧过程中，反应温度足够高，使得反应中产生的水为气态（即蒸汽）。多种因素使得天然气在普通燃料中具有最高的热值，这里主要对氢含量进行讨论，其余的将在本书后面再次讨论。输送给消费者的天然气基本上为纯甲烷，其 H/C 原子比为 4。许多石油产品的 H/C 原子比约为 2。癸烷，$C_{10}H_{22}$ 可以作为轻质石油产品的代表组分。对于腐殖煤，H/C 原子比小于 1。我们在第 17 章可知煤具有复杂的大分子结构，但可以假定煤由分子式 $C_{100}H_{80}$ 表示。如果这些燃料在氧气中燃烧产生二氧化碳和液态水，则释放的焓是由这两种产物的生成焓减去燃料的生成焓得到的。产物的生成热分别为 $-393kJ/mol$ 和 $-285kJ/mol$。真正的石油产品含有数十个，可能数百个组分，因此如果我们知道它们是什么，则它的生成热可以表示为组分的生成热的加权平均值。煤的生成热是煤科学及技术中很少考虑的问题。为了简化，通常忽略生成热，并且仅考虑 CO_2 和 $H_2O(L)$ 对总热值的贡献。并且为了对这些燃料进行公平比较，可以在相等摩尔数的碳的基础上进行比较，即 CH_4、$CH_{2.2}$、$CH_{0.8}$。对于这些假设的分子，燃烧反应可以写成

$$CH_4+2O_2 \longrightarrow CO_2+2H_2O$$

$$CH_{2.2}+1.55O_2 \longrightarrow CO_2+1.1H_2O$$

$$CH_{0.8}+1.2O_2 \longrightarrow CO_2+0.4H_2O$$

由此，可以确定二氧化碳和液态水对焓释放的贡献，见表 10.3。

表 10.3　二氧化碳和水的生成热对所选燃料表观热值的贡献比较。 单位：kJ/mol

燃料	CO_2 的贡献	H_2O 的贡献	合计
CH_4	-393	-570	-963
$C_{10}H_{22}$	-393	-314	-707
$C_{100}H_{80}$	-393	-114	-507

表 10.3 表明，基于相等摩尔数的碳，二氧化碳生产焓的贡献对于每种燃料都是相同的。但是，水生成焓的贡献会减少，因为初始燃料中氢含量已经从 CH_4 降低到 $CH_{2.2}$ 并进一步降到 $CH_{0.8}$。根据该分析可得出一个用于比较烃燃料的有用的经验法则：基于等量碳进行比较的一组燃料中，当 H/C 原子比降低时，热值减小。像大多数这样的法则中，此法则是很有用的，但这也只是一个快速、定性的比较。表 10.3 中所示的分析没有考虑反应物的生成热。如第 17 章所讨论的，除了 H/C 原子比之外还有其他因素会影响热值，特别是氧含量和芳香性。但是，只要注意仅将此法则应用于很类似的燃料时其就能提供有用的、快速地评估。在化学性质密切相关并且反应分子的生成热已知的化合物家族内，燃烧热和 H/C 原子比具有很好的相关性。正烷烃的这种相关性如图 9.13 所示。

注释

[A] 在许多国家，人们依靠粪便的厌氧消化，甚至人粪便作为气体燃料的来源。消化器是一项简单的、低技术含量的设计，比较容易制作，而且残余固体物质是很好的肥料。

[B] 作为实例，20 个水分子可以通过分子间氢键结合以形成五边形十二面体。该结构的内部具有足够的体积以容纳甲烷分子以及其他气体如氯分子或惰性气体的原子。冷冻的甲烷水合物可以用火柴点燃并燃烧，因而具有非正式名称，例如"可燃冰"。这种包合物形成不限于水，例如，氰化镍的水溶液可形成足够大的 $Ni(CN)_2$ 包合物以捕获苯分子。以类似的方式，苯可以被点燃和燃烧。

[C] 乐观者认为这是一个巨大的可供未来使用的燃料存储。悲观者指出，甲烷是一种强有力的温室气体，比二氧化碳具有更好的红外吸收剂，并且担心如果地球温度足够高，导致从永冻土中突然释放大量甲烷。迅速将大量甲烷释放到大气中将导致全球变暖的急剧变化。

[D] 一个有趣的例外是，在美国得克萨斯州埃默里附近的气体沉积物中含有 42% 的 H_2S。当钻机上的钻头钻入沉积物的那天，成为难忘的日子。

[E] 硫和氮的氧化物可溶于水。在大气中，它们溶解在水中，并最终以某种形式的降水，例如雨、雪、雨夹雪返回到地表。这些溶液可以具有 4～5 的 pH 值，并且在极端情况下可到 1.5 左右。这种环境问题被称为酸降水，通常称为酸雨。酸雨对环境有许多负面影响，包括：天然水的酸化和水生生物的死亡；损害生长中的植物，包括作物和森林，以及将植物营养物从土壤中浸出或移出潜在的有毒元素。对人类来说，暴露于酸雨会刺激呼吸道的敏感组织，增加对疾病的易感性或加剧慢性呼吸问题。

[F] 如果不是具有潜在的对人类健康的危害，氡是人们感兴趣的物质，值得专门介

绍这种昂贵的气体。由铀的放射性衰变形成的氡通过地基中的裂缝、孔或接缝扩散通过土壤并进入建筑物。因为氡本身具有轻微的放射性，长期暴露于氡被认为会罹患癌症。在美国，环境保护局估计，每年两万人次的肺癌死亡是由于氡暴露引起的，这使其成为烟草之后的第二大肺癌死亡的原因。

[G] 最早在第 4 章中介绍的沸石包括巨大的硅铝酸盐矿物族，还含有其他元素的阳离子，并且具有特定的孔径尺寸，使得一些分子能进入内部，并排除其它分子。比在天然气脱水中更重要的是它们在石油馏分的催化裂化中的作用，将在第 13 章和第 14 章中再次讨论。沸石的最初工业应用依赖于天然存在的矿物，但是现在优选的是合成沸石，因为其孔径和表面的化学性质可以针对具体应用来进行优化。

[H] 19 世纪 80 年代，由当时在英国工作的德国化学家卡尔·弗里德里克·克劳斯所发明。很少有相关的传记细节，可能是因为和他同时代的另一个卡尔·弗里德里克·克劳斯，德国动物学家和海洋生物学家，出版了一本非常有影响力的动物学教科书从而掩盖了其身影。

[I] 如第 7 章所讨论的，较大的烷烃可以通过自由基的引发和紧接着进行连续的 β 键断裂反应而转化为乙烯。然而，乙烷是更有利的，因为其转化对乙烯的生产是高度选择性的。当使用较大的烷烃时，反应步骤中的中间基团可能经历除了 β-断裂以外的反应，最终产生除乙烯之外的产物。

[J] 在美国，往天然气中添加气味剂的做法可追溯到 1937 年发生的悲剧，在任何人都不知道的情况下，得克萨斯州新伦敦的一所学校的建筑中积累了天然气。据推测，是车间中使用的磨砂机发动机中的电火花引发了爆炸和随后的火灾，导致约 300 名学生和教师死亡。

[K] 形容词"烃类的"在这里很重要，因为等质量的氢可释放比甲烷多得多的能量。氢气的燃烧热为 142MJ/kg，而天然气的燃烧热为 54MJ/kg。

推荐阅读

Gayer，R. and Harris，I. *Coalbed Methane and Coal Geology*. The Geological Society：London，1996. A compilation of research papers，mainly with a European focus，useful for those wanting to learn more about this resource.

Kohl，A. and Riesenfeld，F. *Gas Purification*. Gulf Publishing：Houston，1985. A very comprehensive and very useful source of information on natural gas processing and various processes for removing impurities.

Makogon，Y. F. *Hydrates of Hydrocarbons*. PennWell：Tulsa，OK，1997. A comprehensive source of information on gas hydrates.

Melvin，A. *Natural Gas：Basic Science and Technology*. British Gas：London，1988. A useful treatment of gas technology，such as exploration and measurement of high - pressure flows，not treated here.

Nelson，W. L. *Petroleum Refinery Engineering*. McGraw - Hill：New York，1958. Not much information is published nowadays on natural gasoline. This older book is one of the best single sources of material on this resource.

第 11 章　石油的组成、分类和性质

分析世界各地的石油样品可以发现其中的元素组成基本相同，其中：82%～87%的碳；11%～15%的氢；其余为氧、氮和硫。氧和氮很少超过 1.5%，极端情况下硫可能达到 6%。但是这些样品的物理性质展示出显著的多样性，包括了浅色、自由流动的液体到暗黑色、带臭味的高黏物质。可见，碳含量并不能作为简单预测物理性质的因素。在这方面，石油与煤（第 17 章）非常不同。分析每一个特定的石油样品，确定其中的具体化合物，可以发现每种样品含有大约 10^5 种成分，且成分的含量随样品各不相同。也就是说，尽管世界各地的石油在元素组成上基本相同，但从分子层面看，没有哪两个样品是完全一样的。这些看起来不同的性质，是由于石油的大多数组分属于同系物，所以即使分子的碳原子数相差很大，产生的质量组成变化却比较小。例如，戊烷 C_5H_{12}，质量组成为 83.3%的 C 和 16.7%的 H；十五烷 $C_{15}H_{32}$，质量组成为 84.9%的 C 和 15.1%的 H。戊烷和十五烷之间所有可能的烷烃异构体能达到 7666 种，但两者的元素组成仅改变了 1.6%。石油组分的沸点可以相差 550℃以上：一些石油含有在 600℃也不沸腾的物质，而戊烷——室温下最小的液体烷烃，在 36℃下即可沸腾。

11.1　组成

石油含有四类化合物：烷烃、环烷烃、芳香族化合物和具有一个或多个氮、硫或氧原子的杂原子化合物。在石油化学中，烷烃又称为链烷烃；杂原子化合物统称为 NSOs。环烷烃，芳香族化合物和 NSOs 都可以含有一个或多个烷基侧链。

11.1.1　烷烃

链烷烃主要来自于脂质的裂解。低于 5 个碳原子的正烷烃在常温常压下是气态，室温下最大的液态正烷烃是十七烷，$C_{17}H_{36}$（熔点 22℃）。在石油溶液中存在十八烷（熔点 28℃）和更大的烷烃。据推测，在石油中发现的最大的烷烃是 $C_{78}H_{158}$。

一些石油的高沸点馏分中含有石蜡（高级烷烃的混合物）。当油在上升到地表或运输过程中冷却时，石蜡会沉积在壁面，给管道和油井带来问题。石蜡也会在储层岩石中沉淀而导致孔隙堵塞。一些油井产出所谓的石油膏（或叫做凡士林），可用来配制油膏、化妆品，也可用于保护和软化皮肤。

石油中也有支链烷烃，一些生物标记物几乎完整地从原始有机物中保存了下来，例如 2,6,10,14 -四甲基十五烷（降植烷）和 3,5,11,15 -四甲基十六烷（植烷）。

石油中并没有烯烃、二烯烃和炔烃。石油产品中的烯烃来源于炼油的各种工艺，原油本身是不含烯烃的。

11. 1. 2 环烷烃

石油中几乎所有的环烷烃都衍生于环戊烷或环己烷，这些结构通常是原始有机物质中更大的环状结构的残余部分，例如补身烷（11.1）。

理论上，只要碳原子数大于 2，就可以存在环状分子。前两种环烷烃——环丙烷和环丁烷的衍生物在自然界中非常罕见[A]。在环丙烷中，分子的三角形状迫使 C—C—C 键角呈 60°，与四面体杂化时碳原子的 sp³ 轨道中的最适键角 109°偏离较大。由于键张力较大，环丙烷及其衍生物很容易发生开环反应。例如，环丙烷容易与溴反应生成 1,3-二溴丙烷。在环丁烷中，正方形分子的内角为 90°，而由于碳原子多于三个，使得所有碳原子不用在同一平面上。相比 60°、90°键角的 C—C—C 键的张力较小，而且四个碳原子中的一个可以在其他三个的平面之外，使得实际键角稍微增加，超过了正方形的 90°。然而，环丁烷分子的张力依然较大，所以也会发生开环反应，比如容易加氢（120℃）生成丁烷。

平面五边形分子的键角应该有 108°，非常接近理想的 sp³ 的四面角 109°。所以即使环戊烷是完全平面的（事实上并不是），它的键张力也完全可以忽略。在环戊烷中，五个碳原子中有一个略微偏离了其他四个碳原子的平面。这种构型被称为信封构型，类似于普通信封，它减轻了键张力，使得环戊烷能与大多数非环烷烃一样稳定。

六边形的内角为 120°。C—C—C 键角从理想的四面角 109°被强行拉宽至 120°，会使平面环己烷的键张力明显增大。事实上，环己烷存在于非平面构型中，在两种非平面构型中环己烷的键角非常接近 109°：椅式构型和船式构型［分别为（11.2）和（11.3）］。

11.1 补身烷   11.2 椅式   11.3 船式

在这些结构中，为了更清楚地解释，三个 C—C 键被加粗显示。

生成焓也可以用来衡量分子的稳定性。在正烷烃中，每个亚甲基—CH_2—对生成焓的贡献约为 20.5kJ/mol。也就是说，一个正烷烃的生成焓比同系列少一个碳原子的正烷烃的生成焓高 20.5kJ/mol，比多一个碳原子的正烷烃低 20.5kJ/mol。对于环己烷，每个亚甲基的 $\Delta H_f^\ominus$ 也是 20.5kJ，表明环己烷和普通正烷烃一样稳定。计算表明一个完全没有键张力的环己烷分子的生成焓应为 -123.0kJ/mol，而实际测量值为 -123.4kJ/mol，表明键张力为 0.4kJ/mol。相比之下，无张力的环丁烷的计算生成焓为 -82kJ/mol，而实验值测得 $+28.4$kJ/mol，该差值说明了环丁烷的键张力非常大。

比环己烷大的环烷烃也通过采用不共面的构型来消除键张力。但环庚烷和更大的环烷烃很少存在于自然界中[B]。这是因为除了键张力之外，还有其他因素也会影响闭环的形成。石油中环烷烃的前体环状萜烯分子（如补身烷），是生物合成反应的产物。生物合成必须涉及闭环反应。环闭合以形成环丙烷和环丁烷是很困难的，因为环状产物的键张力很大。环戊烷和环己烷的键张力最小，所以自然界带有这些结构的化合物很常见。对于环庚烷和更大的分子，有一个因素很重要，即实现闭环的可能性。如果环状结构可以被视为是

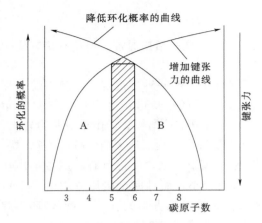

图 11.1　自然界中环烷烃主要以五元和六元环形式存在，其是相互对立的两个方面平衡的结果：小于 5 个碳原子的环烷烃具有较大的内部键张力，而大于 6 个碳原子时环烷烃环闭合概率降低。

两个自由基发生环闭合的产物，比如在 $\cdot CH_2(CH_2)_nCH_2\cdot$ 中，由于存在自由基竞争（例如夺氢或 β 键断裂），随着 n 的增大，链一端的自由基恰好能与另一端自由基结合的概率将会随之减小。对于多于 7 个碳原子的长链，要使两个末端刚好结合而产生闭环十分困难。实验室合成大环烷烃必须在高度稀释的溶液中进行，以使两个末端能尽量在发生其他反应前结合。图 11.1 给出了相关的定性总结，可以看出五元和六元环是处在最小键张力和最大环闭合概率间的优化结构。

石油还含有各种多环烷烃，比如孕烷（11.4）和甲藻甾烷（11.5）。

这些化合物也是生物标记物。例如，甲藻甾烷衍生于水生微生物鞭毛藻。

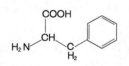

11.4　孕烷

11.5　甲藻甾烷

11.1.3　芳香族化合物

石油中在常温下为液体的芳香族化合物有苯、甲苯、二甲苯的异构体和 1,3,5 -三甲基苯（均三甲苯）。而稠环芳香族化合物，例如萘、菲和蒽，在室温下为固体，它们和它们的烷基化衍生物都可能存在于石油溶液中。石油中芳香族化合物的含量范围为 10％到 50％以上。未取代的芳香族分子主要存在于较轻的馏分中；在较重的馏分中，通常是具有一个或多个烷基取代基或环烷烃环。芳香族化合物的含量与 API 度成反比关系。

一些芳烃源于原始有机物。一些氨基酸如苯丙氨酸（11.6），就含有芳香结构。

这些化合物可以作为促进油母质形成的蛋白质组分。在深成作用期间，由于环烷烃，包括多环环烷烃的芳构化反应，可能会形成其他芳香族化合物。

11.6　苯丙氨酸

多环芳烃（PAHs），也称为多核芳香族化合物（PNAs），包含两个或多个稠合在一起的芳环。该族中的第一个化合物是萘，其他可能在石油中出现的 PAHs 有蒽、菲、芘以及它们的烷基化衍生物。非缩合的多环芳烃化合物如三联苯（11.7）很少存在于石油中。更大的多环化合物基于它们在戊烷中的溶解度可分为两

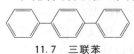

11.7　三联苯

类：可溶性组分称为树脂[C]，不溶性的称为沥青质。

沥青质是高分子量物质（分子量达几千），其性质和结构仍然是有争议的问题。它们不溶于戊烷和其他较轻的烷烃，但能溶解在二硫化碳、苯和氯仿中。其元素组成约为85%的碳，7%～8%的氢，小于1%的硫和6%～7%的氧，其中氢含量低于一般石油。分子结构可以是带有烷基侧链和杂原子的大的多环芳香族和环烷基片层。由于它们的高分子量和芳香族特性，沥青质可能会增加（或者导致）重油的高黏度。本章后面讨论的一些固体沥青中含有高比例的沥青质。

氢化芳香族化合物属于 PAHs，但在该族中至少有一个环是完全饱和的。也就是说，这些多环化合物至少含有一个芳环和一个环烷环。四氢化萘就是典型的氢化芳香族化合物（11.8）。石油的较重馏分中的多环化合物往往是氢化芳烃及其烷基化衍生物。

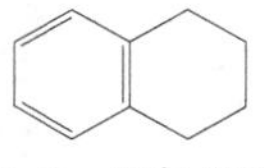

11.8 四氢化萘

11.1.4 杂原子化合物

原则上，所述的 NSOs 可以含有氮、硫和氧的任何官能团，其中的氮和硫是人们不期望的，这两种元素燃烧后产生的氧化物，如果任由它们排放到环境中则会造成酸雨。在阳光的作用下，氮氧化物还会与一氧化碳和未燃烧的燃料分子相互作用，产生被称为烟雾的空气污染问题[D,E]。所以为了减少污染要尽可能地去除掉燃料中的氮和硫。含氧化合物的燃烧热比它们的纯烃类似物更低。这一点尤其影响了生物燃料和煤（第 17 章）的燃烧热。

石油中的酚、羧酸以及可能存在的醇、酯和酮都含有氧。羧酸包括脂肪族、短链烷基羧酸和环烷酸。环烷酸族中有简单单环酸，也有分子量接近 1000Da 的复杂化合物。它是含氧化合物中最常见的形式之一，（11.9）和（11.10）是两种较小的环烷酸。环烷酸是石油精炼的一个隐患，因为它们会腐蚀管道、阀门和金属加工设备。

大多数原油中氮化物的含量小于 1%。碱性氮化物主要由吡啶（11.11）及其同系物如喹啉（11.12）和吖啶（11.13）组成，它们的烷基化衍生物也可能出现。

非碱性氮化物有吡咯（11.14）、吲哚（11.15）、咔唑（11.16）和它们的衍生物。

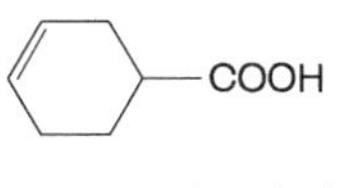

11.9 一种环烷酸 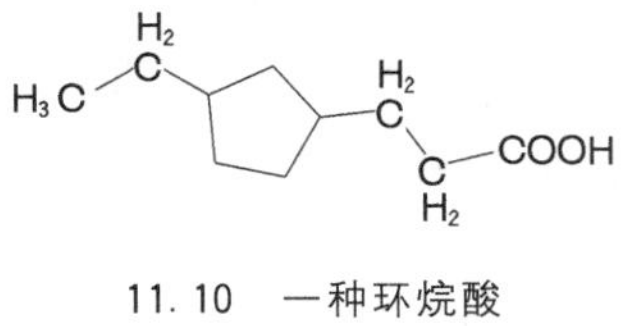　　11.10 一种环烷酸 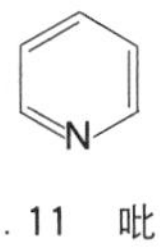　　11.11 吡啶 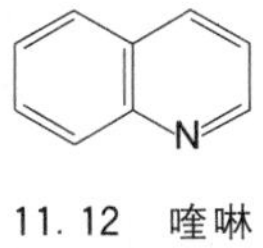　　11.12 喹啉

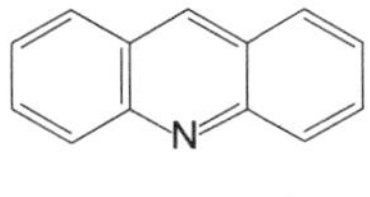

11.13 吖啶 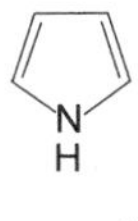　　11.14 吡咯 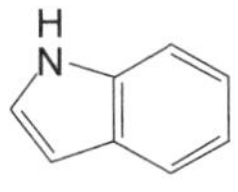　　11.15 吲哚 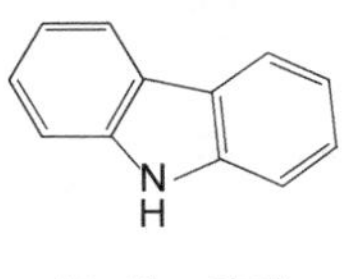　　11.16 咔唑

通常，油的沥青质越多，其氮含量越高。

含有硫化氢的油称为酸性原油，严格地说，如果一种油含有除 H₂S 以外其他形式的硫（通常是这种情况），它应该被称为高硫原油而不是酸性原油。不过实际上含有较多任何形式硫的油都被宽泛地称为酸性原油。许多原油都含有硫化氢，通常伴随这些油的气体

也是酸性的。低硫原油（0.1%～0.2%）来自非洲，特别是阿尔及利亚、安哥拉和尼日利亚。API度很高的宾夕法尼亚原油的硫含量也很低。通常认为是中等硫含量在0.6%～1.7%的范围内，而高硫超过1.7%。极端情况下重质原油可能含有约5%的硫，例如来自墨西哥的一些油。通常硫含量与API度成反比关系。

硫化合物包括烷基硫醇（硫醇）、硫代烷烃、硫代环烷烃（硫化物）、二硫代烷烃（二硫化物）、苯硫酚和衍生自噻吩的杂环化合物。形成年限较短的油可能含有少量的硫元素。硫的存在是人们不期望的，因为当油在大于100℃下加工时，硫与烃反应会产生硫化氢。以硫与环己烷的反应为例，即

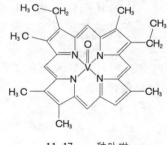

含硫化合物的负面特性源于它们对管道、炼油厂或燃料处理系统中金属部件的腐蚀能力，以及它们在燃烧时形成的 SO_x 必须进行处理以保护环境。它们还有臭味，丁硫醇就是造成臭鼬臭味的化合物之一。

11.1.5 无机组分

石油通常含有少量的两种类型的无机化合物。第一种是离子化合物，来源于油与储层中的盐水的接触，氯化钠是典型的例子。当石油中氯化钠的含量超过0.06g/L时，由于氯化物对金属炼油管道和容器有潜在的腐蚀作用，在精炼前必须对其进行"脱盐"处理（第12章）。第二种是配位化合物，这些卟啉化合物通常含有镍或钒以作为中心金属元素（11.17）。

大多数油含有少量的（比如在百万分之一量级）带有氧钒根和镍卟啉的化合物。镍含量在0.02‰～0.085‰的范围内，主要存在于低硫油中。通常，轻质油比重油含有较少量的钒和镍，部分原因是重油中的沥青质金属含量较高。委内瑞拉马拉卡波湖区的博斯坎原油含有约1.1‰的钒，使这些油具有作为钒矿开采的潜力。事实上，这一个矿源就可能满足全世界对钒的需求了。

11.17 一种卟啉

11.2 石油的分类和性质

11.2.1 API度

API度大于40°的油被称为轻油，重油通常为小于20°。"较重"或"超重"油为10°～15°，沥青的API度约5°～10°。中等油在20°～40°范围内。API度与芳香族化合物和含硫化合物含量的关系在第9章中已经讨论过。在轻质油中，纯烃类化合物（即非NSOs）的含量能达到97%，而重质原油中则可能低于50%。重油通常在油区的顶部形成，除了高密度之外，它们还具有高黏度、高沸点以及可能的高硫含量等特点。反之，轻油则具有低密度、低黏度和低硫的特性，它们一般在油区的底部附近形成。

11.2.2 碳优势指数

碳优势指数（CPI）表示石油烷烃中奇数碳链的丰度。CPI 计算为

$$CPI=1/2[(\sum O/\sum E_1)+(\sum O/\sum E_2)]$$

式中：$\sum O$ 为在 $C_{17}\sim C_{31}$ 范围内含有奇数个碳原子的烷烃的总和；$\sum E_1$ 为在 $C_{16}\sim C_{30}$ 范围内含有偶数个碳原子的烷烃的总和；$\sum E_2$ 为类似地定义，除了烷烃的范围是 $C_{18}\sim C_{32}$。

天然脂肪酸链中含有偶数个碳原子（第 5 章），当脂肪酸在诱变过程中经历热诱导脱羧损失了一个碳原子后，就形成了具有奇数碳原子的烷烃，即

$$CH_3(CH_2)_{15}CH_2COOH \longrightarrow CH_3(CH_2)_{15}CH_3+CO_2$$

大烷烃的诱变通过 C—C 键断裂进行，几乎可以沿链随机发生。具有奇数碳原子的烷烃断裂得到的片段一定有偶数个碳[F]，无论这些自由基是以夺氢终止还是参与到其他自由基反应中，具有偶数碳原子的碳链的比例总会逐渐增加。地质上年轻的油经历的深成作用期较短，因此可能含有高比例的具有奇数碳原子的烷烃，意味着其 CPI 会很高，年代最近的沉积物中的烷烃的 CPI 可达到 $4\sim 5$。随着深成作用的发展，烷烃链的长度变得"混乱"，而具有偶数碳原子的化合物稳定增加，CPI 降低。来自地质上古老沥青的烷烃的 CPI 值约为 1。烷烃很容易通过气相色谱测定和定量，所以计算 CPI 和估算油的年龄还是比较容易的。

11.2.3 年龄与深度的关系

反应温度和时间决定了深成作用的程度。对于石油，特定温度对应的时间由其地质年龄决定。因为存在自然地热梯度，所以温度本身由埋藏深度决定。如果知道特定区域的地热梯度，就可以使用深度作为温度的指标。因此，在实验室或工业操作中重要的时间—温度关系就成了用来表示油的地质分类的年龄—深度关系。为方便起见，用两个定性值来描述年龄，年轻或年老，对于深度用浅或深表示。这样就产生了四种定性的年龄—深度关系：年轻—浅，年轻—深，年老—浅和年老—深。

年轻—浅的油在地质上经历时间短，温度也相对低。这种油里的烷烃分子可能很大，经历的深成作用较少。基于结构—性质关系（第 9 章），可以预测这种油是黏稠的，具有低的 API 度，并且具有高沸程。深成作用过程中会不可避免地伴随氢的再分布，导致芳香族化合物的形成，在该阶段，芳香族化合物可能溶于油中。在油区的顶部，仍然可能发生一些生物化学反应，例如硫酸盐厌氧转化成硫化氢为

$$C_6H_{12}O_6+3SO_4^{-2} \longrightarrow 3H_2S+6HCO_3^-$$

溶解在油中的硫化氢使油变酸。硫化氢中的硫可以通过 H_2S 转化成多硫化氢 H_2S_n 而结合到有机化合物中。多硫化物能与在成岩作用期间生成的许多化合物发生反应，例如与肉桂醛为

年轻—浅的原油不是理想的炼油原料。它们难以泵送，在初始蒸馏（第 12 章）中馏

分的产量很低，并且还要尽量除掉其中的硫和芳香族化合物，所以将这种油转换成清洁、可销售的燃料产品比较困难。

在较高温度下，深成作用的程度更大，裂化更多，分子尺寸更小，导致年轻—深油具有比年轻—浅油具有更低的沸程和更低的黏度。年轻—深油的形成在油区的中部到底部。因为 C—S 键弱于 C—C 键（分别为 270kJ/mol、350kJ/mol），随着深成作用的进行，油的硫含量降低。进一步的深成作用也增加了氢再分布过程中对氢的需要，氢的再分布随着形成越来越大的芳香族分子而发生，当芳香族分子变得越来越大时，它们在以烷烃和环烷烃为主的液相混合物中的溶解度越来越低，这些大的芳香族分子从油中沉淀出来变为单独的一相，即沥青质。总的来说，这些油的沸程、黏度、芳烃含量和硫含量都低于年轻—浅油。

许多地质过程在时间和温度上有可互换性。长时间的低温诱变可以产生与短时高温相同的结果[G]。因此，年老—浅油具有许多与年轻—深油相同的特性。随着温度增加，气体在液体中的溶解度降低，意味着相对于浅油，H_2S 在深油中的溶解性更差，所以年老—浅油比类似的年轻—深油可能更是酸性的。

年老—深油经历了长时间的高温，处在油区的底部。这种油将尽可能地裂化而不完全转化为气体。由于小分子含量高，这种油的低沸点馏分较丰富，黏度也较低。氢的再分布大量进行，所以增加了油中大芳香族分子的损失。有机硫化合物将转化为 H_2S，高温下其在液体中具的溶解度很低。年老—深油是无酸性的低硫且低黏度的，这种油的馏分收率较高，芳烃含量也低。年老—深油与年轻—浅油恰好相反，它是非常理想的炼油原料。

年老—深油首先在宾夕法尼亚州被发现，这里是美国石油工业的发源地。高品质的石油，无论实际来自哪里，仍然被称为宾夕法尼亚原油，或者是 Penn 级原油。好的宾夕法尼亚原油的 API 度为 $45°\sim50°$，硫含量小于 0.1%，低芳烃含量和低黏度。世界上大部分的 Penn 级原油已经被使用了，因此目前只有不到 2% 的石油是这种质量的。炼油厂只能加工质量较差的原油，或者像人们所说的："世界变得越来越酸"[H]。炼油厂必须更加努力地生产市场上大量需求的清洁液体燃料产品。

11.2.4 组成关系

年龄—深度体系是从地质学的角度对石油进行的分类。还可以基于油的化学组成对油进行分类，这种方法可能对燃料化学或者燃料工艺工程更有用，其更关注对油的最终使用而不是其起源。

石油在组成上的分类依据油中烷烃、环烷烃和芳香族化合物的量，芳香族 NSOs 与芳香族烃化合物归为一类，该分类体系基于图 11.2 所示的三元图。

基于油中各类化合物的比例存在好几种分类系统，其中一种划分出了六种类型的原油。

（1）链烷烃原油。通常含有低于 1% 的硫，API 度高于 $35°$，链烷烃和环烷烃的总含量超过 50%，其中链烷烃超过 40%。

（2）链烷烃—环烷烃原油。通常含有低于 1% 的硫，链烷烃和环烷烃的总含量超过 50%，但是链烷烃和环烷烃都不超过 40%。

（3）芳烃—中间体原油。通常含有大于 1% 的硫，芳香族的含量超过 50%，链烷烃超过 10%。

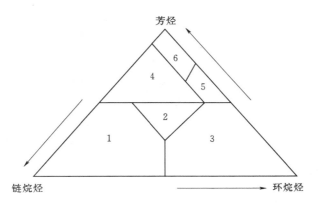

图 11.2　划分原油种类的三元图。
1—链烷烃；2—链烷烃—环烷烃；3—环烷烃；4—芳烃—中间体；
5—芳烃—环烷烃；6—芳烃—沥青

（4）芳烃—环烷烃原油。通常含有低于 1％的硫，环烷烃的含量大于 25％，芳香族大于 50％，链烷烃低于 10％。

（5）芳烃—沥青原油。硫含量大于 1％，但环烷烃低于 25％，芳香族大于 50％，链烷烃低于 10％。

（6）沥青原油。沥青原油不在类型 5 的范围内，类型 4、类型 5 和类型 6 通常是轻质油后生形成的重质原油。阿萨巴斯卡沥青砂（后续讨论）属于类型 5。

世界上约 85％的石油属于链烷烃、芳烃中间体或环烷烃类型。链烷烃原油由于过度开采，现在只占世界石油供应总量的很小部分，剩余的大部分油属于链烷烃—环烷烃型，中东、美国中部和北海的石油几乎都属于这种类型。

油也可以根据主要的烃进行简单的分类，可分为链烷烃型、环烷烃型或混合型（环烷烃—链烷烃），芳烃很少占主导地位。如果蒸馏残余物主要由沥青组成，则该原油被称为沥青或沥青型原油。沥青型原油主要含有环烷烃，它不仅包括如环己烷和萘烷衍生物等简单的环烷烃，而且还包含更复杂的、具有由环烷烃和芳环组成的大的多环系统沥青分子。墨西哥、委内瑞拉和俄罗斯出产的所谓的黑油，以及来自加利福尼亚和美国墨西哥湾海岸的油都属于这一类。

图 11.2 中三元图的轴范围均为 0～100％，表明油可以有任何可能的组成。而事实并非如此，世界上绝大多数的石油的组成位于图 11.3 所示的阴影带部分。

随着深成作用的进行，裂化的加剧使得石油中低沸点的较小分子增多。蒸馏时，产物中主要的馏分（例如汽油、煤油或柴油燃料）取决于油的组成，而组成又依赖于深成作用的程度。因此，油的年龄和深度有助于确定油中分子大小的范围，从而确定了蒸馏特性，这有助于预测哪些产物是蒸馏的主要馏分[1]，这些近似关系如图 11.4 所示。图 11.4 说明了燃料科学的主要基础：燃料的起源如何决定其组成和性质，其组成和性质随后又是如何影响其被使用时的行为。

沃森表征因子，也称为 UOP（Universal Oil Products Company，环球油品公司）因子，最初是一种用来预测或关联热裂解过程中石油表现行为的方法（第 16 章）。其方程为

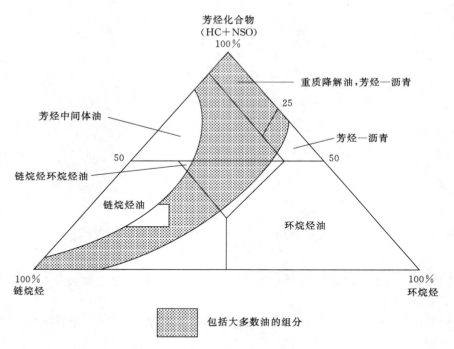

图 11.3　世界上大部分石油位于该三角图的阴影带部分。

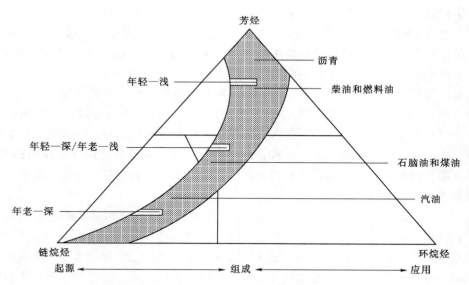

图 11.4　年龄—深度系统中石油的分类与它们在三元图中位置的关系，及相应的
通过简单处理得到的主要产品。

$$K_w = (T_b)^{1/3} / \text{sp. gr.}$$

式中：T_b 为兰氏温标下的平均沸点；sp. gr. 为 15℃（60℉）下的比重，开尔文温度下可
写为

$$K_w = (1.8T_b)^{1/3} / \text{sp. gr.}$$

对于纯净物，T_b 为该物质的标准沸点。对于一些烷烃，$K_w = 15$，对于芳香族化合物，$K_w < 10$。由于纯净物的大量物性参数已知，因此 K_w 在确定原油或蒸馏馏分的性质方面更有用，在这些情况下，必须使用平均沸点。对于原油，平均沸点计算为

$$T_b = (T_{20} + T_{50} + T_{80})/3$$

对于蒸馏馏分为

$$T_b = (T_{10} + 2T_{50} + T_{90})/4$$

在两个方程中，T_n 为对应有 $n\%$ 的体积被蒸馏时的温度。通常，链烷烃原油的 K_w 为 $11\sim 13$，环烷烃原油的 K_w 为 $10\sim 11$，芳烃的 K_w 为 10。

美国矿业局提出了相关指数（CI），其定义

$$\text{CI} = 473.7\,\text{sp. gr.} - 456.8 + (48640/K)$$

式中：K 为开氏温度下的平均沸点；sp. gr. 为比重。

CI 值在 $0\sim 15$ 表示链烷烃占主导，$15\sim 50$ 表示环烷烃占主导或链烷烃、环烷烃和芳香族化合物的混合物占主导，高于 50 表示芳族化合物占主导。

油品的质量可通过初步分析给出，分析结果可以报告酸值、API 度、表征因子、蒸馏曲线、倾点、硫含量和黏度。酸性通过氢氧化钾溶液滴定测量，结果表示为酸值——中和 1g 油所需氢氧化钾的毫克数。倾点是油停止流动的温度，它提供了对如何容易地泵送油，特别是低温条件下的油的近似指导。倾点的测量方法是将样品油冷却，使容器水平倾斜，直到样品能保持 5s 不流动。容易结晶或沉淀出蜡的具有高浓度大烷烃的油一般倾点较高。

11.3 沥青、油砂和其他非常规原油

世界上许多地方都有黏性的、塑性的烃沉积物，由于黏性太大，它们在环境温度下看起来像固体。这些物质以各种口语化的、丰富的名字而闻名，人们已经提出了几个概念来解释它们的起源。

天然沥青由高分子量烷烃（通常在 C_{22} 以上）和一些 NSOs 组成。储层沥青由本来存在于储层中的石油原位演化而成，这种改变可能是由于深成作用继续进行，或是"脱沥青"作用。沥青质不溶于轻质烃，如果储层中有天然气，一些天然气将溶解在油中，这将有助于沉淀出沥青质。这类储层沥青通常主要由纯烃组成，只含有非常少量的 NSOs。它们还有比大多数天然沥青更多的结合在较大稠环中的芳香族碳，分布在"倒 V 型"氢转移图的富碳路径上。它们相对来说更不易溶于最常见的有机溶剂。另一类储层沥青在低温条件下通过油的浓缩降解（后续讨论）、水洗或微生物破坏在地表或地表附近形成，这种类型的储层沥青通常可溶于有机溶剂，并且似乎是塑性的或焦油状的。

当石油池迁移到地球表面时，浓缩就开始了。此时，若干过程开始作用。在环境温度下具有明显蒸汽压的小烃分子开始蒸发，暴露于大气水中[1]也会使小的碳氢化合物被缓慢脱除；碳氢化合物的水溶性（一开始不高）随着分子大小的增加而降低，这一点比较戊烷（0.036g/100mL）与辛烷（0.0015g/100mL）即可知；暴露在空气中导致的氧化会显著增加溶解度，见表 11.1 中的 C_5 族的数据。

表 11.1　氧化作用对 C$_5$ 族化合物水溶性的影响。

化合物名称	分子式	在水中的溶解度（g/100mL）
戊烷	CH$_3$CH$_2$CH$_2$CH$_2$CH$_3$	0.036
1-戊醇	CH$_3$CH$_2$CH$_2$CH$_2$CH$_2$OH	2.7
戊酸	CH$_3$CH$_2$CH$_2$CH$_2$COOH	3.7
1,3-二戊酸	HOOCCH$_2$CH$_2$CH$_2$COOH	64

　　随着与大气氧反应的进行，小的氧化分子在水中的溶解度大大增加。对于较大的烃，氧化导致溶解度增加的效果仍然明显，但已经没那么显著了。1,8-辛二酸（辛二酸）的水溶解度为 0.14g/100mL，相对于母体辛烷明显增加了，但还是远低于 1,5-戊二酸的溶解度。更大烃的氧化物质更可能留在沉积物中。浓缩形成了含有大分子的物质，其中一些被部分氧化了，具有非常低的挥发性，低 API 度和高黏度。浓缩产物的元素组成与石油类似，只是在碳和氢上稍低，在杂原子上略高。

　　浓缩的沉积物由重烃组成，说明原来存在的轻馏分已被去除了。当累积的油到达地表时，与大气水的接触会溶解掉其中氧化或生化降解的产物。如果油处在地表压力下，当压力下降时，较轻的烃就会以蒸汽的形式从溶液中出来。或者，当油暴露于地表时，较轻的液体组分就会直接蒸发掉。总之净效应是油中大量地富集黏性的重质烃。

　　一种关于重质烃如何形成的理论认为它们实际上并没有经历过深层次的深成作用。可以支持这一理论的现象有：第一，一些沥青物质含有卟啉，卟啉源自于构成生物体的原始有机质，它的存在表明沉积物从未经历过剧烈的反应；第二，通常地，自由液态烃的量随着所处地层深度的增加而增加，一直到油区的底部。相反，沥青及类似物质的量与深度成反比，所以一些重烃可能仅仅是"非常年轻—非常浅"的油。

　　还有证据表明，大多数这些天然固体或半固体的物质由常规油深成作用而成，它们也并非"非常年轻—非常浅"的油。从阿尔伯塔省油砂采集到的气体含有乙醛，乙醛来自于丙酮酸的分解，丙酮酸本身源自于厌氧细菌的作用（第 4 章）。由于醛官能团相当活泼，表明乙醛很可能是最近才形成的，这说明了微生物作用还在持续。在洛杉矶市区的拉布雷亚焦油坑中，偶尔冒出的气泡也表明了某种化学或生物化学活动还在继续。对于这种沉积物，其表面水平高度自 1971 年地震以来一直在缓慢上升，表明一些地下积累的油可能正在往上渗出。

　　到目前为止，最有商业价值的是高度多孔砂中黏稠、致密（API 度为 5°～15°）的烃，这些物质通常被称为焦油砂或沥青砂，但现在人们更喜欢称之为油砂。其中的油太重及太黏稠，所以很难像提取石油那样通过常规钻井来提取，这些油的黏度通常大于 10000mPa·s。但只要这些可回收烃的含量能达到 0.08L/kg（最好两倍以上），那么油砂就具备了商业开采的价值。

　　油的硫含量可以低至 0.5%，对于特立尼达的油砂，其硫含量上升到了 6%～8%。极端情况下，如在墨西哥的察波特斯矿床中，含有约 11% 的硫。一些硫化合物中包括苯并噻吩和二苯并噻吩，它们在随后的炼制过程中不容易被除掉（第 15 章）。大多数从油砂里回收的油富含沥青质和树脂，但它们的烷烃浓度与常规油相比较低。

对美国和加拿大而言，阿萨巴斯卡油砂矿床的重要性日益增加。加拿大现在是美国石油进口的主要来源。美国北部大部分炼油厂都会从这些油砂中获得一些石油。这些油是沥青质的，API 度约 10.5°，硫含量约 5.5%，含有 0.35‰～0.55‰ 的钒卟啉。

油页岩是世界上主要的碳氢化合物来源之一，可能仅次于煤炭。油页岩和油砂之间的区别在于，在后者中，油是游离的，油在砂粒之间的空隙中；而在油页岩中，油被锁定在油母质中。大多数油页岩是含有有机质的非海洋性石灰石或石灰质黏土（如与碳酸钙或碳酸钙镁混合的黏土），也可以包含一些硅酸盐矿物。大多数油母质是 I 型（藻类）。油页岩中有机物含量在 10%～50% 的范围内，10% 是认定页岩为油页岩的下限。油页岩中的有机物质包含三种组分：大部分是油母质；少数是可溶于各种有机溶剂的沥青；还有很少的部分是抗热解的不溶性物质。

从油页岩生产油需要热解，以使页岩中的油母质能够进行深成作用，这可以在地面上的窑炉中进行，也可以不移动页岩就在地下进行。腐泥型页岩中油的链烷烃含量很高，但硫含量也很高。如果页岩中进入了大量的腐殖质，那么油的链烷烃含量会减少。油的组分包括从 C_{12} 到 C_{33} 的烷烃和环烷烃，以及芳香族化合物、羧酸、氨基酸和卟啉。这类油比常规油更重、更黏稠，且含有更多的烯烃，最值得注意的是其中 NSOs 的含量也要高得多，这意味着需要大量的下游精炼才能将这种油制成可销售的产品。

注释

［A］实际中有许多天然产物都含有小环，比如乳杆菌酸（11.18）。

［B］许多天然产物都含有比环己烷还大的环。比如一种环庚基脂肪酸——11-环庚基十一烷酸（11.19）。

11.18　乳杆菌酸　　　　　　　11.19　11-环庚基十一烷酸

［C］在本文中，基于物质是否可溶于戊烷，术语树脂有多重含义，否则不表示任何有关分子结构的信息。这里的树脂与第 6 章中讨论的植物成分不同。

［D］严格地说，这种现象应该被称为光化学烟雾，以区别于另一种空气污染——硫酸烟雾。后者发生于 SO_3 被吸附到空气中的颗粒物质如烟灰或飞灰上时，由于 SO_3 很容易吸水，就形成了以颗粒为核心的硫酸液滴，这些液滴悬浮在空气中就造成了硫酸烟雾，这是一种极其恶劣的空气污染。幸运的是在大多数工业化国家中，燃料脱硫的改进和硫氧化物的后序捕获处理已大大消除了硫酸烟雾这一空气污染。现在所说的烟雾通常指的是光化学烟雾。

［E］高温下空气中的氮与氧也会反应生成氮氧化物，例如 $N_2 + O_2 \longrightarrow 2NO$。因此在燃烧过程中，不含氮的燃料仍然可能产生氮氧化物。为了区分这两种不同来源的氮氧化物，分别用燃料 NO_x 和高温 NO_x 表示。

［F］这样的结果是数学上不可避免的本质造成的。举一个简单的例子，比如十一烷

（$C_{11}H_{24}$），它的 C—C 键断裂后可产生五对片段：$C_1 + C_{10}$、$C_2 + C_9$、$C_3 + C_8$、$C_4 + C_7$ 和 $C_5 + C_6$，每对都有一个偶数碳链。奇数总是偶数和奇数的和，偶数可以是两个偶数或两个奇数的和。

［G］这种关系不仅限于地质学，在实验室、加工厂，甚至在家里的厨房也适用。比如城市里有一种说法，当把烤箱设置在自清洁模式时（此时温度约为 500℃），仅用 0.5h 就可以完全烤好感恩节的火鸡。

［H］这个说法来自于宾夕法尼亚州立大学地球和矿物科学学院的前院长约翰・A・达顿。

［I］如第 14～16 章所述，蒸馏的主要产物不一定是炼油厂需要的主产品。炼油厂还需要很多后续加工，才能将蒸馏得到的馏分转化为最终能够销售的产品。

［J］大气水是源于大气的地下水的一个总称（降雨是其主要的来源，但不是唯一的来源），其能渗透通过土壤。

推荐阅读

Berkowitz, Norbert. *Fossil Hydrocarbons*. Academic Press：San Diego，1997. This book contains useful information on oil shales，heavy oils，and bitumens.

Bordenave, M. L.*Applied Petroleum Geochemistry*. Éditions Technip：Paris，1993. Several chapters apply，particularly Ⅰ.6，Ⅱ.4，and Ⅲ.1.

Lee, S. , Speight, J. G. , and Loyalka, S. K. *Handbook of Alternative Fuel Technologies*. CRC Press：Boca Raton，FL，2007. Chapters 7 and 8 discuss the production of liquids from oil sands and from oil shales.

Levorsen, A. I. *Geology of Petroleum*. W. H. Freeman：San Francisco，1954. Though now very old，and dated in some parts，this book is a classic in its field，and still very useful. Chapter 8 has useful background material for this present chapter.

North，F. K. *Petroleum Geology*. Allen and Unwin：Boston，1985. A solid text in this field. Chapters 5 and 10 contain information relevant to this chapter.

Orr，W. L. and White，C. M. *Geochemistry of Sulfur in Fossil Fuels*. American Chemical Society：Washington，1990. An edited compilation of research papers；many of the chapters in this book relate to organosulfur compounds in petroleum，and how they got there.

Selley，R. C. *Elements of Petroleum Geology*. W. H. Freeman：New York，1985. A useful book，probably proportionately heavier on geology and less so on chemistry，but very good background material. Chapters 2 and 9 relate to the present chapter.

Sheu，Eric Y. and Mullins，Oliver. *Asphaltenes*. Plenum Press：New York，1995. The first four chapters of this book provide detailed information on structures and properties of asphaltenes，though this topic remains controversial and other interpretations have been vigorously expressed by other scientists.

Speight，J. G. *The Chemistry and Technology of Petroleum*. Marcel Dekker：New York，1991. A comprehensive monograph in this field，and a trove of useful information. Chapters 6 and 7 are especially relevant to the material in this chapter.

第 12 章 石 油 蒸 馏

石油需要经过多步处理，旨在将其分离成不同馏分，提高产品质量（例如除去硫），并提高更有价值馏分相对于需求较少的馏分的产率。这些处理过程即构成了石油炼制技术。炼制的目的是通过经济可行、环境可接受的方法将石油转化为有用的、可销售的产品。考虑到石油一方面具有复杂性和可变性，另一方面又需要满足经济和环境标准的要求等问题，石油产品对我们（消费者）而言还是很廉价的。石油炼制的初级产品是主要用于交通运输的液体燃料，以及在一定程度上用于室内加热、过程用热或生产发电蒸汽。炼制的二次产品包括用于化学和聚合物工业的原料和碳材料。石油炼制还面临另一个限制因素，即炼油厂可用的原油质量逐渐持续下降。一个世纪以来，炼油厂加工的原油的 API 度已从 19 世纪末典型加工原油的 30°～40°下降到 20 世纪末的 15°～30°。

通常，由石油制备的所需和有价值的产物 H/C 原子比高于石油本身的 H/C 原子比。有两种方法来获得这些产品。一种方案是通过外源加氢来增加氢含量，包括将在第 15 章中讨论的氢化反应（如将芳烃转化为环烷烃）和加氢裂化；另一种方案涉及除去碳，称为脱碳过程。谚语说的"如果你不能抬高桥面，那就降低河流"即是直接的类比，即任何比率的数值可以通过增加分子或减小分母来增加。除了所需的轻质产品之外，第 16 章中讨论的许多热转化过程还产生高度芳香性的焦油或作为脱除碳的固体碳质残渣。

对于来自地面的石油除直接使用外几乎没有其他应用[A]。在油井附近，其原油能以"原样"用于适于该特定油特性的锅炉或柴油发动机。但是，在整个能源领域中最有效使用的燃料需要具有较窄范围的性质分布和一致的性能，这样，就可以设计发动机或固定设备，使之最有效使用特定的燃料。石油由上万种化合物组成。使用纯化合物作为燃料，可以实现最窄的性质范围和最大的一致性。尽管在实践中可能有很大的困难，但理论上石油的每种组分可以一个接一个地分离和回收。由于大多数化合物的浓度很低，小于 1%，并且由于许多化合物具有相似的化学和物理性质，分离过程很可能是低效、繁杂的和昂贵的，假定的纯燃料将会非常短缺并且非常昂贵。因此，石油的炼制是一种折中方案，一方面考虑了世界上所产出的石油具有高度可变的组成和性质；另一方面，将特定的油分离成其单独分子组分具有相当高昂的费用和很大的困难性。这种折中是通过将石油分离成不同馏分来实现的，其中每个馏分仍然包含几十种或几百种组分，但是因为这些组分的性质仅在有限的范围内变化，因此每个馏分具有合理一致的性质。

12.1 脱盐

氯化钠是石油中最常见的无机杂质，也是潜在的非常麻烦的一种盐。石油经过在地球内部迁移并富集到一些地质结构中，这些结构包括盐层，或者被盐覆盖。盐水可渗入到油层。在石油开采过程中，钻井和泵送操作期间，盐可以与油混合。在随后的处理中，氯离子可形成盐酸，其对加工设备具有腐蚀性。因此，许多炼油厂的第一步处理是对原油进行脱盐。

当盐浓度为 0.06g/L 或更高时将需要对油进行脱盐处理。在一些炼油厂中，所有的油都进行常规脱盐。盐的水溶液可与油发生乳化。在一些情况下，水还可以包含盐的悬浮晶体，以及其他无机碎屑，例如来自管道或储存罐的氧化铁锈的薄片。通常的方法是将油与水混合，并将其加热至产生水—油乳液的温度，施加足够高的压力以将水保持在液态。所使用的水的体积为油的体积的约 3% ～15%。水的精确用量取决于油的比重。例如，API 度对于大于 40°的原油，使用约 3% ～4% 的水。较重的油，例如 API 度小于 30°的，使用 7% ～10% 的水。使用的温度还取决于油。40° 比重的油水混合物加热至 115～125℃，而较重的油水的混合物需加热到约 140～150℃。

该过程的目的是在形成水—油乳液时，将盐溶解在加入的水中。然后，当乳液"破碎"时，含有盐的水层可以与油分离。乳液分离的最简单方法是沉降一定时间。将乳液流过小砾石或沙的床层时可促进水滴的聚结。如果物理沉降不够快或不完全，可以加入不同的化合物以促进分层，例如长链醇或脂肪酸。强电场也可用于油水乳液的破乳。

12.2　蒸馏原理

蒸馏的本质是气—液平衡。加热含有两种（或多种）组分的液体时，蒸汽的组成不同于液体的组成，蒸汽富含较易挥发的组分。从系统中抽出蒸汽并冷凝，得到的新液相中更易挥发组分比原始液体中含量更高。这提供了基于组分相对挥发性而分离液体混合物的方法。

可以用二元组分的液体混合物来说明原理，含有更多组分的液体也具有类似的分离原理，只是问题的分析更复杂些。将组分用 A 和 B 表示，气相组成、液相组成和温度之间的关系如图 12.1 所示。

在一定的温度下，气相和液相的平衡组成是不同的，如图 12.2 所示。

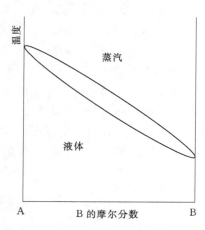

图 12.1　假设的含 A 和 B 二元组分
体系的气液平衡图，其中 B 为易
挥发（低沸点）组分。

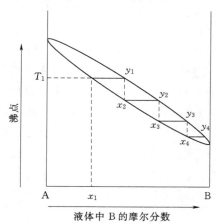

图 12.2　对于假定的 A－B 二元体系，分馏过程
可使液相和气相组成发生连续变化，通过足够
多的步骤则可能获得纯组分 A 和纯组分 B。

当将组成为 x_1 的 A-B 混合物加热至其沸点 T_1 时，平衡时的蒸汽富含 B，其具有更大的挥发性。而液体富含 A。如果具有 y_1 组成的蒸汽从系统中抽出并冷凝，则新冷凝的液体具有组成 x_2，并且比初始液体更富含 B。如果具有组成 x_2 的新液体被加热至 T_2，则产生组成为 y_2 的蒸汽，进一步富含 B。继续抽出蒸汽，再进行加热和冷凝操作，最终可产生纯 B 的液体。在蒸汽变得越来越富含 B 的同时，剩余液体中 A 的含量类似不断增加。因此，对于 A 和 B 的混合物进行该顺序步骤的操作可将混合物分离成纯 A 和纯 B 组分。此外，随着液体变得越来越富集更易挥发的 B 组分，其沸点不断降低。

这种概念性的顺序分步操作可在一系列的相连接的容器中进行，如图 12.3 所示，其构成了分馏的本质。

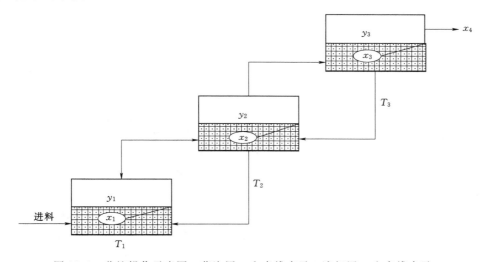

图 12.3　分馏操作示意图。蒸汽用 y 和虚线表示，液相用 x 和实线表示。

图 12.3 所示的顺序操作中，要进行分馏的液体具有 x_1 的组成。加热容器 1 使液体沸腾。具有 y_1 组成的蒸汽进入容器 2。由于 $T_1 > T_2$，平衡时，容器 2 中含有组成为 x_2 的液体和组成 y_2 的蒸汽。相同的论证适用于第 3 级，其中 $T_2 > T_3$，并且液体和蒸汽分别具有组成 x_3 和 y_3。

从第 1 级通过第 2 级、第 3 级，足够多的级数，组分 B 在蒸汽中不断富集。反过来，A 在剩余液体中不断富集，在最后一级中最低，而在第 3 级至第 2 级中不断增加，最后到第 1 级中最高。理想情况下，仅对容器 1 进行加热，后续各级热量从上一步进入的气获得。

将某一级中获得的产品部分循环到前一级可以提高分离效率。例如，具有 x_4 组成的液体循环至第 3 级，其中具有组成为 x_3 的液体循环至第 2 级等。在某一级中，循环物料与送至下一级物料的摩尔比值定义为回流比。最高的分离效率对应于无限大的回流比，即离开该级的液体量为 0 时的情形。这种操作在实际的工业生产中基本不采用。

虽然图 12.3 所示的设备设置可用于分馏，但通常的工业过程是在单个容器中进行完整操作，而不是在单独的单元中进行。蒸馏塔或精馏塔是垂直的圆柱形钢制容器。图 12.3 中独立容器表示的各个蒸馏阶段在精馏塔内的塔板上进行。每块板为液体和蒸汽的接触提供了位置。人们已设计了很多种不同的塔板。图 12.4 给出了一种塔板，即泡罩塔板。

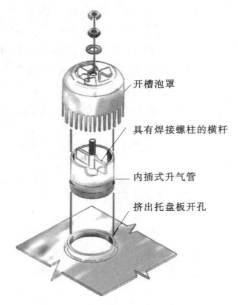

开槽泡罩

具有焊接螺柱的横杆

内插式升气管

挤出托盘板开孔

图 12.4　一种用于精馏塔的商业化泡罩塔板。

塔板设计必须能提供足够高的气—液接触程度，以确保两相之间接近平衡。塔板设计还要使精馏塔的压降最小，并且具有足够的液体向下流动的路径。

与图 12.3 所示的单个单元的顺序操作相比，精馏塔具有更大的构造和操作简单性。然而，每块板上的气液平衡从未真正达到。通常在每个板上获得的分离效率是平衡时理论分离的 80%～90%。

在每块塔板上，来自上方塔板的冷凝液体与下方塔板上升的蒸汽之间建立平衡。温度沿蒸汽流方向上降低，最低温度为最终蒸汽（所需的精馏产品为纯 B 或富含 B 的任何 A-B 混合物）离开塔时的温度。温度必须沿液体流动方向而增加，并且在最终液体被取出时最高。

假定组分形成理想溶液[B]，没有复杂因素例如形成共沸物时，通过蒸馏（精馏）分离二元混合物通常是最直接的方法。如果有需要时，A 和 B 的原始混合物可以浓缩至含有较高 A 含量的馏分，而另一个具有较高含量的 B，而不是蒸馏成纯 A 和纯 B。例如，含有 50%A 和 50%B 的混合物可用于制备含 80%B 和另一种含 80%A 的产品。

类似地，相同的概念可以扩展至将具有理想溶液行为的五种组分的混合物，顺序分离成组分 A、B、C、D 和 E。在实际应用中，将含 n 种组分的混合物分馏成各种纯组分需要 $n-1$ 个分馏塔（如果分离目的仅仅是分离成虚拟组分，例如轻馏分和重馏分，则不适用）。只要满足有关标准，以上概念则适用，其中：第一，组分间必须具有明显的挥发性差异；第二，混合物必须是理想的溶液；第三，在蒸馏条件下，组分之间不应发生化学反应；第四，混合物的组分必须能够在实际实验室或炼制过程中可获得的温度和压力下蒸发。

遗憾的是，当蒸馏诸如石油这样的原料时，由于具有数万种组分，会出现各种各样的问题。在蒸馏理论中，石油被归为复杂体系，其具有多重含义。名称"复杂体系"表示该体系由大量组分组成，不可能单独识别它们，或者不能以纯组分来描述混合物的组成。因为单个组分的数量和它们的身份都是未知的，所以不可能基于纯组分的基本物理性质（例如沸点或蒸汽压）进行定量评价或工程设计。基本上，没有实际的方法将石油分馏成各个单一组分。

这种理论和实践的限制性问题可通过认为复杂体系由许多虚拟组分或馏分组成来处理，例如石油。每个馏分可以采用如沸点、API 度和分子量等性质的平均值来表征。这些馏分的性质和特点通常基于各种经验测试，其可以给出关于每个馏分非常有用的信息，但不能作为计算设计蒸馏设备的输入变量。该方法大大简化了石油蒸馏的成本和复杂性，但是其带来的一个代价是从蒸馏塔中获得的产品可能在蒸馏程方面有重叠。也就是说，没有精确的分离。在实际蒸馏系统中需要和预期的是：生产获得所需质量的产品的能力（即实现必要的分离获得不同馏分）；生产质量一致的产品；设计和建造足够大的能够处理需要蒸馏原材料量的系统；并且理想情况下，具有足够高的灵活性设计，以适应在需要蒸馏的油量偶然波动下可以正常运行。

需要有标准或指标来说明特定的分离效果。可以采用比较95％较轻产品和5％较重产品已经蒸出的温度的方法。温差可计算为

$$\Delta T = 5\%_{体积} T_H - 95\%_{体积} T_L$$

式中：$5\%_{体积} T_H$ 为体积分数为5％的较重产品蒸出的温度；$95\%_{体积} T_L$ 为体积分数为95％的较轻产品蒸出的温度。如果 $\Delta T > 0$，即存在温差，并且表明轻质和重质产物之间的分离良好。或者，$\Delta T < 0$，表明存在重叠，说明馏分之间的分离效果较差。

12.3 炼油厂蒸馏操作

12.3.1 常压蒸馏

原油的常压分馏是炼油厂的主要操作模式。如没有这个步骤，其他操作则无法进行。进料通常是在蒸馏上游已经过脱盐的原油，其通过流经封闭在炉内的管道而被加热。锅炉和蒸馏塔本身构成蒸馏单元，有时称为管式蒸馏器。原油加热至所需馏分挥发的特定温度。具体细节根据炼油厂和原油不同而不同，但锅炉出口温度在340～400℃的范围内。得到的气—液混合物进入蒸馏塔，其中蒸汽上升而液体下降。

部分气化的进料在所谓的闪蒸区中进入塔中，那里没有放置塔板。在闪蒸区上方的区域为精馏段，并且通常包含大部分塔板。这里，随着蒸汽在塔中上升，油中不易挥发组分的含量逐渐减小。闪蒸区下面的区域称为提馏段，因为更多的挥发性组分从液体中被气提出来。管式蒸馏器出口处的温度选择为应使在闪蒸区中的所有产物都能流出，且在精馏段中约20％的物料处于气相中。可通过常压蒸馏得到的最重馏分的最高沸点温度受限于进料开始热分解的温度。通常这个温度上限为350℃左右。如果需要进一步处理蒸馏残余物（残油或"渣油"），则需通过真空蒸馏完成。

蒸馏塔顶部的蒸汽进入冷凝器后，其中戊烷和较重的组分被冷凝。液体可能含有一部分溶解的丙烷和丁烷。生成轻质汽油。因为蒸馏塔本身是一个巨大的回流冷凝器，所以一部分液体回流返回塔中。对这些所谓轻馏分的进一步处理包括将溶解的丙烷和丁烷与剩余的液体分离。如有需要，可对丙烷和丁烷进行脱硫以除去硫化氢。脱硫气体就是所谓的液化石油气产品，或常见的缩写LPG。脱丁烷的液体在所谓的稳定塔中进行简单蒸馏获得轻质石脑油，即 C_5 和 C_6 化合物，以及富含 C_7 和更大烷烃和环烷烃的重质石脑油。轻质石脑油随后在炼油厂中与其他工艺物流混合，作为汽油的一部分，也就是说，炼油厂中所有产品混合后作为最终可销售的汽油产品出售。重石脑油通常通过催化重整进一步加工成汽油（第14章）。

简单的分馏不能实现组分的完美分离，因此从蒸馏塔中获得的每个馏分含有该特定馏

分不良的或不需要的一些组分。为解决这一问题，每种产品都将直接送至侧流汽提塔。气提塔为小型的常压蒸馏单元，用以除去每种产品中更易挥发的组分。特定的蒸馏馏分或侧流产品从汽提塔的顶部进入，并将蒸汽进料至底部。气提出的挥发性组分返回到主蒸馏塔，留下的产品从气提塔的底部排出并进行其他下游精制操作。侧流气提塔仅需要处理来自主蒸馏塔的单一馏分，因此气提塔本身可以比主塔更短、更小。气提塔可垂直排列，就好像是单个的蒸馏塔，然而各个气提塔均是单独运行的。

12.3.2 真空蒸馏

一些炼油厂的具有非常高沸程的产品也具有市场，例如润滑油。为了不在极高温度下蒸馏原油以避免引起裂解和碳沉积，则必须降低蒸馏压力。这可以通过在常压蒸馏操作过程中增加真空蒸馏（即增加真空塔）来实现。在这种情况下，来自常压蒸馏塔的渣油被泵送到压力为 $2\sim15kPa$ 的真空塔中。非常低的压力导致大量的蒸汽产生，因此真空塔的塔径可达 15m。真空塔的锅炉出口温度在 $380\sim450℃$ 范围内。塔中通入水蒸气来抑制进料热裂解形成碳质固体。

真空塔的塔顶馏出物是瓦斯油，馏出温度为 150℃，其在大气压下瓦斯油的沸程为 $315\sim425℃$。润滑油馏分作为侧流从真空塔中分离出来，尽管通常可以在 $6\sim15kPa$ 的压力下蒸馏出润滑油馏分，一些可制备润滑油的高沸点物料蒸馏可能需要压力低至 $2\sim4kPa$。这些馏分在 $250\sim350℃$ 下馏出。真空塔底部物料，通常称为减压渣油，可用作制备沥青的原料，或者送到延迟焦化单元（第 16 章）生产石油焦和轻质液体。渣油蒸馏的温度保持在 350℃ 或更低，实现热裂解和焦炭沉积的最小化。

12.4 石油蒸馏产物介绍

原油的组成变化很大，因此可能得不到相同的蒸馏产品，或相同比例的产品。此外，当前的环境法规（在将来可能只会变得越来越严格）和现代发动机的燃料质量要求让直接从蒸馏获得可销售的产品变得几乎不可能。现代炼油厂生产销售的一切产品基本上都需要通过蒸馏下游的一个或多个额外的精炼过程。蒸馏是炼油厂中的关键步骤，没有它则无法进行其他加工过程，蒸馏过程真正的作用是将原油转化为下游精炼操作的原料。

本节介绍了一些主要产品，以方便在第 14～16 章中进行更详细地讨论。世界石油工业漫长、丰富的历史形成并使用了各种各样的术语，以及各馏分的蒸馏分分馏切割点的差异。本节给出了一些例子，无意提供一个全面的目录，或涵盖所有可能的术语或炼制参数。

12.4.1 汽油

运送到炼油厂的石油可能含有溶解的轻质烃，这些烃在环境条件下为气体，例如丙烷和丁烷。当石油被加热蒸馏时，它们从溶液中逸出，并作为塔顶馏出物的一部分从蒸馏塔中分离出来。它们既可用作可燃气体（LPG），也可销售给石化工业。在环境条件下液体的第一蒸馏产品为汽油。在世界的一些地方，汽油是人们直接接触到并使用的除电力之外最重要的能源产品。受市场需求影响，在美国运送到炼油厂的石油中约 50% 需要转化为汽油。从全球来看，情况并不一样。特别是受稳定的汽车柴油化趋势影响。目前有些国家一半的车辆采用柴油发动机，少数国家中一半以上的车辆为柴油发动机。

大多数石油从蒸馏过程中最多产生不超过 20% 的汽油。直接蒸馏产生的汽油（称为直馏汽油）量与和炼油厂的汽油需求量之间存在巨大的缺口，意味着炼油厂面临着用其他石油馏分生产汽油的巨大挑战。除不满足市场需求之外，影响直馏汽油的另一个问题是其在现代发动机中的燃烧性能差，如辛烷值低。因此，炼油厂面临着精炼过程中增加汽油产量和提高质量的双重问题。

直馏汽油的性能和品质随原油原料和采用的蒸馏操作类型变化而变化。通常，汽油的沸程为 40～200℃。该沸程包括 C_5～C_9 正烷烃和较轻的烷基环烷烃和烷基芳烃。直馏汽油中也可能存在一些 150℃ 左右具有可测蒸汽压的较重化合物。

12.4.2 石脑油

沸点在 30～200℃ 的馏分被称为全馏分石脑油。通常，轻质石脑油在 30～90℃ 下被分离，剩余物由重质石脑油组成。到目前为止，石脑油的最重要的用途是作为生产高辛烷值汽油的催化重整（第 14 章）原料。石脑油也可通过热裂解生产烯烃，其中乙烯是最重要的产品。除用于野营的便携式燃炉液体燃料和打火机燃料外，石脑油很少直接用作燃料。石脑油是不溶于水的有机物料（例如油或油脂）的良好溶剂。它有时作为清洗溶剂以"石脑油"商品销售。

12.4.3 煤油

美国石油工业的发展受到了煤油需求的驱动，当时煤油用作灯具燃料。埃德温·德雷克在宾夕法尼亚州泰特斯维尔附近钻探的第一口井有天然油渗漏，通过对渗漏油进行分析，人们发现可能从蒸馏中获得高产率的煤油。通常，煤油是沸点在 150～275℃ 的馏分。在一些国家它被称为石蜡。

煤油曾是石油炼制的主要产品。在那个时代，炼油厂只不过是由一个蒸馏单元和产品储罐构成，汽油是蒸馏过程中需要摆脱的困扰性问题。在 19 世纪晚期，煤油广泛用作灯具燃料，仅此一项，使煤油成为当时石油加工业的最有价值的产品。在 20 世纪初，特别是第一次世界大战后，新的因素出现了，即电气化发展，特别是依靠煤油照明的农村地区进入电气化，同时，人们对汽油动力汽车的购买力大幅提高，汽油成为最重要的石油产品，煤油不再占主导地位。第二次世界大战之后，喷气式飞机替代了以汽油为燃料的活塞式发动机飞机，使得对煤油的需求重新增加。虽然煤油在石油产品中不再占据曾经的主导地位，而且可能永远不会再次占据主导地位，但它仍然是重要的产品，约占炼油厂产品的 10%。现在，大多数煤油进一步升级加工可生产航空燃气轮机燃料，通常称为喷气燃料。

喷气燃料是高度精制的煤油，其他领域使用的是较低质量的煤油。动力煤油，有时也称为 TVO，用于拖拉机汽化油，作为农业或工业用车辆和机械的廉价燃料。用于家庭采暖的煤油称为家用煤油，必须严格控制沸程，如果沸程太小，加热器内部积聚的燃料蒸汽在点燃时可能会爆炸，这种问题已有先例，例如，在家用煤油中不小心掺混汽油[C]，过高的沸程会导致较差的气化和低效的燃烧。

对于任何液体燃料，闪点表示当暴露于明火时该液体的蒸汽被点燃的温度。闪点提供了燃料存储和处理的安全性指标，闪点越高，蒸汽被不小心点燃的可能性越小。家用煤油的闪点应该为50℃左右，因为燃烧煤油的采暖器或煤油灯的燃烧产物通常直接排放到房间内（不推荐这么做），一氧化碳、烟雾和黑烟是非常不好的产物[D]。通常燃料的氢含量越高，火焰越清洁。相对于环烷烷烃或芳烃燃料，高烷烃的煤油是优选燃料。

12.4.4　柴油

鲁道夫·狄塞尔设计了一个发动机，可以使用质量较低、成本较汽油低的燃料。值得注意的是，狄塞尔早期的预测之一是植物油将成为他所设计发动机的重要燃料。虽然距他的预测已有一段时间，但生物柴油的重要性日益增加，证明了他睿智的预见性。这是对狄塞尔——柴油发动机工程师及其发明柴油发动机成就的一个致敬。柴油是唯一以发动机发明者命名的产品，该发动机的燃料为柴油。除了使用植物油，早期的许多开发工作集中在研发可能的燃料，如煤焦油甚至煤粉[E]。现代柴油发动机使用中间馏分燃料运转，这是因为其沸程一方面在汽油和石脑油之间，又在高沸点燃料油和渣油之间。通常有几种级别的柴油燃料销售，级别决定于95%的燃料被蒸出的温度。对于更易挥发的1号柴油，95%以上的温度为288℃，而2号柴油为355℃。

柴油相对于汽油具有较高的沸程表明柴油中存在较大的分子。柴油中含有碳链长度可达二十的烷烃和大到烷基化萘的芳烃。柴油具有比汽油更低的API度和更高的黏度。许多柴油具有大约35°的API度，和沸点处于柴油沸程范围内烷烃相比，柴油API度较低，例如，十六烷具有51°的API度。相对于烷烃较低的API度反映了柴油中存在大量的芳烃。

船用柴油机，即船上使用的发动机，使用残余柴油或船用柴油燃料。这是比汽车和轻型卡车中使用的更重的燃料，API度约27°。

12.4.5　燃料油

有些燃料油是蒸馏馏分，其他燃料油来自渣油。作为热源，它们可用于如家庭采暖、工业中的过程热或者在发电厂生产蒸汽。"燃料油"这个术语不精确，有时瓦斯油或柴油也被分类为燃料油，燃料油又被称为加热用油。燃料油基于黏度分级。为了达到所需的黏度，渣油可与蒸馏馏分混合。燃料油也采用数值系统分类，其中数字增加意味着黏度增加。

1号燃料油与煤油相当，2号燃料油也是一种蒸馏产品，非常类似于2号柴油，其他油都是渣油（没有3号油），5号燃料油和6号燃料油有时被称为船用油。因为有很高的黏度，所以必须被加热后才能通过燃料管和燃烧器喷嘴泵送。一些船用油具有高达30℃的倾点，相比之下，例如，船用柴油的倾点是0℃。

12.4.6　润滑油

润滑油或机油具有非常高的沸程，并且通常通过真空蒸馏生产。来自真空塔的塔顶馏出物是瓦斯油。润滑油作为侧流采出。真空塔底部是沥青。润滑油可以含有以下组成：20%～25%的直链和支链烷烃；45%～50%的1～3个环的环烷烃，可能具有烷基侧链；25%的2～4个环的烷基化氯化芳香族化合物；以及10%的高分子量芳烃。润滑油产量可能占约2%的总石油加工量，但它们的高售价使其成为期望的产品。润滑油应用商品包括了数以千计的一系列庞大的产品。

润滑油具有四个特性：第一，高温稳定性，有助于润滑油耐受由待被润滑部件摩擦产生的热量引起的降解；第二，低温流动性，确保即使在低温下，例如在冬天启动发动机时，润滑油也可以在运动部件之间流动；第三，黏性，确保即使在非常高的剪切速率下，润滑油分子也会黏附在金属表面上；第四，温度对黏性的影响应当最小，使得润滑油的流动性从冷启动到通过高速操作可能产生的高温下几乎相同。长链烷烃具有大部分这些性质。如果简单真空蒸馏不足以生产优质润滑油，用糠醛（12.1）溶剂萃取溶解芳香族化合物，环烷烃和 NSOs。NSOs 可以通过黏土处理去除。黏土通过极性 NSOs 与黏土表面之间的静电相互作用吸附 NSOs。

当润滑应用要求的黏性甚至高于润滑油的黏性时，可以使用被称为润滑脂的半固体润滑剂。通常润滑脂是通过混合润滑油与所谓的金属皂制成的，金属皂是脂肪酸与多价阳离子如铝、钙或锌结合的脂肪酸盐。

12.1　糠醛

12.4.7　蜡

蜡中的烷烃分子具有 18～56 个碳原子。蜡是在室温下中等硬度的脆性固体，通常在 50～60℃的温度范围内熔化。蜡的主要市场是食品工业，用于食品保鲜的纸张和纸板的浸渍。之前制造蜡烛的市场仍然存在。相关的矿脂在室温下是半固体物质（有时被称为凡士林），具有较大的熔化温度范围（约 40～80℃）。在制药和化妆品工业中有应用，用于软化和润滑皮肤而以各种品牌名称销售。

蜡同样是化学工业的有用原料。蜡在 540～565℃，0.2～0.4MPa 压力，及 5～15s 停留时间下热裂解可产生 C_6～C_{20} 范围内的 1-烯烃[F]。蜡的裂解反应是 β 键断裂的过程。涉及一连串的 β 键断裂的解聚过程，可获得非常高的乙烯产率。生产乙烯的裂解反应在更高的温度（750～900℃）下进行，这加速了吸热的键断裂反应。

12.4.8　沥青

沥青是芳香族化合物、长链烷烃和高分子量 NSO 的混合物。沥青的倾点可能超过 95℃。真空渣油是沥青的优质来源。在 70℃和 3.5MPa 下用液体丙烷处理渣油，可溶解除沥青外的全部组分。沥青一旦分离，降低压力使丙烷蒸发，可产生被称为残余润滑油的物质。残余润滑油可以通过溶剂萃取、脱蜡和黏土处理过程的适当组合进行提质。

真空渣油的脱沥青处理具有几方面目的。脱沥青过程可获得用于销售的产品沥青，例如用于道路铺设。或者，该过程可用于除去沥青质，而沥青质会造成脱沥青油下游加工过程中在催化剂上的结焦（第 13 章）。

注释

［A］美国原住民使用石油作为药物，其中实际起作用的可能是高度石蜡化的宾夕法尼亚原油。一种被称为矿物油、液体石蜡或石蜡油的产品已冠以多种商标名而出售，并且已经用作缓泻药和泻药。它是各种烷烃的混合物，很可能与最优质的宾夕法尼亚原油区别不是很大。

［B］理想的解决方案是其中分子间相互作用是完全均匀的。对于著名的双组分混合

物 A 和 B，这意味着 A 分子和 A 分子之间，A 分子和 B 分子之间，以及 B 分子和 B 分子之间的力全部都是一样的。其对于蒸馏的重要性是，某特定分子，例如分子 A，其从液体逸出到气相的趋势是完全相同的，无论该特定分子是否恰好被其他 A 分子包围，或被 B 分子包围，或被 A 分子和 B 分子的混合物包围。

［C］当服务站的地下汽油和煤油罐与共有的排气竖管相连接，而未安装止回阀防止冷凝的蒸汽流回到罐中时会发生悲剧。当地对煤油的需求低迷，因此煤油罐很少被重新装满，并且通常几乎是空的。在共有的排气口冷凝的汽油蒸汽重新进入煤油罐，使得煤油稳定地富集于汽油中。最后某用户购买了一些这种"煤油"用于其家用加热器，由此而产生的爆炸和火灾夺去了她当时在家睡着的女儿的生命。

［D］每个人都应当意识到吸入大量一氧化碳是致命的。在任何室内燃烧任何燃料的住宅中安装一氧化碳检测器是廉价且有效的人身安全保障。

［E］在煤炭开发和示范项目评审期间曾经有这么一条评论："不仅是在柴油发动机中使用煤粉这种想法的时代已过去，而且这种想法的时代应当永远不会再出现。"尝试使用粉碎但是固体的煤并不是狄塞尔更好的想法之一。

［F］工业上，这些化合物被称为 α-烯烃，其范围从 1-己烯至高达约 1-十八烯，并且具有各种重要的工业应用，例如在聚合物、洗涤剂和合成润滑油的合成中。较短的烯烃——乙烯至 1-丁烯，在聚合物工业中非常重要，其中乙烯本身是最重要的工业有机化学品。

推荐阅读

Atkins，Peter. *Physical Chemistry*. W. H. Freeman：New York，1998. Most textbooks of physical chemistry have a section or chapter devoted to vapor - liquid equilibrium. This book is an excellent physical chemistry text；Chapter 8 is particularly relevant.

Gary，J. J. and Handwerk，G. E. *Petroleum Refining*. Marcel Dekker：New York，1984. A comprehensive book on refinery processes. Chapter 4 covers distillation.

Mujtaba，I. M. *Batch Distillation Design and Operation*. Imperial College Press：London，2004. Much useful information on distillation concepts and processes.

Sinnott，Ray. *Chemical Engineering Design*. Elsevier：Amsterdam，2005. A classic textbook in its field；Chapter 11 provides substantial information on distillation operations.

Speight，James G. *The Chemistry and Technology of Petroleum*. Marcel Dekker：New York，1991. Chapter 13 of this useful，very comprehensive treatise deals with distillation processes.

Van Winkle，Matthew. *Distillation*. McGraw - Hill：New York，1967. This book covers the principles of distillation and design of distillation equipment (albeit from an era when computers were a luxury) in a very readable manner. It does not concentrate solely on petroleum.

第 13 章　非 均 相 催 化

　　在实际工业生产过程中，从人的角度来看反应必须在足够短的时间尺度上进行——理想情况下最多以小时为单位。相比自然地质过程，反应时间需要减少多达 10 个数量级。有两种方法可以做到这一点。第一种是提高反应强度，如通常采用提高温度。一般来讲，反应温度每增加 10K，反应速率增加一倍。燃料形成中遇到的最高温度约为 225℃，为气体区末期或第四次煤化作用跃变的温度。燃料加工温度通常更高，反应速率相应地更高。第二种是使用催化剂来提高反应速率。当然，在许多情况下同时采用这两种方法。

　　催化剂改变了反应的速率和/或产物，但不会出现在反应净方程式中（即不会在反应中被消耗或被反应永久性改变）。虽然通常利用催化剂来提高速率，但有时可用催化剂获得不同的一组产物。例如在高品质汽油生产中，这种性能显得非常重要（第 14 章）。作为一类材料，催化剂的作用非常重要。事实上，在生物体内的所有生化过程都是通过酶催化的。化学工业中，约 90% 的燃料、合成化学品和塑料的生产过程中其至少有一个工艺步骤用到催化剂。

　　第 2 章介绍了催化的概念，并侧重于均相催化。对于大规模生产的诸如燃料这样的大宗产品，除非丢弃，或者允许稀释或残存于产品中，均相催化剂需要在反应器下游进行分离和回收。这增加了过程的复杂性和费用。在工业生产中，非均相催化剂更受青睐，特别是大宗产品的生产。在某种程度上，这主要是由于非均相催化剂可以很容易地从工艺物流中分离开来。许多非均相催化剂可以承受比均相催化剂（特别是酶）更苛刻的温度和压力条件。气相反应体系难以找到合适的均相催化剂，而非均相催化可以很好地胜任该体系的催化作用[A]。

　　用于工业生产的非均相催化剂必须满足的条件：①必须获得足够高的反应速率来实现原料转化，实现商业上的可行性；②应当具有良好的选择性，即催化目标产物的生成，并且抑制或至少不增加非目标的产物的生成；③必须具有足够好的稳定性，以耐受反应器中的温度、压力和机械剪切。

13.1　催化材料

13.1.1　活性物质

　　在燃料化学中，最常使用催化剂的反应类型是氢原子转移进入和离开分子的反应，通过裂解大分子或将小分子组合一起而改变分子大小的反应，或者通过碳正离子重排而改变分子形状的反应。金属往往是良好的加氢和脱氢催化剂。在一些过程中，特别是工艺物流受硫污染时，常用到金属硫化物作为催化剂（相比其他材料，硫化物对有硫参与的副反应具有更好的耐受性）。对于生成碳正离子的反应，优选的催化剂为金属氧化物。但是并没有可作为通用催化剂的物质。因为一种物质可以催化一种特定类型的反应并不意味着其能够催化所有类型的反应。此外，对于给定的一类催化剂和需被催化的反应，并非所有的催化剂均表现出相同的效果。对于相同的反应，所选择的催化剂也会表现出巨大的活性差异。加氢的良好催化剂是过渡系列末区金属：铁、钴和镍；钌、铑和钯；以及锇、铱和铂。下文将讨论这些元素是如何催化加氢反应的。在这些金属中，铂和钯的催化效果最佳。在许多情况下，可用镍代替，因为它的成本低很多。在超大规模的应用中，由于铁的成本更低而会选择其作为催化剂。然而，加氢反应中通常选择铂、钯以及它们的合金。这些是稀有的贵金属，在工业规模上使用时，通常将它们分散到更便宜的材料，即催化剂载体中。

13.1.2 载体

大规模的工业过程中使用非常昂贵的材料如铂，或甚至是中等昂贵的材料如镍的关键之处源于其非均相催化作用的性质：因为催化剂，顾名思义，处于在与反应物和产物分开的物理相中，所有的化学过程都发生在表面，如图 13.1 所示。

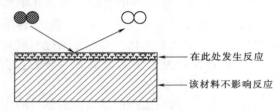

图 13.1　在催化剂颗粒表面发生的非均相催化。催化剂颗粒未与反应物接触的部分不参与反应。

仅在表面层需要具有催化活性，该催化剂的其余部分可以是其他材料，理想的载体，是比催化活性物质便宜得多的材料。表面的性质是催化作用的关键，不与反应物或产物相互作用的主体材料对化学过程没有影响。由于反应只发生在表面，催化剂颗粒主体的组成是无关紧要的。只有当催化剂相对便宜时，不参与催化反应的主体材料才可忽略。

用于提供催化剂颗粒的固相主体和催化活性表面的支持物被称为催化剂载体。理想的催化剂载体必须满足几个条件：①必须具有物理和机械强度，以耐受在反应器中所遇到的温度、压力和应力；②应当充分与催化活性物质作用，以提供良好的物理分散和机械支持，但不会降低催化剂本身性能；③不会自身催化一些其他不期望的反应；④载体应具有充分的的表面积和孔隙率，且孔隙中具有很小或没有扩散阻力，以利于进行反应，而且理想情况下，载体应当相对便宜。载体通常是耐高温氧化物，包括二氧化硅、氧化铝以及各种铝硅酸盐，如莫来石或沸石。碳是另一种可能有用的催化剂载体。

催化剂或其载体中孔隙的重要性在于几个因素。孔隙可（有时充分地）提高用于反应的总表面积。反应速率达到的程度与表面积成正比，这可大幅提高速率。孔隙尺寸的分布也会影响反应的过程或产物。例如，如果期望在复杂混合物中选择反应小分子，使用微孔催化剂可能有利，因为大分子很难穿过微孔。此外，如果反应物由大分子组成，则优选大孔催化剂。孔隙度的测量将在本章后部分进行讨论。

载体的其他物理和机械性能亦很重要。硬度主要通过两种方式影响催化剂的使用。在固定床反应器中，催化剂颗粒应当是刚性的，以防止破碎而粉化。随着反应的进行，粉化破碎将使得反应器充满细粉末。在流化床反应器中，催化剂粉末应不具有研磨性或蚀刻性，否则催化剂颗粒可以有效地造成反应器内部的"喷砂"。因为许多催化过程都是高温反应，载体对高温的耐受性很重要。高温时孔壁可能会熔化，这会降低表面积进而影响催化剂的表观活性。在流化床反应器中，热致团聚或烧结可导致粒径增长到某一尺寸，进而使催化剂颗粒不能再在气流中流态化。当流态化消失（床层下降），反应则减慢或停止，此时床层的压降很高，极端情况下，催化剂可全部熔融。标称反应温度不只是唯一的考虑因素。如果目标催化反应是放热反应，有可能出现可使孔隙崩塌或造成烧结的局部热点。因此，必须考虑载体的热导率，特别是在大的反应器中。如果反应是高度放热的，热量则必须从反应器及时带走，以避免催化剂的热降解或反应失控；如果反应是高度吸热的，则有必要对反应进行加热，且避免反应器壁附近的催化剂不严重过热。

13.1.3 促进剂

一些物质本身不具有催化活性但可以提高催化剂的性能。这些物质是被称为促进剂。促进剂是少量加入催化剂中即可改善催化剂的一种或多种性能的物质。促进剂可用于提高催化剂的活性、选择性、使用寿命或综合性能。

许多促进剂，特别是对于金属或氧化物催化剂，是强正电性元素或它们的阳离子，例如氧化钾或钾阳离子。虽然许多物质可以用作促进剂，但氧化钾通常是较好的选择。这种促进剂的作用是通过在催化剂表面产生局部正电荷而产生的，进而与反应物中的分子轨道相互作用，减少轨道能量并促进与催化剂表面的电子交换。对于金属硫化物催化剂，促进剂可以是非化学计量的其他过渡金属的硫化物，如 Co_9S_8。这些促进剂可促进催化剂，例如 MoS_2，表面缺陷的形成，进而形成催化活性位点。

13.1.4 制备

在选择催化剂时需要考虑的因素包括催化活性物质、载体的性质、催化剂的类型（这由所使用反应器的类型决定）、表面积和孔隙率、机械强度、磨损性、热性能，以及需要使用促进剂时，促进剂的选择。

然而，常见的催化活性物质——金属、金属氧化物和金属硫化物——通常不溶于水或其他常见溶剂。为了解决此问题，制备载体催化剂通常采用催化活性金属的可溶性盐。例如，对于铂，其前体的盐可以是氯铂酸钾，K_2PtCl_6。多孔载体采用该前体溶液浸渍并干燥，再进一步进行煅烧，而该步骤可与干燥依次或同时进行，煅烧过程通常将前体转换成氧化物形式，即

$$K_2PtCl_6 + H_2O \longrightarrow 2KCl + 4HCl + PtO_2$$

残留的钾盐可通过清洗去除。随后（通常）在氢气中对催化剂进行加氢还原活化，即

$$PtO_2 + 2H_2 \longrightarrow Pt + 2H_2O$$

还原或活化过程所选的条件，应使得 Pt 在载体上达到预期的分散效果。

在处理含硫化合物的工艺物流的应用中，在反应前将催化剂转化为硫化物的形式是有利的，即催化剂的预硫化。预硫化的方法有多种，但基本都是采用挥发性含硫化合物和氢气对催化剂进行加热。可使用的含硫化合物包括二甲亚砜、甲硫醇（甲基硫醇）、二甲基硫或二甲基二硫。通常在 175～200℃ 下将含硫化合物引入到催化剂中，然后将系统加热至 260～300℃。体系中形成的硫化氢则为活性硫化剂。根据待处理的催化剂量，硫化过

程可进行数小时。

以 MoS_2 为例，制备硫化物催化剂时，首先采用七钼酸阴离子 $Mo_7O_{24}^{-6}$ 溶液浸渍诸如氧化铝的载体。调节钼的量使其在载体上获得单层钼。在此过程中可加入钴或镍的盐作为促进剂。在这种情况下，所得到的催化剂通常被称为 CoMo 或 NiMo 催化剂，但是这些配方并不意味着该催化剂是两种元素的合金或金属互化物。进一步采用氢气和硫化氢的混合物，或者氢气和有机硫化物的混合物与浸渍载体进行反应，即可使催化剂硫化在表面产生 MoS_2，即

$$(NH_4)_6Mo_7O_{24} + 14H_2S + 7H_2 \longrightarrow 6NH_3 + 7MoS_2 + 24H_2O。$$

可用于反应物的催化活性物质的表面取决于载体的表面积。无孔载体可负载催化剂的表面积比高多孔载体的表面积少得多。此外，载体上活性催化剂颗粒或团簇的尺寸大小也需要考虑。这个尺寸大小与表面和主体原子的相对比例有关。较小的催化剂颗粒尺寸可获得较高的表面原子比例如图 13.2 所示。

图 13.2　催化剂颗粒尺寸的减少增加了系统中与反应物接触的催化剂原子（由阴影圆圈表示）的比例。最左侧单个催化剂颗粒含有 72 个原子，其中的 23 个位于表面，而将催化剂颗粒分成四个较小的颗粒保持相同的 72 个原子数时则有 40 个位于表面。

这一概念已进一步发展和定量表述为分散度，即表面上的原子占总原子数目的百分比。通常，颗粒大小和表面原子比例是负相关的（图 13.2）。

13.2　催化剂表面吸附

由于非均相催化剂存在于与反应物和产物不同的相中，催化的重要反应过程发生在表面。无论催化剂是否是金属、离子固体（如氧化物或硫化物）或者共价固体（如碳），表面层外的其他任何原子均通过其最邻近的原子来使原子键或原子价达到饱和。但是，表面层上的原子未能使其所有原子价都饱和，因为在其顶部必然没有原子。表面原子处于比主体原子更高的能态，并且可与催化剂周围的流体相中的分子发生相互作用。

这种相互作用有两种形式。一种是流体相中的分子与催化剂表面的分子之间的偶极或伦敦力相互作用（图 13.3）。

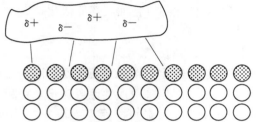

图 13.3　催化剂表面的物理吸附经常涉及表面与反应物的永久或临时的偶极相互作用。

催化剂表面的这种形式的吸附作用不涉及化学键形成或断开。该过程是物理性的吸附作用，或通常被称为物理吸附。与共价键相比，偶极相互作用和色散力非常小。物理吸附的能垒很低。由于物理吸附几乎没有释放能量，相应地几乎不需要能量来逆转该过程。此外，由于没有化学键形成或断开，所

吸附的物质可被完全解吸。

第二种是在吸附中，所吸附的物质与催化剂表面形成化学键。例如，一氧化碳可以吸附在金属表面，形成相对较强的碳金属键，如图 13.4 所示。

这种情形即为化学吸附。在一些化学吸附的情况下，所吸附的分子发生解离（图 13.5），即解离化学吸附。到目前为止，燃料化学中最重要的例子是 H_2 的解离化学吸附，该过程破坏了较强的 H—H 键而在催化剂表面产生氢原子。由于化学吸附涉及化学键的断裂和/或形成，其释放的能量相应地比物理吸附大。从催化剂表面去除吸附的化学物质则需要更高的能量输入。由于键的断裂或形成，脱离催化剂的物质可能与化学吸附到催化剂表面的物质不一样。

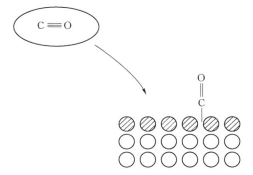 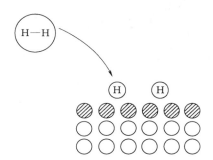

图 13.4　催化剂表面的一氧化碳分子的化学吸附涉及一氧化碳与表面之间的成键作用，该作用比图 13.3 所示的偶极相互作用强得多。

图 13.5　双原子的氢分子解离化学吸附导致 H—H 键断裂。

在一定的时间内，吸附是一种动态平衡过程，其中一些物质被吸附在表面，而有些物质从表面解吸。达到平衡时，吸附的速率等于解吸的速率。影响吸附速率速率的因素包括：所吸附气体的分压 p；吸附速率常数 k_a；以及可发生吸附的位点数目。吸附开始之后，并非所有的表面都能保持吸附有效性，因为一部分表面已被吸附物质占用。如果表面上有总共 N 个位点，θ 是表面位点覆盖率，可发生吸附的位点数目为 $N(1-\theta)$。被覆盖的吸附表面位点的变化速率 $d\theta/dt$ 可表达为

$$d\theta/dt = k_a p N(1-\theta)$$

解吸只能发生在已被占用的吸附位点。因而由于解吸而变化的位点覆盖率变化速率仅取决于已被覆盖的位点数量 $N\theta$，以及解吸的速率常数 k_d，即

$$d\theta/dt = -k_d N\theta$$

由于吸附平衡时速率相等，则有

$$k_a p N(1-\theta) = -k_d N\theta$$

该表达式通常用于求解 θ。通常使用符号 K 来表示两个速率常数的比值，即 k_a/k_d。于是有

$$\theta = Kp/(1+Kp)$$

该等式被称为朗缪尔（图 13.6）吸附等温式[B]，是描述气态吸附最常用和最重要的一种表达式。

图 13.6 欧文·朗缪尔，他对人们理解表面现象和催化作用作出了巨大贡献。

朗缪尔等温式通常将 θ 绘制为 p 的函数，或 p 的某个度量。这可以通过不同方法来实现，而常用的方法是将 θ 对 p 直接作图。所得到的曲线从原点开始，因为如果完全没有气体（即，如果 $p=0$），则没有任何表面吸附。在低压时，表面覆盖率与压力之间呈线性关系。而实质上系统中的气体分子越多，这些分子撞击并吸附在催化剂表面的机会越多。但是，随着 p（即 θ）继续增加，可用于发生新吸附过程的表面位点越来越少。因此，逐渐越来越难以吸附更多的物质。因此，曲线斜率发生变化，即曲线发生"弯曲"。当表面被完全覆盖时达到吸附极限，这就是所谓的饱和度，此时 $\theta=1$。因此，吸附等温线是逐渐接近 $\theta=1$ 的，如图 13.7 所示。

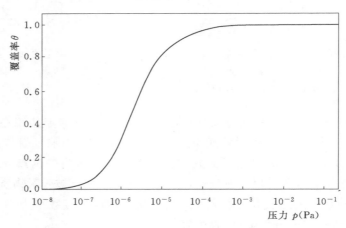

图 13.7 朗缪尔吸附等温线示例。

朗缪尔方法是建立在一些假设上的：吸附分子在表面上是单层覆盖的，所吸附的原子之间没有相互作用（有时也被称为侧向力），吸附热 ΔH_a 恒定，是 θ 的函数，所有的吸附位点都等效。虽然这些条件在实践中很少能满足，但朗缪尔等温式通常对于理解催化剂的吸附行为和在其他方面的应用（如吸附到碳质材料）上仍然是非常有用的。

在外表面或孔径较大的孔内，更多的吸附可发生在第一层吸附物上。除非完全无反应物质吸附，所吸附的原子或分子是否不具有相互作用仍不清楚，特别是对于化学吸附的物质。事实上，当同时吸附两种期望相互反应的气体时，如 CO 和 H_2（第 21 章），必然违反朗缪尔关于所吸附的物质之间没有发生相互作用的假设。

ΔH_a 是否为常数视情况而定。例如，当表面已部分覆盖有强化学吸附的物质，如镍上有一氧化碳时，所吸附的物质与表面原子之间可能存在化学键，并且表面上的能态可能会重新分配，这样在剩下的未覆盖表面上的吸附热将发生变化。除了非常纯的无孔固体的表面在原子尺度上完全光滑，不可能所有的表面位点都等效。表面在原子尺度上可能非常粗糙，也可能在一些位点的原子排列与在表面其他部分位点的原子排列不同。因此，表面能可以是不同的。对于不是单一纯元素的催化剂，例如金属氧化物，该金属原子表面位点与氧原子位点是不同的。

没有侧向力的情况是很少。侧向力存在的结果是使得吸附热取决于吸附发生的程度，即表面覆盖率。如果 ΔH_a 取决于覆盖率，则平衡常数也是如此。一般来说，ΔH_a（以及相应的平衡常数）随着 θ 增加而减少。在实际系统中，钯或铂上的一氧化碳的氧化很重要，如发生在汽车尾气系统的催化转换器。

此外，还假设与表面吸附位点的相互作用的分子或原子可以是被吸附或者未被吸附的。固体表面具有可与反应物分子相互作用并结合，即黏附在表面的位点。黏附系数表示分子黏附到固体清洁表面上的概率。因此，吸附的速率可通过气压、未被吸附的分子覆盖表面分率、单位表面积的碰撞速率，以及黏附系数来确定。此外，我们隐含地假设分子或原子从气相被吸附。在许多吸附过程中，无论随后是否发生化学吸附，第一步发生的吸附是物理吸附。因此，吸附过程通常是吸附物起初通过物理吸附到表面单层或部分单层，进一步通过化学吸附到实际催化剂表面。物理吸附的物质可在所吸附的物质形成的表面上扩散，直到在实际催化剂表面上找到合适的可附着的位置。在理想的朗缪尔吸附情况下，黏附系数与表面覆盖率直接相关。然而，可以预期实际情况与理想情况存在很大偏差，这取决于这些所谓的前体状态如何形成。如果前体状态已形成，则无论是否迅速发现一个表面位点，则实际情况与朗缪尔吸附之间的偏差较小。如果前体状态允许物理吸附的物质"搜寻"催化剂表面的吸附位点，则即使在相当高的表面覆率时也可以具有较高的黏附系数。

朗缪尔等温式对于理想固体的理想吸附过程是很有用的模型。然而，实际情况并非理想吸附过程，人们已提出了不同的改进模型来代替朗缪尔模型。这些模型具有不同的数学复杂程度，目的是改进朗缪尔模型的一个或多个明显不足之处。其中最成功的一个模型是布鲁诺尔—埃米特—特勒[c]模型，通常被称为 BET 模型。相对于朗缪尔，BET 模型的重要区别是引入了多层吸附的概念。BET 模型广泛使用且在许多情况下得到成功应用，表明真实的吸附往往是多层的。

正如朗缪尔模型那样，BET 模型假定从表面吸附的速率等于解吸的速率。但吸附在催化剂表面的物质又可作为新的吸附位点来进行第二层分子吸附，如图 13.8 所示。

这种假定意味着吸附基本可无限的进行，而朗缪尔等温线的斜率随着接近吸附饱和度趋于零。在 BET 模型中，单分子层形成的吸附热假定与朗缪尔的情况一样。但是，吸附到单分子层的速率假定等于从第二层解吸的速率。类似的假

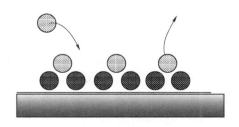

图 13.8 BET 模型中，分子的第二层（以浅阴影表示）可吸附到已吸附分子层（以深阴影表示），或从吸附分子层解吸。

定同样用于第三层、第四层和后续层。对于吸附到第二层、第三层和后续层，其表面是不同的。表面不再由催化剂的表面原子组成，而是由在催化剂表面吸附的同一物质的原子组成。所以，对于第二层、第三层和更多的层，这个过程非常类似于气体冷凝成液体的过程。因此，在 BET 模型中，吸附到第二层和后续层的吸附热基本上是气体冷凝热或汽化热 ΔH_{vap}。

BET 方程为

$$p/n(p_0-p)=1/n_m c$$

式中：n 为在压力 p 下所吸附的摩尔量；p_0 为在实验温度下气体的饱和蒸汽压；n_m 为表面吸附单层分子所需的分子数；c 为与吸附能相关的常数。通常，

$$c=\exp[(\Delta H_d-\Delta H_{vap})]RT$$

式中：ΔH_d 和 ΔH_{vap} 分别为解吸和汽化/冷凝焓。

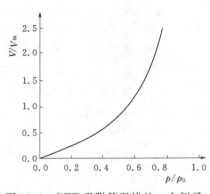

图 13.9　BET 吸附等温线的一个例子。

BET 数据的处理方法有若干种。BET 等温式的一种表达形式为

$$V/V_m=cZ\{(1-Z)[1-(1-c)Z]\}$$

此处，V 为所吸附气体的体积，V_m 为单层覆盖所需的气体体积，Z 为气体的实际分压 p 与饱和蒸汽压 p_0 的比值。BET 等温线的一个例子如图 13.9 所示。

BET 数据可用来计算表面积。已知单层中所吸附物质的量可以直接计算出所吸附原子或分子的数目。已知原子或分子的大小则可以计算出表面积。对于催化过程来讲，当其他因素相同时，表面积越大反应度越高。表面积测量对于吸附剂，例如活性炭而言，也很重要。

13.3　催化反应的机理

非均相催化反应通常发生在固体催化剂与流体相之间的界面上。反应过程通常包括五个步骤，如图 13.10 所示。其中：第一步，反应物从流体扩散到催化剂周围；第二步，反应物被吸附在催化剂表面；第三步，所吸附的物质在表面进行反应，并转换为产物；第四步，产物从表面解吸；第五步，解吸了的产物扩散到流体相中。这一系列的步骤即为非均相催化过程的朗缪尔-欣谢尔伍德机理[D]。通常第三步催化剂表面所吸附反应物的转化，是朗缪尔-欣谢尔伍德机理的限速步骤。

埃利-里迪尔机理[E]中反应物未被吸附，即仍在流体相中，通过与吸附在催化剂表面的物质碰撞而反应，或者先经过在催化剂上非常

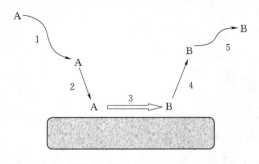

图 13.10　朗缪尔-欣谢尔伍德机理，（1）反应物 A 扩散至催化剂表面区域，（2）吸附到催化剂表面，（3）A 在表面上转化成产物 B，（4）B 从表面解吸，（5）B 从催化剂表面区域扩散至流体相。

弱的物理吸附之后反应。在燃料化学中可通过埃利-里迪尔机制进行的重要反应是气相中的二氧化碳与吸附在催化剂上的氢气的反应，即

$$CO_2(g) + H_2(cat) \longrightarrow CO + H_2O$$

这在水煤气转换反应（第 20 章）中很重要，并且可应用于二氧化碳捕获或湮灭过程。

13.4　催化剂性能的测量

　　使用催化剂时，定量测量其一些性能很重要。常用的有几个参数。活性定义为反应物的消耗速率。对于一般的反应物 A，活性的测量为 $-d[A]/dt$，其中 t 为时间。不考虑反应或催化剂的性质，任何表面的催化活性取决于反应物与催化剂表面活性位点之间的相互作用。活性位点是表面上可能发生催化反应的那些位置。通常并非所有的表面都具有活性。许多催化反应中活性位点的准确性质，甚至如何测量还尚无定论。特别是对于负载型催化剂，催化活性物质可能未均匀地覆盖表面。如果已知单位体积的催化剂活性位点数目 S_V，单位体积的比活 A_{SV} 可被定义为

$$A_{SV} = (-1/S_V)(d[A]/dt)$$

另一种表述是单位表面积的催化活性位点数目 A_{SA} 为

$$A_{SA} = (-1/S_A)(d[A]/dt) ❶$$

工业过程通常受可利用的反应器容积限制，因此 A_{SV} 可提供更多的有用测量数据。

　　转换数 T 表征的是每秒钟每个活性部位反应的分子数目的催化剂性能。转换数可计算为

$$T = A_{SV}N_A$$

式中：N_A 为阿伏伽德罗常数。

　　采用转换数来比较不同催化剂的活性时必须谨慎。如果单位体积催化剂的表面积很小，则每单位体积必然没有很多活性位点。每个活性位点可具有较高的转换数，即可以剧烈反应，但因为可利用的活性位点很少，反应物的消耗率很低。

　　通常，特别是在有机反应中，反应可能会产生多种不同的产物（例如，异构体），或可能存在几种竞争反应。选择性是催化剂性能表征的另一个重要参数。催化剂的选择性定义为目标产物的量占所有产物量的百分比，可用摩尔分数或质量分数表达。

　　催化剂常用活性和选择性表征。活性和选择性不是可以同时具有，可能有四种组合。具有高活性和高选择性的催化剂，代表理想的催化剂。高活性但低选择性是可以接受的，条件是副产品分离相对容易（例如，从烷烃分离羧酸），并且每种副产物具有一定价值。反之，只要目标产物具有高价值或副产物的下游分离很难或未转化的原料可再循环回反应

---

　　❶　原书为 $A_{SA} = (-1/S_V)(d[A]/dt)$，有误，其中 S_V 应为 S_A，即单位表面积的活性位点数目，译者在此进行了修改。

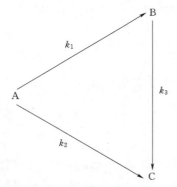

图 13.11 反应物 A 转化成产物 B 或产物 C，且 B 自身也可形成 C。这些反应的结果取决于速率常数 k_i 的相对大小。

器，低活性但是高选择性的催化剂也是可以接受的。而最后一种组合，即低活性和低选择性的催化剂，则需另行选择其他催化剂。

有时，非目标产物是热力学稳定的产物。因而，需要通过其他方法越过这种热力学屏障，而唯一可利用的武器是动力学手段。例如，有三个常规反应：目标反应 A→B，以及另外两个可能发生的反应：A→C 和 B→C。每个反应的速率常数分别为 k_1，k_2 和 k_3。如果 k_2 和 k_3 相对于 k_1 较小，则通常可以设计高选择性的催化剂。如果只有 k_3 较小，则选择性基本是恒定的。选择性通常与速率常数的比率相关。如果 k_3 并不小，随着反应的进行，所有反应物将最终都将转化为 C，如图 13.11 所示。

从这些反应过程来看，另一策略是将反应控制在较低转化率下进行，以使选择性在可接受的区域。

13.5 表面效应对催化剂的影响

制备适合于特定过程的催化剂的步骤包括：选取对目标反应具有活性的催化材料和选取满足要求性能的载体，进而制备出具有可接受活性和选择性的催化剂。但还有必要考虑造成催化剂失活的，即降低甚至破坏催化剂活性的情况。损坏催化剂表面或阻碍接近活性位点时会降低催化剂的活性。在极端的情况下，这种情况会完全破坏催化剂的活性。有三种这样的情况需要考虑。

如果催化剂温度变得非常高，活性催化剂的颗粒可能部分熔化并熔合在一起，被称为烧结过程。该过程会减少活性催化剂的总表面积（图 13.12），导致催化剂活性降低。

图 13.12 催化活性表面物质（此处以圆圈表示）的烧结包括其移动至接触点，然后两个原始颗粒部分熔化形成一个新的颗粒。该作用减少活性物质的表面积，从而降低催化剂活性。

烧结的发生取决于许多因素。一般而言，当材料的温度达到其熔点温度一半时，可出现烧结。例如，镍的熔点为 1455℃ 或 1728K。烧结在 864K 或 590℃ 时变得显著。烧结是不可逆的。没有去烧结的方法，通常是将其粉碎后将催化剂材料从载体中分离出来，以及以特定方法重新处理催化剂材料生产新的一批催化剂。

烧结发生在高温下，其驱动力是能够减少表面积，从而减少表面能。对于金属和金属氧化物，主要机制是以固态进行主体扩散。发生这种情况时，有两方面的影响：第一，即使颗粒烧结在一起而刚好接触，也会减少一些表面积；第二，烧结通过主体扩散还会导致体积的净收缩。因此，总表面积减少得更多，并由此发生表面能的降低。当烧结发生时，反应速率降低。

温度在烧结中的作用是由于扩散是一个活化过程具有活化能特性。扩散系数表示原子或离子可移动通过固体的速度。在高温下，扩散系数具有很强的温度依赖性（高活化能）。小幅增加温度即可导致扩散系数的显著增加。

在催化剂中毒的情况下，进料中的一些物质与催化活性物质反应，在表面上形成新的化合物，而且其具有比原始催化剂更低的活性，或者可能完全没有催化活性。抑制物可认为是促进剂的对立物，在这个意义上，抑制物是降低催化剂的一种或多种性质的物质。催化剂抑制物通常是带负电的元素或其化合物，如含硫或氮的化合物。

硫或其化合物是常见的催化剂抑制物。例如，硫与镍或铂反应，形成具有很少或没有催化活性的硫化物。由于硫化合物在金属表面积累，阻止活性物质接近催化剂表面。用于甲烷合成的镍催化剂（第 21 章）即使在非常低的浓度下也可被硫化氢中毒。H_2S 经过解离化学吸附在催化剂表面上，并且与 Ni^{2+} 的半径 69pm 相比，相对较大的硫原子（S^{2-} 的半径为 184pm）可屏蔽了相邻活性位点。在这种情况下，表面电子效应的作用与促进剂的作用相反，其降低了反应分子与催化剂的电子相互作用，并且使它们难于进行解离化学吸附。一些催化剂具有刘易斯酸的活性位点，即电子对受体。在氮原子上具有专有电子对的氮化合物与可通过与表面的强刘易斯酸—碱相互作用，从而使催化剂发生中毒。

可采用几种方法来防止催化剂中毒。在进入催化反应器之前可清洗物料（例如，去除酸性气体，第 20 章）。在抑制物与催化剂接触之前，可使用一些填有低价可消耗的原料"保护床"来去除硫化物。氧化锌是一个例子，即

$$ZnO + H_2S \longrightarrow ZnS + H_2O$$

也可以将催化剂更换为更耐硫的物质。事实上，一些金属硫化物，如 MoS_2，其本身就是良好的催化剂。在有利的情况下，催化剂中毒是可逆的。在高温且低压下小心地加热可诱使毒物解吸。有时可通过化学反应去除抑制物[1]，例如

$$PtS_2 + 2H_2 \longrightarrow Pt + H_2S$$

如果催化剂与硫化合物或氮化合物的表面相互作用很弱，升高温度和降低压力可使一些化合物从表面解吸。

催化剂抑制物通过不同的方式起作用。最直接的方式是简单屏蔽催化剂上的活性位点。在催化剂表面上形成焦炭是常见的一个例子。焦炭沉积或催化剂结焦，在催化剂表面上形成了一层碳，阻断反应物接近活性位点。烃类的各种反应过程中即通过该方式在催化剂表面上形成了碳质表面层。当催化剂表面焦化时，反应物分子不能再接近活性位点，反应停止并且催化剂的活性基本上消失。

催化剂表面结焦类似于第 7 章和第 8 章中讨论的氢再分配过程。结焦尤其在涉及氢的内部转移的反应中容易发生，因为这些反应不可避免的形成富含碳的产物，如图 13.13 所示。

结焦产物通常是富含碳的高芳香性固体和富含氢的低分子量烃类。芳香族碳正离子比脂肪族碳正离子稳定得多，因为电荷可在芳香族体系内离域化，而不是定位于某一个碳原子。芳香族碳阳离子可保留在催化剂表面并增长成非常大的分子结构。来自焦化反应的氢

---

[1] 原文此处为 "catalyst"，译者认为有误，不应是催化剂，应改为抑制物。

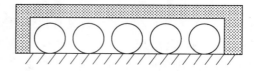

图 13.13 催化剂结焦包括有一层碳质焦炭部分或完全地覆盖催化活性表面物质
（在此再次用圆圈表示）。其效应是阻断反应物接近活性物质，使其
不能再用于反应。催化剂的活性再次被降低。

重新分配，有助于将烯烃转化为烷烃。不同前体形成焦炭的速率按以下顺序降低：萘衍生物＞苯衍生物＞烯烃＞环烷烃＞烷烃。富含芳香族化合物的物料可产生高芳香性且结构上接近石墨的焦炭。烷烃及烯烃易于产生低芳香性且无定形的焦炭。焦炭可堵塞孔或表面，降低或破坏催化剂的活性从而使得催化剂表面需要再生。

如果催化剂表面酸性太强，则结焦程度增加，并且随着温度升高而加剧。因此，严格控制催化剂表面性能（例如，表面酸度）和反应条件可降低或避免结焦发生。在烧结、中毒和结焦这三个"催化剂杀手"中，焦化是最容易处理的。将焦化的催化剂与氧气或空气接触，可烧除焦炭并恢复催化剂的活性。因为烧除焦炭是放热反应，需要谨慎以避免同时烧结催化剂。催化剂再生的这一过程中同样会不经意地改变载体中的孔径分布，或者可能由于形成挥发性氧化物而损失一些催化剂。例如，铂—铱合金可以形成挥发性的铱（VI）氧化物，IrO_3，进而损失铱。

注释

[A] 虽然均相气相催化反应很少见，但是非常重要的一个例子是氯氟烃（CFC）破坏平流层臭氧。CFC通过紫外线分解，生成氯原子Cl·。这些氯原子与臭氧反应形成氧化氯和氧气，$Cl· + O_3 \longrightarrow ClO + O_2$。氧化氯还会与臭氧反应，再生氯原子：$ClO + O_3 \longrightarrow Cl· + 2O_2$。臭氧层破坏，特别是在南半球，作为潜在地导致皮肤癌的因素已受到人们关注，因为人们将暴露于更高的紫外线水平下。

[B] 欧文·朗缪尔（1881—1957，1932年诺贝尔奖获得者）在通用电气公司的研究实验室里度过了其大部分职业生涯。其对表面现象的基础研究具有众多贡献，因而在美国内外获得了许多著名奖项。除了别的实用发明之外，他的基础研究带动了气化白炽灯（在朗缪尔的工作之前，灯泡内部是真空的以防止灯丝反应或燃烧）和原子氢焊工艺的发展。由美国化学学会出版的致力于表面现象的期刊被命名为朗缪尔。

[C] 斯蒂芬·布鲁诺尔（1903—1986），移民美国的匈牙利人，作为无军职的化学家为美国海军爆炸物部门工作而度过了其大部分职业生涯。除了BET模型，他最显著的成就也许是以每天25美元的工资雇佣艾伯特·爱因斯坦作为顾问。布鲁诺尔是由参议员约瑟夫·麦卡锡领导的极右派的众多人物之一。在他后来的职业生涯中曾为波兰水泥协会工作。保罗·埃米特（1900—1985），曾在美国俄勒冈州读书，是莱纳斯·波林的同班同学、朋友，并为莱纳斯·波林的姐夫。埃米特在约翰斯·霍普金斯大学度过了其大部分职业生涯。在第二次世界大战期间他参与曼哈顿项目的工作，开发了铀浓缩工艺。爱德华·特勒（1908—2003），另一匈牙利移民，可能是现今最为人熟知的"氢弹之父"。他有名的同时

也是臭名昭著的，是同名电影《战争狂人》中斯特兰奇洛夫博士角色的原型。在他后来的职业生涯中，特勒是里根总统的战略防御计划（"星球大战"）的热心支持者，并且主张在阿拉斯加通过引发热核爆炸而疏浚新港口这样的方案。

[D] 西里尔·欣谢尔伍德爵士（1897—1967，1956 年诺贝尔奖获得者）是英国物理化学家，其在牛津大学度过了大部分职业生涯。他广泛研究分子动力学，包括对细菌细胞化学变化的开拓性研究工作，启发了后来的抗生素研究。

[E] 埃里克·里迪尔爵士（1890—1974），与许多在本注释里提到的其他人物类似，他有多方面的职业生涯经历。他对电化学、水处理和纯化，以及表面化学作出了贡献。里迪尔写了许多专著和教科书，包括著名的 1919 年出版的关于催化的书籍和 1926 年出版的关于表面化学的书籍。他的大部分职业生涯在剑桥大学作为胶体学讲师度过。

推荐阅读

Bowker，Michael. *The Basis and Applications of Heterogeneous Catalysis*. Oxford University Press：Oxford，1998. This short monograph on heterogeneous catalysis provides a very useful introduction to the essential principles of the field.

Bruch，L. W.，Cole，Milton W.，and Zaremba，Eugene. *Physical Adsorption*. Dover Publications：Mineola，NY，1997. A detailed discussion of the physics of adsorption of gases on surfaces，with extensive theoretical discussions.

Gates，Bruce C. *Catalytic Chemistry*. Wiley：New York，1992. An excellent textbook intended to cover most of the field of catalysis，by a world – class expert in the field. Chapter 6 relates particularly to the present chapter.

Kolasinski，Kurt W. *Surface Science*. Wiley：Chichester，2008. This book provides a detailed discussion of dynamics of adsorption and desorption，surface structures，and catalysis. Chapter 6 is particularly relevant to the present chapter.

Le Page，J. F. *Applied Heterogeneous Catalysis*. Éditions Technip：Paris，1987. Detailed treatment of using catalysts，beginning with selection，through preparation and properties measurement，to designing catalytic reactors.

Rothenberg，Gadi. *Catalysis：Concepts and Green Applications*. Wiley – VCH：Weinheim，2008. A useful monograph that covers both homogeneous and heterogeneous catalysis. Chapters 2 and 4 are specifically relevant here.

Vannice，M. Albert. *Kinetics of Catalytic Reactions*. Springer：New York，2005. As the title implies，the principal focus is on acquiring reaction rate data，kinetic analysis，and modeling reactions on surfaces.

第 14 章　汽油的催化途径制备

汽油几乎完全由低沸点烷烃组成，只含有非常少量的氮硫氧化物（NSOs）。全球范围内每天的汽油消耗量约 2.5Mt，其中约半数是由美国消耗。目前全球几乎所有汽油都来自石油炼制，只有南非通过煤间接液化生产少量汽油。

石油产品的生产均始于蒸馏。石油通过蒸馏后可以得到具有特定沸程的馏分，每种馏分都是由具有相似性质的组分组成，使得整个馏分在品质上有一致性。当沸程从初始沸点至 180℃时，最先从精馏塔分离出来的馏分便是汽油[A]。因此，石油产品是否为汽油是由其沸程决定，反言之，在很大程度上是由分子大小决定。汽油主要由碳原子数少于等于 12 的烃类组分构成，包含直链和支链烷烃，单环环烷烃及其烷基化衍生物，还包含苯以及烷基苯等组分。

14.1　汽油燃烧

汽油特性的重要性主要在于可用做火花点火式内燃机的燃料。迄今为止，汽油的主要用途是作为汽车和轻型卡车的燃料，这些车辆的主要发动机是传统的四冲程循环发动机（图 14.1），该类型发动机大约 125 年前[B]由尼古拉斯·奥托（图 14.2）发明。

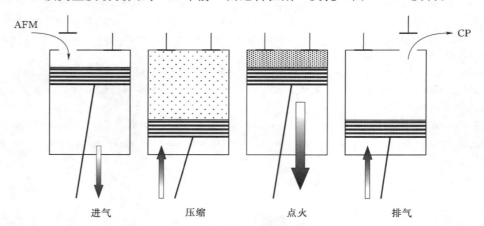

图 14.1　四冲程奥托循环。在进气冲程，活塞被发动机曲轴向下拉，空气—燃料混合物（AFM）被吸入到气缸内。在压缩冲程，当活塞被向上推动，该混合物被压缩。在点火冲程中，混合物通过电火花点燃，汽油中的化学能转换成推动活塞向下运动的机械能。在排气冲程中，曲轴推动活塞向上，将燃烧产物（CP）推出气缸。

第一进气冲程，活塞向下移动，燃料—空气混合物被吸入或喷入气缸；第二压缩冲程，活塞向上移动，压缩气缸内的燃料—空气混合物；第三冲程被称为点火冲程或做功冲程，电火花点燃压缩的燃料—空气混合物。随着混合物燃烧，气缸内温度和压力上升。增大的压力向下推动活塞。此冲程中汽油分子的化学能转换为推进车辆工作的机械能。第四排气冲程，活塞回到初始位置，将气缸内燃烧产物排出。

图 14.2　尼古拉斯·奥托，以汽油为燃料的四冲程循环内燃机的发明者。

在点火的瞬间，仅有火花塞前端部位附近的一小部分空气—燃料混合物被点燃。点火产生大致为半球状的火焰，该火焰以波浪方式前进，穿过空气—燃料混合物。空气—燃料混合物的整体燃烧发生在几十毫秒后，但即便如此，在一个良好运行的发动机中，大部分燃料可以同时燃烧。这确保了燃料化学能的释放顺利、均匀且不剧烈。图 14.3 给出了燃烧过程中的一个瞬时概念图。在图 14.3 所示情况下，未燃烧燃料部分的温度和压力不断增加，达到一个温度特定的压力组合，该组合满足燃料组分和特定的燃烧条件，从而使气缸中剩余的燃料自燃。自燃，有时称为自点火或自发燃烧，当燃料—空气混合物的压力、组成、温度达到爆炸状态时便会发生。像汽油一样的液体燃料，其蒸汽压力与温度相对应，随着气缸内燃烧气体的温度升高，达到对应的压力，所有的未燃烧的燃料—空气混合物会瞬间燃烧，而不是火焰传播通过该混合物的平稳燃烧。自燃是一个微型爆炸过程，声响可以由驾驶员听到，正是基于这个原因，自燃通常被称为发动机爆震。

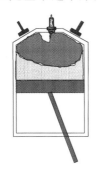

图 14.3　燃料—空气混合物燃烧开始于火花塞的点火。其中部分混合物已燃烧，但仍有在气缸内未燃烧的燃料—空气混合物（由淡阴影区域指示）。这部分未燃烧的燃料—空气混合物温度和压力正在增加。

发动机爆震存在一些问题，第一，由于燃料燃烧不平稳，效率会损失。由于每千米消耗汽油升数或每加仑行驶的英里数会降低，司机认为这会降低燃油效率。慢性发动机爆震会浪费燃料。第二，因为发动机不以最佳效率运行，性能也相应大打折扣，例如，加速度会降低。第三，发动机爆震会对发动机部件如活塞杆和气缸头产生机械应力。在相同质量的前提下，汽油—空气混合物的爆炸比炸药更猛烈。慢性的、不良的发动机爆震可能导致一台良好发动机出现重大问题。

20 世纪 30 年代初，第一台高性能的八缸发动机面世，自 20 世纪 30 年代开始，人们一直在努力改善发动机的性能（尤其是动力）。决定发动机额定功率的主要因素有三个：在工作循环期间在气缸上的有效平均压力、总容积（例如活塞移动所能覆盖的全部体积）以及平均活塞速度。增加有效平均压力可提高热效率，因而可将发动机中更多燃料中的化学能转化成有用的机械能。

发动机气缸的容积可以通过两种方式来表示：当活塞处于其行程顶部的体积或当它处于其行程底部的体积。这两个测量容积可分别标记为 V_1 和 V_2。它们的比例 V_2/V_1 是定义发动机压缩比的特性参数。较高的压缩比会使燃料—空气混合物在压缩过程中的体积更小，从而使气缸在点火的时刻有更高的内部压力。现今使用的汽车和轻型卡车发动机中，压缩比范围通常为 8：1～10：1，但是配备了爆震传感器的高性能发动机压缩比高达 13：1。与低压缩比的发动机相比，高压缩比发动机在燃烧开始之前压力已经很高，所以燃烧过程中更高压力引发震动的几率也越大。在运行中使用相同燃料，发动机的压缩比越高，震动的可能性越大。20 世纪 30 年代后，随着较高压缩比引擎的不断发展，发动机性能持续稳步提高，发动机爆震也得到越来越有效的控制。

在分子水平上，燃烧过程主要通过氧和烃分子的自由基反应进行。这些反应已在第 7 章进行了介绍。

通过研究各种典型纯汽油组分化合物的燃烧行为，可以了解发动机性能、燃料组分和发动机爆震之间的关系。研究显示，同一发动机在相同的负荷下运转，直链烃比支链烷烃更容易引起震动。关键的起始反应是分子氧与燃料分子的反应，例如

$$RH + O_2 \longrightarrow R\cdot + \cdot O_2H$$

上述双分子反应中两个分子是通过色散吸引力进行反应的。支链烷烃相对于直链异构体具有较小的表面积，这是解释上述现象的原因。这种原因可能导致双分子引发反应的可能性降低。直链烷烃的燃烧反应

$$R\cdot + O_2 \longrightarrow ROO\cdot$$

很可能涉及 1°自由基，但支链分子生成的自由基可能是更稳定的 3°自由基。比如说像 ·OH 或 ·O_2H 与 C—H 键相互作用，通过夺氢产生的烷烃自由基的活化能依次降低顺序为 1°>2°>3°。例如，1°C—H 键与 ·OH 自由基反应时的活化能是 28kJ/mol，2°C—H 键是 23kJ/mol，3°C—H 键为 20kJ/mol。更低的色散作用力和更大的稳定性降低了 3°自由基自燃的可能性。

为获得爆震行为的定量比较，通常选择庚烷作为参考，其是直链烷烃，将其爆震值指定为 0，而含支链的 2,2,4-三甲基戊烷被指定为 100。2,2,4-三甲基戊烷具有八个碳原子，因此经常被错误的称为异辛烷（异辛烷是 2-甲基庚烷），有时甚至被叫做辛烷。尽管如此，这个误用的有机命名一直存在，并将表示汽油抗爆性能的数值称为辛烷值。各种纯烃的辛烷值在表 14.1 中给出。

表 14.1 所选烃的研究法辛烷值（RON）。

化合物	RON	化合物	RON
C_4 化合物		C_7 化合物	
正丁烷 93	93	甲基环己烷	75
C_5 化合物		2,2-二甲基戊烷	93
正戊烷	62	2,2,3-三甲基丁烷	113
1-戊烯	91	甲苯	124
2-甲基-2-丁烯	97	C_8 化合物	
2-甲基	99	2-甲基庚烷	23
2,2-二甲基	100	乙基环己烷	43
环戊烷	101	1,3甲基环己烷	67

化合物	RON	化合物	RON
C$_6$ 化合物		1,4-二甲基	68
正己烷	25	2,3-二甲基	71
2-甲基戊烷	73	1,2-二甲基环己烷	81
3-甲基-2-戊烯	78	2,2,4-三甲基戊烷	100
环己烷	83	2,2,4-三甲基-2-戊烯	113
甲基环戊烷	91	邻二甲苯	120
2,2-二甲基丁烷	92	乙苯	124
2,3-二甲基	92	2,4,4-三甲基-1-戊烯	125
4-甲基-2-戊烯	99	间二甲苯	145
苯	106	对二甲苯	146
C$_7$ 化合物		C$_9$ 化合物	
正庚烷	0	丙苯	127
2-甲基己烷	44	异丙苯	132
1-庚烯	60	1,3,5-三甲苯	171

正烷烃的辛烷值随碳原子数的增加而减少。辛烷值随着支链的增加而增加。环烷烃比烷烃具有更高的辛烷值，而芳烃的辛烷值更高。在辛烷值改进方面，可以通过将较长碳链的烷烃转化为较短的含支链的烷烃，或者通过形成环烷烃和芳香烃结构[C]。

汽油的辛烷值等于 2,2,4-三甲基戊烷和庚烷的测试混合物中 2,2,4-三甲基戊烷的百分比，该混合物与被测试的汽油具有相同的性能。辛烷值测量有几种不同的方法。研究法辛烷值（RON）表示在相对温和操作条件下的燃料性能。测量是在可变压缩比的单缸发动机进行的，转速为 600r/min。马达法辛烷值（MON）在类似的试验发动机中测得，但在 900r/min 下操作，可以更好地代表高负载和快速运行的操作条件。对于很多纯化合物和实际燃料，RON 通常比 MON 低 8～10 个百分点。RON 和 MON 的区别导致了一些国家（包括美国）采用抗爆指数（AKI）来衡量辛烷值，也被称为泵辛烷值或道路辛烷值，抗爆指数是 RON 和 MON 的平均值。通常情况下，AKI 通常作为辛烷值的数值贴在加油站汽油分配泵上。由于化合物混合物的辛烷值往往不是纯化合物研究法辛烷值的简单线性加合，因此还有另一种辛烷值，即混合辛烷值（BON）。其是通过将 20% 目标化合物与 80% 的 60:40 的 2,2,4-三甲基戊烷和正庚烷混合物混合后来测定。一些化合物显示出非常大的差异，例如，2-甲基-2-丁烯的 RON 为 97，但 BON 为 176。

通常有三条经验法则：对于给定的汽油，发动机压缩比越高，爆震的可能性越大；发动机一定时，燃料的辛烷值越高，爆震的可能性越低；高压缩比的发动机通常需要更高的辛烷值汽油以避免爆震[D]。

随着发动机的设计和性能提高，对高辛烷值汽油的需求也越来越高。在 20 世纪 20 年代，典型的汽车发动机具有约 4.5:1 的压缩比。使用 55 辛烷值汽油可以良好运行，每升气缸容积产生的功率约 10kW。40 年后，在 20 世纪 60 年代，"肌肉车"的高性能发动机具有 9.5：1 的压缩比，具有 36kW/L 汽油的功率。这些发动机要求 93 号汽油。现今最高等级的四缸发动机（本田 S2000）的功率接近 90kW/L，具有 11：1 的压缩比。此车采用 91 辛烷值（AKI）汽油。大多数现代以汽油为燃料的车辆具有 8：1～10：1 的压缩比，要求的辛烷值为 87～93。

14.2　汽油的特性和技术指标

许多国家设置了除沸程和辛烷值以外的多项汽油指标。事实上，许多国家、地区或市区都对汽油规格要求进行了规定。炼油厂每天可能生产数十吨至数千吨的汽油，指标要求过高对炼油厂不利。术语"精品燃料"（通常贬义）有时指那种由一些当地或地区权威部门要求的少量生产的以满足特殊性能的汽油。除了通常的要求，其他一些性质对汽油性能具有重要影响，虽然消费者和监管部门很少注意它们。下面将讨论汽油的典型参数，但应该注意的这些参数的实际值会有所差异。

评价蒸馏过程常用的方法是，在特定精馏温度下蒸出的特定汽油体积。例如，50％的汽油应该在 100℃时蒸出，而 150℃时达到 90％。在后者的例子中，一个可能的参数规定即是 150℃时的蒸出量为 90％以上。

许多芳香化合物具有非常高的辛烷值（表 14.1）。从这个角度来看，他们应该是汽油的理想成分。然而，芳烃有两个不利因素。首先，许多芳香族化合物是可能的或已证实的致癌物质。通过吸入汽油蒸汽方式接触汽油或者液体汽油接触皮肤，都是潜在地长期暴露于芳香族化合物中，可能导致癌症。其次，芳香族化合物是燃烧过程中颗粒物形成的前体（这是第 15 章中将讨论的中间馏分燃料的主要问题）。由于这些原因，芳香族化合物在汽油中的含量通常最高规定为 25％的体积分数。苯尤其令人担忧，被列为已知的致癌物质，长期接触可能导致白血病。因此，许多汽油规格对允许的苯含量有额外的限制，一般不超过 1％（体积比）。

烯烃也具有较高辛烷值。烯烃部分氧化和寡聚以后产生高黏度、高分子量物质，一般称为胶。它们会堵塞进气管，阻塞燃油泵膜、喷嘴和喷油器，在极端情况下可能导致活塞环黏结。胶形成可能开始于汽油组分与溶解氧的相互作用，形成过氧或氢过氧自由基。这些基团进一步引发一系列增长反应，导致生成越来越大的分子。通过这样的过程形成的高分子量化合物最终形成一个单独的相。因此，汽油中烯烃含量通常要求占 10％或更少。

汽油中的烃分子对金属没有腐蚀性。但汽油中可能含有的物质，如硫化合物、有机酸和痕量水，可能最终导致发动机金属部件和燃料管线的腐蚀。这些物质中，羧酸的酸性和腐蚀性最强。因此总氧含量通常规定小于 0.1％（但是，如果汽油中含有人为添加了乙醇添加剂或其他含氧化合物时，不计入总氧含量限制范围内）。

蒸汽压从几个方面影响汽油的性能。汽油必须在进入气缸后容易气化。在非常寒冷的冬天，人们希望车辆启动时发动机能尽快点火。这需要具有非常高蒸汽压的燃料，即使在温度低于 0℃时，燃料也会被蒸发而成功点燃。该性能有时被称为冷启动性能。另一个极端情况是，在非常炎热的夏天，蒸汽压高的燃料在到达发动机之前便在燃油管路蒸发。这个问题有时也被称为气阻，会使发动机停机直到它变得足够凉而使燃料冷凝。理想情况下，冬季驾驶时人们希望发动机有良好的冷启动性能汽油，但在夏季时人们想避免气阻。为解决这些问题，炼油厂在不同的季节通过轻微调节蒸馏过程的分馏点，调整汽油产品的蒸汽压。

蒸汽压也影响汽油的挥发，这会导致空气污染。在太阳光充足的情况下，汽油蒸汽与汽油燃烧的副产物一氧化碳和氮氧化物相互作用，会生成光化学烟雾，或仅称为烟雾[E]。有些未燃烧汽油来自于发动机排气过程排出的未充分燃烧的燃料，但有些是从燃料箱和燃料管线溢出的。蒸汽压越高，蒸发的可能性越大，汽油蒸发造成的污染也就越大。

常用的汽油蒸汽压规格为里德蒸汽压（RVP）。它是在 37.84℃ 下所测液体的绝对蒸汽压。不同地区的 RVP 规格会有不同，并经常随当年的季节变化而变化。汽油的典型 RVP 值范围为 40～50kPa。

汽油的硫含量要求通常很低，在 $(15～30)×10^{-6}$kPa 范围内。硫含量值得关注的部分原因是因为燃料燃烧时硫会转化成二氧化硫和三氧化硫。如果这些硫氧化物被排放到环境中，通常会造成酸雨污染问题。此外，某些含硫化合物有温和酸性，会增加腐蚀。反应性的硫官能团，包括硫醇、脂肪族硫化物、二硫化物，还会促进胶的形成。因此，多方面原因要求汽油中的硫含量非常少。

密度曾作为一个标准来衡量汽油质量，但如今不再重要。一般而言，芳香族化合物和硫化合物具有比烷烃明显更高的密度。汽油密度很高则可能表示其含有较高浓度的一种或两种这些不希望有的成分。汽油密度通常为 $0.70～0.77g/cm^3$（52～71 API）。体积能量密度是每单位体积汽油燃烧放出的热量，比如 MJ/L。这主要是因为汽油是按升进行销售的，而不是按质量销售。对于大多数车辆，邮箱的体积限制了可以携带多少燃料，而不是燃料的质量。汽油的体积能量密度在一个较窄的范围内变化，通常为大约 45MJ/L。

在大多数情况下，汽油的黏度很低，在 15℃ 时为 0.5mPa·s，是相同温度下水黏度的一半。黏度对汽油性能的影响不大。液体的黏度通常随着温度的降低而增加，但汽油的黏度不会高到足以引起问题的程度。

液体燃料的闪点是聚集在液体上方的蒸汽足够多，进而产生火焰的温度。换言之，就是当汽油暴露于火源时将蒸汽点燃的温度。即使对于相同的样品，闪点数据也会不同，这取决于所述液体是在一个封闭的还是开放的容器中加热，同时也受点火源与液体上方距离的影响。这些参数在闪点测试过程中可人为控制，但不同的测试会得到稍有不同的结果。汽油闪点应为 40℃ 或更低。如此低闪点的优点在于，汽油蒸汽可以在发动机中以很低的温度点火推动发动机运转。缺点是汽油蒸汽会不断积累，例如用于割草或铲雪的汽油罐保存在封闭的车库时，存在引起意外火灾的危险。

燃料系统的很多组件如软管、垫圈和密封件等都是由聚合物制成的。汽油对于某些有机材料而言是相当好的溶剂，并能引起膨胀，所以汽油与汽油燃料系统部件应当具有良好的兼容性。通常此兼容性是由制造商确定，并且应保证司机驾驶过程中不会出现问题。然而，当燃料的组分发生变化时，可能会出现问题。在石油禁运和 20 世纪 70 年代的价格震荡时期，引入的汽油—乙醇混合燃料便在当时造成了一些车辆问题，因为这种混合汽油的溶解和溶胀特性与汽油本身有很大差异。

除了满足汽油的化学和物理性质的许多要求，汽油生产中必须解决的第二个主要问题是全世界范围内对汽油更大的消费需求。尽管世界上许多地方显示出汽车"柴油化"的稳定发展趋势，但在其他地方，尤其是美国等国家，仍然主要使用汽车和轻型卡车的汽油燃料发动机。在美国注册的车辆数目已超过具有驾照的人数。对汽油的消费需求大约相当于原油产出的 50%，即 100 桶石油中有 50 桶转化为辛烷值范围为 87～93 的汽油。在最好的情况下，宾夕法尼亚原油经蒸馏炼制时得到约 50 辛烷值的汽油收率为 20%。消费者的需求与通过简单蒸馏获得的汽油品质的不相匹配，已成为目前石油炼制的主要挑战。

14.3　提高产率和品质的炼制途径

汽油的沸点主要由烷烃、环烷烃或芳烃等烃分子的结构和大小决定，即分子中的碳原子数起到很重要的作用。大多数汽油组分在碳原子数范围为 5～12。汽油的燃烧性能（主要由辛烷值衡量），也取决于组分分子大小以及它们的形状。支链结构比它们的直链异构体拥有显著更高的辛烷值。

为提高汽油的产率，有两种方法：第一，将比 C_5 更小的分子进行相互反应并生成 C_5～C_{12} 系列分子，这种策略的例子包括烷基化和聚合；其将在后续两个部分进行讨论。第二，利用超过汽油沸程的大分子组分的裂解（即使碳链断裂），得到 C_5～C_{12} 范围内的组分。支链烷烃在大多数油中并不常见，但它们对于提高汽油辛烷值很重要，因此生产高辛烷值汽油需要在上述反应过程中产生支链烷烃。虽然大多数的热过程涉及自由基中间体，其通常不会发生碳链的重排，但碳正离子可以发生重排反应。因此，对于裂化的反应机制，需要从在自由基向包含碳正离子的反应转变。获得异构烷烃也可以通过引入适当催化剂来实现，同时催化剂还有提高反应速率的优点。因此通过裂化来提升汽油的生产能力和质量，裂化过程应在有催化剂的情况下进行，而术语"催化裂化"有助于将此方法与热驱动的自由基过程相区分。

通过烷基化、聚合或催化裂化工艺，利用碳正离子中间体来生成支链化合物，可以有效提高汽油的辛烷值，同时还可以提高汽油的产率。另外，催化重整也是一种专门用于改善汽油质量的策略，该过程使用已经在汽油沸程范围内或者在沸程附近的原料，通过结构重排得到所需的支链高辛烷值化合物。该过程对产率影响不大，但对质量产生显著的影响。此重排或重新形成分子以增加辛烷值的过程被称为催化重整。催化重整也是一个涉及碳正离子的过程。

14.4　烷基化和聚合

烷基化和聚合所使用的原料性质有所不同：聚合是烯烃之间的反应，而烷基化过程主要为烷烃与烯烃反应。C_4 烯烃在化学工业中具有非常有价值的用途[F]，但炼制过程也可以使用它们来提高汽油的产率。丙烯与 2-甲基丙烷（异丁烷）的反应是一个例子。该原料主要由催化裂化或者第 16 章所描述的热处理过程得到，丙烯能够被质子酸质子化，即

$$CH_3CH = CH_2 + H^+ \longrightarrow CH_3CH^+CH_3$$

得到的 2°碳正离子很容易与异丁烷的 3°氢原子反应，即

由于 3°碳正离子比 2°碳正离子更稳定，因而驱动了上述反应的发生。该反应中间体是 3°碳正离子，丙烷是一个副产品。该质子化的 3°碳正离子与丙烯的双键发生反应，即

上述反应中形成的新 2°碳正离子与另一分子异丁烷反应，即

新形成的碳正离子使反应延伸。最终形成的稳定反应产物是 2,2-二甲基戊烷（新庚烷），其为汽油的高辛烷值组分。

　　进料使用的烯烃主要在 $C_3 \sim C_5$ 的范围内，反应温度为 $0 \sim 40\,^{\circ}\mathrm{C}$，压力保持足够高（$0.1 \sim 8.5\mathrm{MPa}$），以维持反应处于液相状态。在异丁烷与丙烯的反应中，产物为 $60\% \sim 80\%$ 的 2,2-二甲基戊烷，$10\% \sim 30\%$ 的 2-甲基己烷（异庚烷）和 10% 的 2,2,3-三甲基丁烷的混合物。该产品一般被称为发动机燃料烷基化物，具有 $90 \sim 115$ 的辛烷值。硫酸已很大程度上取代氢氟酸作为烷基化催化剂，因为 HF 在处理过程中危险性更高。

　　聚合反应将两个小的烯烃分子结合，得到汽油分子范围内的较大分子。术语"聚合"其实用词不当，因为真正发生的是二聚过程。当然，对于在此过程中使用的小分子烯烃，真聚合也是可能的。例如，在 $100\,^{\circ}\mathrm{C}$ 条件下，异丁烯在浓硫酸溶液中大约 1min 后完全聚合。聚异丁烯具有许多用途，其中包括嵌缝胶、各种黏合剂和口香糖，但并不能作为火花点火发动机的液体燃料。

　　异丁烯是催化裂化产物中的一种 C_4 馏分产品。该馏分还包括其他的 C_4 化合物：1-丁烯、2-丁烯、丁烷和 2-甲基丙烷（异丁烷）。$60\% \sim 65\%$ 的硫酸溶液可选择性地从 C_4 馏分中吸收异丁烯。在酸性条件下，双键被质子化以形成碳正离子，即

　　质子化进一步转移，形成最稳定的碳正离子，如上式所示的 3°离子，而不是 1°离子。碳正离子倾向于与具有较高电子密度的基团（如双键）反应。因此，叔丁基碳正离子可以与异丁烯的第二分子反应，即

该反应的产物仍是一个 3°碳正离子。理论上讲，这种新的二聚碳正离子还会攻击另一种具有双键的分子。在某些酸催化剂如无水氢氟酸或浓硫酸的存在下，该反应便会发生得到聚异丁烯。然而，在 60%～65% 的硫酸溶液催化下，在 70℃ 时，二聚体碳正离子失去一个质子给水分子，即

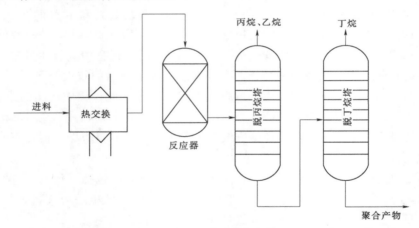

此时，反应停止于二聚过程。2,4,4-三甲基-1-戊烯占聚合产物约 80%，其余为 2,4,4-三甲基-2-戊烯。这两种异构体，也称二异丁烯，可以氢化到相同的产物，2,2,4-三甲基戊烷。该产物即是汽油燃烧性能测试的标准品，具有 100 的辛烷值。

通过二聚化合成支链烷烃的途径是增加汽油产率和辛烷值的有效路径。在工业实践中，进料不是单一的纯化合物，但通常是分子较小的烯烃混合物。丙烯二聚化最终可以得到支链己烷，丙烯和异丁烯反应可以最终产生支链庚烷。得到的产品具有 93～99 的辛烷值。

图 14.4 给出了工业聚合的流程图。

图 14.4　聚合反应流程图，该过程将通常是气体的小分子通过二聚反应
生成在汽油分子范围内的较大分子。

根据原料和产品的要求不同，反应温度通常为 150～220℃，压力通常选择 1～8MPa。聚合催化剂的一个实例是磷酸负载在固体载体上，如石英或硅藻土（通常由微型水生植物表面负载二氧化硅生成）。

14.5　催化裂化

热裂解（第 16 章）可将附加值较低的高于汽油沸程范围的大分子分解，得到满足汽

油要求的小分子产物，从而提高汽油产率。通过 $2°$ 自由基重组反应可以形成烯烃和支链芳香族化合物，以及通过内部氢再分配过程形成的芳香族化合物，均有助于提高辛烷值。从热裂解过程得到的汽油大约具有 75 辛烷值，但对现代火花点火发动机来说不够好，火花点火发动机需要 $87\sim94$ 辛烷值汽油。1939 年爆发的第二次世界大战大大提高了对液体燃料的需求，其中之一是航空汽油（辛烷值大于 100）。

在 20 世纪 30 年代末期，尤金·霍德里（图 14.5）[G]，一位法国机械工程师，开始考虑用催化剂来优化当时热裂解工艺的可能性。霍德里发现天然黏土矿物可加速焦油或其他重馏分的裂解，而且辛烷值发生明显改变，原因是该催化剂可催化生成高浓度的支链烷烃。

图 14.5 尤金·霍德里，催化裂化的发明者。

14.5.1 裂化催化剂

增加汽油的产率和辛烷值关键在于裂解大的烃分子产生在汽油沸程范围内的小分子化合物以及将直链烷烃转换为支链烷烃。至关重要的是，该裂解反应是通过碳正离子而不是自由基进行的。为了与早期使用但现在已经过时的热裂化方法相区分，这里的术语催化裂化是指采用催化剂同时实现上述两个目标的热裂解过程。

碳正离子的产生可来自于两个方面，从烷烃氢化物得到，例如

$$CH_3CH_2CH_3 \longrightarrow CH_3CH^+CH_3 + H^-$$

或者来自于烯烃的质子化

$$CH_3CH = CH_2 + H^+ \longrightarrow CH_3CH^+CH_3$$

拥有电子对的氢化物离子可以充当刘易斯碱。理想情况下，催化剂可以具有两种功能：一方面，氢化物的产生需要一个良好的电子对受体，即刘易斯酸；另一方面，若想实现类似烯烃的弱碱的质子化，则需有良好的质子供体，即质子酸。

为了解释作为催化裂化催化剂的硅铝酸盐如何发挥作用，其机理可以从二氧化硅本身说起。二氧化硅是具有四面体 SiO_4（14.1）的无限重复网络结构。

即使该结构可以认为是 Si—O 键无限重复的网络结构，在特定的位置，二氧化硅粒子必须具有一个表面。在表面处的氧原子可以引入氢原子（14.2）。

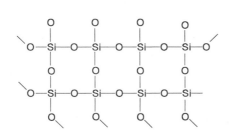

14.1 SiO$_4$ 重复网络结构

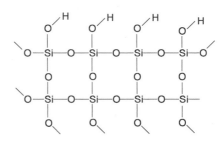

14.2 SiO$_4$ 面显示质子化的氧原子

二氧化硅表面上的—OH 基团是非常弱的质子酸。二氧化硅本身并不能作为反应的有效催化剂。事实上，有时二氧化硅被发现在反应系统中充当惰性稀释剂的角色。但是，该结构可以通过将网状结构中一些硅原子更换为铝原子（14.3）进行修饰，从而引入催化活性。

铝原子可提供良好的刘易斯酸位点。通过与表面氧原子相互作用，如 14.3 虚线键结构所示，铝原子可削弱 O—H 键，增强质子酸度。

单独使用二氧化硅或者氧化铝（矾土）本身并不能获得令人满意的裂化催化剂。二氧化硅不能催化裂解反应。氧化铝可以实现非常高的初始裂解速率，但进一步的反应则不会发生，催化剂迅速失活。除此之外，将两种化合物进行简单机械混合也不能得到很好的催化剂。然而，当二氧化硅和氧化铝作为相同化学结构的一部分共存时，则可成为拥有较好活性的裂化催化剂。在裂化中首次使用的催化剂是一种天然存在的黏土矿物，蒙脱土[H]。后来由含有 87% 的 SiO_2 和 13% 的 Al_2O_3 的合成材料代替。如今在裂化使用的大多数催化剂是沸石。

沸石是铝硅酸盐的一个巨大家族。许多沸石存在于自然界中，但优选使用的是合成沸石，因为其属性可以根据需要解决的具体问题来进行设计。沸石的基本结构单元是 AlO_4 和 SiO_4 四面体（14.4）。

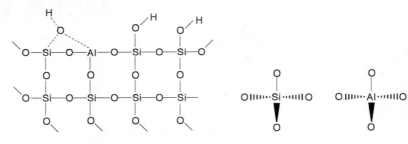

14.3　掺入铝后的改良结构　　　　14.4　沸石基本结构单元

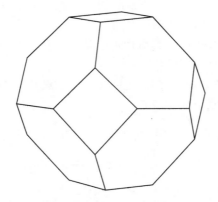

图 14.6　方钠石结构通过连接 AlO_4 和 SiO_4 四面体组成。这里描绘的结构是十四面体有序结构，其中铝或硅原子在每个顶点。该十四面体有序连接后构成沸石。

这些四面体结构是通过 Si—O—Si 键，Si—O—Al 及 Al—O—Al 键的三维连接形成的，最终形成了方钠石结构（图 14.6）。

在如上描述的方钠石结构中，每一个顶点由硅或铝原子占据。每个边缘是一个 M—O—M′ 键，其中 M 和 M′ 是硅或铝原子。从几何结构上讲，每个方钠石结构为截断八面体。结构内部存在一个原子尺度的空心区域，所以在某种意义上，方钠石截断八面体结构类似一个"笼子"，可以容纳一个原子或小分子。

有一种沸石结构是由方钠石"笼子"连接形成的"超笼"结构，如图 14.7 所示，其中每个单元表示上述所示的方钠石结构之一。截断的八面体方钠石结构连接形成沸石结构（图 14.8）。

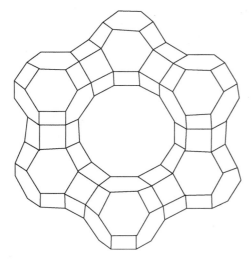

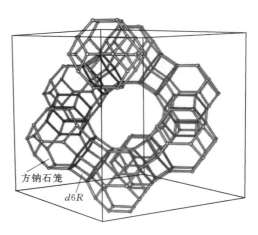

方钠石笼

d6R

图 14.7　典型的沸石结构，其可以被认为是将在
图 14.6 所示的各个方钠石结构连接得到的结构。
连接后的分子结构在中心存在一个大开口，
即所谓"超笼"结构。

图 14.8　八面沸石结构的模型，显示将"超笼"
结构连接起来，形成整体结构。

　　目前有 30 多种天然存在的沸石，最常见的是八面沸石（图 14.9）和丝光沸石。仅具
有 AlO_4 结构的晶格含净负电荷，因此沸石
还含有碱金属和碱土金属元素，特别是钠、
钾和钙等阳离子。这些阳离子一定程度上可
以在晶格结构内自由运动，因此可以较容易
的进行离子交换过程[1]。它们成功用作催化
剂已使得人们大量合成在自然界中不存在的
沸石。合成沸石可以人为设定一些性质，包
括孔的直径特性，通过改变相关阳离子来修
饰。例如，某种合成沸石，含有钠离子，具
有 0.4nm 的孔径，但如果将钠离子换为钾离
子，孔开口口径可以被降低到 0.3nm。这有
助于定制特定孔径大小的合成催化剂。原美
孚公司（现埃克森美孚公司）是新型分子筛
催化剂开发的领导者。约 95% 的美国炼油厂

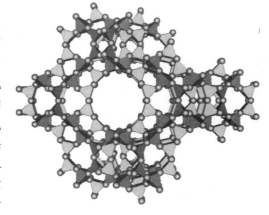

图 14.9　八面沸石，具有催化性能的天然存在
的沸石，有一个开放的结构，允许反应物
进入到超笼和产品向外排出。

催化裂化装置使用的催化剂，都是从美孚开创性工作衍生得到的沸石催化剂。

　　分子经过超笼"窗口"进入"超笼"结构遇到催化剂。"窗口"只允许特定尺寸和形
状的分子进入催化剂。例如，在某个裂化催化剂上，直链烷烃可以进入窗口，而不希望进
行裂解的支链烷烃则不能进入。不能进入"窗口"的非常大的烷烃在催化剂上的外表面反
应。然后其裂解产物足够小时可以进入催化剂，在催化剂内部它们可以经历进一步的反

应。该超笼的体积可使反应物分子保持足够长的时间从而使它们在内部充分反应。

典型的催化剂包括 $3\%\sim25\%$ 的沸石晶体，直径约为 $1\mu m$，嵌入在硅和铝氧化物的基质中。在流化床催化裂化装置中使用的催化剂颗粒本身直径约 $20\sim60\mu m$。二氧化硅—氧化铝基质被使用主要基于以下两个原因：纯沸石太贵导致在工业规模上使用纯沸石成本太高；单独使用的沸石催化剂活性太高，从而很难设计实用的工业规模的反应器，因为该反应器很难达到令人满意的操作传热要求，有安全隐患。

沸石优良的活性一方面是由于沸石表面催化活性位点与二氧化硅—氧化铝表面相比更加密集，另一方面与二氧化硅—氧化铝催化剂相比，沸石的多孔结构允许更高浓度的反应物在催化活性位点附近发生反应。此外，沸石催化剂可产生更多所期望的汽油碳链范围（$C_5\sim C_{10}$）内的产品，同时产生更少的 $C_3\sim C_4$ 产品。裂解产物的分子大小取决于 C—C 键断裂过程和氢转移到稳定碳阳离子过程的平衡。相比氧化硅—氧化铝催化剂，沸石具有比催化 C—C 键裂解更强的氢转移能力。因此，使用沸石催化剂通常可以得到碳链长度更长一些的产物。

C—C 键断裂的速率和氢转移之间的平衡是由催化剂上酸性位点的强度来确定的。二氧化硅—氧化铝催化剂含有非常强的酸性位点。进行裂化的分子很可能非常强烈地结合到催化活性位点，裂化反应进行得非常迅速。在这种情况下，C—C 键断裂可以比氢转移快得多。相比较而言，沸石表面酸性位点较弱。分子结合到这些位点较弱，C—C 键断裂相对于氢转移慢。

与氧化硅—氧化铝催化剂相比，沸石催化剂产生较少的烯烃，因为沸石有非常优越的将氢转移给烯烃的催化活性。大多数裂解过程中形成的烯烃在脱离之前便被氢化。因此，产物中烯烃浓度相对较低。氢转移到稳定碳阳离子和氢转移到烯烃可以在催化剂表面快速进行，因为在沸石活性部位附近的分子有效浓度很高。在催化剂的小孔中进行的反应让位点附近的浓度更高。从烯烃到链二烯或链三烯，然后到芳烃的序列反应，可以在催化剂表面形成焦炭前体。由于沸石将氢转移给烯烃的活性很好，因此沸石会产生比二氧化硅—氧化铝催化剂更少的焦炭。

总体而言，沸石具有四个重要特点：结构决定了其拥有大小均匀的孔径，而不是不同分布的孔径；独特结构也导致高表面积和高孔体积；如同所有的催化剂一样，沸石活性是通过表面的组合物来控制的，但沸石表面组合物可通过稍微改变合成的方法来加以修饰；沸石催化剂的选择性在一定程度上取决于其孔结构的特征，因此选择性也可以在合成过程中调整。

14.5.2 裂化反应

裂化实质上是聚合或烷基化的逆过程。因为打破化学键需要能量，因此裂化的焓变是正的。同时，由于一个大分子裂化产生两个（或多个）较小的分子，熵变也为正。由于 $\Delta G=\Delta H-T\Delta S$，要想反应在热力学上可行，$\Delta G$ 需要为负，因此需要足够高的温度使得 $T\Delta S$ 比 ΔH 大，才能使 ΔG 为负。因此，从热力学方面考虑裂化反应有必要在高温下进行。相反，在聚合中，ΔH 为负，两个小分子耦合成一个较大分子的过程 ΔS 也为负。从热力学角度而言，聚合反应应该低温下运行，当然也要考虑反应速率的影响而选择合适的温度。

使用富含烷烃的原料时，夺氢反应发生在催化剂的路易斯酸位点上：

$$CH_3CH_2CH_2CH_2CH_2CH_2CH_2CH_2CH_2CH_3 \longrightarrow$$

$$CH_3CH_2CH_2CH_2CH^+CH_2CH_2CH_2CH_2CH_3 + H^-$$

（为方便起见，使用癸烷用作原料的一个例子；在实际催化裂化工艺中进料将比 C_{10} 大得多）分子的裂化通过 β-键断裂发生，从而

$$CH_3CH_2CH_2CH_2CH^+CH_2CH_2CH_2CH_2CH_3 \longrightarrow$$

$$CH_3CH_2CH_2CH_2CH = CH_2 + {}^+CH_2CH_2CH_2CH_3$$

β-键断裂通常可以产生至少含有三个碳原子的碎片分子。烯烃的质子化通常发生在质子酸位点，即

$$CH_3CH_2CH_2CH_2CH = CH_2 + H^+ \longrightarrow CH_3CH_2CH_2CH_2CH^+CH_3$$

1°碳正离子重新排列可以形成更加稳定的 2°和 3°碳正离子。这两种碳正离子可以进行进一步的 β-键断裂反应，其产物可以进行持续的质子化和重排反应。质子化、β-键断裂和重排反应的继续进行，直到约含六至八个碳原子的产物生成。最后，催化剂上刘易斯酸位点的氢离子转移给碳正离子，让碳正离子最终达到稳定状态，即

$$CH_3CH_2CH_2CH_2CH^+CH_3 + H^- \longrightarrow CH_3CH_2CH_2CH_2CH_2CH_3$$

β-键断裂只能解释裂化过程，并不能解释支链化过程。支链异构化的主要原因是不同异构体的稳定性不同，碳正离子的稳定性排序如下：3°>2°>1°，例如 3°碳正离子重排形成 2°离子的过程为

$$CH_3CH^+CH_2CH_3 \longrightarrow (CH_3)_3C^+$$

当这些反应发生在汽油沸程范围内的分子上时，生成的产物可用于提高辛烷值。可发生多个异构化过程，例如

支链烷烃和环烷烃比直链烷烃裂解更为迅速。通常来讲，3°碳正原子位点的反应活性是 2°碳正原子的大约 10 倍，是 1°碳正原子的大约 20 倍。对于直链烷烃，碳链越长，裂化速度越快。具有较长碳链的分子将覆盖更多的催化剂表面，催化剂的表面覆盖率越高，碳正离子形成速率就越快。例如，十八烷在沸石表面的裂化速度比辛烷快约 20 倍。

β-键断裂在催化裂化中非常重要，因此理论上来讲，裂化得到的产品中烷烃和烯烃的量应该大致相等。但在实践中，催化裂化的产品几乎没有烯烃，这是由于来自于环烷烃和环烯烃的快速氢转移，将烯烃转化为烷烃，并产生芳烃。氢转移似乎直接在氢供体和烯烃之间发生。例如，十氢萘（萘烷）通过催化剂裂化时并不放出氢气；氢和烷烃混合物通过相同的催化剂时也不会放出氢。但是，使用萘烷和烯烃的进料可以有效地将烯烃转化为烷烃。

在催化裂化过程中，涉及氢再分配的副反应也时有发生。下述反应便为其中之一，其优点在于使得氢从环烷烃转移给烯烃，即

上述反应产生的芳香族分子具有非常高的辛烷值。不幸的是，芳香族化合物具有前文所述的其他特性，因此它们在汽油中允许的浓度是有限的。

烯烃之间的氢转移可以产生二烯烃、三烯烃或者多烯烃，即

上述产生的有较大分子量的多烯烃可能继续反应生成具有更高不饱和度的产物。加氢过程对这些烯烃变得稳定具有至关重要的作用，在加氢过程中由于烯烃之间的氢转移生成二烯或三烯，但也同时生成了焦炭形成的前体，例如

多烯 →

这个过程是内部的氢再分配的另一种表现形式（图 14.10）。

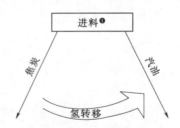

图 14.10　催化裂化产生比原料更富氢的液体燃料。此过程使得氢在系统内重新分配，也导致富含碳的产物——焦炭的生成。

这些反应导致焦炭在催化剂表面上积累。焦炭的形成代表氢再分配过程中"富碳"的一面。氢转移到富氢液体，主要被用于烯烃的氢化和碳正离子的稳定化。焦炭的聚集会因焦炭覆盖在催化剂表面以及堵塞孔道而引起催化剂活性的逐渐降低，因此需要一个单独的处理步骤将焦炭烧掉使催化剂再生。然而，催化剂焦化是放热的，放出的热量可被用于帮助驱动吸热的裂化反应。

14.5.3　实际生产环节

决定裂化、氢转移和异构化的程度有三个因素：催化剂的化学结构，该结构决定了表面上的路易斯酸和质子酸位点的强度；催化剂的物理结构，它决定了催化剂表面的可及度，包括孔的内表面结构；反应条件，包括压力、温度和停留时间。

焦炭形成的问题是由沃伦·刘易斯和埃德温·吉利兰[J]提出的，他们开发了含有两个平行流化床单元的系统来解决结焦问题。在一个反应器中发生催化裂化，而另一单元用于燃烧焦炭再生催化剂。目前，流化催化裂化（FCC）是炼油厂中继蒸馏之后第二重要的单元。FCC 可以同时提高汽油产率和提供满足市场需求所需辛烷值的产品。催化裂化最初是在宾夕法尼亚原太阳石油公司的马库斯胡克炼油厂实现商业化的，该厂已被美国化学学

---

❶　此处原文为"change stock"与图不符，有误，译者将其修改为"charge stock"，即进料。

会指定为国家化工历史的里程碑。一些技术历史学家认为 FCC 工艺的发展是化学工程在 20 世纪最伟大的成就。

一种流化催化裂化的工艺流程如图 14.11 所示。

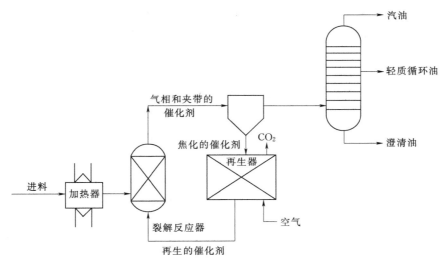

图 14.11　催化裂化的工艺流程。

并非所有的原料在催化裂化过程都能表现出最佳性能。有些原料易于形成焦炭。有些原料可能含有足够量的微量元素，尤其是镍和钒，以使催化剂中毒。具有高氮含量的原料也不是人们希望的，因为许多有机氮化合物是碱性的，可以通过非常紧密的吸附在催化剂活性酸性位点使催化剂中毒。一个典型的流化催化裂化的原料是重瓦斯油。裂化产品包括：气体、乙烯和液化石油气，以及所需要的高辛烷值汽油和较重的馏分油产品——轻循环油。此外，反应后残余的液体为富含芳香烃液体的浆料，催化剂也在其中。通过倾析从重油分离催化剂后剩余的液体产品一般被称为材料澄清油浆或澄清油。澄清油可作为延迟焦化（第 16 章）的宝贵原料，特别是用于生产优质针状焦炭（最终用于转化为合成石墨）（第 24 章）。

催化裂化通常在流化床单元中进行，经过气化的原料油（例如，重质瓦斯油）通过装填催化剂颗粒的床层进行反应。流态化确保了原料蒸汽与催化剂颗粒的充分接触。典型流化床工艺条件是 465～540℃，0.2～0.4MPa，催化剂对蒸汽的质量比为 5～20。约 80% 的汽油是由裂化过程产生，而 85%～90% 的裂化过程为催化裂化。

14.6　催化重整

分子结构的改变，可以有效地提高辛烷值，此类结构的变化包括：直链到支链结构的异构化；烷烃脱氢形成环烷烃；烷基化的环戊烷异构形成环己烷；环芳烃脱氢形成芳香化合物。在这些反应中，分子中碳原子的总数并没有改变，仅仅是形状和分子结构发生变化。在此过程中，分子被重新塑形，因此这些过程方可统称为重整工艺。催化重整的化学原理与蒸汽重整（第 19 章）过程有很大的不同。这种不同是需要强调的，并且提高辛烷值的重整需要依赖于特殊的催化剂，因此这些过程被称为催化重整。

如果需要的话，用于催化裂化的重石脑油原料可以进行加氢处理，以降低硫含量。这个过程叫加氢脱硫，主要在第 15 章中讨论。重石脑油在催化重整之前经过加氢脱硫处理，可避免重整催化剂的硫中毒。

14.6.1 重整催化剂

沸石通常不会在重整中使用，因为它们是非常活泼的裂化催化剂。重整过程的目标不是产生裂化的小分子，而是重新形成新分子。一些重整过程比如异构化，涉及碳骨架形状的改变。其他重整过程涉氢移进或移出分子，例如脱氢。在催化重整中使用的催化剂必须能够起两种作用：使碳骨架异构化，以及在分子中加入或除去氢。能够促进两个不同反应的催化剂就是所谓的双功能催化剂。

典型的重整催化剂含有金属，可以在分子中加入或除去氢，同时还有酸性氧化物以促进结构重排。双功能催化剂的金属为过渡金属。许多过渡金属都有吸收氢和烃分子的良好性能。这些金属具有能够与双键结合的特性，从而实现吸收和解离氢的功能。镍、钯和铂是其中最好的金属。其他铂族金属，如铱、铑和钌，也是较优良的催化剂，但在商业实践中不经常使用。所有这些金属均容易被有机硫化合物导致中毒，这些硫化物会与在表面上的金属原子形成很强的键，使得催化剂无法与氢气或烃接触。当使用铂做催化剂时，重整过程有时也被称为铂重整。就目前的技术而言，铂通常与铼形成合金做催化剂，以降低表面的结焦速率。

金属可吸收和解离氢。由于催化剂只影响反应动力学而不影响反应热力学，其可以同时影响正向和逆向的反应速率。一种物质若可以催化 A→B 的反应的反应那么该物质也可以催化 B→A 的反应。在催化重整过程中，金属加氢催化剂同时也是一个脱氢催化剂。金属脱除或加入氢的能力提供了一种从烷烃到烯烃再到新烷烃的新路线。

14.6.2 重整反应

催化重整过程中至少发生六个反应。环烷烃的脱氢可转换成芳烃，即

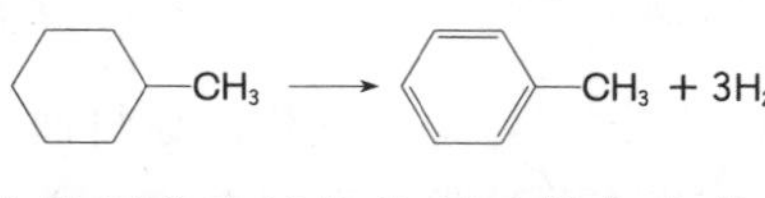

环烷烃的脱氢异构化将烷基环戊烷转换为环己烷衍生物，最终转化为烷基芳香族化合物，即

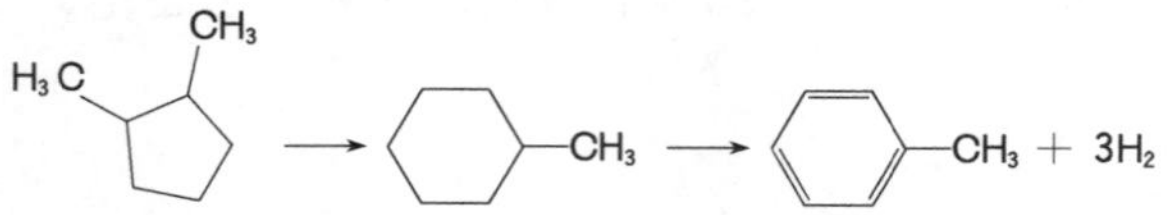

烷烃脱氢环化可以形成环烷烃或者直接形成芳烃，即

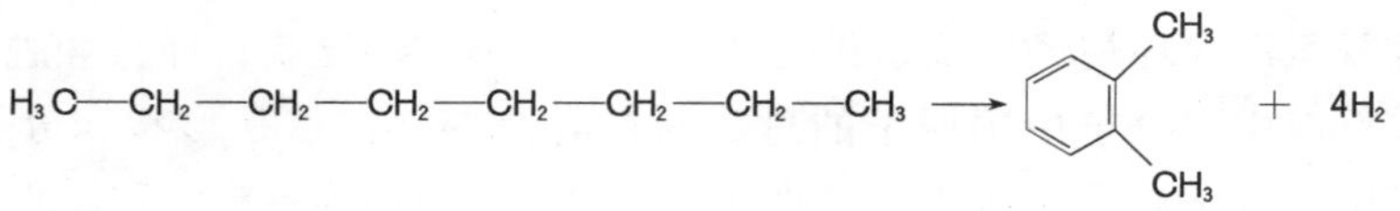

如果上游进料未通过加氢脱硫步骤处理，或者如果有一些硫化合物残留，加氢脱硫也会发生在催化重整过程中，即

$$\text{（噻吩）} + 4H_2 \longrightarrow H_3C\text{——}CH_2\text{——}CH_2\text{——}CH_3 + H_2S$$

两个额外的、重要的反应——异构化和烷烃的加氢裂化——将在下面更详细的讨论。这六个反应中的每个反应都以其自己的方式改变催化重整的产物。支链烷烃和芳烃可提高辛烷值。脱硫则通常可以提高产品品质。

正烷烃的异构化可以生成期望的支链烷烃，例如

$$H_3C\text{——}CH_2\text{——}CH_2\text{——}CH_2\text{——}CH_2\text{——}CH_3 \longrightarrow$$

己烷的异构化如图 14.12 所示。它涉及在催化剂表面上的三个步骤：第一步己烷在金属表面失去氢，形成 1-己烯。在酸性氧化物表面，1-己烯重新排列，形成 2-甲基-1-戊烯；第二步 2-甲基-1-戊烯从金属重新获得氢，形成所需产物 2-甲基戊烷（异己烷）；第三步其他反应涉及氢流向催化剂中的金属组分，形成的碳正离子在催化剂的酸性组分上形成和重排，重排后产物再从金属表面得到氢形成重整后产物。例如，甲基环戊烷的重整（图 14.13）开始于原料脱氢生成甲基环戊烯，随后在酸性表面上环扩展形成环己烯，最后在金属表面上得到氢生成环己烷。从正己烷到苯的转化，如图 14.14 所示，也涉及类似的过程。在这种情况下，在金属表面上形成的 1-己烯异构化为甲基环戊烷，然后转化为环己烯，最终环己烯脱氢生成苯。

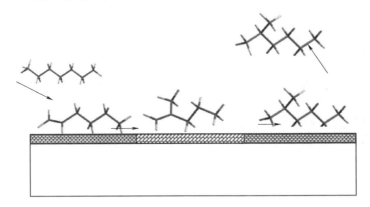

图 14.12　己烷至 2-甲基戊烷（异己烷）异构化重整机理。

只有在环烷烃到芳香烃的转化过程双重功能催化剂不是一个重要因素，该过程仅涉及氢的损失。以环己烷为例，脱氢反应从原料初始吸附到催化剂上即开始。6 个氢原子的失去过程是非常迅速的，甚至可能是同时进行的。苯的 π 电子云与金属原子的 d 轨道相互作用使得苯被固定在催化剂表面。

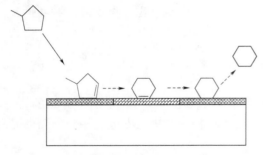

烷烃异构化需要夺氢反应以形成碳正离子，该过程有赖于双键的质子化，因此比烯烃异构化更难。烷烃异构化过程可以通过在原料中添加少量相关烯烃来促进。由烯烃质子化形成的碳正离子会参与烷烃分子间的氢转移过程，从而提高反应速率。烷烃异构化还可以发生在催化剂的金属活性位点，其中烷烃吸附到催化剂表面的方式是至关重要的。如果烷烃中两个相邻的碳原子吸附到金

图 14.13　甲基环戊烷到环己烷催化重整过程机理。

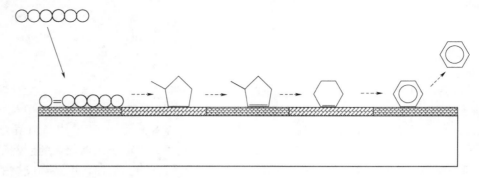

图 14.14　己烷环化和脱氢制备苯的重整过程，催化重整涉及烯烃、
环烷烃和作为中间体的环烯烃。

属催化剂的活性位点，便可以生成烯烃。烯烃可以不经历加氢和异构化过程便从表面脱附。但是，如果起始烷烃是通过间隔 4～5 个原子距离的碳原子吸附到金属活性位点上，氢损失的部位会形成一个新的 C—C 键，失氢的两个碳原子将不会导致烯烃形成，而是成环变成烷基环戊烷或烷基环己烷。如果这些环烷烃残留在催化剂上，可能发生进一步的反应，如脱氢生成烷基苯，或再吸附于催化剂上，通过 C—C 键断裂产生支链烷烃。根据在催化剂表面上发生反应的顺序，正烷烃可以转化为支链烷烃、烷基环烷烃或烷基芳香族化合物。

　　烯烃催化重整期间会经历各种反应，包括加氢成为烷烃、异构化和加氢成为支链烷烃或环化成为环烷烃。烯烃成环过程被视为"自烷基化"过程，类似于上述烷基化。在这种情况下，碳正离子和双键都均在同一分子中，即

$$\text{H}_3\text{C}-\overset{\displaystyle \text{H}_2\text{C}=\text{CH}}{\underset{\displaystyle \text{H}_2\text{C}-\text{CH}_2}{\text{CH}^+\text{—CH}_2}} \longrightarrow \text{环状碳正离子}$$

　　这个过程也可以认为是 β-键断裂反应的逆过程。上式所示的环状碳正离子可以将质子转移到烯烃，最终使其转化为环烯烃。环烯烃失去一个氢可以形成环烯碳正离子。反应

的继续进行会导致环二烯烃的形成，并最终形成芳烃。

　　原料中含有高浓度烯烃是不利的，因为这样会使反应消耗大量的氢气，或脱氢形成高度不饱和的焦炭前体。如果重整进料中含有大量的烯烃，则应该在上游增加一个单独的加氢催化重整步骤来降低烯烃的浓度。

　　比汽油组分更大的正构烷烃可以进行加氢裂化。在该反应中，裂化生成片段通过氢而稳定化，从而使烯烃不会大量生成。在裂化过程中原料异构化为支链烷烃也可能发生，即

$$n-C_{16}H_{34}+H_2 \longrightarrow 2 \quad \begin{array}{c} H_3C \\ \backslash \\ CH-CH_2-CH_2-CH_2-CH_2-CH_3 \\ / \\ H_3C \end{array}$$

虽然该例子显示形成了 2 分子异辛烷，但加氢裂化经常生成两种不同的产品。加氢裂化开始于催化剂表面上的两个相邻碳原子的吸附，随后吸附原子的 C—H 键断裂。后续的失氢会导致碳—金属双键或三键的形成。这些强大的碳—金属多键的形成可以将吸附的两个碳原子的 C—C 键打开。随后加氢可以让两个片段形成两个较小的烷烃分子。在实际反应中，实际加氢裂化发生的位点取决于催化剂。镍利于裂化生成甲烷，即切割终端的 C—C 键，而铂倾向于链的内部进行加氢裂化。加氢裂化需要高温以及碳原子和金属形成很强的碳—金属键。直链和支链烷烃都可进行加氢裂化。

　　加氢裂化的速率与反应物中碳数量有关，随着反应物分子中碳原子数目的增加，反应速率也非常快速的增加。例如十六烷裂化速率大约是十二烷的 3 倍。分子裂化速率与分子大小之间存在很强的关联性，这在实践中是很有实用价值。不希望留下的长链烷烃通过裂化从原料中除去，而希望留下短链化合物，由于其加氢裂化要慢得多，因此会留在产品中。

14.6.3　实际生产环节

　　用于催化重整的原料通常是直馏石脑油，或从热裂解工艺得到的低辛烷值液体（小于50辛烷值）。反应物中不希望有高浓度的烯烃，因为它们进一步脱氢导致多环芳香族化合物，即焦炭前体的形成。氮和硫的化合物也不是我们期望的，因为它们会使催化剂中毒。硫化合物还会引起反应器和管道金属部件的腐蚀。

　　催化重整可以无需裂化便获得期望的支链或环状结构。重整是净吸热过程。反应温度为 450～500℃。如果温度下降，反应速率变得很慢。通常氢气和原料一起进料以抑制焦炭的形成，并防止过度芳构化，即产品中芳香族化合物的比例过高。氧化铝负载铂铼合金是一种不错的催化剂。催化剂在使用前需进行部分硫化，因为铼和硫似乎都能够在反应中减少焦炭形成。

　　图 14.15 给出了典型的催化重整过程的流程图。在这样的过程中，进料可以是辛烷值小于 50 的石蜡油和直馏石脑油。因为催化重整是总体吸热的反应，因此需要在高温下运行，以达到可接受的反应速率，重整反应在级联的反应器中进行，各反应器之间有外部加热装置来提供能量。总体而言，这种类型的反应器可以将辛烷值为 38 石脑油转化为辛烷值为 90 的汽油。表 14.2 总结了反应性能。

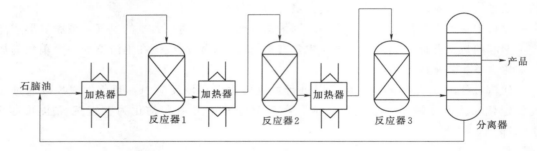

图 14.15 三阶段催化重整操作工艺流程。

表 14.2 石脑油三个阶段催化重整的参数。占主导地位的反应表示为：**A 脱氢；B 加氢异构化；C 加氢裂化和 D 脱氢环化**。

	阶段		
	1	2	3
入口温度（℃）	500	500	500
出口温度（℃）	430	470	495
产品辛烷值	66	80	90
总催化剂使用（%）	15	35	50
发生的主要反应	A、B	A、B、C、D	C、D

一些重整反应涉及加氢，有些则涉及脱氢。因此系统中的氢分压在决定产品的性质中起重要作用。在较低氢分压时，环烷烃和芳香族化合物之间的平衡有利于形成芳烃。进一步讲，低氢分压利于焦炭形成，因为芳香族化合物是焦炭前体。高的氢分压利于加氢裂化，减少形成芳香族化合物和焦炭。氢分压的选择是加氢裂化、芳香族化合物产生和催化剂失活之间的一种折中选择。氢分压和操作温度的值决定了焦化速率，从而决定了催化剂失活的速率。在反应器中的典型的总压力约为 2MPa。

较高的操作温度会导致迅速的催化剂失活。较低的温度会导致低的反应速率，但另一方面有利于平衡向环烷烃而不是芳烃的生成方向移动。通常温度控制在 ±20℃ 以内是比较理想的。

正如催化裂化过程，焦炭在催化剂表面形成是不利的。焦炭的形成更容易出现在氧化物表面上而不是金属表面上，因为焦炭的形成更多与碳阳离子形成有关，而不是与氢化——脱氢反应有关。焦化的催化剂可以通过灼烧再生，通常选择的再生温度为 450℃，在 1% 的氧气气氛下活化。

催化重整产物，通常称为重整油，是炼油厂汽油池的一部分。在大的炼油厂，汽油可通过若干过程制备：催化裂化、催化重整、烷基化、聚合、蒸馏（即直馏汽油或轻石脑油）以及热过程（第 16 章）。炼油厂通过采用其中一些或所有的过程可以生产各种不同品质的汽油。所有这些产品都可以通过混合的手段来获得满足市场需求规格的汽油。这些经过混合后的产品最终为消费者所用。

14.7　甲醇制汽油

之前所讨论的均是用石油衍生的原料，并通过分子大小和形状的控制，生产基于碳氢化合物的汽油。现代化的炼油厂中几乎包含了上述讨论的所有过程，这些过程也构成了石油传统炼制的一部分。人们还开发了其他通过非传统的催化工艺炼制汽油的路线。石油储量的减少或者在地缘政治上引起的石油短缺，例如发生在20世纪70年代的石油危机，使得非传统炼制途径变得越来越重要。甲醇转化为汽油即是一个例子，将在本节中进行讨论。费托合成比生产汽油应用更为广泛，将在第21章讨论。当然，非烃液体燃料，特别是小分子醇，也可能在将来成为重要的燃料来源。

甲醇具有一些显著特征，可以作为火花点火发动机的燃料。它具有非常高的辛烷值——133（RON），使得它适合于在高性能、高压缩比发动机中使用。虽然目前几乎所有的甲醇都是从天然气制得，但它也可以从生物质气化后进行合成（第21章）。从这个角度来看，甲醇，至少部分认为是可再生燃料。对甲醇作为燃料的担忧亦有存在。它的体积能量密度大约只有汽油的一半，从而对于相当尺寸和驾驶条件的车辆来讲只有一半的能源经济性。甲醇与水无限混溶，因此要求仓储、装卸、配送时均需注意。同时，在甲醇大量溢出的情况下会存在潜在的水污染威胁。在对健康的危害方面，如果摄入或经皮肤吸收，会存在造成永久性失明的可能性。关于甲醇的这些潜在的缺点，可以通过将其转化为与石油衍生的汽油几乎完全相同的烃类混合物来消除。

如今，甲醇转化为汽油（MTG）的过程可能会从天然气蒸汽重整开始，随后合成甲醇。然而，合成气的生产、转化和反应具有多样性，在未来可以在MTG前通过其他原料包括煤、废物和生物质等来制备合成气。原则上，几乎任何含碳的原料都可以转化为一氧化碳和氢气的混合物，再转化为甲醇。作为未来替代液体燃料的潜在途径，MTG还具有其他优点。首先，目前全世界已经有非常多的基础设施用于制造甲醇。如今，大型甲醇装置每天可以生产5000t甲醇。甲醇合成单元和MTG工厂不一定必须位于同一位置。当然，在同一地点时会减少甲醇从一个工厂运输到另一个工厂的成本，并有可能实现其他的经济性，如公用工程。然而，在一个真正的或因政治导致的能源危机的情况下，甲醇生产原则上可以从化学品市场向汽油生产转移。

MTG工艺采用一种叫ZSM-5的特殊沸石催化剂。该沸石的结构示如图14.16所示。

ZSM-5可以将含氧化合物转化为烃。与其他的沸石一样，ZSM-5只允许一定尺寸和形状的分子进入或退出，催化反应在孔

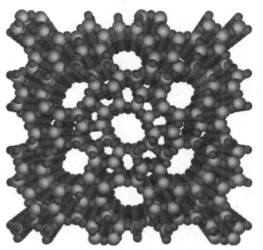

图14.16　ZSM-5催化剂，可在甲醇转化为汽油的过程中使用。

中发生。ZSM－5 具有约 0.6nm 直径的孔开口。只有 C_{10} 或更小的化合物可以通过此沸石的内部结构。在催化剂内部形成的比 C_{10} 大的分子在内部裂化。其结果是，ZSM－5 得到的产品具有较窄的碳原子分布，约有 80% 在汽油 $C_5 \sim C_{10}$ 的范围内。

甲醇通过二甲醚转化为乙烯，即

$$2CH_3OH \longrightarrow CH_3OCH_3 + H_2O$$
$$CH_3OCH_3 \longrightarrow CH_2 = CH_2 + H_2O$$

二甲醚[K]的生成在 $300 \sim 325℃$ 和 2.3MPa 条件下进行。乙烯与甲醇进一步反应以形成丙烯，即

$$CH_2 = CH_2 + CH_3OH \longrightarrow CH_2 = CHCH_3 + H_2O$$

二甲醚在 ZSM－5 上转化为汽油的反应在 $330 \sim 400℃$ 和 2.2MPa 条件下发生。汽油的形成是放热的（427℃时 ΔH 为 75kJ/mol）。酸性催化剂表面的放热反应会导致过度结焦，尤其是在固定床反应器中。在 MTG 过程中，通过两阶段合成可以部分解决该问题。一些产品循环至第二阶段反应器中。

酸性催化剂（如沸石）催化形成烯烃为"聚合"反应的发生提供了条件，类似于本章前面讨论的机理，即

$$CH_2 = CHCH_3 + H^+ \longrightarrow CH_3C^+HCH_3$$
$$CH_3C^+HCH_3 + CH_2 = CHCH_3 \longrightarrow (CH_3)_2CHCH_2C^+HCH_3$$
$$(CH_3)_2CHCH_2C^+HCH_3 \longrightarrow (CH_3)_2CHCH = CHCH_3 + H^+$$

一旦烯烃（上述例子中是 2－甲基－3－戊烯）已经形成，它们可以进一步反应产生烷烃、环烷烃和芳烃，类似于已经讨论的那些反应。影响产品特定分布的因素较多，包括常见的温度、压力、催化剂的性质（特别是催化剂的 Si/Al 比）。沸石催化剂中的窗口大小是使产品中分子大小处在汽油范围内的关键。窗口过小则更易于形成乙烯，窗口太大则利于生产 C_{10} 以上化合物。尽管如此，主要产品仍然是支链的烷烃和烷基芳烃，最大为 1，2，4，5－四甲基苯。此类化合物的产生有助于生产高辛烷值的汽油。以 ZSM－5 为催化剂，典型的产物分布为 2% 的 C_6，16% 的 C_7，39% 的 C_8，28% 的 C_9 和 13% 的 C_{10}。

MTG 过程的最大规模的实践应用发生在新西兰，从 1985 年到 20 世纪 90 年代中期。该工厂利用了高储量天然气的优势，以每天约两千吨的产能稳定运转。20 世纪 90 年代全球油价很低时该工厂停止了生产。该工厂停工完全是由经济因素导致的，而不是由于技术本身的任何问题。

注释

[A] 正如在第 12 章中提到的，各种石油馏分没有一致的术语，各种组分的沸点范围有些重叠。从初始沸点至 150℃ 范围内的组分称为轻石脑油，150～205℃ 沸点范围内的组分称为重石脑油。

[B] 尼古拉斯·奥托（1832—1891），很少或根本没有受过正规的工程训练。他最初的事业是旅游推销员。他学习了法国工程师艾蒂安·勒努瓦发明的利用天然气的发动机原理。奥托意识到使用液体汽油作为燃料将是更实际的。他最终创办了自己的公司，并聘请一些才华出众的工程师和设计师为他工作，特别是威廉·迈巴赫和戈特利布·戴姆勒，两

人在汽车及其发动机的历史上具有重要的地位。奥托的儿子古斯塔夫，创办了宝马汽车公司（Bayerische Motoren Werke AG），这就是目前世界闻名的 BMW。

［C］较小的芳烃分子具有较高的辛烷值。抛开其他因素不谈，芳烃可以作为汽油的优良成分。然而，很多这类化合物被证实是致癌物质。相关的汽油质量法规严格限制芳烃的含量，特别是苯。据说在没有意识到芳烃对健康的危害之前，一些企业将苯加入到汽油中，作为一种辛烷值提高剂。

［D］什么标号的汽油最适合您的车辆？绝对最可靠的信息来源是用户手册。不同品牌和不同等级汽油对发动机的冲击性能和寿命的影响的话题一般都是道听途说，大部分与真实情况关系不大。

［E］术语烟雾最初是一个合成词——烟和雾的组合。如第 11 章的注释［D］和［E］所讨论的，尽管该词现在被作为光化学烟雾的代名词，并且派生出其他类型的烟雾。最声名狼藉的为硫酸型烟雾，当煤在空气中燃烧后，释放到大气中硫的氧化物与水反应形成硫酸溶液，这些硫酸会吸附到空气中尘埃的表面或者没有完全燃烧的煤颗粒表面。硫酸烟雾是真正致命的，如在伦敦和宾夕法尼亚州发生的空气污染灾难。幸运的是，燃料燃烧和硫排放法规已在大多数工业化国家实行，这些举措几乎消除了硫酸酸雾的问题。

［F］丙烯在作为有机化工原料方面的重要性大概仅次于乙烯。由丙烯制成的众多产品有：聚丙烯，一种广泛使用的塑料；丙二醇，防冻剂的重要组成部分；丙烯腈，生产丙烯酸树脂和碳纤维的单体。2 - 甲基丙烯，或异丁烯，举例来讲，是用来制造合成橡胶（称为丁基橡胶）的原料；其也可以用作生产家用食品保鲜抗氧化剂，如 2 - 叔丁基 - 4 - 甲氧基苯酚（丁基化羟基苯甲醚，或 BHA）。

［G］尤金·霍德里（1892—1962）是第一次世界大战的英雄，他当时是法国坦克兵。战争结束后，他开始对赛车感兴趣，特别是对改进赛车燃料感兴趣。在法国，他曾尝试将煤焦油转化为汽油，并且发现了具有应用前景的硅铝催化剂。在乌德里催化裂化工艺成功商业化（1937 年，在宾夕法尼亚州的马库斯胡克炼油厂）后，乌德里继续进行催化剂研究工作。在 20 世纪 50 年代初，由于烟雾开始笼罩洛杉矶，乌德里发明了可以称得上是汽车尾气系统的第一个催化转换器。尽管乌德里的转换器是可行的，但直到 20 世纪 70 年代后期，铅添加剂从美国的汽油中淘汰，催化转换器才实际应用。乌德里后来将对催化剂的研究延伸到对酶的研究，特别是酶催化如何对患有癌症的人产生影响。

［H］蒙脱土的名字主要源自黏土矿物，其基础分子式为 $Al_2Si_4O_{10}(OH)_2$。在个别黏土中，Al^{3+} 部分被一些碱金属和碱土金属阳离子取代，例如 Na^+ 和 Ca^{2+}，以维持电荷平衡。蒙脱土本身有时被表示为 $Na_{0.33}(Al_{1.67}Mg_{0.33})Si_4O_{10}(OH)_2$。

［I］沸石自 20 世纪 30 年来已用于硬水软化，它可以将水中 Ca^{2+} 和 Mg^{2+} 与 Na^+ 交换。有些洗涤剂包含沸石，也是通过离子交换反应帮助将洗涤过程中的水软化。有些沸石具有非常优异的除去锶和铯的功能，这使得它们可以用来治理包含这两种放射性同位素（^{90}Sr 和 ^{137}Cs）的废水。

［J］沃伦·刘易斯（1882—1975）是麻省理工学院化工系的首任系主任。刘易斯被认为是"化工之父"。他在化工研究和教育上有许多成就，包括提出了化学工程中单元操作的概念。埃德温·吉利兰（1909—1973），也是在麻省理工学院度过了大部分职业生涯，

同时在公共服务机构担任过众多要职，其最高职位是总统肯尼迪和约翰逊的科学顾问委员会成员。

　　[K] 二甲醚（DME）本身是一个潜在的非常有用的燃料，但它在室温条件下很容易气化。二甲醚的辛烷值为 55，这比大多数石油衍生的柴油燃料稍高。二甲醚曾被用于与 LPG 混合后作为火花点火发动机的燃料进行试验。其制作非常简单，只涉及甲醇脱水，即 $2CH_3OH \longrightarrow CH_3OCH_3 + H_2O$，通常在酸催化下进行。据称，在世界上的某些区域，DME 和丙烷的混合物是一种非处方药，可以被用来治疗毒疣，这样人们就可以在家里通过冷冻来除去毒疣。但千万不要同时在室内吸烟！

推荐阅读

Gates，Bruce C.，Katzer，James R.，and Schuit，G. C. A. *Chemistry of Catalytic Processes*. McGraw - Hill：New York，1979. This book remains a very useful discussion of practical aspects of catalysis. Chapters 1 and 3 are relevant to the material in this chapter.

Guibet，Jean - Claude. *Fuels and Engines*. Éditions Technip：Paris，1999. An excellent reference source，covering virtually every kind of fuel that might be burned in an internal-combustion engine. Chapter 3 is particularly relevant here.

Jones，D. Stan. *Elements of Petroleum Processing*. Wiley：Chichester，1995. A useful book covering practically all aspects of refinery operation. Chapters 9，11，and 14 are relevant to the present chapter.

Little，Donald M. *Catalytic Reforming*. PennWell：Tulsa，OK，1985. This book covers most aspects of this process，including feed preparation，the catalyst，and the effects of process variables.

Meyers，R. A. *Handbook of Petroleum Refining Processes*. McGraw - Hill：New York，1997. This book has a wealth of detail on selected processes involved in refining. Parts 1，3，and 4 are of particular relevance to this chapter.

Sadeghbeigi，Reza. *Fluid Catalytic Cracking*. Gulf Publishing：Houston，1995. Thisbook has a greater emphasis on the practical aspects of FCC，such as design and operation of various FCC units.

Speight，James G. *The Chemistry and Technology of Petroleum*. Marcel Dekker：New York，1991. Chapters 15 and 17 of this comprehensive treatise relate to the present chapter.

第 15 章　中 间 馏 分 燃 料

航空煤油、柴油燃料和轻组分燃料油统称为中间馏分燃料，原因是这些燃料均来自蒸馏塔的中部，位于轻馏分如汽油和石脑油的下方，重馏分和残油上方。

15.1　中间馏分燃料产品

15.1.1　煤油

今天大多数煤油被进一步提炼成航空煤油。煤油本身在用于小型加热器、油灯和炉具中占有一定的市场，其偶尔也作为柴油发动机轻组分燃料，因此被称为动力煤油。

高烷烃的宾夕法尼亚级油可以作为优良的直馏煤油。其最初被用作家庭取暖和照明的燃料，但要求其硫含量和芳烃含量较低，以免形成气味和烟雾。直馏煤油的典型沸程在 $205\sim260℃$，主要成分是在 $C_{12}\sim C_{15}$ 范围的烷烃，包括烷基环己烷和烷基苯。同时也会含有低浓度的萘烷、萘或更大化合物的衍生物。

除了沸程和硫含量，煤油的其他重要性质是它的闪点和浊点。闪点是储存和处理安全性方面的指标。各种煤油的闪点有很大的不同，但都高于正常环境温度，例如 45℃。在储存和处理方面煤油比汽油更安全。浊点是指蜡状晶体开始从溶液中沉淀出来的温度；这个名字来自在该温度下液体会变成浊液的现象。在等于或低于浊点使用时会导致燃料线路或过滤器堵塞。煤油浊点一般为 $-15℃$ 或更低，以便在较冷的天气情况下不会出现问题。

15.1.2　航空煤油

火箭很可能最早是在中国古代被发明的，与飞机不同，火箭携带燃料和氧化剂。大约一个世纪以前，人们提出了使用大气作为火箭装置氧化剂的想法，因而产生了喷气式发动机的概念。在飞机高速飞行时，空气可通过进气口或导管进入到发动机。热膨胀的燃烧气体通过在发动机后部的喷嘴排出，从而提供推力。原则上，这种类型的发动机——称为冲压发动机——制造时可以没有移动部件。不幸的是，这个简单的设备却有个主要问题：飞机正在高速运行时，需要通过导管引入燃烧所需的空气，所以没有办法获得起飞推力。同时，在低速运行时很难获得推力。

英国和德国工程师们在 20 世纪 20—30 年代解决了这个问题，但是大部分荣誉应归于开发了航用喷气式发动机的弗兰克·惠特尔爵士，如图 15.1 所示[A]。

惠特尔和同时代的工程师们认为冲压式喷气式发动机的这个问题可以通过压缩机收集和压缩燃烧所需的空气加以克服。由热燃烧产物推动的涡轮机可提供的机械功用来驱动压缩机。涡轮喷气式发动机由几个部分组成，包括压缩机、燃烧室（一个或多个）、涡轮和

图 15.1　空军准将弗兰克·惠特尔爵士，航空燃气涡轮机的主要发明者和开发者之一。

轴连涡轮机和压缩机，其结构如图 15.2 所示。这种形式的涡轮喷气式发动机还经常被用作军用飞机的发动机。

在基本型的涡轮式喷气式发动机之上，人们已开发了几种类型的涡轮喷气式发动机。第一种类型是最大的远程民用客机使用鼓风式喷气发动机，也被称为旁路喷气式发动机或涡轮风扇发动机。安装在压缩机前的大风扇有助于收集压缩机所需的空气，并且也有助于大部分空气绕过燃烧器进入到排气过程以提供推力。鼓风式喷气飞机通常不会达到简单涡轮式喷气式发动机能提供的高速度，但可以实现更好的燃油经济性，为长途旅行提供便利。第二种类型是涡轮螺旋桨发动机或螺旋桨喷气式发动机，使用涡轮机的机械功转动螺旋桨。在这样的发动机中，大部分推力是由螺旋桨提供的，只有一小部分推力是由射流排气提供。涡轮螺旋桨发动机通常用在通勤航班等短程飞机上。当所有的推力是由从轴而不是排气过程产生时，这样的发动机称为涡轮轴发动机。这种引擎可以应用到不能采用喷射排气的设备中，如直升机、气垫船和某些类型的军用装甲车上。

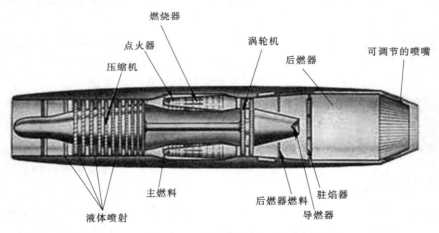

图 15.2　涡轮喷气式发动机。关键部件是压缩机、燃烧器和涡轮机。

燃气涡轮发动机可设计成可以利用多种类型的燃料，包括天然气、汽油和无灰煤[B]。然而，航空发动机（俗称喷气式发动机）中使用的主要是精炼煤油的衍生物。喷气燃料有时称为航空燃气轮机燃料或喷气燃料。同时已有各种等级的航空燃料生产用于各种目的。最常见的是 Jet-A 和与之密切相关 Jet A-1，其广泛应用于民用航空。表 15.1 总结了一些 Jet A-1 的主要规格。

Jet A-1（在美国主要用于国际航班）与 Jet A（在美国主要用于国内航班）之间的主要区别为，Jet A 具有较高的允许的倾点，是－40℃而不是－47℃。

表 15.1 商用喷气燃料 Jet A-1 的主要规格。

属 性		数值	最大值或最小值
酸度（KOH 含量）（mg/g）		0.015	最大值
芳烃（体积百分数）（%）		25	最大值
密度（15℃）（kg/m³）		775.0～840.0	
精馏	10% 的回收率	205℃	
	终沸点	300℃	
闪点		38℃	最小值
凝固点		47℃	最大值
在 -20℃ 时的运动黏度（cSt）		8	最大值
萘（体积百分数）（%）		3	最大值
烟点（mm）		19	最小值
比能量（MJ/kg）		42.8	最小值
硫（质量百分数）（%）		0.3	最大值

其中许多性质及其重要性已在第 14 章中介绍过。芳烃是烟灰形成的前体。烟灰会造成机场附近的空气污染问题。在军用飞机中，烟尘排放会提供了让高炮或导弹跟踪飞机的标志。发动机烟灰形成也改变了辐射热传递过程。过度加热会导致发动机部件过早的降解或故障。烟点可用于反应燃料的烟尘化特性。烟点的测量是在标准化的灯光下进行的，具体测量值为在烟雾被观察到[C]之前火焰可以达到的高度。该烟点越高，产生油烟的倾向越低。烷烃，特别是直链烷烃，往往具有高烟点，而芳香族化合物和环烷烃具有低得多的烟点。硫元素，虽然因气味、腐蚀以及 SO_x 的排放被人们关注，但当其含量在 $(1\sim5)\times10^{-4}$ 的水平时，可以为发动机燃料泵提供润滑性。

喷气燃料需要保持液体状态、足够低的黏度以维持可泵送性，以保证飞机在任何期望的运行条件下能够正常飞行。在较高的高度下（例如 10～12km），外部空气温度非常低，也许低到 -55℃；燃料必须在温度降至约 -50～-45℃ 时在飞机油箱中仍保持液态。此外，燃料的黏度涉及其雾化能力，雾化过程会产生微小的液滴，可帮助其很快蒸发，形成所需的燃料—空气混合物。黏度规格通常指的是运动黏度。绝对或动态的黏度是剪切应力和剪切速率之间的比例常数。运动黏度是由流体的密度除以绝对黏度得到的，这样做消除了力的作用。运动黏度的 SI 单位为 m^2/s，该单位对于燃料化学领域关注的液体而言太大而不具有实用性。运动黏度仍普遍使用的单位是斯托克斯（St）或厘斯托克斯（cSt），1cSt 为 $10^{-6}m^2/s$（水在 20℃ 时黏度为 1cSt）。

挥发性和馏程的重要性部分源于对燃料在高空飞行时的性能要求，例如较低的外部压力（如 10～100kPa）下保持液态。低沸点组分会在低压下[D]蒸发。高沸点组分可能在高空飞行时的低温下冻结。另外，高度挥发性可以帮助燃料蒸发并与空气混合。

喷气燃料的密度有两个要求，不幸的是这两个要求是直接相互矛盾的。可以装载到飞机上的燃料量由燃料箱的体积限定。因此低密度燃料是理想的，因为这样可减少由燃料带来的质量增加，当飞机起飞时只需要携带较少的质量。然而，最终推动飞机的是能量，因此飞机所能装载的能量（以兆焦每单位质量的燃料来计）越多越好。从这个角度来讲，高密度的燃料是理想的，因为它具有较高的体积能量密度。

在燃料的长期储存时会关注氧化稳定性。燃料与氧（空气）的接触可导致燃料中的烯烃低聚形成胶质。胶质形成始于过氧化物攻击烯烃。胶质形成可能阻塞燃料系统过滤器，传感器和仪表。过氧化物可以攻击聚合物构成的密封件、垫圈和油管。抗氧化剂的添加剂，如 4‐叔丁基‐2‐甲基苯酚，可以用于阻止或至少减缓这种氧化降解。

喷气燃料还具有其他功能，其可以作为冷源冷却液压流体和润滑油等材料。具备这一功能的燃料在高温下不易分解。表征喷气燃料热稳定性的一种方法是喷气燃料热氧化测试（JFTOT）。一种燃料因为过量的加热而分解时，能够在热金属表面上形成碳质沉积物。在热氧化测试中，这种积碳的形成及其在过滤器中的积累会造成整个过滤器的压降。典型的测试方法为在 3.45MPa、260℃条件下，将样品在管中加热 150min。该管出口含有过滤器。对于 JetA 和 A‐1 燃料，其压降不能超过 3.33kPa。

虽然对燃料密度的要求具有矛盾性，似乎人们对开发提高体积能量密度的燃料更感兴趣，特别是当这样的燃料也能提供优良散热能力的情况下。在这方面，反式萘烷有许多优点：体积能量密度比链烷烃燃料高，热稳定性在 JFTOT 限制之上，还有良好的低温性能。此外，人们还在研究一些其他燃料，有的甚至专门应用于特定的飞机或导弹。例如，环戊二烯通过代尔斯—奥尔德反应二聚，其中一个分子作为二烯，另一个作为亲双烯体，即

该二聚体加氢可以生产两种可能的异构体，即外‐和内‐四氢二环戊二烯。其中外环构体被用作 JP‐10 喷气燃料，该燃料可用于由飞机发射的导弹。必须注意：第一，JP‐10 是极少数的纯化合物的烃燃料，而不是几十到数以千计的化合物的混合物；第二，通过环戊二烯的耦合来制备燃料是代尔斯—奥尔德反应在燃料化学领域最重要的应用。

图 15.3　鲁道夫·狄塞尔发明了比航空发动机更为广泛应用的发动机。它是唯一以发明者名字命名的燃料发动机。

15.1.3　柴油燃料

由鲁道夫·狄塞尔（图 15.3）[E] 发明的发动机的运行周期与奥托循环有些相似，但有不相同的地方。从进气冲程开始，随着活塞向下移动空气被吸入气缸内。在压缩冲程，上升活塞压缩气缸内的空气。狄塞尔发动机具有比奥托发动机高得多的压缩比，大约 15∶1～25∶1，最现代的奥托循环发动机只有 8∶1～11∶1。压缩比越高，气缸中的压力越高，气缸中空气温度也越高。活塞到达其冲程的顶部，

即上止点的瞬间，燃料注入充满热高压气体的气缸中被点燃。狄塞尔发动机没有火花塞。做功冲程中，燃料的燃烧释放的能量被转换为机械能，推动活塞向下运动。最后在排气冲程中，活塞向上移动并且推动燃烧产物从气缸排到排气导管。

自燃也发生在前文所述的火花点火发动机的爆震（第 14 章）情况下。自燃柴油发动机爆震与火花点火发动机的爆震不一样。在汽油发动机中，如果自燃发生，则是在气缸中局部区域进行。一方面，从汽油的自燃所释放的能量仅为气缸中的汽油释放总能量的一小部分。另一方面，柴油发动机的运行取决于燃料自燃的能力。燃料—空气混合物是多相的，原因在于很可能不是所有的燃料都来得及蒸发。自燃可能会发生在气缸内的几个位点。任何自燃进程都会对发动机产生显著的机械应力，但柴油发动机的设计可以承受这些应力，而汽油发动机则不然。因此可知，良好的汽油发动机中不期望自燃，但在柴油发动机中，则期望燃料具有良好自燃品质。对柴油而言，需要直链烷烃，而不需要芳烃和支链烷烃。理想情况下，可采用一种与辛烷值相反的尺度来表征柴油的特征。然而，柴油燃料比汽油具有高得多的沸程，因此，庚烷和 2,2,4-三甲基戊烷就不会大量存在于柴油燃料中。为了进行柴油评级，需要建立一个不同的但类似于汽油的标准。由于正构烷烃是在柴油中需要的，十六烷（$C_{16}H_{34}$）成为优选的组分，因此将纯十六烷人为指定为 100。芳香族化合物 1-甲基萘指定为 0。该评级系统定义为十六烷值。十六烷值（表 15.2）相当于十六烷和 1-甲基萘混合物中的十六烷百分比。汽车或轻型卡车发动机所使用的高质量柴油大约具有 50 的十六烷值。由于难以获得大量纯 1-甲基萘（特别是游离的 2-甲基萘异构体），人们因此采用一种替代的参考标准品，即 2,2,4,4,6,8,8-七甲基壬烷。因为柴油中也是不希望含有支链烷烃，该化合物的十六烷值指定为 15。

表 15.2　选定化合物的十六烷值。

化合物	十六烷值	化合物	十六烷值
C₄ 化合物		C₁₀ 化合物	
正丁烷	22	四氢萘	13
C₅ 化合物		反式十氢萘	48
正戊烷	30	1-癸烯	56
C₆ 化合物		2,2-二甲基辛烷	59
苯	−10	正癸烷	76
环己烷	13	C₁₂ 化合物	
2,2-二甲基丁烷	24	2,3,4,5,6-五甲基庚烷	9
2-甲基戊烷	30	正己基苯	26
正己烷	44	1-十二烯	71
C₇ 化合物		正十二烷	82
甲苯	9	C₁₆ 化合物	
甲基环己烷	20	2,2,4,4,6,8,8-七甲基壬烷	15
1-庚烯	32	4-（正辛基）-1,2-二甲基苯	20
正庚烷	54	7,8-二甲基十四烷	40

化合物	十六烷值	化合物	十六烷值
C₈ 化合物		4-丁基-4-癸烯	45
对二甲苯	−13	1-十六烯	87
邻二甲苯	8	正十六烷	100
乙苯	8	C₂₀ 化合物	
2,2,4-三甲基戊烷	15	3,6-二甲基-3-萘辛烷	18
乙基环己烷	45	2-苯基十四烷	49
正辛烷	64	2-环己基十四烷	57
C₉ 化合物		9,10-二乙基十八烷	60
异丙基苯	15	正十四烷基苯	72
正壬烷	73	正二十烷	110

一般来讲，对于相同数目碳原子的化合物，十六烷值下降的顺序为：正烷烃＞烯烃＞环烷烃＞烷基芳香烃。对于正烷烃，十六烷值随着碳原子数减少而下降。

由于线性烷烃是柴油所希望的组分，而不是汽油所希望的组分，因此，对于不同的化合物，辛烷值和十六烷值之间的存在近似的线性关系，如图15.4所示。

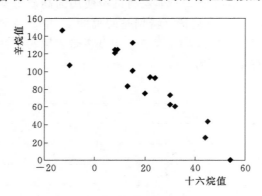

图15.4　由于奥托循环和狄赛尔循环不同的原理，辛烷和十六烷值之间大致呈现反比关系。这里给出的是纯化合物的数据。

狄塞尔发动机可以设计为可使用各种燃料（这并不意味着，相同的发动机可以利用许多不同类型的燃料，而是通过适当的设计使不同的发动机可以处理不同的燃料）。狄塞尔发动机早期发展的目的是使用煤焦油运行。1900年的巴黎博览会展示了可使用花生油的发动机。可使用气体燃料的狄塞尔发动机已有报道，如天然气和二甲醚。然而，目前使用的狄塞尔发动机均被设计成使用石油炼制得到的柴油为燃料。由于生物柴油和由费托合成（第21章）得到的柴油在全世界范围内受到越来越多的关注，因此术语"石化柴油"特定地指从石油制成的柴油燃料。这种类型的燃料有多个等级（表15.3），其质量主要根据发动机或具体的用途决定。例如，等级1-D柴油是用于具有频繁速度和负载变化的发动机，例如典型的轿车和轻型卡车。等级2-D柴油用于重型移动设备，例如许多典型的工业用发动机。蒸馏行为体现了柴油的燃烧性能，高沸点组分比例过大表明注入汽缸的燃料可能较难雾化，因此会妨碍燃料在动力冲程期间的平稳注入和稳定燃烧。因为高沸点成分通常富含芳烃黑烟前体以及可能含有难处理的含硫杂环化合物，高沸点化合物比例较大时也会导致发动机排放问题。闪点涉及燃料储存、处理和安全分配问题，闪点越高的话，燃料在火花或火焰存在时意外点燃的可能性越低。

表 15.3　不同规格的柴油，破折号表示对该属性不做要求，浊点规格因地区而异。

性质	数值（最大值或最小值）		
	欧洲，A 级	美国，1-D	美国，2-D
芳烃（体积百分数）（％）	—	35（最大）	35（最大）
十六烷值	49	40	40
冷滤点（℃）	5（最大）	—	—
密度（kg/L）	0.820（最小）	—	—
	0.860（最大）		
0.860（最大）	0.860（最大）		
精馏点（℃）			
＜65％馏出	250	—	
＞85％馏出	350		
90％馏出	—	288（最小）	282（最小）
	—		338（最大）
＞95％馏出	370		
闪点（℃）	55（最小）	38	25
在 40℃时运动黏度（mm²/s）	2.0（最小）	1.3（最小）	1.9（最小）
	4.5（最大）	2.4（最大）	4.1（最大）
硫（质量百分数）（％）	0.05（最大）	0.05（最大）	0.05（最大）

适当的黏度对于燃料喷射泵和喷射器正常运行是非常重要的。黏度太高会增加泵送损失和降低注射压力。后者可能减少燃油雾化，并导致燃烧过程中的问题。过低的黏度可能会导致泵泄漏，在最坏的情况下，会使泵无法正常运转。任何液体黏度均随着温度下降而升高。燃料的黏度—温度关系对于在寒冷天气下柴油发动机的运行特别重要。

浊点在表 15.3 中未列出，原因在于区域之间气候有所不同，在某些情况下气候还会随着季节或月变化。在温度低于浊点时，会有越来越多的蜡状结晶形成。当结晶到一定程度时，该蜡状晶体不能通过燃油过滤器。这会导致燃料过滤器部分或完全堵塞，从而降低燃料流速甚至完全停止工作。当晶体的质量持续增加，其冷却效果可以"禁锢"剩余的液相，阻碍所有液体的流动。在此温度下，含有该燃料样品的烧杯可倾斜 90°，但样品不会流出来。这个温度被定义为燃料的倾点。与浊点类似，对于倾点的要求在世界各地也有很大的不同，从印度的＋4℃到纳维亚半岛的一40℃不等。现代车辆的燃料系统中带有过滤器，具有在微米级的孔径大小，位于燃料喷射泵的上游。当低温时蜡状结晶会导致该过滤器堵塞。冷滤点（CFPP）是指在标准化过滤装置中加入 20mL 的燃料，该燃料在小于60s 时间内停止流动的温度。对冷滤点的要求在欧洲范围内不同区域也各不相同，但通常范围是一30～一10℃。降低浊点的直接的方法就是降低精馏分割温度。降低最终蒸馏温度可以去除一些大分子烷烃，从而减少蜡状结晶。降低起始温度可以帮助在溶液中留下一些轻的化合物，这些轻质化合物可以帮助燃料保持晶体。

柴油发动机的运行不是简单地做到同时喷射燃料和空气即可，因为该混合物会以不受控的方式在发动机中爆震燃烧，即类似于在火花点火发动机中的情况。在这种情况下，最好是让发动机在一定速度和负载下平稳运行[F]。对于汽车和轻型卡车，使用的燃料喷射器可以克服这个问题。空气进入气缸后由发动机的压缩功进行加热。然后燃料注入被加热的空气中，产生具有不同大小的悬浮燃料液滴的混合物。在此非均相混合物中各个地方的空气/燃料比是满足燃烧条件的，足够的燃料气化以确保成功点火。在气缸做功冲程的大部分时间内燃料喷射持续进行。在较宽的空气/燃料比范围时，气缸内仍然存在一些位点需要达到着火条件。因此，在较宽的发动机负荷下，柴油机可稳定的点火和平稳运转。

一旦注入含已加热空气的汽缸中，燃料的挥发对于保持空气和燃料的良好混合是很重要的。此外，燃料液滴必须在燃烧之前就已经部分气化。后续气化所需的热量可从燃烧反应释放的热量获得。挥发性很重要，但是由于气缸中气化部分是由被加热的空气驱动的，柴油不必具有和汽油一样的挥发性能。"雾化"得到非常细的液滴也可以促进挥发过程，原因是这些液滴具有较高的比表面积，传热效果好。

密度的重要性体现在以下几个方面：燃油泵和喷射器输送特定体积的燃料到发动机，但在发动机的燃烧性能取决于燃料—空气的化学计量比，这是基于质量的。将质量与体积联系起来的是密度。高密度可提高单位体积燃料的行驶里程，用体积能量密度表征。汽油具有较好的热值（48MJ/kg，柴油只有45MJ/kg）。然而，柴油具有良好的体积密度，柴油为0.88kg/L，而汽油只有0.74kg/L。以燃料每单位体积的热值来比较则柴油更为优越，为39MJ/L，汽油为35MJ/L。

柴油燃料的点火延迟是在第一滴燃料液滴进入汽缸时刻与燃烧开始时刻之间的时间间隔。点火延迟同时具有物理和化学方面的原因。物理延迟是指燃料从注射器进入气缸与形成可自燃的燃料—空气混合物之间的时间间隔。化学延迟包括自适合自燃的燃料—空气混合物形成之后到实际开始燃烧之间的时间间隔。化学延迟取决于气缸中的温度和压力以及燃料的化学特性，例如燃料的十六烷值。

改善柴油燃料的着火性能可以通过加入点火促进剂来实现，有时也被称十六烷值改进剂或十六烷值增强剂。几类化合物可以作为十六烷值改进剂，其中最常用的是烷基硝酸酯，例如硝酸异辛酯和硝酸戊酯（也称为戊硝酸酯）。它们对十六烷值改进取决于燃料的质量。例如，用2-硝酸异辛酯时，加入0.20%（体积）到燃料中可以从最初25的十六烷值提高到大约30的十六烷值。添加2%（体积）的酸酯戊硝可以把燃料十六烷值从45的提高到53。同样添加2%（体积）的硝酸戊酯可以将十六烷值增加大约20。

15.1.4 燃料油

燃料油有多种用途。首先可以用于加热，包括家用加热；用于提供化学或冶金过程中所需的热量；或用于产生蒸汽，进而推动发动机、船舶或发电厂的蒸汽轮机。燃料油大致分为两类，馏出油和渣油。馏出油为蒸馏产品，而渣油则从残渣中获得。

在美国，燃料油是基于黏度来进行分级的。该分类使用的编号系统，见表15.4。

1号燃料油可类比煤油和1-D柴油。虽然这三种燃料有不同的规格（例如燃料油没有十六烷值要求），但它们可以相互代替使用。这同样适用于第2号燃料油和2-D柴油。其他三个为渣油。第5号和6号油，有时也被称为重油，其必须被加热到一定温度才能通过燃烧设备的燃料管路和燃烧器喷嘴被泵送。它们含有非常大的分子，以超过20个碳原子的分子为主。在某些情况下，渣油的倾点可以超过20℃。

表 15.4　在美国使用的分类馏分油和渣油燃料油的主要特性。

	1 号	2 号	4 号	5 号	6 号
API 重度	4	32	21	17	12
灰分（质量百分数）（%）	痕量	痕量	0.03	0.05	0.08
热值（MJ/L）	38.2	39.3	41.7	41.2	41.8
颜色	浅色	琥珀色	黑色	黑色	黑色
倾点（℃）	<−18	<−18	−12	−1	18
硫（质量百分数）（%）	0.1	0.4～0.7	0.4～1.5	<2.0	<2.8
黏度（mPa·s）	1.6	2.7	15	50	360

15.2　加氢处理

对选定的原料进行加氢反应统称为加氢处理。加氢处理适用于各种目的。加氢处理包括除去进料中的杂质，如潜在的催化剂毒物；提高产品品质以达到满足市场的性能规格，如除去产物中的硫化物，以及使大分子裂化生成低沸点物质。在本节之前所讨论的所有化石燃料反应过程均有一定的限制，即反应中的分子之间转移的氢仅限于内部氢，即最初存在于系统中的氢。其后果是，富氢产品的形成不可避免的伴随富碳产品的产生。通常（但并非总是）富氢产品有更大的价值，富含碳的产品如多环芳香族化合物、焦油、烟灰或焦炭，通常会带来问题。以外源氢进行加氢处理则可以改变反应规则。具有丰富氢的封闭系统可以停止或减少富碳产物的形成，并能增强富氢、轻产品如汽油和喷气燃料的产率。图 15.5 描述了这种新的情形。

这并不意味着利用外源氢就一定是容易的过程。有时加氢需要严格的反应条件，包括氢的高分压和特殊的催化剂。

加氢处理广泛用于多种过程。氢化的主要目的是增加进料的 H/C 原子比，例如通过加氢使芳香族化合物或烯烃转变为烷烃。这样有助于最大限度地减少胶质和沉积物，形成稳定的中间馏分燃料，并能帮助精馏过程产生更轻的产品。加氢裂化可以降低分子量，同时沸点也因为分子减小而降低。加氢处理也能除去杂原子，特别是氮

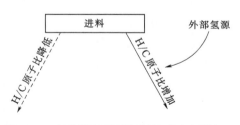

图 15.5　以外源氢进行加氢处理改变了氢的分配规则。在这样的情况下，可以将原料转化为具有高 H/C 原子比的产品，而不会在同一时间产生富含碳的产品。

和硫，有时为金属。通常在为达到某一特定目标的过程（例如加氢脱硫）中，往往伴随着其他反应，例如氢化反应。

15.2.1　加氢脱硫

硫氧化物排放对空气质量的影响一直受到人们的关注，减少燃料中硫含量也成为全世界人们一直致力于研究的重点之一。直接暴露在含二氧化硫的大气中会刺激或损伤眼睛和呼吸道的敏感组织。酸性降水会导致各种生态问题，包括天然水道酸化和水生生物的死亡，酸化的土壤会导致从土壤摄取养分的植物受到损害，甚至直接攻击植物的敏感组织。

用于燃料中的硫处理和减少硫氧化物排放的相关策略可以分为两大类：预燃和后燃。预

燃可以在燃料燃烧之前减少或消除原料中的硫含量。后燃则主要是对硫氧化物进行处理，因为他们在燃烧过程形成。最成功的后燃策略来控制硫氧化物的装置称为洗涤器，原理为硫氧化物与含有氢氧化钙的含水浆料进行反应生成硫酸钙从而降低硫氧化物的排放量，即

$$Ca(OH)_2 + SO_2 + 0.5O_2 \longrightarrow CaSO_4 + H_2O$$

洗涤器可以用于任何含硫燃料，而通常洗涤器主要应用于燃煤发电厂。洗涤器可以有效除去硫氧化物。它们适合于发电厂，因为洗涤器是固定不动的（即是所谓的固定来源）。发电厂通常含有大规模设备，每天消耗 10^4 t 级的煤以实现显著经济效益。洗涤器难以应用于移动设备，例如汽车、卡车和机车。因此预燃策略更加有意义。预燃策略的例子包括酸性气体的去除（第 10 章）和从煤中除去含硫矿物。煤中含有的黄铁矿等含硫矿物具有比煤炭质部分高得多的密度，所以可通过密度差异相关工艺来降低其浓度。相比之下，石油产品的脱硫较为困难，因为硫是在各种有机分子中通过化学方式结合到燃料之中，不是很容易通过吸收[G]或物理性质的简单差异去除。

加氢脱硫（HDS）是通过与氢进行反应来降低液体燃料中硫含量的一种方法，即

$$R-S-R' + 2H_2 \longrightarrow R-H + R'-H + H_2S$$

一些加氢脱硫可在许多催化重整过程中发生。加氢脱硫通常在炼制单元上游的分离反应器中进行。

即使是来自同一个原料油的汽油和柴油，硫带来的问题对柴油而言比汽油的更加严重，这是由于硫可以存在于多种不同的官能团中，因此其化学过程很复杂。例如，硫对沸点的影响可以通过两个硫基团来说明：硫醚或硫醇。庚烷，C_7H_{16}，相对分子量为 100，沸点为98℃。如果庚烷的中心亚甲基被硫原子替代所得的化合物，二丙硫醚，分子式为 $C_3H_7SC_3H_7$，其相对分子质量为 118，沸点为 142℃。由于二丙硫醚增加了分子量，相比庚烷将需要更多的热量才能使其气化。但是，这并不是唯一的原因。辛烷的相对分子质量为114，与二丙硫醚的接近，但是沸点只有 125℃。可以发现除了分子质量，硫的取代产生了一些额外的效果，这有助于解释相对于庚烷，二丙硫醚具有更高的沸点。这可以从硫原子能维持更长时间的偶极来解释，该偶极与色散力相互作用，形成了比分子间作用力强的相互作用。这可能是因为硫原子的 d 轨道导致的。

1-己硫醇，$C_6H_{13}SH$，是二丙硫醚的异构体，与二丙硫醚具有相同的分子质量，沸点甚至更高，达到 150℃。在此化合物中，巯基在分子内部引入了一个永久偶极。此偶极虽然不如相应的醇强，但仍增加了分子间的相互作用。

一个好的经验法则是，有机硫化合物（有时比庚烷和二丙硫醚沸点更高）具有比结构相似的碳氢化合物更高的沸点。这会影响蒸馏产物中硫的分布。本来蒸馏的目的是将不同沸点范围内的组分进行分离，但是由于含硫化合物相对于其类似的烃类化合物的沸点不同，因此基于硫的分馏过程也会发生（图 15.6）。对于给

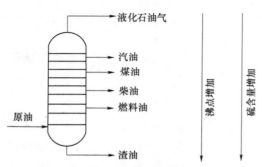

图 15.6　由于含硫化合物比相应的烃具有更高的沸点，因此蒸馏过程倾向于使硫富集到高沸点馏分中。

定的原料，蒸馏产物中硫含量随产物沸点的升高而增加。

一般地，在汽油和石脑油范围内的燃料含有硫醇、硫化物、二硫化物和噻吩的烷基化衍生物。在喷气燃料范围内的中间馏分燃料含有杂环化合物如苯并噻吩和二苯并噻吩。柴油燃料可能包含如二苯并噻吩、4-甲基二苯并噻吩和4,6-二甲基二苯并噻吩。重燃料油含有更大的化合物，具有三个杂环或多个稠环的大分子，如苯并萘并噻吩（15.1）和苯并二苯并噻吩（15.2）。

15.1　苯并萘并噻吩　　　　　　15.2　苯并二苯并噻吩

其中上述两种情况下可以有一个以上的烷基取代基，并且也可能在不同于图中所示的其他环位置。

欧洲和美国都有关于柴油中允许的硫含量的环保法规且日益严格。毫无疑问，其他相关的规定也将会有所发布。柴油允许的硫含量标准越来越低给炼油厂带来了问题。氢通常是昂贵的；脱硫的要求越高，其处理过程成本也越高。同时，边际效用递减规律开始[H]。通常情况下，对杂质（例如，硫）的去除从90％提高到99％需要做的工作如同从0提高到90％；从99％到99.9％的过程工作量相当于从90％提高到99％。但是，这个领域带来了很好的研发机会，让人们去发展新型高效和具有成本效益的方法，以实现深度脱硫。

狭义来讲，加氢脱硫的结果应该是C—S键断裂，两端分别连上氢。例如硫化物反应为

$$R—S—R'+2H_2 \longrightarrow R—H+H—R'+H_2S$$

然而，加氢脱氮过程、芳烃或烯烃加氢过程和一定程度的加氢裂化过程往往也伴随着加氢脱硫过程。

噻吩加氢脱硫的反应化学原理为

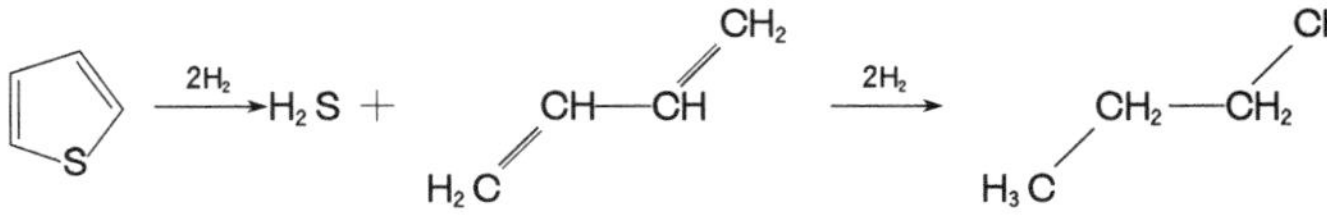

反应先是C—S键断裂形成1,3-丁二烯，随后再进一步氢化。C—S键断裂并不需要减少芳环的数量作为必需的第一步反应[1]。对于更复杂的分子，例如苯并噻吩，加氢可能与加氢脱硫竞争，即

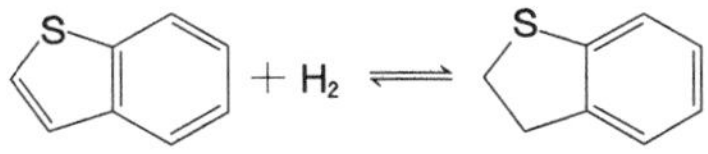

苯并噻吩和2,3-二氢苯并噻吩均可以进行脱硫反应。然而，芳环的还原并不是加氢脱硫过程中一定发生的环节。例如，二苯并噻吩的加氢反应得到联苯。

许多含硫官能团在加氢脱硫过程中具有特定的反应活性。一般情况下，反应活性排序为：硫醇＞二硫化物＞硫醚＞噻吩＞苯并噻吩＞二苯并噻吩＞较大的芳香杂环（如苯并噻

吩萘）。这些化合物的沸点可能会以相同的顺序增加，这一顺序带来了后续的问题，即更高沸点的蒸馏产物中含有较多的硫，同时它们在加氢脱硫反应过程中反应活性也更低。对于单一化合物，低分子量化合物比高分子量化合物具有更高的反应活性。该问题源于以下事实，较高沸点馏分具有更高的硫含量，因此，这些馏分更需要加氢脱硫才能满足要求；然而这部分化合物在加氢脱硫过程中的反应活性往往较低。因此，高沸点馏分更需要加氢脱硫，但同时又更难脱硫。

原则上，几乎任何有效的加氢催化剂都可用于加氢脱硫，但有一个重要的考虑因素。硫是许多金属催化剂（如铂）的有效毒药。为了避免这个问题，加氢脱硫经常使用过渡金属硫化物，或在加氢脱硫前已预硫化的过渡金属氧化物作为催化剂。钼和钨是经常用于制备加氢脱硫催化剂的过渡金属。有效的催化剂经常使用这些金属中的一种，通常是钼，同时将钴或镍作为促进剂来组合使用。钴和镍本身单独并不能作为良好的加氢脱硫催化剂，但它们可以作为钼或钨催化的促进剂。因为加氢脱硫催化剂需要设计为耐硫，这样催化剂的硫中毒不再是一个问题。但是，通过芳香分子的聚合作用焦化也可以发生在加氢脱硫催化剂上。在高氢气压力下运行的加氢脱硫单元（最高可达 20MPa，虽然 1～5MPa 更常见）可抑制焦炭的形成。

加氢脱硫过程中，氢气、硫化氢和有机硫反应物都吸附在催化剂表面上。氢发生化学吸附分解而形成氢原子。活性金属，例如钼，可以在反应进程中提供电子，即

$$Mo^{+3} \longrightarrow Mo^{+4} + e^-$$

钼化合物可以在本应用中表现良好，因为它们很容易在不同氧化态间转变，即 Mo^{+3} 和 Mo^{+4} 之间，这可帮助氧化和还原反应之间的进行电子转移。使用噻吩作为有机硫化合物的一个例子，反应为

$$C_4H_6S + 2H + 2e^- \longrightarrow CH_2 = CHCH = CH_2 + S^{-2}$$

硫离子与吸附在催化剂表面的氢反应为

$$S^{-2} + 2H \longrightarrow H_2S + 2e^-$$

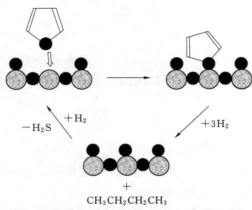

$$+$$
$$CH_3CH_2CH_2CH_3$$

图 15.7　加氢脱硫期间，原料中的硫原子与催化剂的表面上硫空穴相互作用。

总体而言，加氢脱硫包含电子转移和氢转移过程。

钴通常是催化剂促进剂，其作用是在催化剂表面上创建缺陷部位。通常，钴硫化的预期化学式为 CoS。然而，在加氢脱硫催化剂上，非化学计量的硫化物会出现，如 Co_8S_9，并促进在催化剂表面上形成硫空穴。需要加氢的硫原子嵌入到催化剂表面上的空穴（图 15.7）。分子中硫原子的结合是加氢脱硫机制中的重要步骤。

柴油和类似的中间馏分燃料的加氢脱硫过程中，含硫化合物的相对反应速率为：噻

吩＞苯并噻吩＞二苯并噻吩＞4-甲基二苯并噻吩＞4,6-二甲基二苯并噻吩。所谓的中间馏分燃料的深度脱硫需要除去重质化合物，如4-甲基二苯并噻吩和4,6-二甲基二苯并噻吩（15.3）中的硫。

这些化合物是非常难处理的，因为甲基会阻止硫原子占据催化剂表面上的硫空穴。甲基取代在除4-和6-位外其他位置的二苯并噻吩衍生物则更容易进行反应。

图15.8是用于加氢脱硫操作的简化流程图。

15.3　4,6-二甲基二苯并噻吩

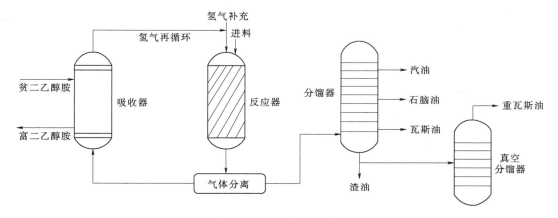

图15.8　加氢脱硫流程。

加氢脱硫工艺条件取决于原料。对于轻质或中等馏出燃料，加氢脱硫在300～400℃和线性时空速2～10/h（LHSV）的条件下反应。氢以350m³/m³的流量加入。氢消耗速率是50～350m³/m³的量级。良好的催化剂寿命在最好的情况下长达10年。相比之下，渣油加氢脱硫在340～425℃和0.2～1/h的LHSV条件下进行。对于这些原料，氢耗在350～1750m³/m³范围内，催化剂寿命有时不到一年的时间。直馏煤油的加氢脱硫过程在负载钴和钼的氧化铝催化剂上进行，可以获得喷气燃料；相同的过程适用于直馏轻瓦斯油生产柴油燃料。加氢脱硫过程中产生的硫化氢必须经过处理，以防止其逃逸到环境中，例如通过克劳斯法（第20章）进行处理。简言之，加氢脱硫过程中形成的硫化氢一部分被燃烧以产生二氧化硫。二氧化硫随后与硫化氢的其余部分反应以形成单质硫，即

$$2H_2S + SO_2 \longrightarrow 2H_2O + 3S$$

在这个反应中产生的硫可以卖给化学工业用于制造硫酸。由于一些加氢裂化伴随加氢脱硫，5%～15%的原料的约被转换为沸点低于350℃的材料。

加氢脱硫过程中发生两个副反应。加氢脱硫的催化剂通常也是很好的加氢催化剂。原料中的芳香族化合物可完全或部分氢化（饱和），例如萘可以转化为四氢化萘或甚至十氢化萘，虽然可调节反应条件以避免氢化发生。尽管如此，一些芳烃加氢过程几乎总是伴随着加氢脱硫过程。另一个副反应是加氢裂化，将随后进行讨论。

15.2.2　加氢脱氮

燃料中的氮化合物在燃烧系统中会产生和排放氮氧化物。大气中的氮氧化物参与形成酸雨和形成光化学烟雾。在大多数燃烧过程中，从燃料分子中氮产生的氮氧化物，所谓燃

205

料型 NO_x，只贡献了氮氧化物总量的一小部分。燃烧室中的空气含有 80% 的氮，在燃烧过程中的高温下与氧气反应，例如

$$N_2 + O_2 \longrightarrow 2NO$$
$$N_2 + 2O_2 \longrightarrow 2NO_2$$

这种热 NO_x 通常占总 NO_x 排放的大部分。通过减少在燃料分子燃料型 NO_x，或者其前体中的氮原子，并不能对空气质量改善有太多效益。燃料中含氮化合物受到人们关注主要是由于许多这样的含氮化合物可以是良好的刘易斯碱或布朗斯特碱。这使含氮化合物成为酸性催化剂的非常强的抑制物。另外，润滑油中的氮化合物在高温下不稳定，能分解形成聚合固体沉积物，损害油的润滑能力。

加氢脱氮（HDN）与加氢脱硫具有一些相似之处，其目标是切断 C—N 键，以减少杂原子浓度。在化学原理上的区别是，加氢脱氮过程中环需要是饱和的才可除去氮，而芳香族含硫杂环的加氢脱硫不需要环的完全还原。喹啉的加氢脱氮反应典型的顺序为

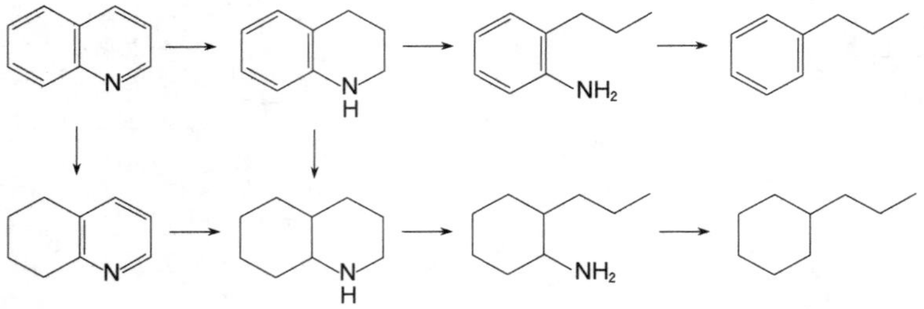

此例子中，喹啉的加氢脱氮最终产生丙基苯和丙基环己烷。各种加氢脱氮过程在较宽范围的压力下进行，约 1～17MPa，但所有过程往往是在温度 340～400℃ 范围内进行。

可用于加氢脱硫和加氢脱氮的催化剂常是相同或相似的。氧化物和硫化物催化剂通常可有效催化加氢脱氮。该催化剂不需要在使用前进行预硫化。典型的催化剂是钼或有时是钨，以镍作为促进剂，负载在氧化铝。对加氢脱氮催化剂而言，镍似乎是比钴更有效的促进剂。

15.2.3　加氢脱金属

加氢脱金属（HDM）旨在除去炼油物流中的镍和钒。这些金属会造成下游处理过程使用的催化剂中毒，会加速燃烧系统的腐蚀，而且其催化剂本身的性能也会有所损失。镍和钒在石油中以卟啉配合物形式存在。当金属沉积在例如加氢裂化催化剂上时其难以去除，唯一的解决办法是更换催化剂。

15.2.4　加氢精制

加氢精制通常用于催化重整上游的石脑油。它也可以应用于其他的产品如瓦斯油甚至更重的润滑油原料。加氢精制在相对温和的条件下，例如 0.35～6MPa，和可低至 200℃ 的一定温度范围内（虽然可能高达 400℃，这取决于进料）进行。典型的催化剂是氧化钼，用钴作为促进剂，负载在氧化铝上。该过程可减少硫含量。加氢精制过程也可通过使烯烃饱和以减少胶质的形成。产物中芳烃没有较大程度的减少（除了在最剧烈的条件下），因此灰分的产生趋势并没有发生改善。由于氢的存在，焦炭形成的得以抑制，从而大大延

长了催化剂寿命。

15.2.5　加氢裂化

加氢裂化的进料通常为瓦斯油，其来自于渣油加工、热裂化或延迟焦化过程（第16章）。这些原料与正常进入 FCC 单元的进料不同。加氢裂化反应包括长链烷烃的断裂和烷基芳烃的侧链去除。加氢裂化反应与那些已经讨论过的催化裂化反应类似，通过类似的反应机理进行。两者关键的区别在于加氢裂化需要外部氢气。碳正离子通常通过进一步氢化迅速转化为烷烃。高氢气分压可以防止烯烃的生成，否则烯烃将导致焦炭的形成。多环芳香族化合物也是焦炭的前体，对其进行部分加氢，随后加氢裂化，产生的产品中会有更少的稠合芳香族结构。

加氢裂化和加氢处理操作之间的区别在于目标产品的沸点范围不同。加氢裂化的目的是，如果可能将进料转化达到 100%，以得到沸点范围低于进料的产品。在加氢处理过程中，沸点范围的显著变化并不是主要的目的，虽然有些情况下沸点范围也会变化，其原因是降低了原料中的芳烃和硫化合物的含量。加氢处理的主要目的是通过消除或减少进料中不希望的硫、氮、烯烃和芳烃的含量以提高产品品质。

加氢裂化采用双功能催化剂，具有金属成分（以促进加氢）和酸性位点（以提高裂化）。例如，在二氧化硅—氧化铝载体上负载镍，如果使用高硫含量的进料，氢化催化剂将需要以其硫化物的形式存在，通过硫化以避免催化剂中毒。渣油加氢裂化是用来处理残油以将其升级为蒸馏产品。与催化裂化相比，加氢裂化产生更少的气体和焦炭，从而产生更多的液体。加氢裂化整体是放热的，而催化裂化是吸热的。但是，因为加氢裂化采用昂贵的外源氢气，所以加氢裂化过程比催化裂化成本更高。裂化通常没有加氢裂化那么彻底，因为存在于反应器中的氢有助于稳定初级产品，使得它们不太可能进一步裂化。

在加氢裂化中，原料分子中有两个相邻的碳原子吸附在催化剂表面上（图15.9）。氢原子的丧失导致形成强的碳—催化剂键。来自催化剂的 H· 可以稳定这些片段，并让它们在催化剂表面形成新的、较短的分子而从催化剂上脱附，如图 15.11 所示。

加氢裂化通常在 10～20MPa、300～370℃条件下进行。取决于氢气量的多少，重质进料可转化为多达 350 种产品。例如，氢的消耗量达约 1%（重量）进料时，约有 30%的重油进料转化为较轻的材料。90%～100%

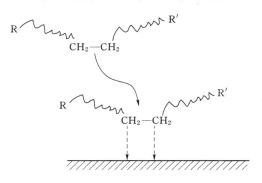

图 15.9　加氢裂化开始于原料的碳原子与催化剂表面的相互作用。

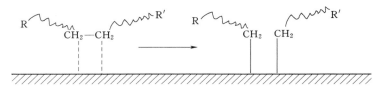

图 15.10　吸附到加氢裂化催化剂后，原料中碳—碳键发生断裂。

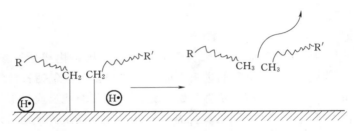

图 15.11　在催化剂上，氢气通过解离化学吸附形成氢原子，氢原子与 C—C 键断裂形成的
亚甲基基团反应，从而形成稳定的加氢裂化产物。

的转化率对应 5% ～5.5% 的氢消耗量（重量）。表 15.5 比较了催化裂化和加氢裂化的
不同。

表 15.5　催化裂化和加氢裂化比较。

	催化裂化	加氢裂化
进料沸程（℃）	230～600	50～540
氢气消耗（质量百分数）（%）	0	1.5～5
操作压力（MPa）	0.1～0.2	10～21
温度（℃）	480～540	260～430
到汽油的转化率（质量百分数）（%）	50～80	30～100
主要产品	汽油、燃料油	LPG、石脑油、喷气燃料、润滑油

催化裂化具有更高的选择性，因而具有较窄的产品分布范围。但是，在加氢裂化过程
中，烯烃不会出现在汽油中，焦炭的形成也显著更低。

许多反应变量会影响加氢裂化的结果。温度具有主导作用。在许多反应中，温度每增
加 10℃ 可将反应速率提高近一倍。氢分压增加也会导致转化率的增加。如果裂化伴随一
些加氢脱氮，氨也存在于反应器的气体中。提高氨分压似乎会降低转换率，即通过增加氢
分压的益处会因此部分被抵消。也就是说，增加了反应器压力可以提高转化率。进料速率
的增加会降低转化率，因为一定进料量时，提高进料速率降低了物料与催化剂之间的接触
时间。

加氢裂化可以应用于轻真空瓦斯油等原料，其主要含有 C_{25}～C_{35} 的化合物。这种原料
在氧化铝负载 Ni 和 Mo 的催化剂进行加氢裂化。产品包括 C_3 和 C_4 气体和液体，液体包
括高辛烷值汽油和中间馏分油，特别是喷气燃料和柴油。较轻的汽油馏分，即戊烷和己烷
异构体，具有约 95～100 的 RON（研究法辛烷值）；低辛烷值的重汽油馏分可作为催化重
整的原料。如上所述，一些加氢脱硫或加氢脱氮过程也伴随着加氢裂化。反过来也是如
此，即含硫或富氮原料的加氢裂化同时也在一定程度上伴随着加氢脱硫和加氢脱氮。

15.2.6　氢化过程

氢化过程可以将芳香族化合物转化为氢化芳香族化合物和环烷烃，以及将烯烃转化为
烷烃。例如，加氢过程可用于降低芳香族化合物的浓度来提高喷气燃料的烟点，可除去低
十六烷值芳烃来提高柴油燃料的十六烷值。典型的催化剂是铂或钯或它们的合金，负载于

二氧化硅或氧化铝载体上。以萘为例，氢化过程的初始产物是四氢化萘；进一步加氢会形成顺式-和反式-萘烷。

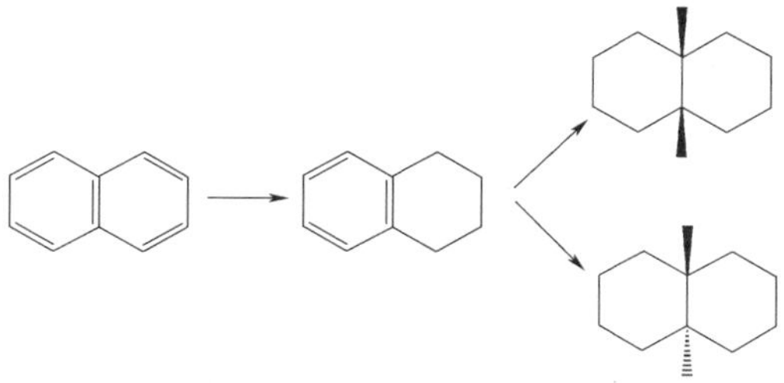

15.2.7　氢的来源

任何使用氢的炼制过程中，氢的来源是必须解决的问题。在过去，芳香族化合物因其较高辛烷值而可被接受作为汽油组分时，催化重整单元有净的氢气产生。从催化重整单元中得到的氢气可以用于炼油厂的其他单元。然而，今天情况已经不同，因为催化重整的目的是最大限度地减少芳烃的形成。重整不再具有生产高辛烷值汽油和提供氢来源的双重用途。幸运的是，还有其他几个路线可以生产氢气。

如果可获得天然气，则最好的产氢路线是甲烷的蒸汽重整，例如

$$CH_4 + H_2O \longrightarrow CO + 3H_2$$

该反应在镍催化剂存在的条件下进行，条件是 $750 \sim 850℃$ 和 $3MPa$。在随后的步骤中，即水煤气变换反应（第20章），一氧化碳与蒸汽反应，产生氢气和二氧化碳。CO_2 可以很容易地用胺类上（第10章）吸收，留下纯氢气。由于这一优点，该反应已经在全球范围内用作氢气生产的主要途径。该技术已发展成熟，因此如采用脱除硫化氢的天然气作为原料时，只需要将水气化以及将 CO_2 吸收，而无需对产品进行其他处理。

上述对于甲烷的反应同样适用于所有烃类。对于化合物 C_xH_y，一个通用的反应式为

$$C_xH_y + xH_2O \longrightarrow xCO + \left(x + \frac{y}{2}\right)H_2$$

丙烷、丁烷或石脑油等原料都可以通过蒸汽重整生产氢气。

碳氢化合物与蒸汽的反应是吸热的，所以需要连续热源。当天然气、液化石油气和石脑油作为原料进行蒸汽重整时，反应器需要外部加热。用较重的烃，如燃料油作为进料时，相同的化学原理，但该反应的策略有所不同。在这种情况下，该过程需要的热由反应器内燃烧一部分原料获得，剩余部分则与蒸汽反应。也就是说，烃原料、蒸汽和空气或氧气都加入到反应器中。这种方法被称为部分氧化法。

在石油炼制过程中，将炼油厂中一些易于获得的物料，例如 LPG、石脑油或低值燃料油，用作生产氢气的原料具有重要意义。但是，几乎所有的含碳原料都可以与蒸汽和空气或氧气反应产生一氧化碳和氢气，然后经过纯化可以得到纯氢气。这些原料包括煤、生物质和各种废弃物。当原料是固体或非常重的液体时，部分氧化过程通常被称为气化。煤和生物质气化将在第19章中介绍。

电解水是提供氢的另一条具有前景的路线，即

$$2H_2O \longrightarrow 2H_2 + O_2$$

但首先，炼油厂似乎没有理由考虑此路线，特别当炼油厂可获得低值原料以进行蒸汽重整、部分氧化或气化来生产氢气的时候。但是，如果在此步骤中使用的电力来自本身也不产生二氧化碳的发电站，即核电站、水电站、光伏电站或风电场，电解产氢可减少装置的二氧化碳的排放量（即减少其碳足迹），将炼油厂和核电站联建可以实现用"碳零排放"的电解产氢，并可利用一些核电厂的废热为一些炼制过程提供热量，从而消除由燃火加热器产生的二氧化碳，拥有双重优势。

注释

[A] 弗兰克·惠特尔爵士（1907—1996）普遍被认为是喷气式发动机的发明者。德国工程师汉斯·冯·奥海恩也被认为发明了喷气式发动机或为共同发明人，但似乎惠特尔的工作具有优先权。弗兰克·惠特尔在他的学位论文中描述了大多数飞行器的推进原理，也有人说这篇论文是他还是皇家空军训练学校学生时写的学期论文。惠特尔设计的喷气式发动机于1930年获得专利。惠特尔是一个制造喷气式发动机公司的共同创始人之一；他们的第一个订单是一个引擎。当第一个实验喷气式飞机第一次试飞时，一个旁观者惊呼，"弗兰克，它飞起来了！"惠特尔的回答是，"那就是我们呕心沥血设计它的目的，不是吗？"

[B] 这并不意味着相同的发动机可以在所有这些不同的燃料条件下运转。与其他燃烧装置一样，甚至可能更重要的是，发动机的设计必须与它将要使用的燃料密切配合，反之亦然。

[C] 在油脂化学中使用的烟点概念是完全不同的。对于油脂，该术语是指当油或熔化的脂肪被加热到恰好开始冒烟的温度。本文中使用的烟点的单位用温度单位表示，并且远低于该液体的沸点。

[D] JP-3是早期燃料中的一种，在之后不久的第二次世界大战中投入使用，其沸程包含了汽油和煤油的整个沸程。当飞机爬升到一定海拔时，燃料由于压力的降低快速气化，造成了相当多的泡沫。蒸发的大部分液体燃料损失。飞行员在达到作战高度时会发现，三分之一到一半的燃料已经没了。这个问题显著降低了飞行的距离和持续时间。

[E] 鲁道夫·狄塞尔（1858—1913），出生在巴黎的德国工程师，他十几岁时就决定以工程作为自己的职业。他的第一份工作是与他的教授导师卡尔·冯·林德制作制冷机，卡尔·冯·林德因气体分离和制冷技术而闻名。狄塞尔随后发明了使用氨蒸汽而不是实际蒸汽运行的蒸汽引擎，但这台发动机发生了爆炸。他的第一件作品是以他的名字命名的1893年制造的发动机。该发动机采用花生油为燃料运转，并在1900年巴黎博览会首次展出。狄塞尔预测，植物油将成为液体燃料的重要来源。事实上，一个世纪之后，我们正目睹生物柴油的稳步扩大。狄塞尔还预测，他的引擎将成为交通运输中的重要产品之一，在当时这个想法被认为是荒谬的，因为当时是用蒸汽、帆和马的年代。除了少数应用，如飞机，现在的世界正在"柴油化"，柴油发动机应用于交通运输的各环节。

[F] 实际上，在使用小型发动机的飞机中恰好以这种方式运行，因为它们几乎一直以相同的速度和几乎恒定的负载运行。

[G] 在过去的十年中，有几种有趣的方法已经被开发用于通过吸收来实现燃料的深

度脱硫，通过这种方法可以去除难以除去的硫化合物，如4,6-二甲基二苯并噻吩。一种方法是采用过渡金属材料作为吸收剂，包括负载在氧化铝和硅胶上的钯化合物和镍化合物；另一种方法是采用离子液体，如1-正丁基-3-甲基咪唑氯化物和1-乙基-3-甲基咪唑氯化物的混合物。

〔H〕边际效用递减规律起源于经济学，往往涉及制造或生产过程。在经济学中，它被认为是，固定其他所有变量，当有一个因素改变时，随着该因素的增加，边际产出越来越少。在体能训练或练习中，"无付出，无收获"的表述有时也被使用。边际效用递减规律有时表示为"收益与付出不匹配"。

〔I〕噻吩以及与之相关的化合物呋喃和吡咯，是芳香族化合物，有时被称为杂环芳香族或杂芳香族化合物。在这些化合物中，碳原子像在熟知的苯中那样是 sp^2 杂化的。每个碳原子贡献单个电子给垂直于环平面的非杂化 p 轨道形成的 π 轨道系统。此外杂原子例如硫，也会提供一个孤电子对给垂直于环的 p 轨道。因此，有六个总电子在离域的 π 系统中，满足芳香性的胡克标准。

推荐阅读

Ancheyta，Jorge and Speight，James G. *Hydroprocessing of Heavy Oils and Residua*. CRC Press：Boca Raton，FL，2007. A useful monograph on hydroprocessing of the heavy and hard-to-handle materials.

ExxonMobil Aviation. *World Jet Fuel Specifications*. 2005. A very useful compilation of these specifications，available on the web at www. exxonmobil. com/AviationGlobal/Files/World JetFuel Specifications 2005. pdf.

Froment，G. F.，Delmon，B.，and Grange，P. *Hydrotreatment and Hydrocracking of Oil Fractions*. Elsevier：Amsterdam，1997. An edited collection of about 60 original research papers in this field.

Gary，J. H. and Handwerk，G. E. *Petroleum Refining*. Marcel Dekker：New York，1984. An excellent source of information on refining processes. Chapters 8 and 9 apply to the present chapter.

Guibet，Jean Claude. *Fuels and Engines*. Éditions Technip：Paris，1999. This excellent book，though of course not covering the most recent advances，provides a comprehensive look at hydrocarbon and biofuels，and the interdependence of fuel properties with engine design and operation. Chapters 4 and 7 relate to the present chapter.

Meyers，Robert A. *Handbook of Petroleum Refining Processes*. McGraw-Hill：New York，1997. A useful trove of details on specific refinery processes. Parts 6，7，and 8 relate to the present chapter.

Speight，James G. *The Chemistry and Technology of Petroleum*. Marcel Dekker：New York，1991. Chapter 16 of this very useful book provides a thorough overview of hydroprocessing.

第 16 章　炼制中的热处理过程

16.1　热裂化

随着炼油技术的进步，热驱动反应可以将油母质和较大的烃类分子分解成较小的分子。在炼油厂中，类似的过程可以将一些较重的产品分解成较小的分子。此过程可以降低分子量，提高在汽油沸程范围内的相对小分子的量。这种完全依赖热量将石油大分子分解成更小分子的工艺被称为热裂化。

在 20 世纪的最初几十年里，汽车和卡车的保有量稳步增长，对汽油的市场需求超过了直馏汽油的供应量。裂化过程可以提高分子大小在 $C_5 \sim C_{10}$ 范围内产物的比例，但产品中还存在一些比汽油价值较低的大分子物质。

炼油厂的裂化工艺有两种，即热裂化（即完全依靠温度来驱动的裂化反应）和催化裂化。第 14 章讨论了催化裂化的反应过程。1913 年热处理过程开始得到发展。热裂化工艺在 20 世纪的最初几十年发展迅速。这些工艺有助于满足 20 世纪 20 年代和 30 年代不断增加的汽油需求。C.P. 达布斯[A] 开发的工艺是热裂化一个例子（图 16.1）。

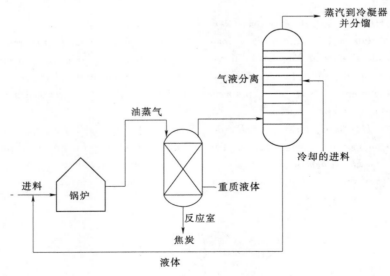

图 16.1　达布斯热裂化工艺流程。

约在 1950 年前，热裂化的基本目的是提高较重组分转化为轻组分和中间组分的产率。这取决于原料和裂化条件，热裂化产生的汽油产量大约是直馏汽油的两倍。将热裂化产品和直馏汽油混合可以提高约 40％的汽油产率，产品的辛烷值为大约 75。热裂化过程必然伴随着芳烃形成，这也有助于提高辛烷值。20 世纪 40 年代开始，用于生产轻质组分油的大部分热裂化工艺逐步被催化裂化取代。今天，热裂化仍然是降低黏度的一个有用方法，并且在石化工业制造乙烯过程尤其重要。

热裂化的化学反应与油母质深成作用中的自由基反应（第 8 章）类似。化合物裂化的顺序如下：烷烃＞烯烃＞二烯烃＞环烷烃＞芳香烃。油的裂化顺序以及该顺序与组分的关系，可由在第 11 章讲述的三元组分图来解释（图 16.2）。

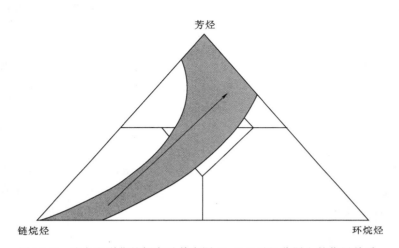

图 16.2　油发生裂化的倾向及其在图 11.2 三元组分图上的位置关系。

一般来讲，石蜡是原油裂化的首选原料。

反应由 C—C 键的均裂引发。反应产生的一个自由基从第二个分子中得到氢，例如

$$RCH_2 \cdot + CH_3CH_2CH_2CH_2CH_2CH_2CH_2CH_3 \longrightarrow RCH_3 + CH_3CH_2CH_2CH_2CH_2CH \cdot CH_2CH_3$$

新产生的 2°自由基可以发生 β-键断裂生成 1-链烯烃和 1°自由基，即

$$CH_3CH_2CH_2CH_2CH_2CH \cdot CH_2CH_3 \longrightarrow CH_3CH_2CH_2CH_2 \cdot + CH_2 = CHCH_2CH_3$$

新的 1°自由基参与进一步传播反应。理论上，终止自由基结合会导致相当迅速的裂化反应停止，因为重组反应是非常迅速的。但是，在工业裂化过程中，非自由基烃的浓度比自由基的浓度大得多。自由基与烷烃之间的碰撞和传播，比一个自由基与另一个自由基碰撞终止反应的可能性要大。

该反应过程的强度，包括时间、温度和压力决定了产品的产率以及产品的组分、结构和性能。在较高温度下发生的裂化过程达到所需的转化率需要更短的停留时间。时间和温度并不完全对等。也就是说，在高温短时间反应不一定得到与低温较长停留时间反应一样的结果。虽然可能实现相同的转化率，但不一定是相同的产品构成。这是因为不同反应的引发和延伸所需的最优温度有所不同。因此，随着反应温度的变化，某一特定产品在产品构成中含量会有所改变。

一般地，低压力（小于 0.7MPa）和高温度（大于 500℃）有利于形成低分子量产物。

在此高温下，热能驱动吸热的键断裂反应发生。低压有利于形成气体或蒸汽。相比之下，裂化过程的条件在 3～7MPa 和小于 500℃会减少轻质产品的形成。达到给定的转化率所必需的停留时间取决于原料的不稳定程度。原料裂化仅在有限程度上发生，因此回收较重的、未裂化的原料可以增加整体的转化率。然而，这种策略只能在一定程度上使用，因为每次通过反应器，难以裂化的原料的浓度随着循环逐渐增加。因此循环物料随着循环次数增加而越来越难以裂化。

低压下裂化会提高轻质产品中的烯烃含量。烯烃在汽油、喷气燃料和柴油燃料中是不期望的产物，因为它们会低聚形成胶质，特别是存储在空气条件下时更加容易聚合。然而，裂化期间形成的烯烃并不一定是不希望的。较小的烯烃，如丙烯，在化学工业中具有有许多用途。仅从单一原料出发可以制成许多产品，包括聚丙烯、丙酮、丙烯腈、丙烯酸、异丙醇和丙二醇[B]。C_{14}～C_{34}链烷烃温和热裂化可产生 C_6～C_{20}烯烃。高级烯烃的沸点与原料烷烃非常接近，因而很难将其与原料烷烃进行分离。例如，上述 C_7 化合物的沸点是庚烷 98℃，1-庚烯 94℃，2-庚烯 98℃和 3-庚烯 96℃。烯烃具有比相应的烷烃更高的辛烷值。尽管易于形成胶质，存在于热裂化汽油中的烯烃相对于直馏汽油有助于提高辛烷值。

最早的热裂化过程是间歇式的，但是间歇操作难以获得高产量。C.P. 达布斯开发了连续热裂化工艺。用于生产汽油的混合相裂化工艺即是这种连续工艺的一个典型代表。图 16.3 给出了混合相裂化流程的一个模块。

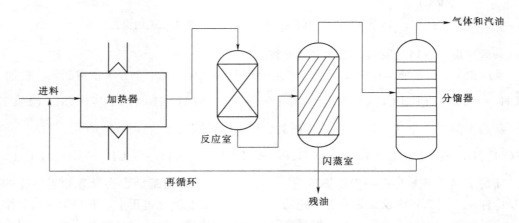

图 16.3 混合相裂化流程图。

该工艺的原料可以是煤油、瓦斯油、渣油，有时甚至是原油本身。进料经快速预热后进入反应室中，并在 400～480℃和 2.5MPa 条件下进行反应。具体温度取决于原料。压力的选择应使具有高液气比的体系几乎可以保持实质均相。从闪蒸室出来后的产品进入到分馏塔以获得汽油。闪蒸室底部产出的重质组分可用作重燃油，分馏塔底部重质组分再循环。

图 16.4 给出了用于渣油连续热裂化的流程。渣油通过与在塔中已裂化的产物混合后得以加热。主要产品有汽油和中间馏分油。重燃油也可以回收。

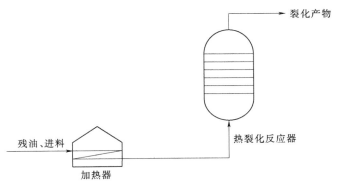

图 16.4   渣油连续热裂化流程图

16.2   减黏裂化

对于给定的化合物，降低分子大小通常可以降低黏度。在处理高黏性的流体或原油时，降低液体中分子的大小对于降低黏度是有帮助的。减黏裂化过程可以降低原料如渣油的黏度、沸程和倾点。所有这些变化都可以在同一过程中实现，其原理在于这些物理性质与分子尺寸的大小以及第 9 章中讨论的分子结构之间存在联系；减黏裂化的目的是减少黏度，使得需要较少的能量即可泵送液体，或者使得管道中的流体更易于运输。减黏裂化的原料包括渣油、原油或油砂中的油。减黏裂化也可用于生产可用作催化裂化原料的瓦斯油。

高黏度主要是由于烃类液体分子和长链分子间的相互作用，或者烷烃、环烷烃及芳烃烷基侧链之间的相互作用导致的。热裂化裂解了一部分大分子，或者是减少了侧链的长度。具有通过聚亚甲基链、杂原子或两者交联而固定的芳香结构通常具有很大的分子量，温和热裂化就可以打断一些这种连接键，实现分子大小的显著降低。这样一来，即使是看似仅有很少一部分转化为低沸点的汽油或石脑油，仍然可以导致黏度的大幅度减少。通过减黏裂化降低黏度伴随着测量倾点的降低，并且原料的低温性能也会得到普遍改善。

与前面所讨论的热裂化过程不同，减黏裂化的目的是改善原料的黏度性质。将原料转变成低沸点的燃料不是首要考虑的因素。图 16.5 给出了减黏裂化的流程。

原料流经反应炉时发生减黏裂化。裂化温度取决于进料。例如，常压蒸馏残油需要加热至 500～525℃；出口处的温度约为 440～445℃。反应的程度是由流量或在炉内的停留时间决定的，典型停留时间为 1～3min。工作压力选择可以帮助控制停留时间，还能帮助控制气化程度。残油的操作压力可在 0.35～0.70MPa 范围内，最高压力不超过 5MPa。由于没有外部氢源，一些轻馏分产物的形成不可避免地会同时生成富含碳的产物，即焦炭会同时形成。较短的停留时间有助于减少炉内的焦化程度。然而，大约每 3～6 个月，反应炉必须进行除焦处理。裂化产物从反应室进入闪蒸室。塔顶分离出汽油（有时也被称为减黏裂化汽油）和轻瓦斯油；底部进一步真空分馏以产生重瓦斯油和真空焦油。减黏裂化汽油与精炼厂中其他来源的汽油混合，最终销售给消费者。

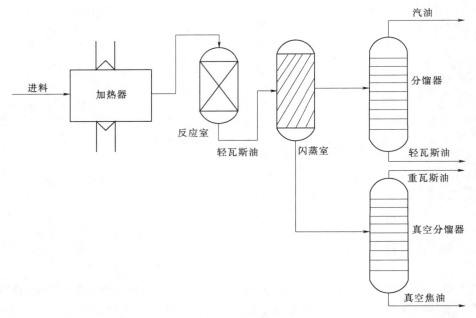

图 16.5 减黏裂化流程。

直馏重瓦斯油更剧烈的热裂化会得到更多产品，包括乙烯、液化石油气、石脑油、煤油和作为中间馏出物的轻质瓦斯油，同时还会产生被称为热焦油的重组分。热焦油通常有高浓度芳香族化合物，有高黏性和高沸点。热焦油富碳或具有低 H/C 原子比，是在热裂化的自由基反应过程产生的，必然的内部氢再分配过程除了生成重组分，同时也生成了高H/C 原子比的轻组分。

减压渣油的减黏裂化会产生 C_3 和 C_4 气体、石脑油、中间馏分和燃料油。内部氢再分配会导致形成焦炭。生成的焦炭很难用作碳材料，但可以作为有用的固体燃料。旋管减黏裂化指将减压渣油通过 $475 \sim 500℃$ 的旋管，保持 $1 \sim 3min$ 的停留时间。对产物进行分馏可以产生一些气体、汽油、轻瓦斯油、重瓦斯油和 6 号燃料油。均热炉减黏裂化，是将渣油加热到较低的温度并保持较长的反应时间，也基本上可以得到相同产物。温和的减黏裂化可以得到 6 号燃料油以及少量的焦炭。

16.3 焦化过程

重度热裂化过程伴随着产生大量（通常大于 25％）的焦炭。焦化过程通常有两种目的：第一个目的是为了使得重质原料得到广泛热裂化，以增加液体的产量。在这种情况下，焦炭是必然的副产品。如果无法找到其他应用，焦炭可以作为燃料用于过程供热或生产蒸汽。第二个目的是本身为了进行焦化过程以生产出适销的焦炭产品，而液体为副产品。

在整个燃料化学与技术中，在许多情况下都出现了焦炭一词，但这个词并不总是得到正确的使用。焦炭是从流体相中形成的，或者在生产过程中经过流体相而产生的固体碳质材料。术语石油焦炭用于描述由石油的各种馏分经过重度热加工制成的那些碳质固体。其中定语"石油"除了指明用来制作这些焦炭的原料来源，也帮助我们区分从煤得到的冶金焦炭[C]。冶金焦将在第23章进行讨论。在过去，焦化有时称作"炼油厂的垃圾箱"。在这个意义上，低附加值或者说没有市场的产物可转化成焦炭以更多地获得液体产品。然而，当生产高价值的石油焦炭时，监测和控制原料的品质对于产品焦炭的品质非常重要。

在各种标准化的实验室测试，如康拉逊残碳测试中，焦炭的产率通常正比于原料的碳残渣量。在该试验中，过滤后的样品称重后放置在瓷坩埚中，然后将其置于铁坩埚内。这种双坩埚组件放在装满沙子的第三个铁坩埚中。该装置用气体燃烧器加热直到样品开始冒烟，裂解产生蒸汽并燃烧，最后，将最外层坩埚加热至红热状态并保持一定时间。测试结束后最后的碳回收量便是康拉逊残碳。也有其他替代试验已经在使用。所谓的微碳残留物测定越来越受欢迎，因为它可以在热重分析仪上进行，并可用较小的样本、更少的劳动力和更短的时间完成测试。

16.3.1 延迟焦化

术语延迟焦化中的"延迟"主要来自于该过程的运行方式。原料在反应炉中进行短暂停留加热，约3min，但热原料在进入炉下游的焦炭鼓之前不会发生焦化，因而进料的加热和实际形成焦炭本身之间存在延迟。

延迟焦化是重度热裂化工艺，其可以将渣油进行升级和将其他重馏分转化为液态和气态产品，同时产生石油焦。延迟焦化为炼油厂提供了额外的蒸馏产品。内部氢再分配形成富含碳的焦炭和相对富氢的液体和气体。延迟焦化过程需要很长的停留时间（18～24h），以确保裂化和氢再分配过程进行完成。约75%的进料转化为较轻的产物，而剩余的25%转化为焦炭。根据原料与焦化条件，该过程可以得到三种焦炭，即球状焦炭、海绵状焦炭和针状焦炭。球状焦炭的碳含量最低，并且仅用作廉价的固体燃料。海绵焦炭为中间级产品，主要用作制备电解冶炼铝的碳阳极材料。针状焦炭为优质产品，其可用于制造人造石墨用于各种用途，包括弧炉的电极。

延迟焦化（图16.6）为半连续（或半间歇）操作，在该过程中原料被连续引入，但焦炭可在18～24h的间隔时间内成批取出。在半连续过程中，至少需要两个焦炭鼓，这样可以从其中一个焦炭鼓中取出焦炭时另一个用于焦炭生产。焦炭鼓的温度是大约450℃，压力为0.1～0.6MPa。

原料在70～200kPa条件下迅速加热至475℃以上。预加热的原料传送至一个大的、圆筒状焦炭鼓的底部，其大体尺寸为直径4～10m和高度18～35m。尽管原料在预热炉中温度达到裂化温度，但焦炭的形成开始于焦炭鼓。轻质裂化产物通常迅速离开反应器。焦炭在焦炭鼓中积累直到装满。延迟焦化装置为两个焦炭鼓，或者可能为四个焦炭鼓。当一个焦炭鼓填满时，预热的进料被切换到另一个空鼓中。进料在焦炭鼓中具有很长的反应时间，从而将液体转化为气体、馏出物和焦炭。蒸汽通过填满的焦炭鼓，将未转化的原料气化，并去除未逸出的轻产物。焦炭是使用水或蒸汽喷枪在高压（大于20MPa）条件下从焦炭鼓的壁面上分离的。蒸汽在大约435℃从焦炭鼓的顶部流出，与冷油接触后骤冷。不幸的是，产生焦炭的氢再分配和自由基终止反应都倾向于保留原料中的任何硫、氮或金属元素，所以这些元素富集在焦炭中，相对于原料其浓度要高很多。

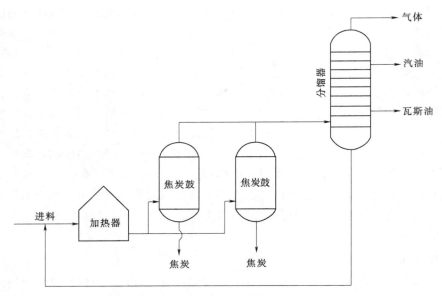

图 16.6　延迟焦化流程图。

　　大部分延迟焦化的化学原理涉及已多次讨论过的自由基反应和氢再分配过程。原料的反应性与自由基引发的容易性密切相关，主要取决于组分和进料的分子结构。几种热驱动的自由基延伸反应随后发生。这些反应包括：烷基芳香族分子烷基侧链的开裂；环烷烃的芳构化；烷烃氢的损失形成烯烃、二烯、三烯和环化形成环芳烃；烯烃或二烯烃的齐聚，以及小芳族结构通过脱氢聚合，生成更大更高分子量的芳族化合物。终止反应涉及氢在反应介质中转移的自由基化合反应。只要能够维持氢转移，液相的黏度仍然相对较低。长时间保持低黏度对于所述过程具有重要意义。

　　氢转移的结果是低的 H/C 原子比，即主要是芳香族化合物在液相中稳定积累。而较轻产品，具有比原料高的 H/C 原子比，在焦化过程中逸出，这些剩余的较重的分子继续缩合以形成分子量更大的结构。最终重物质的浓度达到相分离的临界点，得到的第二液相比原来的液体密度更大，同时含有更多芳香族化合物。相分离取决于母液的溶剂特性，如果原来的液体本身具有很多芳香化合物，则它更有可能在溶液中保留这些更大、分子量更高的芳香族化合物，重芳香物质也更容易从原来高烷烃含量的液相中分离。

　　新形成的第二独立的液相被称为中间相。顾名思义，中间相是在处于原料中相对较小分子和完全固化的焦炭之间的相。通过不同的自由基反应形成的大分子多环芳香族化合物被称为介晶。中间相代表液体分子排列的区域。通过聚结中间相生长可以最终形成更广泛的区域。凝固后会导致各向异性固体焦炭的生成。由于中间相的形成程度是多个变量的函数，包括最初原料的分子结构、分子反应性以及液体的黏度。所有这些性质的变化，都可以产生具有不同程度分子排列的焦炭。

　　这个新的相是一种液晶，即它具有液体的性质，但同时具有光学各向异性和固体的结构秩序。介晶是层状排列的多环芳烃，其趋向于平行排列堆叠并最终沉积为球粒。中间相的球粒是作为单独的一相从母液中结晶出现的。

并非所有情况下均能形成有序的中间相。首先，不是所有形成的分子构型都是平整的。一些分子可能由于引入了杂原子，或者形成五元环而不是六元环，或存在一些残留的四面体结构的 sp^3 杂化的碳从而具有明显的曲线结构。这种结构有两方面的限制：它们无法缩聚成较大的平面结构，或者如果他们可以缩聚，这些大的高分子量缩合产物本身无法对齐。液体内出现平行排列的近平面多环芳烃片结构的可能性取决于液体主要组分的反应性和液体的黏度。黏度和化学反应性没有必然关系或相互依存关系，即使两者都影响焦化的最终结果。

随着焦化的进行，中间相小球逐渐缩聚成较大的结构。这些结构的尺寸也取决于流体的反应性和流体介质的黏度，以及是否有足够的时间用于生长。气体和蒸汽通过正在进行焦化的物料时可以帮助实现生长结构的排列。最终这些分子变得很大，即形成碳质固体产品——焦炭。

高温下的焦化（例如约500℃）可提高中间相的形成速率。然而，起始速率可以超过氢转移形成稳定自由基的速率。其结果是，自由基结合反应成为主导的终止过程，从而导致黏度急剧增加。黏度上升有两种后果：没有足够的时间让大的芳香族分子形成有序薄片的堆叠，也没有液晶元分子的聚结；黏度迅速增加会导致系统的固化，比本来想要的更早（对化学过程而言）。高压操作会延迟焦化，因为高压阻碍气体和蒸汽的析出。因为更多的轻馏分的被保留在系统中，低黏度可保持相当长的时间。这种情形提供了更多时间用于介晶形成、生长和中间相的聚结形成。然而，由于气体排出减少，由气体通过导致的结构重排可能不会发生。因而所形成的结构便没有那么有序。

含有高杂原子、金属和沥青组分的减压渣油进行焦化得到的焦炭仅适合于再用作燃料。这种材料通常被称为球状焦炭，形状类似于直径为 $1\sim2$mm 的球体聚集物，或者类似于散弹弹头。球状焦炭价值较低，仅作为燃料销售。因此，该产品有时也被称为燃料焦炭。

海绵焦炭，有时也被称为阳极焦炭或普通焦炭，主要来自减压渣油的延迟焦化。它是多孔、形状不规则的块状物（图16.7）。此种焦炭是从具有相对低的杂原子、沥青质含量和高芳烃含量的原料制备的，适合作为炼铝的阳极[D]。

针状焦炭是高度芳香原料延迟焦化形成的优质焦炭。针状焦炭可以用来制造人造石墨。其最大的市场是用于生产电弧炉的电极，例如用于钢铁生产中再利用废钢的熔化。直接从延迟焦化炉得到的焦炭称为生焦炭，其必须在1000～1400℃下煅烧驱逐残留的挥发组分，并增加其密度，才可以在生产人造石墨中使用。图16.8给出了针状焦炭的宏观图像。

与海绵焦炭本身就具有天然海绵一样的外观特征不同，针状焦炭并不是针状结构的。这个名字来自于针状焦炭在光学显微镜下的图像

图16.7　延迟焦化生产的海绵焦炭。

（图16.9），其中包含了一些想象，因为其有像针一样的纹理。可以用于石墨化的针状焦炭的微晶结构如图16.9所示。

图 d.8 延迟焦化得到针状焦炭的宏观图像。　　　图 16.9　针状焦炭的结构的显微图像，
显示出细长的"针状"区域。

　　针状焦炭的生产原料包括：来自催化裂化的澄清油，从热裂化得到的焦油和乙烯焦油，是用来生产乙烯的热裂化单元产生的高芳香残渣。重要的是，该原料具有高芳香族化合物含量，而杂原子含量低，同时有较低的沥青质含量。催化裂化澄清油是用于针状焦炭生产的优质原料。焦炭中的硫特别不合需要。通常针状焦进行研磨后与沥青混合将颗粒结合在一起。该焦炭—沥青混合物进一步成型为目标石墨产品，例如电极。成型的焦炭混合物在 1500℃ 条件下进行烘烤，然后在约 3000℃ 条件下进行最终的石墨化。当含硫焦炭加热到烘烤温度时，其中残余的含硫化合物会分解。形成的硫化合物蒸汽会在碳制品中迅速和不可逆转的扩散，破坏产品的进一步可加工性。这种现象是在石墨工业中被称为膨化。

16.3.2　流化焦化和灵活焦化

　　流化焦化即是将原料喷洒到已经存在焦炭颗粒的流化床中。床中焦炭颗粒的直径为 100～600mm。反应温度的范围是 510～535℃。原料的焦化发生在床中焦炭颗粒的表面上。轻质产品蒸汽与原料或已经缩聚的液体产品接触而发生骤冷。图 16.10 为一种流化焦化的工序示意图。

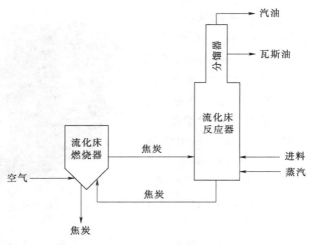

图 16.10　流化焦化的流程图。

流化床可以提供非常良好的传热性能。可以达到比正常延迟焦化更高的温度。反过来，这些较高的温度驱动更大程度的裂化发生。相对于延迟焦化，使用流化床反应器也会减少轻质产品的停留时间。较短的停留时间导致较低的焦化程度。总体而言，流体焦化只得到一个较低的焦炭产率，但更高的液体产量。过程中的热量是通过燃烧一些焦炭获得的。流化焦化可用于将高硫原料转化为焦炭。

灵活焦化是流化焦化的改进，过程如图 16.11 所示。

灵活焦化将流化床焦化工艺与气化炉相结合。这可得到可在炼油厂中使用的清洁的气体燃料，尽管这种气体燃料的热值通常较低。气化器也是一个流化床反应器，其中焦炭与蒸汽和空气在温度高达 1000℃ 的条件下反应。当气化器中的空气被用完时，产物气体会被空气中的氮气稀释，大约达到了 50％ 的稀释程度。产生的可燃组分是一氧化碳和氢气，两者各占 15％～20％，同时还产生少量的甲烷。气体可能还包含约 10％ 的二氧化碳，

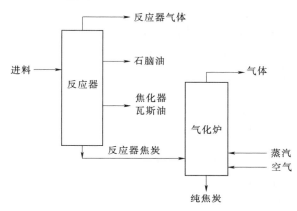

图 16.11　灵活焦化的流程图。

其他的便是惰性稀释剂氮气。燃气中的硫化氢可以在气体使用前通过洗涤工序除去。

注释

[A] 达布斯家族的父子团队在 1914 年左右开发了热裂化工艺。父亲杰西是宾夕法尼亚州产油区的当地人。他给儿子起名为卡本·佩特罗勒姆·达布斯（Carbon Petroleum Dubbs），这个儿子似乎更愿意被称为 C. P. 。父子俩共同组建了一个名为环球油品的公司，该公司并不生产和销售石油产品，而主要从事炼油工艺开发（现在也是），并将其授权给其他公司。如今，环球油品公司以 UOP 著称，是一家很大的、仍然活跃在炼油和应用工艺技术开发，如气体处理的跨国公司。C. P. 不寻常的名字见证了他职业发展的一帆风顺，他被誉为是大萧条时期成为百万富翁的少数人之一。关于他的家庭还有很多故事，C. P. 的儿子和孙子也被命名为卡本（Carbon），另一种说法是 C. P. 有两个"女儿"，分别取名米塞尔（Methyl）和艾塞尔（Ethyl）。

[B] 本系列的制品都来自丙烯（最终来自石油），丙烯为我们提供：塑料、聚丙烯、丙烯酸、和甲基丙烯酸甲酯（从丙酮制）、丙烯酸类纤维、碳纤维和丙烯腈制备的合成橡胶；溶剂和清洗液，如丙酮和异丙酮，以及从丙二醇制备的防冻剂和飞机除冰液。但这并不是完整的丙烯可生产的有价值的产品清单，也不仅仅是这里提到的六种化合物的完整使用清单。当石油供应在未来不可避免地减少时，我们缺少的将不仅仅是液体燃料。

[C] 这个术语具有讽刺意味的是，石油焦的主要用途实际上主要在冶金工业；广义上讲，石油焦是冶金焦。迄今为止石油焦的主要市场在铝和钢铁行业。

[D] 一些形式的碳是有效而廉价的还原剂，用于将金属氧化物矿物还原来获得金属

单质。但此应用中碳的效用是有限的，因为许多金属如铝会形成稳定的碳化物。这种情况下金属氧化物的直接还原并不是有效的冶炼途径。几乎世界上所有的铝都通过霍尔—埃鲁法生产的。氧化铝，从其天然存在的矿石（如铝土矿）纯化后，溶解在熔融的冰晶石（Na_3AlF_6）中。电流通过由碳制成的电极流经这种溶液时进行电解。金属铝沉积在阴极上。多种材料，包括无烟煤可以用作阴极。阳极由海绵焦制成，通过与沥青混合均匀后小心的成形和烘烤。阳极与氧发生反应，产生二氧化碳。反应的产物是铝和 CO_2，净反应可以表示为 $2Al_2O_3 + 3C \longrightarrow 4Al + 3CO_2$。碳在这个过程中是被消耗的，所以阳极必须定期更换。因为阳极中的杂质，如铁或硅可能污染铝，因此海绵焦的质量必须符合严格的标准，才可以作为阳极焦炭使用。

推荐阅读

Adams, Harry. Delayed coking: practice and theory. In: *Introduction to Carbon Technologies*. (Marsh, Harry, Heintz, Edward A., and Rodríguez - Reinoso, Francisco; Eds.) University of Alicante: Alicante, 1997; Chapter 10.

Freeman, C. and Soete, L. *The Economics of Industrial Innovation*. Routledge: London, 1997. Chapter 4 of this book has interesting background information on the early days of thermal cracking, the coming of the Dubbses, and the eventual rise of catalytic cracking to supplant thermal processes.

Gray, Murry R. *Upgrading Petroleum Residues and Heavy Oils*. Marcel Dekker: New York, 1994. Chapter 6 provides a useful discussion of coking and thermal cracking processes.

Nelson, Wilbur L. *Petroleum Refinery Engineering*. McGraw - Hill: New York, 1958. Though now rather old, this book was the classic in its field, and Chapter 19, on thermal cracking processes, contains a wealth of information on this topic.

Speight, James G. *The Chemistry and Technology of Petroleum*. Marcel Dekker: New York, 1991. Chapter 14, on thermal cracking, is relevant to the present chapter. Coke products are discussed in Chapter 20.

Wiehe, Irwin A. *Process Chemistry of Petroleum Macromolecules*. CRC Press: Boca Raton, 2008. Gives extensive information on various aspects of processing heavy oils or heavy fractions. Chapters 8 and 9 are particularly relevant to the present chapter.

第 17 章　煤的组成、性质和分类

在化石燃料中，从天然气到石油到煤，组分的复杂度增加。即使是湿的酸性天然气，也只有少数的组分。将天然气处理纯化后销售给消费者时，其通常含有 90％以上的单一化合物——甲烷。天然气中不含有燃烧后会生成灰分残渣的无机杂质。石油是一种含有较窄元素组成范围的均匀液体——约含 82％～87％的碳元素，12％～15％的氢元素，以及少量的氮、硫和氧元素，H/C 原子比在 1.5～1.8 之间。在分子水平上，石油包含上千种化合物，至少理论上可以采用有机化学实验室的普通技术可以将这些化合物中每一种组分进行分离和鉴定[A]。石油燃烧后无机灰分含量通常小于 0.1％。相比之下，煤的组成极其广泛，含 65％～95％的碳、2％～6％的氢、大约 30％的氧，以及少量的硫和氮。H/C 原子比小于 1。煤是不透明的非均质固体。煤不能进行可逆的蒸馏。煤完全不溶于任何溶剂，即使是部分溶解，也仅是萃取出某些组分，非通常意义上的溶解。煤具有复杂的大分子结构，且这种结构随煤的种类不同而不同。迄今为止，都未能清楚阐明任何一种煤的结构。煤中包含了大量不同的无机物，所以煤燃尽之后会留下大量灰分，占煤原始重量的百分之几到超过 25％。将煤从土壤中开采出来的过程还会使煤中含有一些水分，含量从百分之几到 70％不等。

尽管煤炭结构复杂以及煤的研究具有困难性，系统的分类和描述煤仍然是非常有必要的。这些系统可以为煤的组成和性质提供一个概念性的框架。从实用意义上来说，这种系统可以为合法买卖煤提供必要的依据。

17.1　按煤等级分类

第 8 章介绍了在煤化作用阶段形成的不同煤的名称。根据这些煤在范克里弗伦图（图 8.7）中的位置可以将它们区分开来。不同类型的煤碳含量不同，比如，烟煤比亚烟煤具有更高的碳含量，但是比无烟煤的碳含量更低。根据碳含量的差别，就可以将不同的煤归到不同的种类上。事实上，根据煤的碳含量来分类是非常方便和有用的一种方法，特别是对于煤化学的实验室研究而言。

对于实际的工业应用，煤的分类不是根据碳含量，而是根据应用情况。主要考虑煤燃烧释放的热量以及用于生产冶金焦炭的可行性。许多国家都有自己设定的一系列煤分类的标准。一个广泛应用的体系就是美国检测和材料学会标准，通常以首字母缩写"ASTM"为人们所知[B]。

燃烧热值或者卡路里值是由弹式量热法测定的。称好一定重量的样品，在氧气中燃烧，测定释放到夹套里水中的热量。在美国，燃烧热值依然保留了老的单位 Btu/lb，其他地方使用单位 MJ/kg。燃烧热值的测量还会进行校正，因为样品中不可避免地含有水分和无机盐组分，后续将详述。

所有的煤从地下采出来的时候，都会有一些水分。褐煤的水分有时候能超过 50%，也就是说，水比煤多。将煤在真空或者惰性气体氛围下加热到（107±4）℃，维持 1h，测定质量损失。这部分损失的质量就被认为是煤中的水分含量，尽管没有收集损失的这部分物质来证明该物质就是水并且只含水。

在惰性气体氛围中将温度升高到（950±20）℃，会再次产生质量损失。该降解会产生多种气体，如碳的氧化物和一系列有机分子。通常不单独收集也不逐个分析产生的化合物，而是将这些挥发物质统一收集起来。收集完挥发物质后剩余的物质是黑色的碳质固体。在（725±25）℃下将这种剩余物质暴露在空气中烧完所有剩余的有机物，剩下不可燃烧的灰分。本测试中未对这些灰分作进一步详细的分析，其通常是由铝硅酸盐、硅酸盐和氧化物组成的复杂混合物（第 18 章）。这种碳质的有机物质，也就是在挥发性物质测试中未挥发而残留下来的物质。在早期的化学中，这种没有相变的物质被称为"固定相"[C]。这种碳质物质也就是固定碳。固定碳可计算为

$$FC = 100 - [M + VM + A]$$

式中：FC 为固定碳含量；M 为水分含量；VM 为挥发性物质含量；A 为灰分含量。

在这些测定过程中，没有哪一步分离和测定了实际的化学组分。例如，挥发性物质通常包含一些二氧化碳（也含有许多别的碳氧化物），但是在常规的挥发性物质测定过程中并没有分离、收集二氧化碳，或者测定其含量。在分析化学中，将几种组分作为一个整体分析被称为近似分析[D]。对煤的近似分析包括测定含水量、挥发性组分含量、灰分含量以及计算固定碳含量。从某种意义上而言，"近似"一词让人觉得有些遗憾，因为这个词听起来跟"大约"的意思一样。但是近似分析并不是一种粗略的分析。因为国家标准机构，如 ATSM 建立的测试方法会严格控制这些测定方法的特定程序以及实验室范围内可以接受的误差限制。

近似分析提供了四个参数值，但是只有两个参数——挥发性组分含量和固定碳含量是与煤的碳质部分和燃烧行为有关。含有高挥发性物质含量的煤通常很容易着火，燃烧很快；在壁炉上燃烧时，具有大而烟雾缭绕的火焰。而高固定碳含量意味着煤很难被点燃，燃烧也很慢。这种煤的燃烧很可能有短小而干净的火焰。固定碳与挥发性物质含量的比被称为煤的燃料比。燃料比可以表明煤点燃的难易程度、燃烧的快慢以及火焰的特性（比如，是大而烟雾缭绕还是短小而干净的火焰）。

相反的，不仅不同煤的含水量不同，某一特定煤的含水量也与分析前的处理方式和存储方式有关。在炎热而干燥的夏天，在敞开容器中放置了几天的样品含水量会比在雨天中堆放了数天的煤堆顶端同一种煤样品的含水量要低。即使是同种煤的同一批样，含水量也会不尽相同。同样的，灰分含量随煤的种类不同而有所差异，同种煤堆的不同位置也不尽相同。由于这些原因，分析基于不含水分（mf）与不含水分和灰分（maf）时煤的挥发性物质和固定碳含量，可以得到更多关于煤性质的数据。

从分析得到的基本数据转化为基于排除了水分的样品的性质 X（如，挥发性物质、固定碳、灰分含量）可以计算为

$$X_{mf} = 100 \cdot X_{ar}/[100 - M_{ar}]$$

同样的，可以转化为基于排除了水分和灰分样品的性质，即

$$X_{maf} = 100 \cdot X_{ar}/[100 - (M_{ar} + A_{ar})]$$

灰分，是煤燃烧后留下的残留物，尽管被称为"灰分含量"，它并不是煤中一种固有的组分。近似分析中的灰分是由于原始煤中无机物发生反应生成的。也就是说，灰分是一种反应产物。严格地说，煤中是没有灰分的。在形成灰分的过程中一些矿物质发生反应会导致重量变化。比如说方解石的分解，即

$$CaCO_3 \longrightarrow CaO + CO_2$$

或者，黄铁矿的氧化，即

$$4FeS_2 + 11O_2 \longrightarrow 2Fe_2O_3 + 8SO_2$$

煤的无机化学将在第 18 章进行介绍。因为有这些反应，近似分析中灰分的重量并不能代表煤中原始的无机物的重量。为了精确，在描述煤的参数的时候，最好是以除去矿物质的重量为基准，而不是以无灰分的重量为基准[E]。也就意味着要在煤中的无机物发生反应之前对无机物进行定量分析。这通常是较难实现的，尤其在现代化仪器技术可用之前，因为仪器本身非常昂贵。因此，人们发明了经验关系式来从灰分中计算矿物质的量，即帕尔经验式为

$$MM = 1.08[A + 0.55S]$$

式中：MM 为矿物质含量；A 为灰分含量；S 为硫含量，单位均为质量百分比。用帕尔经验式可以计算矿物质含量。与前面类似的算法可以将近似分析得到的数据转换为以不含矿物质样品为基准的数据。

ASTM 对煤的分类排序是基于排除了水和矿物质（mmmf）的样品中挥发性物质含量和固定碳含量，以及有水分但排除了矿物质的样品的热值为基础的。排序分类图见表 17.1。

表 17.1　美国测试和材料协会的煤质等级分类。

分类和分组		固定碳百分比 （基于%mmmf）	挥发性物质百分比 （基于%mmmf）	热值 （基于 mmmf，Btu/lb）
Ⅰ 无烟煤	1. 超无烟煤	>98	<2	
	2. 无烟煤	92～98	2～8	
	3. 半无烟煤	86～92	8～14	
Ⅱ 烟煤	1. 低挥发份	78～86	14～22	
	2. 中挥发份	69～78	22～31	
	3. 高挥发份 A	<69	>31	>14000
	4. 高挥发份 B			13000～14000
	5. 高挥发份 C			10500～13000
Ⅲ 亚烟煤	1. 亚烟煤 A			10500～11500
	2. 亚烟煤 B			9500～10500
	3. 亚烟煤 C			8300～9500
Ⅳ 褐煤	1. 褐煤 A			6300～8300
	2. 褐煤 B			<6300

225

A 类亚烟煤和 C 类高挥发份煤之间的热值存在一些重叠，特别是在 10500～11500 Btu/lb。在这个热值范围之间的煤如果显示出结焦的性质（下一部分会讨论），则被归类为高挥发份 C 类煤；如果没有黏结性质则被归为亚烟煤 A 类。在非正式情况下，这些分类和分组名称有时会混用。比如，说到褐煤通常就是指褐煤类，并未区分 A 类和 B 类褐煤。褐煤和亚烟煤一起被称为低级煤。烟煤和无烟煤被称为高级煤。

17.2　烟煤的黏结性质

在惰性气体中加热煤可产生多种热解产物。如果在惰性气体中加热低级煤，或者是无烟煤，残留的碳质固体是一种与原始的、未经加热的原料煤很像的粉末状物质。亚烟煤就不会如此。如果是加热亚烟煤，残余物看起来像是融化成了单个的固体物质，而且比起原料，似乎变软、膨胀了许多。有这种性质的煤被称为黏结性煤。只有亚烟煤等级的煤才有这种黏结性质。

在美国，煤的这种黏结性质是通过自由膨胀指数（FSI）来表征的。用一个标准尺寸的坩埚来进行 FSI 测试。在惰性气体氛围中将煤样品加热到 820℃，维持 2.5min。将加热后的固体的尺寸和形状与一系列标准轮廓图进行比较，这些轮廓图的 FSI 值分别从 1 到 9。FSI 图如图 17.1 所示（这些图形的大小与 ASTM 标准里的图形不一致，所以图 17.1 并不能用于测定 FSI）。如果被加热的样品并没有形成一个整体，从坩埚中移出来的时候碎裂了，那么 FSI 就是 0。

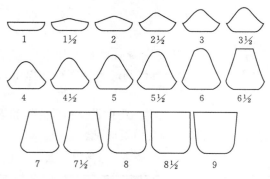

图 17.1　用于测定黏结性煤自由膨胀指数的示意图形，相应的数字对应自由膨胀指数（图 17.1 中尺寸大小并非实际尺寸，并不能用于测量膨胀指数）。

在实际的煤技术中，烟煤的黏结性质在冶金焦的生产中具有非常重要的作用。第 23 章会更详细地讨论这种性质。用于生产冶金焦的这部分黏结性煤被称为炼焦煤。所有的炼焦煤都是黏结性煤，但不是所有的黏结性煤都可以用作炼焦煤。

17.3　元素组成

确定煤的主要元素——碳、氢、氮、硫和氧——被称为元素分析（极限分析）。在本文中，"元素（极限）"这个词来源于早期分析化学的用法，表明元素组成的确定不考虑他们在分子结构中是如何排布的。它不是"无法进一步分析"的那种"极限"之意，因为，在某种程度上，所有已知元素都出现在煤中，除了只有合成的、高放射性元素和惰性气体。通常，只有碳、氢、氮、硫是直接测定的。氧计算为

$$O=100-(C+H+N+S)$$

式中：元素符号代表相应的元素在样品中的含量。除非特别说明，本书中的元素分析数据主要是以 mmmf 和 maf 为基础的。

尽管煤等级不同，碳含量差别很大。对于碳含量高达 88％ 左右的腐殖煤，氢含量相当恒定，在 5.5％±0.5％ 之间。赛勒图[F]把氢含量描述为碳含量的函数，如图 17.2 所示，横坐标是逆向的，也就是说原点是（100，0）而不是（0，0）。

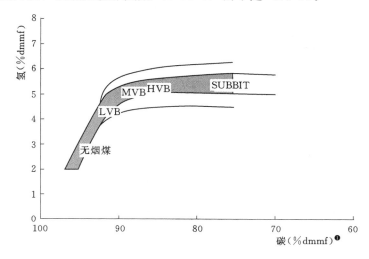

图 17.2　煤的赛勒图。大多数腐殖煤的碳和氢含量位于该条带上。LVB 为低挥发份烟煤；MVB 为中挥发份烟煤；HVB 为高挥发份烟煤；SUBBIT 为亚烟煤。赛勒图的原始数据没有扩展到碳含量小于 75％ 的煤，因此扩展到低级煤时需要采用外推法。

煤的组分含量变化很大，数据很难都落在一条线上；但大多数煤的成分都能落在图 17.2 中的这个条带上。正如最初创建的一样，赛勒图只适用于碳含量大于 75％ 的煤，虽然必须谨慎对待外推法，虚线代表外推到更低等煤的情况[H]。碳含量低于 88％ 时，氢碳含量比的条带的斜率几乎为零。这表明，在低于 88％ 碳含量的区域，煤化作用主要是氧气的缺失在起作用，而非氢气的变化。这与图 8.10 的范克里弗伦图是一致的。88％ 碳含量处斜率的改变表明煤化作用过程中反应发生了很大变化，这也与范氏图是一致的。原点（100，0）代表石墨，可以从氢分布图（图 8.3～图 8.5）中推测出来。赛勒图只能用于腐殖煤，不过腐殖煤是世界上主要的煤。一些非常见煤是从Ⅰ型或Ⅱ型油母质中形成的，氢含量可以高达 12％ 左右。

图 17.3 给出了不同等级煤的氧元素含量。同样的，数据在一个条带区域中，而非一条线上。氧含量条带近似是一条直线。因为氢元素含量在这些碳含量高达 88％ 的煤中随煤等级的变化很小，而碳含量随煤等级的增加主要是由于氧的减少导致的。图 17.3 的数据同样说明，从重量来说，对于大部分煤，氧元素是第二重要的元素。煤中的氧元素会降低燃烧热；相似的论证在前面讨论酒精的时候已经探讨过了。

图 17.4 给出了含氧官能团随煤等级的变化。

---

❶　译者注：dmmf 指有机基（无水无矿物质基），是煤质分析化验指标常用的基准之一。

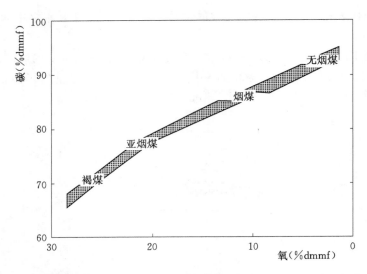

图 17.3　腐殖煤的氧含量和碳含量之间的关系。通常氧含量随煤质等级提高而降低。

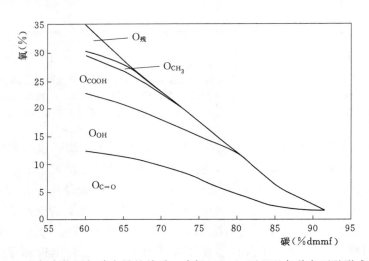

图 17.4　含氧官能团与碳含量的关系。残氧（$O_残$）可以以各种杂环醚形式存在。

　　煤中主要的含氧官能团为羧酸、酚类、醌类和醚类。这些基团为煤的反应提供位点。其他氧官能团，如酯类、脂肪族醇、醛的作用非常小，甚至可以忽略。甲氧基只有在低级煤的反应中才有重要作用。这些基团都是来自木质素的。碳含量在 72％ 以上的煤中甲氧基的消失表明煤达到了亚烟煤的等级，此时木质素结构已经发生了深度转化。羧基可以保持煤中的无机阳离子。煤中碳含量达到 80％ 以上，也就大概在 A 类亚烟煤和 C 类高挥发份烟煤分界处，羧基消失。

　　莫特煤分类，也被称为莫特图[G]，如图 17.5，说明了热值随煤质等级的变化。

　　最高热值的煤并不是最高等级的煤。在一系列燃料中，燃烧热或者热值，一般随着 H/C 原子比的降低而下降。通常的规律是，当同系列化合物的氢含量下降时，每摩尔碳的燃烧热也下降。表 17.2 给出了一些数据说明了这种规律。

天然气的 H/C 原子比为 4.0，热值约 56MJ/kg。许多石油产品的 H/C 原子比约为 2，热值约 46MJ/kg。典型煤的 H/C 原子比为 0.75，推断热值约为 37MJ/kg。H/C 原子比约为 0.75 的煤基于 mmmf 样品的实际热值是 28~32MJ/kg，甚至最好质量的煤的热值也很少超过 36MJ/kg。

外推热值和实际热值之间的差异是由于煤在两方面与天然气和石油有显著差别导致的。首先，多数已发现的煤比天然气和石油具有更多的氧。有机分子中加入氧会降低燃烧热，见表 17.3。其次，煤中的大部分碳是以芳香族形式存在的，不像天然气和石油中的碳以脂肪族形式为主。

通过推测，芳香碳在煤中占据主导地位。几乎所有的煤的 H/C 原子比小于 1，是典型的芳香族化合物。例如，萘的 H/C

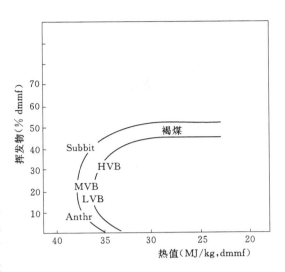

图 17.5 莫特图给出了热值与挥发性物质之间的关系。多数腐殖煤位于该条带上。Subbit 为亚烟煤；HVB 为高挥发份烟煤；MVB 为中挥发份烟煤；LVB 为低挥发份烟煤；Anthr 为无烟煤。

表 17.2 简单烷烃和芳香族碳氢化合物每摩尔碳的燃烧热与 H/C 原子比例之间的相关性。

化合物	H/C 原子比	ΔH （kJ/mol）	ΔH （kJ/mol C）
甲烷	4.00	−882	−882
丙烷	2.67	−2202	−734
癸烷	2.20	−6740	−674
甲苯	1.14	−3910	−559
苯	1.00	−3268	−545
萘	0.80	−5156	−516

表 17.3 一些含氧化合物燃烧热与氧含量的关系。

化合物	O/C 原子比	%O	ΔH （kJ/mol）	ΔH （kJ/mol C）
乙烷	0	0	−1540	−770
乙醇	0.50	35	−1373	−687
乙二醇	1.00	52	−1180	−590
丙烷	0	0	−2219	−740
1-丙醇	0.33	27	−2021	−674
丙酮	0.33	8	−1790	−597
乙酸甲酯	0.67	43	−1592	−531
苯	0	0	−3268	−545
苯酚	0.17	17	−3054	−509
苯甲酸	0.28	26	−3228	−461

原子比为 0.80；菲为 0.67。腐殖煤来自以木质素为主的第Ⅲ类油母质，木质素具有苯丙烷基结构单元。碳 13 核磁共振光谱清晰地显示了煤中的碳主要是芳香碳，这提供了直接的证据，如图 17.6 所示。

用于表征煤中芳香结构的参数是芳香性 f_a 和环缩合度 R。芳香性代表了芳香结构中的碳占总碳量的比例，也就是说，芳香碳的量与总碳量的比值。例如，丁基苯，$C_4H_9C_6H_5$，其芳香性是 0.6，也就是说 10 碳原子中有 6 个是芳香碳。环缩合度是芳香单元中缩合环的平均数。以化合物（17.1）为例，有两个芳香环体系，一个体系有两个缩合环，另一个体系有三个缩合环。环缩合度就是（2+3)/2＝2.5。f_a 和 R 随着煤等级的提高而增加。芳香性随着煤等级升高近似呈线性上升趋势，从褐煤的 0.6～0.7 到无烟煤的 1 左右。环缩合度同样随着煤等级而单调上升，如图 17.7 所示，不过从褐煤（$R \approx 1.5$）到烟煤（$R \leqslant 5.5$）的斜率相对较低。但碳含量超过 90％时，斜率变大，无烟煤达到了 30～100，石墨无穷大（原子水平）。

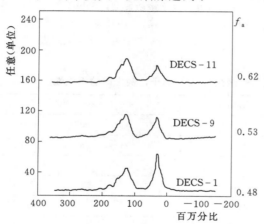

17.1 环缩合度为 2.5 的一个示例化合物

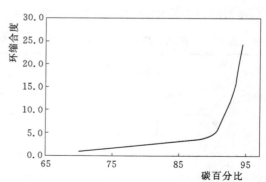

图 17.6 三种从褐煤到亚烟煤的低阶煤的 C_{13} 核磁共振谱。芳香碳峰强度提高以及相应的脂肪族碳峰强度降低反映了芳香性 f_a 的提高。

图 17.7 平均环缩合度（即每个芳香单元的缩合环数）随碳含量的变化趋势。

多数腐殖煤均落在图 17.7 中线周围的条带上。考虑到 C_6 环化合物的燃烧热从环己烷、环己烯到环己二烯线性减少，可推断出苯的燃烧热。而实际燃烧热低于推断值。这反映了芳香苯分子的共振稳定性。随着环缩合度的提高，每个碳原子的共振稳定性提高，见表 17.4。当某一类化合物芳香性提高，每摩尔碳的燃烧热下降，见表 17.5。此外，随着缩合环数的增加，每摩尔碳的燃烧热又发生下降，见表 17.6。

这两个因素——氧和芳香性——共同决定了莫特图的形状。从褐煤到低挥发份烟煤，氧含量从 25％左右下降到 4％左右。相同的煤等级范围，R 从 1.5 增加到 5。这两种效应的作用相反，氧含量下降导致燃烧热提高，但环缩合度的提高会降低燃烧热。但是在这个等级范围内，氧的大量减少大大弥补了环缩合度提高带来的燃烧热降低，所以净效应是提

表 17.4 不同芳香烃化合物每碳原子的共振稳定能与环缩合度之间的关系。

化合物	环缩合度	稳定能（kJ/mol C）
苯	1	25.1
萘	2	31.4
菲	3	33.7
蒕	4	34.7

表 17.5 一些具有类似结构的化合物芳香性提高对燃烧热的影响。

化合物	芳香性 f_a	ΔH(kJ/mol)	ΔH(kJ/mol C)
十氢化萘	0.00	6287	629
四氢化萘	0.60	5659	566
萘	1.00	5157	516

表 17.6 随环缩合度增加每摩尔碳燃烧热降低的一系列化合物。

化合物	缩合环数	ΔH(kJ/mol)	ΔH(kJ/mol C)
苯	1	3275	576
萘	2	5157	516
菲	3	7075	506
蒕	4	8954	497

高了从褐煤到低挥发份烟煤的热值。从低挥发份烟煤到无烟煤，氧含量下降较少，约从 4％下降到 2％，但是环缩合度增大很多，约从 5 提高到 30 以上，甚至可能达到 100。此时，作为环缩合度函数的共振稳定能的提高，导致了热值的降低，其大大超过氧含量轻微降低带来的热值的轻微提高。图 17.8 总结了这些影响。

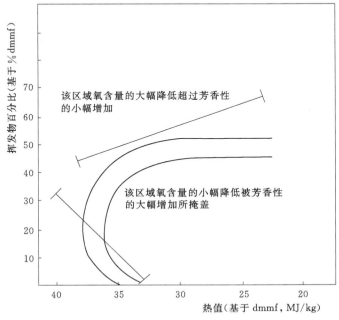

图 17.8 对莫特图（图 17.5）所示差异的一种可能的结构性解释。当煤的等级提高至中等或低挥发份烟煤时，由于氧含量的降低胜过芳香性和环缩合度的提高，从而燃烧值有很大提高。而在最高级区域，芳香性环缩合度的增加胜过相对较小的氧含量降低，从而燃烧值总体下降。

17.4　煤的大分子结构

煤没有特定的分子结构，这是煤与聚合物的差别，聚合物具有规律的重复结构单元。煤同样与生物大分子有差别，生物大分子可能具有个很大而复杂的结构，一旦被研究清楚，结构就很明确。相反地，煤科学家们用所谓的平均结构来研究"煤结构"，这种平均结构与元素分析、官能团分布，f_a 和 R，以及其他可能的特征，如分子重量等相一致而创造的。这些平均结构并不是煤的结构，但是可以很方便地用来解释煤的性质与反应性[H]。用于研究煤结构特征的分析工具以及能够处理越来越多碳原子数量的分子模型的计算方法还在发展之中。

煤一般被认为形成于木质素而终止于石墨。木质素的结构在第 6 章已经讨论过。木质素由芳香结构的单体芥子醇、对-香豆醇、松柏醇通过 C_3 脂肪单元和其他醚键连接在一起。然而，大部分煤包含的芳香单元比单环结构更大，它们由通过一个或更多亚甲基（和/或通过杂原子结构）连接在一起的芳香结构组成。因此，木质素结构为煤的结构提供了一个类比，尽管只是一个近似的结果。芳香结构之间的脂肪键或杂原子连接称为交联。虽然煤不是一种真正的聚合物，但采用高分子科学的概念，特别是交联和溶剂溶胀，可以帮助我们理解煤的大分子结构特性。

为了说明交联的概念，以聚苯乙烯为例。苯乙烯很容易发生聚合变成无处不在的聚苯乙烯，即

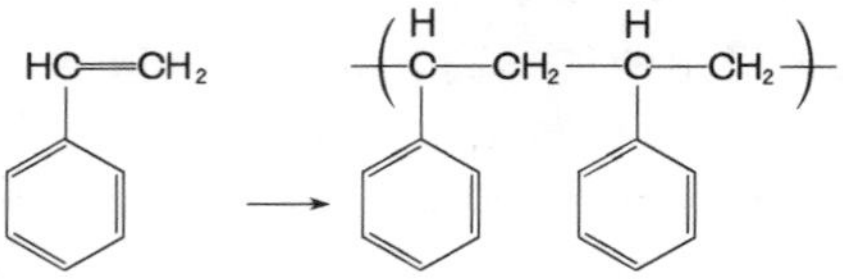

这种聚合物链通过色散力和芳香环之间可能的 π—π 键相互作用。聚苯乙烯很容易溶解在各种常见的有机溶剂中，如苯或四氯化碳。但是，如果在聚合反应中加入少量的二乙烯苯，即使只有 0.1%，所得产品概念上可以表示为

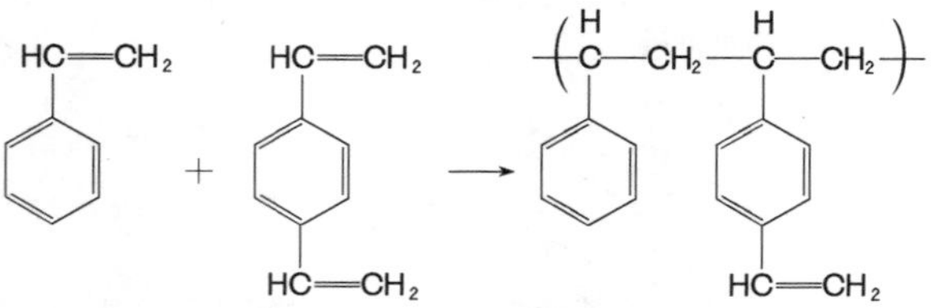

第二个乙烯基的双键为第二条链的进一步聚合提供了反应位点，即

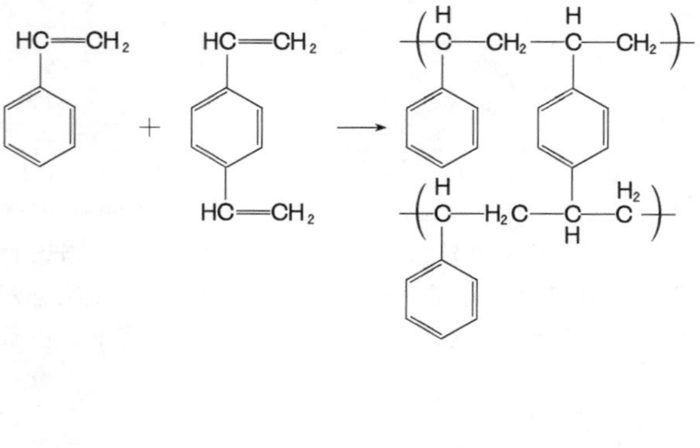

在这个苯乙烯二乙烯苯的共聚物中，聚合物链不是通过色散力连接在一起的，而是通过二乙烯苯单体间的共价键连接的。这些聚合物链之间的连接被称为交联。这种共聚物不能被溶解，因为溶剂不能打破共价键（如果它们打破了，那也不是溶解导致的，而是发生了化学反应）。溶剂分子与聚合物链之间的相互作用最多能使聚合物溶胀。图 17.9 显示了二乙烯苯加入到聚苯乙烯中是如何影响溶剂溶胀的。交联越少，溶胀越强。

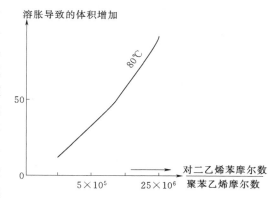

图 17.9　以二乙烯苯和苯乙烯共聚为例，交联对于聚合物溶剂溶胀的影响。随着交联剂二乙烯苯用量增加，溶胀度降低。

类似地，丙烯腈与 1,3－丁二烯的反应首先产生了一种可以通过剩余双键进一步聚合的物质，即

所得的产物是一个三维的交联聚合物。这种 1,3－丁二烯与丙烯腈形成的共聚物材料，被称为丁腈橡胶。基于它的交联性质，丁腈橡胶具有非常广阔的商业应用价值，例如，可以用于汽油调配泵的软管，这种软管的橡胶必须不能有任何溶胀和降解，更不用说被汽油溶解了。

聚合物溶解分为两步。首先，溶剂分子扩散到聚合物中形成溶胀的凝胶，然后凝胶溶解在溶剂中变成真的溶液。如果聚合物链之间具有较强的分子间作用力，如氢键或共价交联，溶剂与聚合物之间的相互作用并不足以克服这些作用力。在这种情况下，溶解过程会停在第一步，留下一个溶胀的凝胶。交联聚合物与溶剂相互作用时只发生溶胀。聚合物在某种特定溶剂中的溶胀程度反映了它的交联程度。煤在有机溶剂中的溶胀表明煤可认为具有一些交联结构。

因为木质素能够抵抗成岩作用和早期的煤化作用，褐煤的大分子结构应该类似于木质素：相对较小的芳香单元通过聚亚甲基和脂肪醚交联连接在一起。表 17.7 比较了木质素单体、木质素样品以及褐煤组成。

组成的相似性不能证明结构的相似性，但是可以间接证明褐煤与木质素具有化学相似性，也即与木材有机物质具有相似性[1]。

表 17.7　褐煤组分与木质素单体比较，碳、氢和氧含量基于重量；对于褐煤这些值基于 dmmf。

样品	碳	氢	氧	芳香性	环缩合度
松柏醇	66.7	6.7	26.7	0.60	1
对香豆醇	62.9	6.7	30.5	0.55	1
芥子醇	72.0	6.7	21.3	0.67	1
褐煤	70	5.5	22	0.6	1.5

　　酚醛缩合生产的树脂同样具有高度交联结构，这些结构含有少量的芳香单元和大量的含氧官能团。例如，邻甲酚与甲醛反应，生成（17.2）所示的结构（该结构中曲线键表示交联发生的位置）。

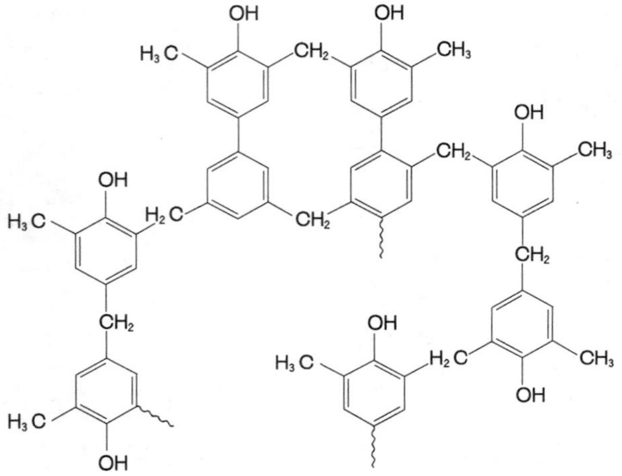

17.2　邻甲酚—甲醛交联树脂

　　与褐煤类似，这些树脂在超过 300℃ 时开始发生显著的热解反应，且在没有明显的软化迹象下发生分解。如果该树脂在形成过程中有附着水（缩聚反应的另一个产物），则水会在树脂的大分子结构上产生气孔或者"空洞"。

　　与褐煤相比，烟煤有更高的碳含量、更低的氧含量，以及更高的 f_a 与 R 值。尽管分子水平上仍然是无序结构，一些证据表明烟煤开始具有有序的结构。例如，用透射电子显微镜，可以实际地看到一些烟煤中的芳环单元开始排列在一起。

　　无烟煤的碳含量超过 91%，f_a 约等于 1，R 值很大，可能在数十或数百。由于石墨的 f_a 等于 1，R 值无限大，所以即使无烟煤结构上还有一些无序性，其也接近石墨的结构。图 17.10 说明了这点。特别是对于高级别的煤和高碳含量的煤，X 射线衍射图可以与石墨本身的相当。最显著的特征是无烟煤和石墨具有相同的特征峰（002 峰），如图 17.11 所示。

　　可以通过一些简单聚合物，如聚丙烯（17.3）和聚苯乙烯（17.4）来获得一些证据。这两种聚合物具有相近的聚合度和结晶度，相比之下，聚苯乙烯具有更高的密度、拉伸强度和挠曲强度，较低的溶解度，在融化阶段有更高的活化能，以及溶解在苯中具有更高的

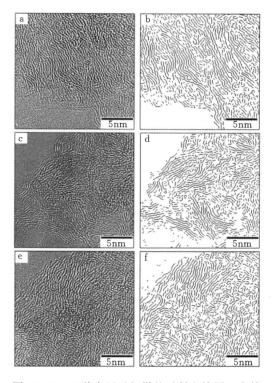

图 17.10　三种中国无烟煤的透射电镜图，在精细结构上表明结构的有序性。从上到下，三种煤分别来自四望嶂、门头沟和郭二庄。

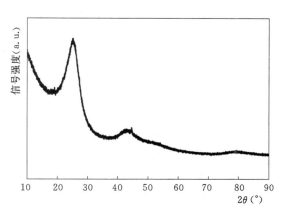

图 17.11　无烟煤的 X 射线衍射图。在 28°衍射角处的峰表明样品具有部分石墨性质。

黏度。分子结构中 π—π 键的引入可以定性地解释这些物理性质上的变化。聚对萘二甲酸乙二醇酯（17.5），与普通的聚（对苯二甲酸乙二酯）（通常称为 PET，被广泛用于生产饮料瓶）不同，在芳香单元是以萘结构为基础的而不是苯结构。这两种物质中，聚对萘二甲酸乙二醇酯强度更高，熔点更高以及氧气透过率更低。

17.3　聚丙烯

17.4　聚苯乙烯

　　比较纯粹的芳香族化合物和包含芳香单元的聚合物，发现芳香环体系数量或大小（或者两者一起）的增加会使材料变得更加致密，熔点变高，更难溶解以及更坚实。最终的芳香化合物，以及富碳系列的终点物质就是石墨。除非是在极端的反应条件下，石墨对几乎所有物质来说都是惰性的。它不溶于任何溶剂。

17.5　聚对萘二甲酸乙二醇酯

它几乎不被氧化，甚至在白热状态下也是如此。它的熔点是 3600℃。

各种煤的溶剂溶胀行为表明，随着煤等级从褐煤提高到 88％碳含量级别的煤（接近烟煤等级范围最高级的煤），交联的程度下降。因为 f_a 和 R 也增加，很可能是脂肪链交联进入了逐渐增长的芳香环体系导致了这种行为。交联程度达到明显程度时即把约 88％碳含量的煤提高至无烟煤等级。尽管无烟煤中可能存在一些共价交联（如芳香醚），其具有非常大 R 值的另一个重要因素很可能是 π—π 作用导致的。在石墨中，离域电子和范德瓦尔斯力都对层间交互作用具有很大的作用。

17.5   煤作为非均质固体

油母质转化为天然气和石油就变成了均相的流体，从它们的微观结构和宏观外观很难将其与最初的油母质原料联系起来。但是，由于煤是固态的，且难以将其所有组分同时溶解，这使得我们能够辨别出煤中的微观区域，清楚地将其与原始有机质联系起来。

在地质学中，岩石是由不同矿物质（通常是两种或更多种）以不同比例组成的固体复合物质。以花岗岩为例，用显微镜观察花岗岩，有时候甚至可以直接通过肉眼观察，可以看到它由多种不同的颗粒组成，这些就是岩石的矿物质组分。类似地，在显微镜下观察煤可以得知它的组分。煤可以认为是一种有机岩石，它的各个组分——"有机矿物质"——被称为煤素质。

从煤素质的光学外观及其与原始有机质中植物学结构的关系出发来对煤素质进行描述和分类形成了煤岩学领域的基础。这个学科的基础是 20 世纪 20 年代由玛丽·斯托普斯[J] 建立的，如图 17.12 所示。

图 17.12　玛丽·斯托普斯，煤岩学
和妇女权利先驱。

煤素质从原始植物的不同组分衍生而来，最终变成了煤。不同的植物组分有不同的分子结构，例如，木质素和蜡。具有不同分子结构的物质在一定的一系列条件下发生不同的化学反应，或者以不同的方式参与某一特定的化学反应。尽管植物组分在成岩作用和深成作用期间发生了化学变化，煤素质依然反映出与原始有机质中固有的化学和植物学性质的不同之处。不同煤素质间的差异，最终导致了它们化学行为的差异。通过光学显微镜可以分析煤样品中煤素质的相对比例，进而可以预测煤的一些行为和反应性。

尤其是对于烟煤，经常可以观察到具有不同外观的区域，比如条带，甚至可以用肉眼观察到。这些条带被称为煤岩类型，通常可以通过外观和断口区分，见表 17.8。

煤岩类型是由更小的成分，即煤素质构成的。煤素质分为不同的组，总结在表 17.9 中。

表 17.8 煤岩类型性质。

煤岩类型	颜色	外观	断口
镜煤	亮黑色	窄带状	贝壳状
亮煤	黑色	双凸透镜状	镜面破裂状
暗煤	暗灰—黑色	双凸透镜状	细密纹理
乌煤	木炭色	小双凸透镜状	易碎，破裂为粉末

表 17.9 不同煤素质组的性质，以及每组中特别的煤素质例子。

煤素质组	外观	组成	例子	原始植物
镜煤素质	有光泽的，玻璃样的	富氧，中等含氢量，中等芳香性	胞镜煤素质、凝胶煤素质	木材或树皮、凝胶化腐殖质
亮煤素质	蜡状或树脂状	富氢，高度脂肪性	藻煤素质、胶质煤素质、树脂煤素质、孢壁煤素质	藻类残骸、树叶角质层、树脂、孢子
惰性煤素质	暗，木炭状	富氧，高度芳香性	丝碳煤素质、半丝碳煤素质、核盘菌煤素质	碳化或降解木材、真菌残骸

大多数北半球煤的煤素质主要是镜煤素质，如图 17.13～图 17.15 所示。由于这个原因，同时由于其良好的化学反应性，煤化学中的许多基础研究都是围绕镜煤素质展开的。镜煤素质、丝炭煤素质和半丝碳煤素质很可能是从木材或者树皮衍生而来的。壳质煤素质或膜煤素是从植物碎片如树脂、孢子、花粉粒或叶表皮，以及从藻类来的。美国犹他州的一些煤含有大块的树脂体，可以直接用手从中分拣出来。含有大量角质煤素质的煤包括美国（印第安纳州）和俄罗斯独特的"纸煤"。藻煤素大量存在于苏格兰和塔斯马尼亚州的藻煤中，也就是藻浊煤和弹性藻沥青。惰性煤素质因他们在炼焦过程中相对惰性而得名。然而，具有反应性的惰性

图 17.13　一种高挥发份烟煤 A 的光学显微图片，其中显示了包含于具有低光学反射的镜煤素质（V）基质中的具有高光学反射的惰性煤素质（I）。

煤素质在南非的煤中具有非常重要的地位。丝炭煤素质和半丝碳煤素质代表"化石木炭"；其他惰性煤素质，如核盘菌煤素质很可能是真菌攻击木头后的残留物。表观密度的顺序为：惰性煤素质＞镜煤素质＞壳质煤素质。

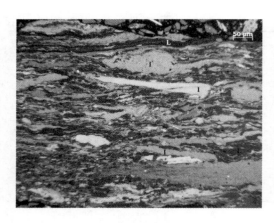 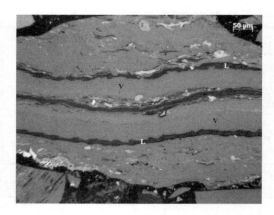

图 17.14　与图 17.13 相同煤的另一光学显微照片，其显示了大部分由惰性煤素质（I）和壳质煤素质（L）组成的，同时含有低浓度镜煤素（右下角）的煤层。

图 17.15　与图 17.13 相同煤的另一光学显微照片，此处显示了较厚的壳质煤素质（L）条带，即角质煤素质，嵌于均匀的镜煤素（V）基质中。

17.6　物理性质

煤的密度通常是通过流体的排液量测定。因为煤是多孔的，它们的表观密度取决于所用的液体，尤其是液体分子渗透孔隙系统的能力。表观密度在工程计算中非常有用，例如，用于计算装载一定量煤所需要的反应容器的体积大小。图 17.16 给出了在甲醇中，煤表观密度随碳含量的变化趋势。

采用其他液体可得到相似形状的曲线，不过纵坐标不同。忽略所用液体的影响，表观密度最小值出现在 85%～90% 的碳含量处。

所谓的真实密度是通过对氦气的排气量来测定的。名义上的"真实密度"是基于假设氦气是最小的原子来进行的，其可以渗透到最小的孔中，而其他流体可能无法渗透到样品中的所有孔中。氦气密度随碳含量的变化如图 17.17 所示。

对于碳含量低于 88% 的煤，氦气密度的变化反映了氧含量降低的影响；对碳含量在 88% 以上的煤，氦气密度的变化说明了结构有序性增加。简单的芳香分子的变化趋势说明了这点，见表 17.10。

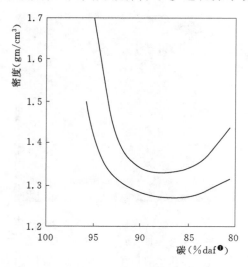

图 17.16　采用苯、己烷、甲醇或水进行排液时煤的表观密度与碳含量的关系。多数煤的表观密度均落在该条带中。

---

❶ daf 表示干燥无灰基，是煤质分析化验指标常用的基准之一。

表 17.10 一些简单芳香分子的密度，表明随着密度增加，分子结构的紧凑性和芳香性增加。

化合物	芳香性 f_a	环缩合度	密度（g/cm³）
2-乙基萘	0.83	2	1.008
9-乙基蒽	0.88	3	1.041
2-甲基萘	0.91	2	1.029
9-甲基蒽	0.93	3	1.066
萘	1	2	1.145
蒽	1	3	1.250
䓛	1	4	1.274
蔻	1	7	1.371
石墨	1	∞	2.25

　　体积密度取决于给定质量的煤块或煤颗粒占据的体积。体积密度随颗粒尺寸和颗粒的充填效率变化而变化。它并不反映与煤的结构和性质相关的基本信息，但是可以用于估计如存储箱、卡车或火车车厢可装载的煤炭重量。

　　孔隙率随煤等级的变化如图 17.18 所示。

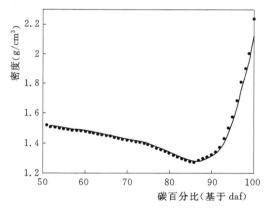

图 17.17　煤的氦气密度，或"真实"密度与碳含量的关系。

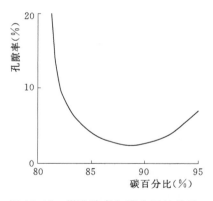

图 17.18　煤孔隙率与碳含量的关系。

　　由于表面积控制了非均相反应的程度和速率，在许多应用中总的表面积比孔隙率更重要。表面积测量通常通过气体吸附测定。表面积和孔隙率测量的概念不仅在煤反应中很重要，在多相催化领域（第 13 章）以及从化石与生物燃料中制得的碳产品的表征（第 24 章）中也很重要。

　　颗粒的总表面积为颗粒的外表面和内部孔壁的表面积之和。褐煤的内表面积贡献了约 90% 的总表面积。当采用二氧化碳吸附时，褐煤的表面积为约 200m²/g。由于空隙具有蓄水能力，近似分析表明褐煤的水分含量可达 35%～45%。当确定所有的孔隙均被填充而表面无多余水分时，通过测定水含量可以用来估算孔体积。该方法是通过将煤充分浸入水中，然后将煤储存在 100% 相对湿度的环境中直至达到一个恒定的重量。此时，煤中的水分完全存在中孔隙中，被称为平衡含水率。不同煤的平衡含水率不同，即使同等级的煤之间也不同。褐煤在所有等级的煤中具有最高的平衡含水率，在 $20\%\sim40\%$ 范围内。图 17.19 给出平衡含水率随煤等级的变化。

褐煤因为有最大的表面积和最高的孔隙率，因此通常反应性很高（但是补充一点，褐煤反应同样受多种官能团的丰度以及芳香性和环缩合度的相对低值的影响）。烟煤比褐煤具有更低的孔隙率和总表面积。相同的试剂和反应条件下，烟煤的反应性不如褐煤。无烟煤比烟煤孔隙率稍微大一些。烟煤的脂肪族交联可以存在于多种构象中，这些构象可以实现非常紧密的空间填充，通过形成非常大的芳香环体系（$R=10\sim100$）来实现，这种空间填充比无烟煤中通过短的、刚性交联结合起来的体系具有更紧密的空间填充。

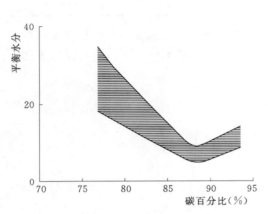

图 17.19　煤的平衡含水率与碳含量的关系。大多数煤均落在阴影条带中。该趋势与孔隙率基本类似（图 17.18）。

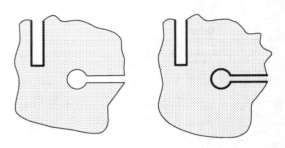

图 17.20　"墨水瓶"孔是指那些具有一狭窄孔颈与内部较大空穴相连结构的孔，如图 17.20 中水平位置的孔。当吸附剂不能渗透过狭窄孔颈时，其只能渗透入具有直壁的孔，如左图中采用黑粗线示出的孔。当吸附剂均可以渗透入两种孔时，吸附剂将填充满孔隙，如右图中黑粗线示出的孔，此时所测得的表观表面积更高。

知道了表面积和孔体积后，通过假设孔形状，可以计算孔的平均半径。也就知道了能够渗入和离开孔的分子的尺寸。用于测定表面积的气体一般是二氧化碳和氮气。同一样品的测定结果很大程度上取决于所用的气体：二氧化碳吸附测定的结果通常比氮气吸附测定的结果要高一两个数量级。这种巨大的差异是由于气体扩散是一个活化的过程，也就是说是与温度有关。二氧化碳吸附在高达 25℃ 的条件下操作，而氮气吸附可能在 −185℃ 下进行。这种温度差异可能导致二氧化碳的扩散和平衡比氮气快得多。活化扩散对所谓的墨水瓶状孔尤其重要，如图 17.20 所示。−185℃ 下氮气通过限制性开口非常困难，但是对于 25℃ 下的二氧化碳则非常容易。因为测定的表面积取决于用作被吸附物的气体，因此对于像煤这样的多孔固体没有唯一定义的表面积。测定的表面积取决于吸附剂（如煤）在实验中的行为，以及特定的实验条件。未指明所用的吸附物而报道的表面积值是毫无意义的。

采煤过程通常会产出大块的煤，远远大于在使用过程中能被有效调整或者利用的尺寸。煤的硬度和对于破碎的敏感性，是对于煤的运输和处理，以及使用前减小尺寸的操作过程的重要属性。易碎性表征了煤炭被打碎的趋势。在下落粉碎实验中，样品从 2m 高处下落到钢板上。尺寸稳定度 S，通过计算该实验后平均颗粒尺寸 Y 与初始样品平均颗粒尺寸 X 的比例得到，因此 $S = 100(Y/X)$，则易碎性 $F = 100S$。易磨性表征将煤从较大的尺寸分布研磨到特定尺寸分布的难易度。哈德格罗夫可磨度指数，HGI，是 20 世纪 30 年代发展起来的用于评价煤作为煤粉炉原料的可磨性的指数。在这个实验中，特定颗粒尺寸范围内的样品被放入一个碗中，八颗钢珠可以在这个碗里进行圆周运动。一个圆环放在球珠顶端，可以给球珠加上特定的重量，转动 50 下。实验结束后，计算小于 $74\mu m$ 颗粒的重量来计算 HGI 值。对于很容易研磨的烟煤，HGI 值为 100。哈德格罗夫可磨度指数随煤等级的变化与煤的其他性质变化趋势类似，当将易磨性作为煤等级的函数作图时，在烟煤等级范围内表现出明显的斜率变化。图 17.21 给出 HGI 随挥发性物质含量的变化。

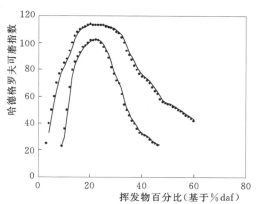

图 17.21　哈德格罗夫可磨度指数与煤等级之间的关系，其中煤等级以挥发性物质含量表示。

水分含量影响易磨性，通常对于一种给定的煤，易磨性是一个范围值。

注释

　　［A］这里使用的操作性的术语是"理论上地"，即使采用现代有机分析仪器来确定和鉴别石油样品中的每个组分，仍是非常艰巨的工作，需要极具耐心和勇气。在需要通过蒸馏、分离结晶，或采用中空柱色谱法分离混合物，然后通过物理性质如熔点或者折射率鉴定化合物的年代，需要花数十年的时间来分离和鉴定从一种石油样品中分离出来的好几百种化合物。

　　［B］虽然 ASTM 分类系统被广泛使用，但它并未被普遍接受。其他的一些标准制定机构，包括国际标准化组织（ISO）、英国标准学会（BS 或者 BSI）、德国标准化学会（DIN）和波兰标准委员会（PN）也发布了煤的分类标准。而且，还有其他的标准，虽然这些体系之间并没有非常根本的差异，但为了更精准，指出应用哪 种体系（即应用了哪个机构的规则）来进行分类也是非常重要的。

　　［C］在低温技术发展之前，很难溶解的气体，如氧气和氮气，被称为"固定气体"。

　　［D］近似分析并不局限于煤化学。当不考虑哪一个特定的阳离子和阴离子对某种特定样品硬度的贡献时，水的硬度有时候以"碳酸钙含量（百万分比）"来衡量。当我们体检检测血液时，会报告"甘油三酯"含量，这是一个包含了所有不同的脂和油分子在内的数，并没有区别特定的油或脂，更不用说每种油脂的脂肪酸组成。

　　［E］并不是煤的所有无机成分，特别是低级煤，都是矿物质颗粒。有一些是以阳离子与羧酸基连接存在的，另一些可能是以未知方式与杂环官能团形成配位化合物产生的。找到合适的方法来表示煤组成的大部分工作都是针对无烟煤开展的，通常是基于"无矿物质基"来表征的。而在无烟煤中羧酸基的反离子或者配位化合物可以忽略不计。因此，通

常提到"无矿物质基"，就是假设所有的无机组分都是真的矿物质。

[F] 这个图是由克拉伦斯·赛勒（1866—1959）发明的。他从事了很长时间的煤研究，而且取得了杰出成就。他大部分时间都是在威尔士度过的。1942 年，他被任命为英国煤炭利用研究协会总顾问，1955 年当选为煤岩学国际委员会的第一任主席。赛勒在研究之余优选的一个放松方式是研究斯温西（Swansea）附近一些有趣地名的起源，例如 Ystumllwyharth 和 Seinhenyd。

[G] R. A. 莫特在 20 世纪中叶为煤炭科学技术做出了很多贡献。他与 W. R. 查普曼合著的书《煤的净化》，是煤学的经典著作。莫特同样也是狂热的历史学家，他对英国工业革命史尤其感兴趣，特别是炼铁工业的发展，其对此一直追溯到了 1640 年。在这一领域，他写的关于锻铁制造工业发明家亨利·科特的传记，已经成为代表著作。

[H] 虽然平均结构本身不存在，某一特定煤的平均结构在某些地方也是有用的，如评估煤的不同反应的可能结果，预测什么键一定会断裂或者什么官能团会被移除。类似的，我们知道原子中电子分布的太阳系模型不能准确地描述原子结构，但是可能没有更好的方式可以说明一个钠原子和一个氯原子是如何相互作用变成了盐中的钠离子和氯离子的。

[I] 19 世纪两个最伟大的思想家对间接证据的有效性持截然相反的意见。亨利·大卫·梭罗指出，"一些间接证据非常有力，可以使你在牛奶中找到一条鳟鱼"。但相比之下，夏洛克·福尔摩斯警告我们"间接证据是一个非常棘手的事情。它似乎直接指向某件事，但是如果你稍微转变自己的观点，你可能会发现它指向完全不同的事情"。

[J] 玛丽·斯托普斯（1880—1958），是在伦敦大学接受过教育的苏格兰人，她是燃料化学领域最杰出的人物之一。她受过古植物学的专业训练。她研究煤来帮助验证"地球在某一时期只有一个超级大陆"的观点。为了从尽可能远的野外得到标本，她说服罗伯特·斯科特允许她加入去南极的探险队。非常幸运的是，为了煤科学的研究和妇女权利的争取，她未能参加探险，而斯科特和他的同事全部都牺牲了。20 世纪 20 年代，斯托普斯为妇女权利、性教育和计划生育竞选，后面两个话题在那个时代都是禁忌话题。奠定了煤岩学基础的同时，她在英国开设了第一个计划生育诊所。遗憾的是，她主张人种改良学以及公开表达对希特勒的赞赏玷污了自己的名声。

推荐阅读

Berkowitz, Nobert. *An Introduction to Coal Technology*. Academic Press：New York，1984. An excellent introduction to coal and ways of using it. Several of the early chapters discuss aspects of coal composition, structure, and properties.

Given，Peter H. An essay on the organic geochemistry of coal. In：*Coal Science*，*Volume III*（Gorbaty，Martin L.，Larsen，Jown W.，and Wender，Irving，Eds.）Academic Press：Orlando，1984；pp. 65 - 252. A wide - ranging discourse on coal origins，structure，and composition，by one of the great coal scientists of the mid - to late - twentieth century.

Miller，Bruce G. *Clean Coal Engineering Technology*. Butterworth - Heinemann，Burlington，MA，2011. The most up - to - date review of clean coal technology；Chapter 2 reviews chemical and physical properties of coals.

Nomura, Masakatsu, Kidena, Koh, Murata, Satoru, Yoshida, Shuhei, and Nomura, Seiji. Molecular structure and thermoplastic properties of coal. In: *Structure and Thermoplasticity of Coal.* (Komaki, Ikuo, Itagaki, Shozo, and Miura, Takatoshi, Eds.) Nova Science Publishers: New York, 2005; Chapter 1. This chapters covers relatively few coals, but illustrates approaches to studying coal structure utilizing modern instrumental and wet chemical techniques.

Smith, K. Lee, Smoot, L. Douglas, Fletcher, Thomas H. , and Pugmire, Ronald J. *The Structure and Reaction Processes of Coal.* Plenum Press: New York, 1994. Chapters 3 and 4 discuss coal geochemistry, macromolecular structure, and various instrumental techniques for studying coal structure.

Van Krevelen, D. W. *Coal: Typology - Physics - Chemistry - Constitution.* Elsevier: Amsterdam, 1993. This is the best single book on coal science, by the person who was possibly the greatest of the coal scientists.

第18章 煤的无机化学

与天然气和石油相反，煤含有大量的无机物。在极端情况下，近似分析得到的灰分值可高达 30%～40%。煤炭燃烧系统中产生的灰分需要收集，并以环保的方式进行处理。煤中的无机成分也会影响燃烧和气化单元操作。

当煤进行燃烧和气化时，煤中的无机成分发生不同的反应生成灰分。无机成分包括矿物质颗粒、与羧酸基结合的阳离子以及煤结构中与其他杂原子形成配位化合物的阳离子。矿物质是指不同的无机物质颗粒，如石英或黏土，并在一起成为独立的、可区别的相态，通常有确定的组成和结构。

虽然很容易且方便地将分析数据修正为基于排除灰分（或者排除了水分和灰分）的数据，但以排除了矿物质的样品为基准则更为准确。这是因为收集的灰分重量并不一定等于煤中无机成分的总重量，因为在灰化过程中发生了一些反应。比如

脱水反应：$FeSO_4 \cdot nH_2O \longrightarrow FeSO_4 + nH_2O$

氧化反应：$FeS_2 + 3O_2 \longrightarrow FeSO_4 + SO_2$

分解反应：$CaCO_3 \longrightarrow CaO + CO_2$

硫捕集：$CaO + SO_2 + \dfrac{1}{2}O_2 \longrightarrow CaSO_3$

灰分重量与煤中原始无机组分重量之间差别的大小取决于这些反应对灰分形成的贡献大小。黄铁矿 FeS_2 的氧化，会导致重量增加，而方解石 $CaCO_3$ 的分解会导致重量降低。通过近似分析算得两种煤的灰分得率一样，并不一定表示它们具有相同量的原始无机组分。

帕尔公式（第 17 章）是应用最广泛的从灰分得率计算矿物质含量的经验方法。最近几十年已经开发出一些直接的实验方法。低温灰化是在氧等离子体、150℃左右下将煤中的碳质部分脱除的过程。这个反应需要数周才能完成。原则上，这个低温下的反应不会在热力学上改变煤中的任何无机成分，所以低温灰分的重量应该非常接近煤中原始无机组分的重量。此外，对低温灰分分析得到的矿物质（如通过 X 射线衍射）一般被认为就是煤中最初的矿物质。主要的例外是 $CaSO_4 \cdot 1/2H_2O$，它是由石膏 $CaSO_4 \cdot 2H_2O$ 部分脱水形成的。计算机控制的扫描电子显微镜（CCSEM）在鉴定煤中的矿物质也非常有用。它包括对矿物质颗粒进行直接的电子显微镜观察以及基于成分对其进行鉴定。因为 CCSEM 过程分析了数百，甚至数千的矿物质颗粒以及测定了其大小，输出结果不仅鉴定了某种特定样品的矿物质，还测定了矿物质的总量以及它们在不同尺寸部分中的分布情况。

18.1　煤中无机成分的起源

无机成分主要有三个来源。第一个来源是起始的植物材料。事实上所有的植物都含有一些无机物质，尤其是木材，这是第Ⅲ类油母质的主要来源。有些植物在一些被称为植物岩的累积物中富集了许多无机物。木贼草（木贼属），或称"刷瓶草"，就是一个例子。它的俗名来源于它能在植物岩中富集研磨硅，由于这个特性，少量的木贼草茎即可有效地清洁炊事用具。木贼草是一类植物的后代，这类植物在大约三亿年前的煤沼泽中广泛生长。

当植物碎片在累积和经历成岩作用时矿物质输送到煤沼中，得到无机成分的第二个来源。以这种方式累积的矿物质被称为伴生。沼泽中的淤泥与逐渐积累和煤化的矿物质混在一起。矿物质颗粒——特别是黏土和石英——可以被流过沼泽的水冲到有机物中。当水停滞不前时，矿物质便沉积在有机物中。这些矿物质可能是由于附近的岩石被侵蚀和风化产生的。风有时也会将矿物颗粒，例如火山灰，带进煤沼中。

煤层形成后，水渗透到煤层的裂缝中，可以使矿物质颗粒沉积在煤中。水相和煤中的官能团可以发生离子交换。这是无机成分的第三个来源，被称为次生矿物质。煤中的黄铁矿有时就是用这种方式累积的。

18.2　煤的无机组成

大多数关于煤的无机成分的信息来源于对灰分的分析。沿用地质样品分析的传统方法，无机元素组成是以大部分存在的元素的氧化物形式报道的，如 SiO_2、Al_2O_3、Fe_2O_3、TiO_2、CaO、MgO、P_2O_5、K_2O、Na_2O 和 SO_3（有时分析报告在"排除 SO_3"的基础上归一化；这通常意味着，这份分析报告中没有 SO_3）。虽然这些元素中的某些元素至少在某种程度上可能以它们氧化物的形式存在于灰分中，其他的氧化物，如碱金属氧化物和硫、磷氧化物是不可能存在于灰分中的。此外，像硅和铝这样的元素可能部分以氧化物形式存在，部分以其他形式存在，如铝硅酸盐矿物质。将灰分组分表示成氧化物形式，用经验关系式可以将其与煤实际利用过程中灰分的各种行为关联起来，相关的研究人们已经进行了大量的工作。可惜的是，这种关系式不能进一步发展到基本的理论水平，因为许多以氧化物表示的矿物质并不是真的以氧化物形式存在于灰分中。

每种元素在其可能出现的形式中的分布是很重要的，特别是对于煤使用过程中不同元素的反应行为。某一无机元素可能通过以下的任何一个途径进入到煤中：通过进入煤中的水溶液；作为平衡离子与羧酸基相连；与杂原子形成配位化合物；散落的矿物质颗粒。一种特定元素可以以多种方式出现在同种煤里。例如，一部分钾可能以羧酸钾形式存在，其余的可能包含在黏土矿物质中。

金属羧酸盐只有在碳含量为 80% 左右的煤，即低级煤中具有重要作用（图 17.4）。羧基作为离子交换位点从渗透到煤里的水中积累阳离子。碱金属阳离子和碱土金属阳离子通过这个方式累积。一般来说，低级煤中有 90%～100% 的钠、75%～90% 的镁、50%～75% 的钙、35%～50% 的钾与羧基相连。大部分的剩余的钙和镁以碳酸盐形式存在，而钾存在于黏土中。煤中的金属配位化合物尚未得到很好的表征和研究。活体植物中的叶绿素以及油中的镍和钒卟啉都是配位化合物。起始植物中的配位化合物可能在成岩作用存活了下来并且进入煤中，也可能在成岩和煤化过程中被重塑。金属羧酸盐和配位化合物有时不严谨地被称为有机金属化合物，其实这种说法很不正确。真正的有机金属化合物包含直接的金属—碳连接键[A]。没有任何可信的证据证明煤中真的存在有机金属化合物。

研究这些元素在煤中可能出现形式的分布包括对煤样进行连续浸提，以及对浸提液和/或残渣进行分析等步骤。这种方法被广泛称为化学分馏。人们在实验室中已经开发出各种在细节上有所不同的分析方法，但其总体上是相同的[B]。第一步，使用温和试剂，如醋酸铵水溶液脱除作为羧酸基反离子的元素，也即在离子交换位点上的金属离子；第二步，使用如稀盐酸的试剂溶解碳酸盐、一些氧化物与含水氧化物和可能以配位化合物存在的一些成分；第三步，用氢氟酸脱除硅酸盐。这三步处理之后剩下的残渣成分被认为是煤中的黄铁矿。

除了起始植物贡献的无机物质，一般而言，对于给定煤样中总的、离子型的、配位化合物型的、矿物型的无机物部分反映了伴生矿化作用和后生矿化作用过程。煤中无机成分的量和组成与多种因素有关，如起始有机物的沉积环境、被带入到正在煤化的植物中矿物质的种类、渗透到煤中的水里的无机成分以及周围环境的地质情况。因此，煤中无机物含量和组成变化很大，不仅在不同的煤中或是某一特定等级的煤中，甚至从同一煤层的不同位置取的煤样均不同。例如，北美大平原地区的褐煤在同一煤层中的变化就像在不同煤层中的变化一样大。所以，同一等级的煤可能会有很不一样的无机组成，也有不同的灰分值。

外源的岩石或矿物质与煤在煤层下、煤层上或者煤层中混合，使问题变得更加复杂。这些无机组分现在不是，以前也不是煤炭本身的一部分，而是在开采过程中并入到"被开采"的煤中。他们的成分取决于当地的地质情况；并入的程度取决于采矿过程的细节以及为避免这种情况发生而所做的防护措施。

这些变化的结果导致对无机组成的归纳概括必然是非常宽泛的。低级煤具有数量可观的羧基离子交换位点，可以纳入碱金属和碱土金属阳离子。由于只有在低级煤中羧基才重要，这样的煤倾向于比烟煤和无烟煤含有更多的钠、钾、钙和镁。烟煤和无烟煤中没有羧基，所以这些煤中的主要无机元素是硅、铝、铁。黄铁矿的数量似乎会随着等级的提高而增加，至少在烟煤等级上表现如此。

煤炭累积了几乎所有已知的元素，至少在微量水平，除了那些核反应中产生的寿命很短、放射性高的元素和稀有气体之外。许多元素都是以百万分之一级的量存在的。一些微量的无机成分对人类健康或者环境是有害的，因而受到人们重视。汞在这方面引起了特别的关注。砷、硒和镉如果释放到环境中，会引起严重的问题。一些微量元素，如镓和锗的纯单质具有重要的商业用途，而且非常有价值。原则上，煤灰可以作为这些有价值元素的来源[C]。每天燃烧10000t煤的发电厂，倘若产生10%的灰分，灰分里微量元素的含量即使是百万分之一，也可以产生1kg/天的微量元素。这么多年来，用来提取有用微量元素的许多过程都已经在实验室或者小规模试验厂中进行过测试，但是没有一个技术已经商业化。从如此低的浓度中提取和富集元素是很复杂的，想要挣钱更是难上加难。

18.3 煤中的矿物质和它们的反应

煤中的矿物质至少已经鉴定出 125 种。三分之一列在表 18.1 中。

表 18.1　煤中的一些矿物质。该表列出的并不是所有鉴定出来的矿物质，也并不是所有这些矿物质均存在于同一种煤中。

矿物质	化　学　式	矿物质	化　学　式
钠长石	$NaAlSi_3O_8$	硫酸镁	$MgSO_4 \cdot H_2O$
铁白云石	$CaFe(CO_3)_2$	蓝晶石	Al_2SiO_7
钙长石	$CaAl_2Si_2O_8$	褐铁矿	$Fe_2O_3 \cdot H_2O$
磷灰石	$Ca_5F(PO_4)_3$	磁铁矿	Fe_3O_4
霰石	$CaCO_3$	白铁矿	FeS_2
辉石	$(Ca, Na)(Mg, Fe, Al, Ti)$ $(Si, Al)_2O_6$	水绿矾	$FeSO_4 \cdot 7H_2O$
重晶石	$BaSO_4$	胶黄铁矿	$Fe(As, Fe)S_3$
黑云母	$(Mg, Fe)_6Al_2Si_6O_{21} \cdot 4H_2O$	芒硝	$Na_2SO_4 \cdot 10H_2O$
水氯镁石	$MgCl_2 \cdot 6H_2O$	砷黄铁矿	$FeS_2 \cdot FeAs_2$
方解石	$CaCO_3$	蒙脱石	$(Na, Ca)_{0.33}(Al, Mg)_2Si_4O_{10}(OH)_2$
黄铜矿	$CuFeS_2$	白云母	$KAl_3Si_3O_{11} \cdot H_2O$
绿泥石	$(Fe, Mg)_{10}$ $Al_4Si_7O_{30} \cdot 15H_2O$	正长石	$KAlSi_3O_8$
水铝石	$Al_2O_3 \cdot H_2O$	黄铁矿	FeS_2
白云石	$CaMg(CO_3)_2$	磁黄铁矿	FeS_x
绿帘石	$Ca_4(Al, Fe)_3Si_6O_{25} \cdot H_2O$	石英	SiO_2
核磷铝石	$Al_3PO_7 \cdot 9H_2O$	金红石	TiO_2
方铅矿	PbS	透长石	$KAlSi_3O_8$
石膏	$CaSO_4 \cdot 2H_2O$	菱铁矿	$FeCO_3$
岩盐	$NaCl$	闪锌矿	ZnS
赤铁矿	Fe_2O_3	十字石	$Fe_2Al_9Si_4O_{22}(OH)_2$
伊利石	$K(Al, Mg, Fe)_2(Si, Al)_4O_{10}(OH)_2$	钾盐	KCl
黄钾铁矾	$KFe(SO_4)_2$	无水芒硝	Na_2SO_4
高岭石	$Al_2Si_2O_7 \cdot 2H_2O$	电气石	$(Na, Ca)(Fe, Mg, Al)_3(Al, Fe)_6$ $(BO_3)_3Si_6O_{18}(OH)_4$
十六水合硫酸铝	$Al_2(SO_4)_3 \cdot 16H_2O$	锆石	Si_6ZrSiO_4

在煤的实际应用中，只有不到 20 种元素因含量足够高而变得重要。这 20 种左右的元素可以分为六类。接下来会讨论这些分类及其在煤利用过程中的一些反应。

黏土通常是煤炭的主要矿物质。他们占总矿物质含量的一大半。尽管黏土矿物质家族非常广泛，煤中常见的有伊利石 $K(Al,Mg,Fe)_2(Si,Al)_4O_{10}(OH)_2$、高岭石 $Al_2Si_2O_7 \cdot 2H_2O$ 和蒙脱石 $(Na,Ca)_{0.33}(Al,Mg)_2Si_4O_{10}(OH)_2$。一般来说，黏土还含有其他阳离子，如碱金属、碱土金属和铁在内的硅和铝的含水氧化物。黏土可能在有机物的累积和成岩过程中被冲入煤沼。他们为灰分贡献了铝和硅，以及少量其他元素，如钾。

主要的碳酸盐是钙、镁、或铁的碳酸盐，分别是方解石、菱镁矿和菱铁矿。同样也有混合碳酸盐，主要是含钙和镁的白云石，或者是含铁、钙和镁的铁白云石。碳酸盐通过直接反应沉淀，即

$$Fe^{+2} + CO_3^{-2} \longrightarrow FeCO_3$$

或者通过 pH 值的改变沉淀，即

$$Ca^{+2} + 2HCO_3^- \longrightarrow CaCO_3 + CO_2 + H_2O$$

方解石在 $600 \sim 950$℃范围内分解为

$$CaCO_3 \longrightarrow CaO + CO_2$$

氧化钙很容易与黏土或者石英反应。同样可以与含硫气体反应，即

$$CaO + SO_2 + \frac{1}{2}O_2 \longrightarrow CaSO_4$$

$$CaO + H_2S \longrightarrow CaS + H_2O$$

钙的化合物，不管是刚开始就在煤中，还是以石灰石的形式加入，都可以在燃烧和气化系统中捕捉硫；由于硫酸盐或硫化物在处理温度下比较稳定，富含钙的灰分或者加入一些石灰石可以减少气态硫化物的排放。

白云石和铁白云石与碳酸盐在相同的温度范围内分解。这些矿物质的分解释放出了镁、钙和铁，这些元素参与到铝硅酸盐的形成过程，并可作为助溶剂。从白云石分解出来的镁和钙也可以与二氧化硅反应生成透辉石 $CaMgSi_2O_6$。

菱铁矿在稍微高一点的温度范围内，一般在 $400 \sim 800$℃下分解成方铁矿（FeO）和二氧化碳。当菱铁矿分解或磁黄铁矿发生氧化时，方铁矿氧化成磁铁矿 Fe_3O_4 或者赤铁矿 Fe_2O_3。生成哪种稳定的产物取决于温度和氧气分压。

硅主要以石英形式存在，其占了煤中矿物质总量的 20%。一些硅可以从植物岩中来，但主要是被水冲入煤沼中的。

主要的硫化物矿是黄铁矿 FeS_2[D]。大部分黄铁矿是在煤形成之后通过沉积而累积。尽管硫化物在煤的总矿物质中的比例不到 5%，但与所占有的比例来讲它们却得到了更多的关注。在燃烧过程中，硫化物变成硫氧化物，造成酸雨等空气污染问题。焦煤中的硫在炼焦过程中会并入焦炭中。在金属的熔炼过程中，硫会混入金属中，使得铁硫化物沉淀在单个颗粒的边界处。这些铁硫化物会削弱后续金属的成型加工过程，如热轧。黄铁矿在空气中氧化释放的热量可能引发煤堆的自发燃烧。然而，在煤液化过程中，黄铁矿可以作为原位加氢催化剂[E]。一些微量元素也以硫化物形式出现在煤中，如方铅矿中的铅、闪锌矿中的锌。

黄铁矿在 $300 \sim 600$℃分解成磁黄铁矿。反应式为

$$FeS_2 \longrightarrow FeS + S$$

磁黄铁矿实际上不是一个化学计量的化合物，其中的 S/Fe 并不是精确的 1。硫所发生的反应取决于黄铁矿分解的大气环境。在还原性气体中，硫形成硫化氢，所以净的反应为

$$FeS_2 + H_2 \longrightarrow FeS + H_2S$$

但是，在氧化性氛围中，硫形成二氧化硫，即

$$FeS_2 + O_2 \longrightarrow FeS + SO_2$$

磁黄铁矿进一步氧化变成氧化亚铁，形成低熔点的相。FeO 和 FeS 在 930℃ 形成共熔合金相。在氧化环境中，FeO 与铝硅酸盐作用形成各种铁铝硅酸盐。

煤中的盐类是从海洋环境中累积的有机物中来的，常见于中欧、英国和澳大利亚的一些煤，而美国的大部分煤是极少含盐类的。盐会加剧金属的腐蚀。盐中的氯化物在燃烧过程中有助于形成氯化氢。氯化氢可以溶解在任何可接触到的水中形成腐蚀性的盐酸。

大部分煤中的硫酸盐浓度较低，铁和钙的硫酸盐是最常见的。硫酸铁很可能是由黄铁矿在空气中氧化而来的。硫酸钙通常以二水合物——石膏（$CaSO_4 \cdot 2H_2O$）的形式存在。石膏首先分解成烧石膏（$CaSO_4 \cdot \frac{1}{2}H_2O$）然后变成硬石膏 $CaSO_4$。

无水石膏与氯化钠、硫酸钾或硫酸钠形成几种共熔体。这些共熔体在 $700 \sim 900℃$ 熔化。在 900℃ 左右，无水石膏分解成钙氧化物和硫氧化物。在强烈的还原性氛围中，例如有丰富的一氧化碳时，硬石膏被还原为硫化钙。

$$CaSO_4 + 4CO \longrightarrow CaS + 4CO_2$$

表 18.2 以不同矿物质的形式总结了煤和灰分中的主要无机元素。

表 18.2　主要矿物质家族对煤中无机元素的贡献。

	Si	Al	Fe	Ca	Mg	Na	K	S
黏土	√	√					√	
碳酸盐			√	√	√			
硅	√							
硫化物			√					√
盐						√		
硫酸盐			√	√				√

18.4　煤的净化

在几乎所有的众多应用中，煤的无机成分都没有正面作用。减少无机成分含量可以增加等量样品的热值；在煤炭运输过程中，这意味着单位重量的燃料，或者单位运费可运输更多的热量。在使用过程中，灰分必须收集并以环境可接受的方式进行处理。无机物含量越低，需要投入到灰分处理上的精力（和费用）就越少。黄铁矿在燃烧过程中增加了硫氧化物的排放，所以从煤中脱除黄铁矿有助于满足排放法规。在将煤炭转化为冶金焦的过程中，无机成分会稀释重要的中间塑化相（第 23 章），干扰焦炭的形成，而且如果进入到焦

炭中，会将不期望的杂质引入到正在生产的金属中。

"煤炭净化"一词是指减少无机成分，或者通俗地讲，减少灰分含量。煤在使用之前是否要净化以及净化到何种程度取决于市场规范，如必须满足热值、灰分含量、硫含量的要求才能使煤的销售更有竞争力。通常实际所用的煤净化方法是根据煤炭本身碳质部分与无机成分在物理性质上的差异来进行的。

煤炭净化过程成功与否部分取决于矿物质组分在煤的碳质部分的分布情况。对那些大多数矿物质是后生矿的煤，在较大的缝隙里或者沿着天然床层上可能会有大的矿物颗粒沉积。简单的破碎或研磨操作通常足以使这些矿物颗粒从煤炭上脱离。相反的，同生矿物可能是很小的颗粒，分散在整个碳质部分且与其紧密相连。对于这样的煤，通过把煤磨到足够细小来除去矿物质是很不切实际且成本高昂的。通常体积小、被煤的碳质部分完全包裹的矿物质颗粒，被称为固有矿物质，或内含矿物质。这些矿物质通常都是伴生的。那些混合得不紧密的矿物颗粒被称为外源矿物质，或外来矿物质，一般代表后生矿物质。

根据煤的等级和岩相组成，煤的碳质部分密度一般是 $1.2 \sim 1.6 \text{g/cm}^3$。石英和黏土矿物的密度大约是 2.6g/cm^3；黄铁矿为 5g/cm^3。原则上，用一种密度介于煤炭质部分和无机物之间的介质处理煤应该可以使得大部分煤和无机物分开，煤浮在上层，而矿物质下沉。而实际过程，这种分离过程从来都不是很理想的。当矿物质很容易在研磨过程中从煤中分出来时，密度分离法就很直接而简单。但是，有一些矿物质可能会在煤化的植物细胞腔（如在丝炭煤素质中）中形成微小的颗粒或者可能会在有机物积累的过程中被冲进煤沼泽中与碳质部分紧密混合。通常的，将煤研磨到如此细来释放出极其微小的矿物质颗粒是非常不经济的。任何研磨都不能将低级煤中与羧基相连的阳离子释放出来。因此，粉碎或研磨释放出矿物质的程度以利于下一步的脱除取决于矿物质在煤中是如何存在的。没有方法，例如从煤等级，可以提前预测某种煤在净化过程的行为。每种煤都必须在实验室里进行评估。

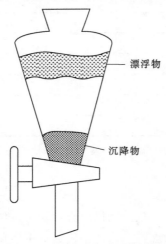

图 18.1　实验室中采用分液漏斗和选定密度的液体介质对煤和矿物质进行简单分离，得到富含煤的颗粒和富含矿物质的颗粒。

漂浮物

沉降物

任何净化过程的成功与否，无论是实验室评估还是商业化运行，都取决于煤的粒度分布。一般而言，颗粒越小，越能够释放更多的矿物质，分离效果也更好。然而，煤炭颗粒粒度的减小受实用性和经济性的限制，以及最终使用煤的设备对煤颗粒尺寸的要求。

浮沉测试是一种评估给定煤样清洁度的方法。该测试将煤粉样品与已知密度的液体混合并摇动，所用液体可以是盐的水溶液，例如氯化钙、或有机液体。之后会发生密度分离，如图 18.1 所示。

富含碳的物质叫做浮煤。矿物质与富含无机物的煤混合物组成了沉煤。将浮煤与浮煤中的灰分值（通过近似分析得到）作图可以提供一个有用的初步评价。图 18.2 是一个例子。

这种曲线上的数据点是通过用一系列密度逐渐提高的液体得到的。100％的浮煤得率相当于浮煤中包含了所有的原始煤。因此曲线与横坐标的交点代表原始煤的灰分值。对于很多煤，曲线只是渐近地接近纵坐标。这意味着密度分离不能彻底清洁煤炭，即达到0％的灰分值。曲线变得基本垂直时对应的浮煤的灰分值，有时被称为残灰，来源于那些太小以至于不能通过研磨释放出来的矿物质颗粒以及与煤化学键连接的无机组分。这样的浮沉曲线提供了煤净化的一些基本信息。图18.2所示例子中，灰分值从10％到5％，会导致浮煤得率从78％降低到42％；浮煤得率下降一半左右。

浮沉测试中的分离并不总是如图18.1显示的那么清晰。有时原料在液体中保持悬浮状态，被称为中煤。中煤的存在表明了一个潜在的问题：它们不出现在浮煤中，而且在实际的净化过程中，可能很难从净化液中分离开来。

可洗度曲线，如图18.3所示，为煤的净化提供了更详细的评估。这些曲线可以多种方式使用。首先，确定某种给定密度液体的洗涤性能，如1.5g/cm³。在这种情况下，会看密度轴1.5的位置对应到曲线2。找到交点值对应到浮煤得率轴上，对应的浮煤得率是80％左右。浮煤得率轴上80％的浮煤得率对应到曲线1，可知交点值对应的浮煤灰分值是7.5％。然后，从1.5g/cm³密度值对应到曲线3得到中煤得率为9％。

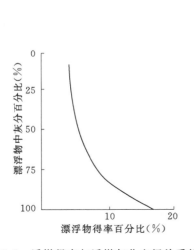

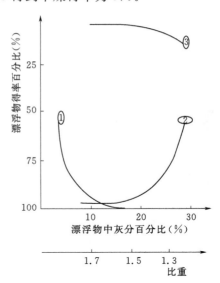

图18.2　浮煤得率与浮煤灰分之间关系的一个例子。其相反关系为煤的洁净度（即低灰分含量）与浮煤得率之间的关系。

图18.3　可洗度曲线的一个例子。该曲线可用于确定一定密度液体的洗涤性能，或确定可获得所需浮煤灰分时需要的液体密度。

可洗度曲线也可以用来确定在清洗过的煤中获得预期灰分值所需的液体密度，即评估净化过程的性能。例如，假设目标灰分值是6％，灰分值轴上6％灰分值对应到曲线1，交点值对应的浮煤灰分值表明与6％灰分相应的浮煤得率为75％。从75％的浮煤得率对应到曲线2，交点对应的密度值为1.4g/cm³。从这个点对应到曲线3，可知中煤得率为13％。

分配系数c表征了某个特定密度下的分离性能，计算为

$$c_x = 100F/(F+S)$$

式中：下标 x 为被测定的物质；F 为浮煤的重量百分比；S 为沉煤的重量百分比。分配系数为 50% 的点被称为特朗普分选点。

重介质分选包括把煤添加到装有一些矿物质悬浮液的容器中，最常用的是磁铁矿，Fe_3O_4，其可作为密度介于煤和矿物质之间的中间介体。

煤颗粒上升到表面，从容器顶端收集。矿物质丰富的煤和分离出来的矿物质，被称为弃物，从底部取出。磁铁矿受青睐有两个原因：一是它密度大，为 $5.2g/cm^3$，所以不需要用很多的量即可获得所需密度，例如 $1.5g/cm^3$ 的浆料；二是磁铁矿是磁性的，所以可以用磁分离器分离和回收再利用。

泡沫浮选利用的是煤和矿物质之间在表面性质以及密度上的差异。细煤粉由富含煤与富含矿物质的颗粒组成。烟煤和无烟煤的表面是由疏水碳氢化合物大分子构成的。相反的，许多常见的矿物质，如黏土、石英都有亲水性表面。这些矿物颗粒表面高浓度的氧原子为与水分子形成氢键提供了许多位点。浮选过程包括将空气吹入粉碎精细的煤与水的混合物中。密度大的、亲水的矿物质颗粒被水润湿，下沉。疏水性的煤颗粒不会被湿润，气泡可以附着在煤颗粒表面并将它们带到液体表面（图 18.4）。

图 18.5 是浮选池的示意图，简要说明了操作过程；图 18.6 是一个更详细的商业装置图。

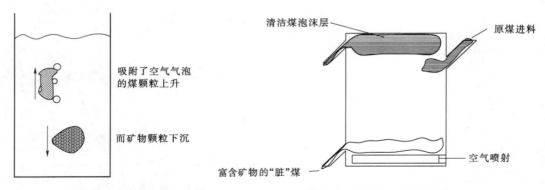

图 18.4　煤浮选净化示意图。
该方法是利用疏水和
亲水表面具有不同
润湿度来实现的。

图 18.5　浮选池的操作流程。

从矿物质中分离煤的工作永无止境，因为并不是所有的矿物质都可以通过研磨分离出来，一些矿物质可能是疏水性的，因此也会附着到气泡上而浮起来，而有些煤颗粒可能是亲水性的，尤其是如果表面有含氧官能团时。

最近几十年，煤炭的化学净化一直是许多研究的主题，其重点是降低硫含量。实验室已经探索了许多方法，有一些在实验室范围内有很好的结果，但还没有商业化应用的。部分原因是过程经济性，因为很难找到一个比相对简单的物理分离更便宜的化学过程。人们已经注意到用细菌或真菌来代谢煤中的含硫化合物，但还存在动力学上的问题。生化反应非常缓慢，所以诸如电厂锅炉这种设备，需要有非常大量的煤在净化中才能满足锅炉运转的需要。

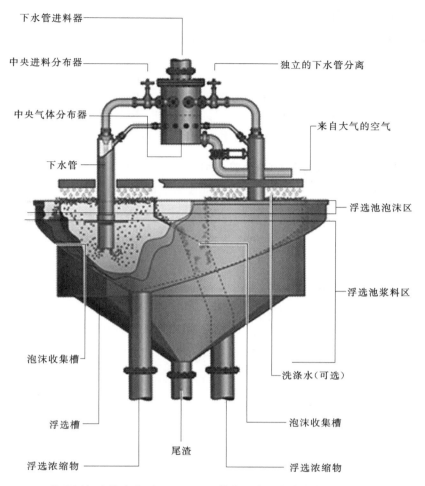

图 18.6　一种采用超达技术公司（Xstrata）技术的商业化詹姆森（Jameson）浮选池。
在该型号的浮选池中，空气是通过从浮选池顶部向下的下水管喷入池中，
与图 18.5 中所示的从下喷射的方式不同。

18.5　无机组分在煤使用过程中的行为

　　因为世界上大部分煤炭都是在高温下使用，例如燃烧和气化，因此了解高温下灰分的行为对于设计和操作用煤设备很重要。可以通过测定灰熔温度（AFTs）获得有用的评估。将灰分堆成圆锥形金字塔状，然后在控制的条件下加热。通常要注意四个转变温度：初始形变温度，金字塔的尖顶开始成为圆形的温度；软化温度，熔化进行到剩余金字塔的高度与底部的宽度相等的温度；半球形温度，高度是底部宽度一半的温度；流体温度，样品已经熔化到遍布整个陶瓷支撑面的温度。AFTs 值取决于测定过程是在氧化还是还原氛围中进行的。铁化合物被还原为亚铁（Ⅱ）可作为助熔剂，而氧化氛围中形成的铁（Ⅲ）化合物不能充当助熔剂。

由于煤的温度在燃烧的早期阶段一直升高，会发生一系列相变和反应。在某种程度上，温度会高到足以让那些熔点相对低的无机成分软化，或者直接熔化。通常来讲，这些组分是铝硅酸盐，由黏土矿物质的热力学变化形成，以及在低级煤中由黏土矿物质与阳离子反应形成，这些阳离子是从羧酸盐的分解过程释放出来的。

表 18.3 总结了煤中一些矿物质在氧化氛围中随着温度的提高发生的一些转变。这些温度为近似值，实际运行设备中观察到的转变与相图中的精确值或者其他缓慢加热后平衡情况下观察到的不一定一样，因为加热速率和在不同温度下的停留时间不同。

表 18.3　一些主要的矿物质在氧化条件下的转化反应及其相应的近似温度。

温度($^\circ$C)	反 应 或 相 转 变
300	$CaSO_4 \cdot 2H_2O \longrightarrow CaSO_4 \cdot \frac{1}{2}H_2O$
400	$K(Al,Mg,Fe)_2(Si,Al)_4O_{10}(OH)_4 \cdot nH_2O \longrightarrow K(Al,Mg,Fe)_2(Si,Al)_4O_{10}(OH)_4$
	$CaSO_4 \cdot \frac{1}{2}H_2O \longrightarrow CaSO_4$
450	$Al_2Si_2O_5(OH)_4 \longrightarrow Al_2Si_2O_7$
600	$\alpha - SiO_2 \longrightarrow \beta - SiO_2$
	$FeS_2 \longrightarrow FeS$
700	$K(Al,Mg,Fe)_2(Si,Al)_4O_{10}(OH)_4 \longrightarrow K(Al,Mg,Fe)_2(Si,Al)_4O_{10}$
750	$CaSO_4 - NaCl$ 共融
	黏土$+CaCO_3+FeS_2 \longrightarrow$ 熔融相
	$(Na,Ca)_{0.33}(Al,Mg)_2Si_4O_{10}(OH)_2 \cdot nH_2O \longrightarrow (Na,Ca)_{0.33}(Al,Mg)_2Si_4O_{10}(OH)_2$
800	$FeCO_3 \longrightarrow FeO+CO_2$
	$Ca(Mg,Fe)(CO_3)_2 \longrightarrow CaO+MgO+FeO+CO_2$
	$K_2SO_4 - CaSO_4$ 共融
	$PbS \longrightarrow PbO$
900	$\beta - SiO_2 \longrightarrow$ 鳞石英
	$CaMg(CO_3)_2 \longrightarrow CaO+MgO+CO_2$
	$3CaSO_4+CaS \longrightarrow 4CaO+4SO_2$
	$2Al_2Si_2O_7 \longrightarrow 2Al_2O_3 \cdot 3SiO_2+SiO_2$
950	$FeO-FeS$ 共融
	$CaCO_3 \longrightarrow CaO+CO_2$
	$2CaO+Al_2Si_2O_7 \longrightarrow Ca_2Al_2SiO_7+SiO_2$
	$CaO+Al_2Si_2O_7 \longrightarrow CaAl_2Si_2O_8$
1000	TiO_2(锐钛矿)$\longrightarrow TiO_2$(金红石)
1100	$K(Al,Mg,Fe)_2(Si,Al)_4O_{10}$ 形成玻璃相
1200	$Ca_2Al_2SiO_7$ 形成玻璃相
1300	玻璃相转变成尖晶石和富硅玻璃

温度（℃）	反 应 或 相 转 变
1400	$Ca_2Al_2SiO_7$ 和 $CaAl_2Si_2O_8$ 熔化
	FeO 熔化
	玻璃相 $\longrightarrow 2Al_2O_3 \cdot SiO_2$
1500	SiO_2（鳞石英）$\longrightarrow SiO_2$（方石英）

表 18.3 不能完全代表煤中无机成分发生的所有相变和反应。其目的仅是说明发生过程的种类，并且说明煤灰化学非常复杂。

一些矿物质颗粒，尤其是外源矿物质，在加热过程中会发生破碎。有几个因素导致颗粒破碎，包括快速加热引起的热冲击、热分解反应逐渐产生的气体所致的内压增加，或者是矿物质颗粒高速撞击导致的机械磨损。

虽然灰熔温度是一个用于表征灰分高温行为有用的且被广泛接受的方法，但一些化学和物理的转变，包括部分熔融、团聚和烧结，可能在低于初始形变温度下发生。在煤热解过程中，当失去了羧酸基的时候，低级煤中与羧酸基连接的阳离子会变为可移动的。大约在同一时间，黏土矿物质失去水合水，发生结构转变或固态相变。被释放的阳离子在黏土重排时与其作用，形成低熔点的碱元素或碱土元素铝硅酸盐。高岭石与黄铁矿和方解石在 750℃ 形成熔融相。石英的反应性不如黏土，然而会与碱金属或铁化合物反应形成低熔点相。

无机成分以氧化物形式计时，可以分为两类：酸性氧化物作为氧离子受体，形成阴离子如硅酸盐和铝酸盐；碱性氧化物作为氧离子供体。酸性氧化物在共享氧离子的基础上形成大的低聚物或聚合物网络结构。这些材料往往有很高的熔点，同时熔化相黏度很高。硅、铝、钛的氧化物为酸性氧化物。通过提供氧离子，碱性氧化物破坏了金属—氧—金属网络，形成更小的结构，这些结构具有更低的熔点，熔化时黏度也更低。碱金属和碱土金属元素的氧化物为碱性氧化物，也就是说，他们表现出了助熔剂的作用。煤中的主要金属元素里，只有铁可以以不同的稳定氧化态存在。在氧化氛围中，铁（Ⅲ）是稳定的，而还原氛围中，铁（Ⅱ）是主要的存在状态。铁（Ⅲ）通常为酸性氧化物，作为网络结构的成分之一。铁（Ⅱ）的为碱性氧化物，会导致较低的熔点和黏度。除非灰分中铁元素浓度很低，否则不同氧化态的铁在氧化和还原氛围中的表现，如灰熔温度，是不同的。

人们已经发展出许多灰熔温度（AFTs）与组分关联的经验关系式。大多数关系式包含了一个或多个组成参数的计算，同时考虑到酸性氧化物会提高 AFTs，而碱性氧化物会降低该温度。这些方法在细节上有所差别，并且当计算出组成参数后进一步用图形方法进行估算。不过，所有的方法都证实钠、钾以及还原氛围中的铁能够降低 AFTs。

"烧结"和"团聚"两词有时候可以互换，但指的并不是同一件事。团聚会导致灰分颗粒形成大块。描述团聚过程有两个特征。首先，将团聚体黏在一起的部分或完全的熔融相，即胶水，不一定是从团聚颗粒自身产生的。也就是说，颗粒可能会被裹上一层黏性层，这层黏性层是诸如低熔点相的气相沉积，或者与灰分中其他成分熔化产生的熔融相接触而导致的。其次，尽管团聚体自身在长大，加入到团聚体的单个灰分颗粒的尺寸变化极小或者没有变化。相比之下，在烧结过程中，颗粒之间的黏合来源于熔融相，熔融相来自于正在烧结的颗粒的部分熔化。最初的灰分颗粒合并成较大的颗粒，正如催化剂颗粒在载体的烧结一样（第13章）。在固定床燃烧器中，如斯托克燃煤设备，灰分的烧结导致渣块的生成。渣块是灰分颗粒的硬团聚体，其会使灰分收集和处理设备的操作变得困难。在流化床设备中，灰分的烧结，或者灰分加上床层物料可以团聚得很大，进而导致流过床层的气流无法将其流态化。这也会导致严重的操作问题，包括流化床的去流态化。

在煤粉炉燃烧室中，部分灰分颗粒被快速流动的燃烧气带走。这些颗粒影响和黏附在锅炉的换热表面。沉积的灰分，有时被称为灰垢，会减少传递给水或蒸汽的热量。为了维持所需的蒸汽温度，必须提高燃烧速率，进而提高燃烧室内部的温度。温度的增加加剧了灰尘结垢，因为燃烧室内部温度的提高加大了沉积灰分的烧结概率。此外，灰分的部分熔融表面能有效地收集和固定住其他灰分颗粒，因而继续影响换热表面。沉积的灰分继续增多，则会引起"提高燃烧素速率—灰分沉积增多"的循环。如果不能容易地移除这些沉积[F]，则必须定期关闭燃烧器，进行清洗。在极端情况下，灰分沉积量非常大，最终脱离了锅炉表面，这将对锅炉造成严重破坏，因为它们会猛烈地冲击设备。

溶渣是一种极端的情况，即由熔融灰形成的可自由流动的液体。一些煤炭燃烧系统就是设计成所谓的熔渣操作模式，在这种模式中，故意将灰分熔化，因而在它流出燃烧室的时候就可以收集起来。在这种情况下，一方面，燃烧室的温度需要保持足够高以保证流动渣黏度足够低而可以从燃烧室流到熔渣处理系统；另一方面，煤粉炉燃烧室，是煤电的主要技术，通常不会设计成能够处理流动熔渣。在设备里，熔渣是一个严重的问题，会损坏锅炉或需要不定期停机以便清洁和维护。同样的，气化炉也可设计成可以或者不可以处理熔渣（在这种设备中，灰分不熔化，而是累积，以固态形式被移除，有时候被称为干灰或者干底气化炉或燃烧室）。在使用煤时，将灰分的熔化特征与所设计的设备操作模式相匹配对于燃烧过程成功与否至关重要。

经验表明，灰分软化温度小于1200℃的煤为熔渣煤，而那些灰分软化温度大于1425℃的煤为非熔渣煤。那些灰分软化温度介于两者之间的可以是，也可以不是熔渣煤，取决于设备的操作温度和热释放速率。在某些情况下，操作工应可以调整这两个参数，以对具有不同灰熔温度（AFTs）的原料煤均可正常运行。

对于设计成熔渣模式的燃烧室或气化炉，熔渣的黏度特征，尤其是黏度与温度的关系，对于维持稳定运行具有非常重要的作用。当所有的灰分成分都在熔融状态时，熔渣表现为牛顿流体。熔渣黏度随温度的下降逐渐增加。继续冷却熔渣，最终会有一种或多种组分从熔化相中结晶出来，形成两相混合物。这种行为发生在临界黏度温度（T_{cv}）。温度低于T_{cv}时熔渣变成非牛顿流体。其黏度随温度的进一步降低迅速增加，使熔渣有固态化的趋势。此时，熔渣燃烧室或气化炉将遇到严重问题，需要采取及时而有效的处理，否则只能关闭设备。

在相同的温度下，随着碱酸比的增加，熔渣黏度下降。碱酸比计算为

$$碱/酸 = (Fe_2O_3 + CaO + MgO + Na_2O + K_2O)/(SiO_2 + Al_2O_3 + TiO_2)$$

式中，分子式代表这些组分在熔渣中的重量百分比，是以"排除 SO_3"为基准的。在这个算式中，尽管报告中铁以 Fe_2O_3 形式表示，其被认为是碱，并且与其他碱性氧化物一起

含在式中。

人们已经开发出许多根据组成计算熔渣黏度的方法。尚未有任何基于第一性原理的预测性方程。然而，人们已经开发了许多根据灰分组成预测熔渣黏度以及它随温度变化的经验关联式。通常开展这方面工作的目的是为了进行一系列温度下的计算，从而获得所研究的熔渣的黏度—温度曲线。瓦特—费里迪模型是一个有用的例子。在该模型中，组成首先被归一化，所以

$$SiO_2 + Al_2O_3 + Fe_2O_3 + CaO + MgO = 100\%$$

然后，有两个参数 M 和 C 可从这些归一化的组成计算得到，即

$$M = 0.00835 SiO_2 + 0.00601 Al_2O_3 - 0.109 - 3.92$$

$$C = 0.0415 SiO_2 + 0.0192 Al_2O_3 + 0.0276 Fe_2O_3 + 0.0160 CaO - 4.92$$

最后，计算黏度为

$$\log \eta = [10^7 M/(T-150)^2] + C$$

式中：η 为黏度，单位是泊（1 泊等于 0.1 帕秒）。瓦特—费里迪方程是针对英国烟煤的灰渣建立的，但是对于含有 $29\% \sim 56\%$ SiO_2、$15\% \sim 31\%$ Al_2O_3、$2\% \sim 28\%$ Fe_2O_3、$2\% \sim 27\%$ CaO 和 $1\% \sim 8\%$ MgO 组成的熔渣的煤也可以给出合理而令人满意的结果。如果灰分或者熔渣组成远超出了模型最初建立时适用的范围，模型就无法准确计算灰熔温度或者黏度。

另外，还可能出现另外两个与灰分相关的问题：磨损和腐蚀。相对硬的矿物质颗粒撞击燃烧室或者气化炉的内表面可能会引起磨损。这个问题很复杂，磨损的程度取决于许多因素，包括灰分颗粒的硬度、大小和形状以及它们撞击表面的速度和角度。特别是石英，可以对它接触到的表面产生喷砂效果。

硫氧化物通过转化为硫酸，在腐蚀方面扮演了重要角色，即

$$SO_2 + \frac{1}{2} O_2 \longrightarrow SO_3$$

$$SO_3 + H_2O \longrightarrow H_2SO_4$$

氯盐矿物质，或有机氯可以转化为非常容易溶于水的氯化氢。如果燃烧气体冷却到露点以下，锅炉的内部就暴露在盐酸中。许多合金，包括不锈钢，通过在金属表面形成一个紧密结合的氧化物层来抵抗腐蚀。氧化层的作用是保护下面的金属免受腐蚀。根据灰分的组成，沉积在表面的灰分可以与金属表面保护性的氧化层反应，破坏它的保护能力，从而加剧腐蚀。

注释

［A］四乙基铅，$(C_2H_5)_4Pb$，曾经是在燃料化学中具有非常重要作用的一种有机金属化合物。这种化合物在上个世纪曾用作汽油的抗爆剂。添加了这种物质的汽油作为含铅或乙基汽油销售。因为铅会导致催化转换器中用来降低废气排放催化剂中毒，最后被停止使用了。

［B］化学分离法可有许多变化。在一些实验室，煤首先用蒸馏水或者去离子水浸提，来除去水溶性盐。有时，醋酸铵浸提之后采用乙二胺四乙酸（EDTA）处理，以抽提出配

位金属。也可以不用氢氟酸处理，即认为所有不溶于稀盐酸的成分是硅酸盐和黄铁矿。还可以使用其他酸，如含氮酸。尽管如此，基本原理都是采用一系列具有不断提高的抽提或溶解能力的试剂来区分以不同形式出现的无机元素。

[C] 在冷战时期和 20 世纪 50 年代的红色恐慌时期，美国境内掀起了广泛的寻找铀资源的热潮，主要是为了生产核武器。一些含有足够高铀的褐煤，在那个时期被认为是铀矿石而非燃料。时常还有人从灰分中回收在固态电子行业中很有价值的元素，如镓和锗。

[D] 化学式 FeS_2 对应两种矿物，黄铁矿和白铁矿，二者具有不同的晶体结构。通常不区分两者，两者都被归类到黄铁矿中。

[E] 具有催化活性的很可能是黄铁矿的还原产物——非化学计量的硫化物 FeS_x，被称为磁黄铁矿。可能这种非化学计量的固体表面有缺陷，能够提供具有催化性的活性位点，正如用于加氢脱硫过程中的钴促进的 MoS_2 催化剂。

[F] 那些没有与下面的金属层紧密黏结且没有强烈烧结或者团聚的灰分沉积，可以用高压水或蒸汽喷射除去。如果灰分沉积是由于烧结以及与锅炉内表面黏结而变得很牢固时，问题就非常棘手。一些电厂先用散弹枪削弱灰分沉积，然后灰分就可以掉下来或者更容易被吹走。但是，极端情况下需要极端的补救措施。其中一个方法是使用吸附在硅藻土中的硝酸甘油酯（第 13 章）。这种产品的通俗名是炸药。

推荐阅读

Berkowitz, Norbert. *An Introduction to Coal Technology*. Academic Press：New York，1979. This book remains a superb introduction to the field. Chapters 2 and 10 have information pertinent to the present chapter.

Durie, Robert A. *The Science of Victorian Brown Coal*. Butterworth – Heinemann：Oxford，1991. An edited collection of chapters that provides a comprehensive survey of this important coal resource. Chapters 5 and 11 provide much useful information on the inorganic chemistry of Australian brown coals and the behavior of these components in utilization.

England, T., Hand, P. E., Michael, D. C., Falcon, L. M., and Yell, A. D. *Coal Preparation in South Africa*. South African Coal Processing Society：Pietermaritzburg，2002. A comprehensive review of coal preparation, with primary focus on South African practice. Chapters 6 through 9 are especially relevant to the present chapter.

Konar, B. B., Banerjee, S. B., Chaudhuri, S. G., et al. *Coal Preparation*. Allied Publishers：New Delhi，1997. Chapter 4 of this monograph is particularly relevant to the present chapter, discussing coal washing with primary emphasis on the coals of India.

Leonard, Joseph W. *Coal Preparation*. Society for Mining, Metallurgy, and Exploration：Littleton, CO，1991. An edited collection of chapters on all aspects of coal preparation, including coal cleaning. Very thorough and comprehensive, and an excellent resource for those interested in, or working in, this field.

Raask, Erich. *Mineral Impurities in Coal Combustion*. Hemisphere：Washington，1985. A very thorough monograph on ash behavior in combustion, probably still the best one available.

Schobert, Harold H. *Lignites of North America*. Elsevier：Amsterdam，1995. While not intended as a companion volume to the book by Durie (above), together these two books survey all aspects of two of the world's major sources of low-rank coals. Chapters 5, 6, and 11 are particularly related to the present chapter.

第 19 章 合 成 气 的 生 产

一氧化碳和氢气的混合物称为合成气，因为它可以用于合成各种有用和有价值的产品，具体内容将在第 21 章中讨论。合成气可以从几乎任何众多含碳的原料中制得，包括本书讨论的所有化石和生物燃料，以及其他本书没有讨论的（如城市垃圾、农业废弃物或者废旧轮胎）。一般的反应为

$$\text{“C”} + H_2O \longrightarrow CO + H_2$$

此处，"C"简单代表含碳的原料，并不是简单地指纯的碳单质。对于不同的原料，所采用的反应条件和反应器设计，甚至不同的过程均有所不同。根据原料的性质，通常用几个术语来描述这些过程的化学相同性。气态或轻质液态碳氢化合物的转化被称为蒸汽重整。部分氧化针对石油或油砂中的重质油。如果以固体生物质或煤做原料，该过程称为气化。不管过程名称如何，含碳原料与水蒸气的反应可生产具有非常广泛应用的合成气。

合成气生产的一个重要方面是产品用途的多样性：合成气可以直接作为气体燃料使用；转化成甲烷（替代天然气）；转化为甲醇，直接作为液体燃料使用或进一步转化为汽油；或转化为各种其他液态碳氢化合物燃料。当用煤作为原料时，煤中的一些杂质——尤其是硫和矿物质，同时也可以被除去。相比于煤燃烧过程中产生的相对稀的烟道气，合成气使用过程尾气中较高浓度的二氧化碳更为容易捕集。

19.1　天然气的蒸汽重整

目前，天然气的蒸汽重整是合成气生产的主要途径。大部分合成气被用于生产甲醇。这也是生产氢气的主要过程之一，占全世界氢气生产的 90%。氢可以作为火箭燃料，也用在氨合成中。假设天然气是纯甲烷，反应式为

$$CH_4 + H_2O \longrightarrow CO + 3H_2$$

根据气体的来源和蒸汽重整之前的处理程度，可能会有少量的乙烷、丙烷或者丁烷。都以类似的方式发生反应，即

$$C_2H_6 + 2H_2O \longrightarrow 2CO + 5H_2$$
$$C_3H_8 + 3H_2O \longrightarrow 3CO + 7H_2$$
$$C_4H_{10} + 4H_2O \longrightarrow 4CO + 9H_2$$

这些反应不限于烷烃。水蒸气与任何碳氢化合物的反应都可以用一般方程描述为

$$C_xH_y + xH_2O \longrightarrow xCO + \left(x + \frac{y}{2}\right)H_2$$

蒸汽重整是吸热的。天然气的蒸汽重整使用外部燃烧炉，热量来源于部分气体的燃烧。典

型的反应条件为 850～900℃ 和 3MPa，以负载在硅或铝上的氧化镍为催化剂，氧化镁（镁）作为促进剂。气体中的硫化合物会使催化剂中毒，所以在蒸汽重整之前对气体进行脱硫处理非常关键（第 10 章中详述了脱硫处理）。脱硫气仍然可以通过一个装有锌或铁氧化物的保护床来吸收剩余的少量硫，即

$$FeO+H_2S \longrightarrow FeS+H_2O$$

图 19.1 描述了天然气蒸汽重整的流程图。

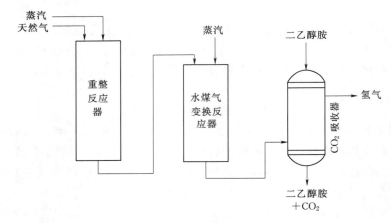

图 19.1　天然气蒸汽重整流程图。

未转化的甲烷循环使用。液化石油气或轻石脑油也是蒸汽重整的良好原料。蒸汽重整过程中可能会遇到两个问题。首先，高反应温度会导致镍烧结。随着镍颗粒的长大，其表面积减少，导致催化剂活性下降。镁氧化物促进剂可以延迟烧结，原因可能是它们富集在镍颗粒表面，而且不是那么容易熔化（MgO 的熔点 2800℃，比镍的 1453℃ 高得多）。其次，氢气与一氧化碳可能发生副反应为

$$CO+H_2 \longrightarrow H_2O+C$$

碳沉积在催化剂表面，类似于第 13 章讨论的结焦现象。

有负载镍催化剂的存在下在 850～900℃ 下进行甲烷的部分燃烧，虽然在 210～240℃ 在铜/锌负载的催化剂存在的情况下反应会迅速进行。反应压力大约 4MPa。副产品二氧化碳通过单乙醇胺洗去。净反应为

$$2CH_4+O_2 \longrightarrow 4H_2+2CO$$

如果该反应的目的是与随后的生产氨过程相耦合，那么可以将空气和氧气的混合气同时通入，这样产出气中氮气与氢气的比例可以达到合成氨所需的比值（0.33）。

19.2　重油的部分氧化

重质油、蒸馏残渣、沥青以及从油砂中来的油可通过类似于蒸汽重整的基本过程进行转化，尽管该过程被称为部分氧化。也可以用通用方程表示水蒸气与烃类的反应。水蒸气

—烃类反应是吸热的，但有一部分原料在反应器中同时会发生放热反应，提供驱动水蒸气—烃类反应所需要的热量。通用方程式为

$$C_xH_y + \left(x+\frac{y}{4}\right)O_2 \longrightarrow xCO_2 + \frac{y}{2}H_2O$$

该过程比外部加热的蒸汽重整更复杂一些，主要是由于两个原因。第一个原因，两个反应的四种气体产品之间存在平衡，即

$$CO + H_2O \Longleftrightarrow CO_2 + H_2$$

这就是所谓的转化反应，或水煤气变换。部分氧化过程中（以及气化过程中，稍后会讨论）会发生水煤气变换反应。然而，该反应的主要意义在于我们能够在独立的反应器中有意地进行该反应，以便调整合成气中一氧化碳与氢气的相对比例，这将在第 20 章进一步讨论。第二个原因，在部分氧化反应器内非常高的温度（≈1300℃）下，一些原料可以热解成碳。碳通过两个反应被消耗：蒸汽气化，即

$$C + H_2O \longrightarrow CO + H_2$$

以及与二氧化碳反应

$$C + CO_2 \longrightarrow 2CO$$

后者就是鲍多尔德反应[A]。

这些反应的净反应式为

$$C_xH_y + \frac{x}{2}O_2 \longrightarrow xCO + \frac{y}{2}H_2$$

方程式左边氧气的存在证实了这个过程的名字部分氧化。

工业上，进行部分氧化的目的是生产为后续转化为氨、甲醇、轻质烃液体所需的合成气。很多公司都已经开发了自己的部分氧化技术。其中一个是德士古公司的部分氧化技术（德士古的部分氧化和气化技术在 2003 年被通用电气收购）。该工艺在一个圆柱形钢制压力容器中运行，加入重油，水蒸气、氧气和急冷水，如图 19.2 所示。

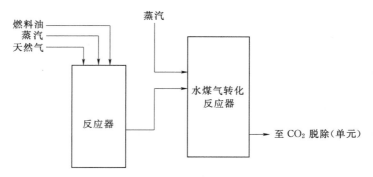

图 19.2　德士古公司开发的重油部分氧化工艺流程。

反应在 1100～1500℃下进行。产物气体在反应器底部用水急冷。产品中一氧化碳和氢气约占 97%。德士古工艺在可以在同一台设备上处理多种原料。只需将喷油系统稍加改变即可适应所用原料的特性。

19.3 煤和生物质气化

将煤炭转化为任何种类的气态燃料的技术称为煤气化。本节主要讨论生产合成气的气化过程。用气化来制备气体燃料用于工业加热或室内取暖及照明曾是燃料技术史上重要的一章，但对世界上大部分地区而言这已经过时了。关于煤气化的大部分技术同样可以应用到生物质和各种固体废弃物或剩余物的气化上。

为什么要进行煤气化呢，这主要是由于煤是最便宜的天然碳氢化合物。它在许多工业化国家和发展中国家储量丰富，包括中国、印度、俄罗斯、美国、南非和澳大利亚。煤炭的转化同时还可以消除潜在的污染物，如灰分和硫。煤气化为清洁气体和液体燃料生产提供一种途径，同时可扩大这些燃料的供给。此外，气体或液体燃料比固体更方便运输和处理。整体煤气化联合循环（IGCC）发电厂比传统的煤粉炉发电厂效率更高。IGCC 电厂中煤炭被气化成清洁的燃气，可以用于燃气轮机，燃气轮机带动发电机发电。燃气轮机的热废气用于加热蒸汽，蒸汽随后输送到与二级发电机耦合的蒸汽轮机中。IGCC 因为效率更高，消耗一定量的煤时，可以产生更多的电（同时排放更少的二氧化碳），或者产生等量的电时，消耗的煤更少。

19.3.1 碳—水蒸气及相关反应的基本原理

煤气化的基本原理可通过假设煤即碳的简化处理来讨论。煤当然不是简单的碳，不过其他元素带来的额外复杂性可以在考虑完碳的反应后再进行讨论。煤气化过程发生了各种反应，通常为碳与小分子气体的反应，如

燃烧：$\qquad C + O_2 \Longleftrightarrow CO_2 (-395MJ)$

鲍多尔德反应：$\qquad C + CO_2 \Longleftrightarrow 2CO (168MJ)$

碳—水蒸气反应：$\qquad C + H_2O \Longleftrightarrow CO + H_2 (136MJ)$

水煤气变换反应：$\quad CO + H_2O \Longleftrightarrow CO_2 + H_2 (-32MJ)$

加氢反应：$\qquad C + 2H_2 \Longleftrightarrow CH_4 (-92MJ)$

图 19.3 菲并苝（phenanthroperylene）结构表明基面原子（以黑点表示）与边缘层原子不同之处，其中边缘原子 σ 键上具有未填满的原子价。因此，边缘原子具有更强的反应活性。

式中焓变为反应从左到右进行的反应焓变，单位是 MJ/kmol。然而，这些反应并非看上去的这样简单。反应其实很复杂，一方面是因为所有反应都是非均相的气固反应，另一方面因为所有反应都是平衡反应，平衡组成取决于温度和压力。

不同的碳对这些试剂表现出不同的反应活性，会发生选择性反应，即碳上的一些位点很容易气化，而另一些则不反应。具有反应性的位点被称为活性位点。活性位点位于碳层的边缘。通常地，边缘位点的原子比基面原子具有更高的反应活性，如图 19.3 所示。

在三维结构中，如石墨晶格（图 19.4），气体反应物攻击该结构的棱边，而不是基面。攻击边缘的速率比攻击基面的速率高两到三个数量级。这种反应性的差异一定程度上是因

为键合强度的差异引起的。以一个边缘原子为例，如图 19.5 所示。

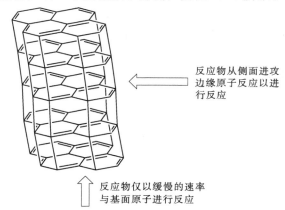

图 19.4　芳香环晶堆中边缘原子更强的反应活性使得反应更易于发生在侧面而不是基面。

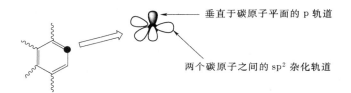

图 19.5　芳环结构中的碳原子（其中黑点为边缘原子）具有 3 个可以在两个碳原子之间形成了
σ-键 sp^2 杂化轨道，和 1 个垂直于环的 p 轨道，其参与了 π-键网络的形成。

sp^2 杂化轨道"平躺"在芳香环平面上，而非杂化的 p 轨道垂直于这个平面。非杂化轨道参与了离域 π-键的形成。三个 sp^2 杂化轨道中的两个与相邻碳原子形成了 σ-键，如图 19.6 所示。

假设是纯碳的表面，第三个 sp^2 杂化轨道并不参与 σ-键的形成，因为没有原子可以与它键合。这个不与相邻原子键合的 sp^2 杂化轨道被称为自由键。它是一个特别活泼的位点。不同类型的边缘碳原子同样有不同的反应性。有两种边缘位点，称为锯齿形和扶椅形，如图 19.7 所示。锯齿形比扶椅形边缘原子具有更高的反应性，因为锯齿形碳原子的 π 电子比扶椅形碳原子的更容易离域。

边缘原子中，其中一个 sp^2 杂化轨道不参与形成 σ-键。该轨道含有未配对的电子，有时称为自由键

图 19.6　边缘原子中，三个 sp^2 杂化轨道中有一个不参与形成 σ-键，因为没有与之键合的原子。该轨道含有未配对的电子，有时称为未填满原子价或自由键。

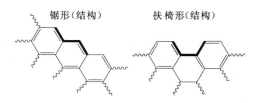

锯形（结构）　　　扶椅形（结构）

图 19.7　较大平面上的碳原子可分为锯形结构（左图）和扶椅形结构（右图）。图中加粗线表示这两种结构。曲线表示与更大的碳结构片段的连接键。

所有真正碳表面都会有一些不规则之处，如晶体缺陷、孔、洞和裂缝。这些缺陷位点通常有带自由键的碳原子，可以成为提高反应性的位点。此外，真正的碳（以及煤和生物质）具有不同程度的孔隙率。气体反应物可以渗入到这些孔隙系统中并在内表面发生反应。孔隙率和孔隙大小分布在确定总体反应性时可能非常重要，因为总表面积的 90% 是内部孔表面积。不管具体的反应物是什么，碳反应一般由五步机理控制——即朗缪尔—欣谢尔伍德机理，这在第 13 章已经介绍过了。

原则上，朗缪尔—欣谢尔伍德机理中 5 个步骤中的任何一步都可以是决速步。通常，不过并非总是如此，决速步是第三步。在这种情况下，速率取决于常规参数：温度、压力和颗粒的大小。速率还取决于碳的属性，如活性位点浓度、孔隙率和可能存在的能够催化反应的杂质。

气化速率取决于温度。假设对于完全无孔的碳，较低的反应温度下，决速步是化学反应步骤，即朗缪尔—欣谢尔伍德机理的第三步。高温下，表面的反应通常足够快，使得速率变成了扩散控制，因而反应物分子扩散到表面的质量传递成了决速步。碳、煤、生物质固体都有一些孔隙率。孔隙率提供了一种潜在的过渡类型的反应，在这种类型的反应中，外表面是化学反应速率控制的，而内表面是扩散速率控制的。这种扩散限制可能是反应物进入孔中的扩散受限、或者产物扩散到孔外受限，或两者兼而有之。出于对这些问题的考虑，气化反应分为三个温度区：区域 I，发生在低温下，反应速率通常很低，整个表面均为化学反应控制。碳块内部的气体浓度与气相的浓度一致。低温低压下小颗粒的反应一般落在区域 I。区域 II，代表过渡区域，在此区域，孔内扩散在一定程度上控制了整个速率。在碳颗粒内部的某些点，反应物浓度一直下降直到 0。在区域 III，气相反应物扩散到表面是决速步。存在一个边界层，在边界层里反应物气体浓度比主体气相浓度要低。阿伦尼乌斯方程中，速率的对数对 $1/T$ 作图，得到如图 19.8 所示的曲线。

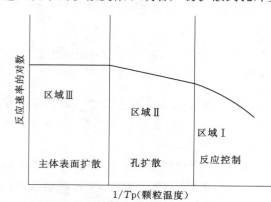

图 19.8　反应速率与温度倒数（阿伦尼乌斯绘图）之间的关系，其中表示了气化反应过程的三个反应区域，每个区域由不同的因素控制。

对气相主体以及碳中的反应物气体浓度进行跟踪，可以为三种反应区域间的差异提供另一种解释（图 19.9）。

氧分子与碳表面的相互作用从化学吸附或解离化学吸附开始。化学吸收示意图如图 19.10 所示；在解离化学吸附过程中，双原子分子裂开，如图 19.11 所示。

被吸附的物质可能会被固定到一个特定的表面活性位点上，或在表面移动。在后续的反应中，化学吸附物用括号标明，如 C(O)。下标 m 表示可以在表面移动的物质，如 C(O)$_m$，星号表示是活跃位点的碳原子。

碳氧反应从氧分子物理吸附到碳表面开始，O—O 键断裂，再形成一对化学吸附的氧原子，或者一对较弱附着在表面的可移动的氧原子，或者每种状态各一个氧原子，即

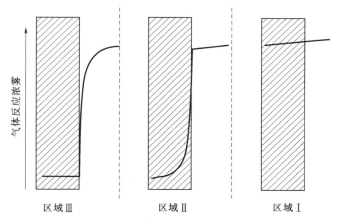

图 19.9　图 19.8 的另一种形式是考虑反应气体在气相和碳颗粒内部的浓度分布。在区域Ⅰ，颗粒内部浓度与气相主体浓度相同；在区域Ⅱ，气体在碳颗粒孔中的扩散限制导致了随着气体在碳内的扩散而浓度下降；在区域Ⅲ，反应发生很快，表面附近的气体浓度下降，而在颗粒内部浓度不再变化。

图 19.10　氧分子与碳颗粒通过化学吸附作用，在氧分子与颗粒表面原子之间形成弱的化学键。

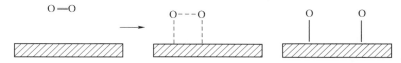

图 19.11　氧分子同样也可以通过解离化学吸附与表面作用，该吸附过程导致氧分子键断裂，形成单个氧原子与表面原子之间的化学键。

$$C(O_2)_m \longrightarrow C(O)+C(O) \text{ 或 } C(O)_m+C(O) \text{ 或 } C(O)_m+C(O)_m$$

不论是化学吸附，还是较弱地附着的氧原子都可以形成一氧化碳，即

$$C(O) \longrightarrow CO \text{ 和 } C(O)_m \longrightarrow CO$$

可移动的、较弱附着的氧原子或可移动的氧和化学吸附的氧，相互作用产生二氧化碳，并且留下一个新的碳活性位点，即

$$C(O)_m+C(O)_m \longrightarrow C^*+CO_2 \text{ 和 } C(O)_m+C(O) \longrightarrow C^*+CO_2$$

气相一氧化碳可以与有化学吸附氧原子的位点反应生成二氧化碳和一个碳活性位点，也可以与较弱吸附的、可移动的氧发生同样的反应，即

$$CO+C(O) \longrightarrow C^*+CO_2$$

$$CO+C(O)_m \longrightarrow C^*+CO_2$$

气相氧气可以与化学吸附氧原子位点反应，同样生成二氧化碳，即

$$O_2+2C(O) \longrightarrow 2CO_2$$

鲍多尔德反应中，碳与二氧化碳反应。有两种机制。二氧化碳可以与碳反应生成一氧化碳和一个有化学吸附氧原子的位点，即

$$C + CO_2 \longrightarrow C(O) + CO$$

或者，含有化学吸附氧原子的位点形成一氧化碳，留下一个新的再生活性炭位点，即

$$C(O) + CO + C^* \text{ ❶}$$

然后，一氧化碳再被化学吸附到这个碳活性位点，即

$$C^* + CO \longrightarrow C(CO)$$

或者，碳—二氧化碳反应之后化学吸附氧原子直接转化为一氧化碳和一个碳活性位点，即

$$C + CO_2 \rightleftharpoons C(O) + CO$$
$$C(O) \longrightarrow CO + C^*$$

鲍多尔德反应的不寻常特点是它会被一氧化碳抑制。抑制原因是因为一氧化碳会吸附在碳活性位点上。

针对碳—水蒸气反应式为

$$C + H_2O \longrightarrow CO + H_2$$

人们提出了两种机制。其中一种机制包括：碳与水反应形成一个表面氧复合物，这个复合物转化成一氧化碳，氢气与碳活性位点反应为

$$C + H_2O \longrightarrow C(O) + H_2$$
$$C(O) \longrightarrow CO$$
$$H_2 + C^* \longrightarrow C(H_2)$$

或者，水在碳活性位点反应，然后碳—氧表面复合物分解，即

$$C^* + H_2O \longrightarrow C(O) + H_2$$
$$C(O) \longrightarrow CO$$

当煤气化的目的是生产甲烷（即替代天然气）时，碳—氢反应更受人们关注。合成气在气化炉的下游被转化为甲烷。但是，直接从气化炉里得到高产量的甲烷有助于提高整个过程效率。反应式为

$$C + 2H_2 \longrightarrow CH_4$$

人们提出

$$C + H_2 \longrightarrow C(H_2)$$
$$C(H_2) + C^* \longrightarrow 2C(H)$$
$$2C(H) + H_2 \longrightarrow 2C(H_2)$$
$$2C(H_2) + 2H_2 \longrightarrow 2CH_4 + 2C^*$$

在这个反应中，碳活性位点被认为是基团—CH=CH—，有时候被不太准确地称为亚甲基（实际的亚甲基是—CH$_2$—）。

下一节将针对工业煤气化过程进行讨论。在将碳反应的基本化学原理转化为实际生产时，需要面对有两个棘手的现实问题，即原料不是纯碳，以及碳—水蒸气反应是吸热反应。

19.3.2 煤气化过程

煤气化历史悠久，至少可以追溯到 18 世纪 90 年代。第二次世界大战之前，仅美国就

---

❶ 此处原文有误,应改为 C(O)—→CO+C*。

有大约 20000 个小型煤气化厂，用来生产煤气作为家庭或者工业用途。这种方式生产的气体在美国曾经是一种非常受欢迎的燃气，直到第二次世界大战之后铺设了洲际天然气管网。在相对简陋的设备中，许多煤气化过程只是简单的热解或者蒸汽—碳反应，而且会造成严重的环境问题。从 20 世纪 30 年代开始，人们对大规模气化的兴趣转移到合成气的生产来替代天然气或合成液体燃料。这需要更复杂的工艺过程，特别是水蒸气—碳反应与同步燃烧反应的结合、高压操作，以及氧气代替空气的使用。近六十年来开发的所有煤气化的方法包含了不同的设计，这些设计是为了实现碳—蒸汽—氧或者碳—蒸汽—空气反应以及平衡不同的放热和吸热反应。现在，将生物质或固体废物作为原料越来越受到人们的关注。

当今成功的大型气化技术的关键在于实现水蒸气和空气（或氧气）可以同时与煤反应，类似于部分氧化。通过选择这些反应原料的合适比例，放热的不完全燃烧反应可以平衡吸热的碳—水蒸气反应，使得净过程是热中性的，或者是轻微放热的。

氧气直接来自空气的气化炉被称为鼓风单元。但是，氧气被 4 倍于其体积的氮气稀释。氮气很少或根本不发生化学变化，仅作为近似惰性的稀释剂，迟早需要从最终产品中分离出来，而且有许多不利之处。进气化炉之前压缩空气，或者下游处理压缩气体过程中氮气的压缩会浪费大量的能源，而氮气最终要恢复到常压。全过程中氮气的带入需要更大的容器和更多的下游管路以容纳额外的体积，这些需要更多的资本投入。氧代替空气进入气化炉可以消除这些问题，但是带来了一个新问题——增加了上游的空气分离的投资成本和运行费用。由于气化炉的设计改进以及商业化规模运营的经验积累，这些问题的优缺点可以得到平衡，因而氧气鼓风式气化炉已成为优选设备。

高压操作有助于反应 $C+2H_2 \longrightarrow CH_4$ 向右移动，进而提高甲烷的生成量。如果生产甲烷是最终目标，从气化炉里出来的甲烷产量的增加可以降低对水煤气变换单元的要求（第 20 章），以使从水煤气变换单元出来的气体中 H_2：CO 达到 3：1 以用于甲烷合成。高压操作同样可以在产品气体进入分配管道之前，减少或者省去产品气体压缩的必要性。

温度可以控制在灰分的熔点以下（第 18 章），以使灰分以固态形式被脱除。通常，温度受所使用的额外的蒸汽影响。以这种方式运行的气化炉被称为干底或者干灰气化炉。干的概念是指灰分不是熔融液体状态，但是在许多设计中，热灰在水中淬熄，所以灰分被脱除的时候看起来像湿泥。此外，还可以控制温度使得灰分熔化，然后以液态形式脱除。这样的设备被称为熔渣气化炉或者有时被称为熔渣炉。

气化炉内至少可能发生 5 个反应，这在前面已有介绍。每一个反应都是可逆的。气化过程中，没有一个反应在温度达到 800℃ 之前有较快的反应速率。这些反应同样可以应用到其他原料，包括生物质、油砂中的油或石油焦的气化或部分氧化过程。最近 80 多年发展起来的商业化的、大规模气化技术都是围绕碳—水蒸气和碳—氧反应的同时进行，以及适当平衡不同的放热和吸热反应而开发的。气体产品的组成取决于特定气化炉的设计和操作流程，包括前述 5 个反应之间的平衡，以及原料在热解时是否被缓慢加热——这将会产生各式各样的碳氢化合物混入到产品中。原则上，气化炉是通入氧气还是空气也是一个影响因素。但这个问题很大程度上已经不存在了，因为通入氧气的设备占据了主导地位。

正如下面所讨论的，一些气化炉设计为具有相对长的停留时间和缓慢的加热速率，使原料在达到气化条件之前有机会进行热解。热解可消耗各种挥发性有机产品，其中一些可能在气化炉内进行热裂解反应。当发生该情况时，产品中额外的甲烷通过如下的反应生成，即

$$C_x H_y \longrightarrow \frac{y}{4}CH_4 + \left(x - \frac{y}{4}\right)C$$

该反应还可以作为一个内部氢元素重新分配的例子，即从原料得到富氢产物和富碳产物。

气化有两大用途。第一，作为 IGCC 电厂的一部分，在燃气轮机中燃烧清洁的产品气，这在前面已经讨论过了。第二，用一氧化碳/氢气合成气生产甲烷（替代天然气）、甲醇、液态碳氢化合物燃料或化学品，这将是第 21 章的主要内容。第三个可能的应用是将气体成分变换为氢气。目前，制氢的主要方法是从天然气的蒸汽重整来。在未来，煤炭气化可能在该市场占有一席之地，有时被称为煤炭制氢[B]。生物质气化制氢是可再生氢气生产的一条路径，原则上可以实现碳的零排放，因为任何产生的二氧化碳都会被次年的植物吸收合成生物质。

19.3.3 固定床气化

迄今为止最成功的气化炉是固定床气化炉。这个名字可能会有点误导：实际上固定的是床层的高度，并非单个原料颗粒的位置。反应过程中，单个颗粒向下移动通过气化炉，直到最终被消耗（因为这个原因，这些设备有时被称为移动床气化炉）。新鲜原料不断地从气化炉顶端加入，维持床层的高度。图 19.12 是一般固定床气化炉的示意图。

所有商业化运行的固定床气化炉都是干灰设备，有时被称为固定床干底（FBDB）气化炉。FBDB 气化炉的操作温度受到灰分熔点温度的限制（第 18 章）。操作温度应该在 950～1050℃ 之间。在更高温度下操作有一些优势[C]，如熔渣固定床气化炉。

FBDB 气化炉通常在 3～4MPa 的压力下运行，目前所有主要的商业设备都使用煤作为原料。因为操作压力升高，必须通过一种与宇宙飞船上的气闸类似的特殊闸门来加入煤和移除灰分。煤炭被分布器刮平使得床层在气化炉移动时高度能近似保持相等。虽然加压操作增加了机械复杂性、额外的资本投入以及额外的进料闸与灰闸的维护，但比起常压操作有若干优势：单位尺寸容积可获得更大的产量；减少或消除了下游气体的压缩步骤；可以使加氢反应往生成甲烷的方向移动，这对于旨在生产替代天然气来说是很有必要的。

进入 FBDB 气化炉的煤被从炉排区升起的热气加热。

首先，水分被蒸发。然后，随着干煤进一步下降以及温度的升高，煤开始经历热解，这个过程中许多种有机物离开气化炉。水分和这些有机

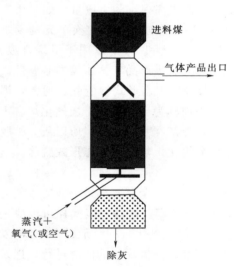

图 19.12　固定床气化炉示意图。煤通过闸斗仓进料，并随着其在炉内的消耗通过连管逐渐下降。灰分通过另一个闸斗仓除去。粗产品气体通常包含可凝结的焦油蒸汽和煤或灰的细颗粒。

进料煤

气体产品出口

蒸汽＋氧气（或空气）

除灰

物在气化炉的下游浓缩凝聚，形成一个包含不同种极性化合物（如酚类化合物）的液体，并且形成复杂的被称为焦油的有机混合物。这种液体可能包含煤热解的其他可溶性产物，如氨和硫化氢等。最后，煤焦降落到碳—水蒸气和碳—氧发生反应的区域。气化炉最底层是燃烧区，该区域最主要的反应是碳—氧反应，为吸热的碳—水蒸气反应提供热量。碳质部分完全被消耗，剩下的灰分需要从灰闸排出。煤颗粒的停留时间大概是 1h。气体组成取决于原料煤的组成和水蒸气与氧气的比例。去除诸如硫化氢、氨、焦油等杂质后，从无烟煤中产生的气体中约含 40% 的氢气、30% 的二氧化碳、20% 的一氧化碳和 10% 的甲烷。当采用过量的蒸汽来保持温度低于熔渣开始形成的温度时，一些蒸汽会导致碳—水蒸气反应平衡的移动，水煤气变换反应更有利于氢气的生成。

离开气化炉的粗气体并不直接作为燃料使用。而是根据最终用途，对其进行各种净化。此外，一氧化碳与氢气的比例可能会被转换，这又取决于对气体采取了何种处理。第 20 章将讨论了这些净化和转换处理。

虽然 FBDB 气化炉在全球范围内获得了巨大的商业成功，但他们不能很好地处理黏结性煤。可以在气化之前采取一些措施破坏煤的黏结特性，或者在床层中加一个搅拌桨以打碎团聚的煤块。在煤进入气化炉之前，通过温和氧化可以减小或者完全破坏煤的黏结性质。这些气化炉也不能处理尺寸小于 0.6mm（约 28 目）的细煤粉。后一个问题可以通过把气化厂和使用煤粉炉产电的电厂安置在同一个地点来解决。太细的煤粉可以送去电厂，太粗而不好燃烧的煤送去气化厂。虽然这些气化炉有一些缺点，但也有一些优点，例如不受水分含量限制。水分含量约 30% 的褐煤也可以成功气化。灰分含量也不是一个重要的限制因素，只要小心避免灰分团聚成大渣块或者直接变成熔渣，灰分含量大于 35% 的煤也可以被成功气化。

尽管接下来要讨论的其他反应器比 FBDB 气化炉有一些优势，或者避免了一些劣势，FBDB 气化炉具有一个很难被超越的优点是它在商业规模上的成功运行具有悠久的历史。其前身是最初的鲁奇固定床气化炉，可以追溯到 20 世纪 30 年代，其曾在在南非的合成燃料厂以及美国北达科他州的替代天然气厂中使用。

19.3.4 流化床气化

在流化床气化炉中，蒸汽/氧气混合物从底部注入，向上穿过整个煤粉床层。蒸汽/氧气混合物的流速足够高，能够使煤颗粒提升或流态化。蒸汽/氧气混合物不仅使煤颗粒流态化，同时还与煤反应。床层的流态化能够促进混合以及气体与固体颗粒的反应。混合也有助于保持均一的床层温度。和固定床一样，流化床也很难处理黏结性煤。当煤炭开始结块，煤颗粒团聚变大，不再能被流态化时则从床层上掉下。灰分颗粒的团聚也会导致类似的问题。非常细的颗粒，比如碳气化过程中释出的固有矿物质，或者还未完全气化的煤小颗粒，可以被混合气夹带出反应器。气化炉的下游需要装一个固/气分离装置来除去这些固体颗粒。

商业规模最成功的流化床气化炉是温克勒气化炉，是在 20 世纪 20 年代开发的。温克勒气化炉的设计始于鼓吹空气的常压气化炉。该气化炉开发的意图是为了增加一个能利用煤粉的单元，而当时煤粉是块煤利用过程中废弃物，且价格比块煤便宜。温克勒气化炉在 950℃ 下运行，停留时间为 3h。温克勒气化炉很难利用黏结性煤，而且相对低的操作温度使得它也很难利用低反应性的煤，如无烟煤。温克勒气化炉只能很好地处理低级煤。所谓的高温温克勒气化炉，实际上是一个高压设备，已经在每天几百吨产能的示范厂中成功运行。人们也已经在研究这种气化炉在 IGCC 中的应用。

19.3.5 夹带流气化

夹带流气化炉通过水蒸气、氧气或两者夹带煤颗粒进入气化炉中。需要将煤弄得很细才能实现夹带，一般在 $75\mu m$ 的级别。在主要的气化炉类型中，夹带流气化炉操作温度最高，因此，夹带流气化炉以熔渣炉方式运行；比其他装置产生更少的甲烷（如果目的是生产合成气来制氢或者液体燃料，这是很有优势的）；产生最低的 $H_2：CO$ 比，这意味着如果工厂的目标产品是甲烷或者氢气，下游需要转化大量的气体。

夹带流气化炉的停留时间很短，不超过几秒钟。原料煤没有时间发生热解，所以不会形成副产品煤焦油。同时，煤炭没有时间经历与黏结行为相关的黏流态，因此可以处理黏结性煤。因为反应的温度是如此之高，任何等级和几乎任何反应性的煤都可以用作原料。

科珀斯—托采克气化炉（K—T 气化炉）如图 19.13 所示。这种设计有两个正好相反进料口的气化炉称为双头 K—T 气化炉。

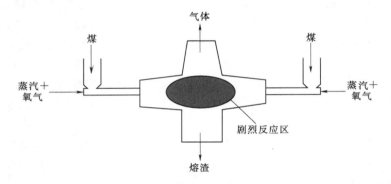

图 19.13　双头科珀斯—托采克气化炉示意图。煤粉被鼓吹至中心反应室。反应温度
足够高以保证很短的停留时间和灰分熔化，从而将其以熔渣形式除去。

目前也在使用四头设计，即在气化炉周围有四个依次呈 $90°$ 排开的进料系统。这些气化炉在常压下操作。反应温度可能不小于 $1600℃$。单个煤颗粒的停留时间约为 $1s$。可以使用任何等级的煤炭为原料。如此高的反应温度会将灰分熔化，以熔渣形式排出。K—T气化炉的产品气体组成约含 $55\%～60\%$ 的一氧化碳、30% 的氢气和 10% 的二氧化碳。K—T 气化炉缺点包括需要在下游进行压缩，具有非常高的耗氧量以及需要回收产品气体的显热或者不回收而导致热损失，该气体其在气化炉出口的温度为 $1350～1400℃$。

K—T 气化炉已经在欧洲、非洲的一些国家和印度商业化使用。一个主要的用途是生产合成氨所需的氢气，氨可以用来生产化肥。K—T 气化炉已基本上被壳牌气化炉取代，几年来都没有新的 K—T 气化炉建成。

壳牌气化炉（图 19.14）是 K—T 气化炉的加压版本，操作压力高达 $3MPa$ 左右。

该气化炉已经在欧洲的几个国家、巴西和马来西亚成功商业化。大多数以真空蒸馏残油而不是煤为原料；主要的应用是合成氨、甲醇或两者兼有。

通用电气的气化炉，最初由德士古公司开发，在一些方面结合了 K—T 气化炉的高反应速率和无副产品焦油以及高压操作的优势。这个气化工艺，来源于德士古的如前所述的部分氧化工艺。煤与水混合成浆的进料方式解决了典型 FBDB 气化炉中气压阀存在的机械问题。用泵将液体打入压力容器比将固体引入到压力容器中容易得多。浆中的固体含量达到 70%。

通用电气气化炉（图 19.15）是含有耐火内衬的圆柱形钢壳反应器。其由两个主要部分组成，一个用于气化，另一个用于冷却炉渣。水煤浆和氧气被送入顶部。因为停留时间是秒级别的，煤很快就被消耗了，不产生副产品煤焦油（或者如果有任何焦油成分形成，它们很快又被消耗了）。高温导致灰分熔化形成熔渣，在冷却单元固化后通过灰闸除去。该气化炉的操作压力范围为 2～9MPa，操作温度范围为 1100～1350℃。更高温度可能会损坏耐火材料。

典型的产品气组成包括 45%～50% 的一氧化碳、35% 的氢气和 15% 的二氧化碳。通用电气气化炉的升温速率很快，以至于煤没有时间发生黏结行为。对于低级煤以及低热值煤，需要保证煤能够产生足够的热量来蒸发与浆一起进入气化炉的水分。

19.3.6 煤炭地下气化

在地底煤层中将煤气化，完全消除固体煤的开采和运输，该概念可追溯到 1870 年。第一个支持者是英国的威廉·西门子爵士[D]。大约 20 年之后，这个想

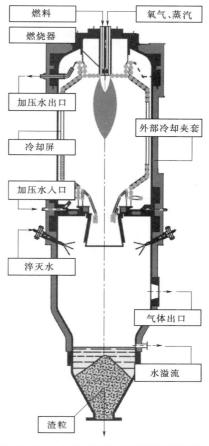

图 19.14 夹带流气化炉以煤粉为原料，气化炉点燃燃料，蒸汽和氧气从上而下流入。气化炉在高温下运行，使得停留时间很短且灰分以熔渣形式排出。

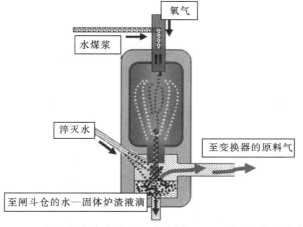

图 19.15 GE-德士古气化炉，其与图 19.14 所示气化炉类似，但以水煤浆不是固体煤粉为原料。

法首次被俄国的德米特里·门捷列夫[E]实现。门捷列夫的想法可能影响了列宁，他在布尔什维克革命时期进一步发展了该构想，并且作为将苏联劳工从地下采煤的艰辛和危险中解放出来的方法。苏联政府在20世纪30年代开始发展这项技术。几十年里，苏联在地下煤气化（UCG）技术方面都处于世界领先地位。20世纪不同时期，英国、美国、加拿大和一些欧洲国家也一时发展UCG技术，主要是在天然气被认为只能短期供应或者太昂贵的能源危机时期。当天然气价格和供应回到可接受水平时，这些项目又冷了下来。

UCG的基本原理与传统的、地面气化过程是一样的。为了进行UCG过程，至少要往煤层中钻两口井，一口为注入井，用于注入空气，也可能是蒸汽，另一口为产物井，用于排出生成的气体。这些井之间必须是联通的，不管是通过天然孔，还是煤层孔隙，或者是在两井之间钻的联通隧道。气体的注入引发燃烧反应。随着燃烧的进行，离燃烧最近的煤变得足够热，与燃烧产生的二氧化碳发生鲍多尔德反应。如果煤炭中水分含量很高，或者注入空气时也注入了水蒸气，碳—水蒸气也会发生反应。煤热解产生的煤焦油可以裂解产生轻质碳氢化合物。

UCG可以消除采煤带来的成本及其造成的临时性环境退化以及运输煤的成本，其看似是比地上气化技术更便宜的技术。此外，UCG的一个优点是不需要气化炉、煤粉碎与处理设备或下游清洁设备的投资支出；另一个优点是可以用于转化埋藏太深或者倾斜角度太大而不能开采的煤层中的煤。然而，UCG存在的一些问题抵消了这些优点。UCG技术发展到目前为止仍然严重依赖于空气吹送技术，所以产品气体被氮气高度稀释，且其热值很低（约6MJ/m³）。地上气化炉可以标准化设计，只需要略加修改就可以适应特定的原料。UCG设施更有可能成为一次性设计，只为适应局部地质情况而制定。地下水也可能被煤热解过程中形成的有机化合物以及煤消耗过程中释放的各种无机化合物所污染。其中的一些污染物造成环境污染和威胁人类健康。水也会渗透或流入气化区，降低温度以及可能终止气化过程。当UCG系统在天然地下水位以下操作时，格外需要注意这些与水相关的问题，因为这是常有的事。完全成功地气化了一条厚煤层后甚至可能导致地面沉降。除了对地表结构破坏造成潜在的财产损失外，沉降还可能破坏产物井和注入井的连接，使气体逃到地表。

19.3.7 生物质气化

近些年来，生物质气化或者是生物质与煤的共同气化已经引起了越来越多的关注。对大多数国家来说，生物质是一种国内资源，可以由国家政策控制，而不受石油进口的地理政治和宏观经济问题限制[F]。生物质被认为是一种在人类时间尺度上可再生的资源，而化石燃料绝对不是。生物质可以被认为是碳中性的，或近乎如此，这意味着使用生物质时排放的二氧化碳，原则上，会在次年植物的生长过程中被重新捕集。

生物质气化与煤的气化很大程度上是类似的，只是在考虑到生物质和煤之间的具体差别时会有一些区别。通常用于气化的生物质包括木材、木材废料（如锯末），以及城市固体废物。一些草类，如作为能源作物种植的柳枝稷（柳枝黍）也可以用作原料。通常来讲，相对于煤，生物质通常具有更低的热值、更低的硫含量、更高的含水率、更高的氢和氧含量，并且在热解时产生更多的挥发物。生物质没有烟煤的黏结特性，所以气化过程不受限于系统能否处理黏结性原料，至少从这点来看如此。一般来说，生物质焦炭比煤焦炭更容易反应，所以比起煤，生物质气化可能需要更少的蒸汽和氧气。

煤通常是脆性固体，而生物质往往是纤维状的。这种区别会影响原料制备和进料系统。煤可以被碾压和研磨以达到设定的小颗粒尺寸。而生物质需要被切碎。共同气化两种原料的装置，需要两套备料设备。将以煤为原料的气化炉转换为以生物质或生物质\煤混合物为原料时，气化炉的进料系统可能需要改变。

注释

［A］该反应是为纪念法国化学家奥克塔夫·鲍多尔德（1872—1923）而命名的，他在 20 世纪初研究这个反应系统中的平衡点。鲍多尔德与亨利·勒夏特列合作密切，他们共同写了《高温测量》（*High - Temperature Measurements*）一书。法国至少有两条街以鲍多尔德命名，一条在巴黎，另一条在埃纳省的约西。

［B］如果仔细检查各种气化反应的化学计量式，这个术语是有误导性的。煤气化过程产生的大部分氢气并不是从煤中来的，而是煤作为分裂水分子的还原剂来产生氢。正如氧化—还原反应那样，还原剂（碳）被氧化，主要变成一氧化碳。该过程中产生的大部分氢气都是来自于水蒸气。

［C］高温操作提高了动力学速率，使得设备能处理更多的煤。因此，对于某一尺寸的气化炉，给定时间内可以生产更多气体，或者只需更小的气化炉就能达到所需要的气体产量。但这种优势被一些问题削弱了，如用于气化炉建设的材料，即合金或耐火材料，需要能够耐高温。而且，必须避免在干底气化炉里形成熔渣或者在熔渣炉里要保持熔渣流动。

［D］威廉·西门子爵士（1823—1883）是一位出生于德国的机械工程师，他职业生涯的大部分时间都在英国。在充实而活跃的一生中，西门子从事了许多领域的研发工作，包括冶金和电气工程。他最经久不衰的发明是用于炼钢的平炉，其炼钢工艺当前被称为西门子—马丁工艺。

［E］德米特里·门捷列夫（1834—1907）因发明了元素周期表成为现代最著名的人之一。但他做过的事情比这更多，包括研究石油的组成，参与建立俄国第一个炼油厂，提出碳氢化合物的非生物成因（来自于地球深处形成的金属碳化物）的设想以及为伏特加生产开发新标准。有人曾试图提名他获得诺贝尔化学奖，但因对其长期怀恨在心的斯万特·阿伦尼乌斯的强烈反对而未成功。门捷列夫曾批评过阿伦尼乌斯"溶液中离子化合物解离"的理论。

［F］这有助于确保生物质是一种国内能源资源。虽然估计的值有些变化，但一般认为生物质运输到加工厂或者利用设备的距离超过 50～150km 时就不经济了。除非能源经济剧烈变化，看起来是不太可能发生生物质原料的广泛国际交易的。

推荐阅读

Berkowitz, Norbert. *An Introduction to Coal Technology*. Academic Press：New York，1979. Chapter 12 of this excellent book reviews gasification technology.

Higman, Christopher and van der Burgt, Maarten. *Gasification*. Gulf Professional Publishing：Burlington，

MA, 2008. An excellent discussion of gasification, including thermodynamics, kinetics, gasification processes, and their applications.

Lee, Sunggyu. *Alternative Fuels*. Taylor and Francis: Washington, 1996. Chapters 3, 5, and 11 are relevant, treating coal gasification, IGCC plants, and biomass gasification.

Miller, Bruce G. *Clean Coal Engineering Technology*. Butterworth – Heinemann: Burlington, MA, 2011. Chapter 5 of this comprehensive monograph discusses gasification systems.

Probstein, Ronald F. and Hicks, R. Edwin. *Synthetic Fuels*. Dover Publications: Mineola, NY, 2006. This Dover edition is a relatively inexpensive paperback reprint of a book originally published in the 1980s. Highly recommended to anyone working in, or interested in, the field of synthetic fuels. Chapters 3, 4, and 8 have material pertinent to the present chapter.

Rezaiyan, John and Cheremisinoff, Nicholas P. *Gasification Technologies*. Taylor and Francis: Boca Raton, 2005. This book covers approaches to integrating gasification into various systems, such as IGC plants and fuel cell systems, as well as covering gasification principles and reviewing various technologies.

第 20 章　气 体 处 理 和 变 换

20.1　气体净化

气化或部分氧化一般用于两个目的：为 IGCC 装置提供气体原料，或者生产一氧化碳/氢气作为合成气。这些所有的应用都不会使用未经下游处理的原料气。产品气体中期望的组成是一氧化碳、氢气、甲烷和其他轻质烃。如果气体用来现场燃烧，二氧化碳和水蒸气是中性的，即除了会稀释可燃气体之外，不存在正面或负面的影响。如果对气体进行提质，进一步处理，或是管道运输，那么这两种组分是不期望的。因此，需要采用更大的处理单元来处理这些对气体热值没有贡献的"额外"组分。这就需要消耗一些热和压缩功来除去这种"稀释剂"。原料气中的一些组分，包括颗粒物、焦油液滴、氯化氢、氨气和硫化氢等含硫化合物，也是不期望的。

处理的第一步是除去颗粒物，这些颗粒物包括细灰分颗粒或部分反应的原料。颗粒物脱除这可以通过旋风分离器实现。旋风分离器设计温度可达 $1000℃$，压力可达约 $50MPa$。对于颗粒尺寸超过 $5\mu m$ 的颗粒去除效果很好。如果需要脱除更细的颗粒，那么可以使用带有纤维过滤器或静电沉淀器的袋式除尘器。

从气化炉出来的原料气的温度由使用的单元种类决定，例如固定床、流化床或气流床，或是干底还是排渣操作。一般气体在进一步处理之前需进行冷却。由于这会损失一部分气体显热，如果后面气体还需要重新升温的话需要更多能量，因此人们对发展高温气体的清洁方法颇为关注。间接换热能够冷却气体，但同时利用气体显热会产生一些工业蒸汽（图 20.1）。

此外，气体可在喷雾塔中直接用水冷却和洗涤，如图 20.2 所示。

这种操作可以脱除所有颗粒物和溶解气体中的水溶性组分。气体冷却使得水和焦油凝结。一些焦油中的重组分也会凝固。焦油中凝固的黏稠液体会捕捉未被旋风分离器脱除的固化焦油组分和任何灰分的固体颗粒或部分反应的煤。

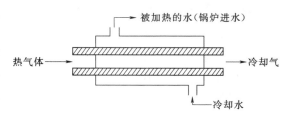

图 20.1　简单的列管式换热器可以用来冷却气体。可能用相同的单元来预热锅炉供水。

如果水蒸气是唯一需要除去的组分，则可以通过乙二醇吸收来脱除。

氨气极易溶于水，在常温常压下溶解度是 $500g/L$。在喷雾塔中氨气溶在水中。它是一种重要的化工原料，年产量约 1.1 亿 t，用于化肥生产。副产物氨的回收和销售能提高

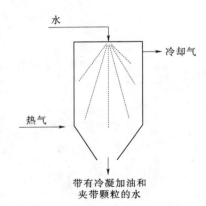

图 20.2 在喷雾塔中，通过直接接触水喷雾冷却气体。有机蒸汽凝结成油或焦油。煤或灰颗粒可能被喷雾从气体流中去除。

气化装置的经济性。任何气体的平衡溶解度遵循亨利定律，即

$$P = hx$$

式中：P 为气体的分压；x 为气体在溶液中的摩尔分数；h 为亨利定律常数，其值取决于气体性质和温度。从亨利定律来看，溶解度与 h 成反比。在 25℃下，氨的亨利定律常数比硫化氢或二氧化碳小三个数量级。相应的，氨气的溶解度远大于这两种物质。

溶解平衡式可以写为

$$NH_3(g) \Longleftrightarrow NH_3(aq)$$
$$CO_2(g) \Longleftrightarrow CO_2(aq)$$
$$H_2S(g) \Longleftrightarrow H_2S(aq)$$

在水溶液中这些物质能够电离，即

$$NH_3(aq) + H_3O^+ \Longleftrightarrow NH_4^+ + H_2O$$
$$NH_3(aq) + H_2O \Longleftrightarrow NH_4^+ + OH^-$$
$$CO_2(aq) + 2H_2O \Longleftrightarrow H_3O^+ + HCO_3^-$$
$$H_2S(aq) + H_2O \Longleftrightarrow H_3O^+ + HS^-$$

在实际情况下为

$$NH_4^+ + HS^- \longrightarrow NH_4HS$$
$$NH_4^+ + HCO_3^- \longrightarrow NH_4HCO_3$$

当气化系统含有三种气体，即氨气、硫化氢和二氧化碳时，由于硫氢化铵和碳酸氢铵的生成，硫化氢和二氧化碳的溶解度可远高于亨利定律预测值。

20.2 酸性气体脱除

硫化氢和二氧化碳是最常见的酸性气体。为了脱除酸性气体人们开发了一些策略。液体吸收作为一种最重要的技术，可以通过简单的物理吸收或反应吸收来实现。人们为此已经开发了很多专利技术，这些技术都是基于气体和吸收剂的逆流操作，随后再对吸收剂进行再生和回收。低温、高压或两者兼具的条件都有利于吸收过程。以下将对这些工艺进行讨论。固体吸附需要用到吸附剂，如活性炭。因为吸附是一个表面的过程，它与表面积成正比。可能需要大量的细粉的吸附剂，因此大规模实现这一过程并不实际。另外，酸性气体可以通过反应吸附在固体上。这一策略是一种热气体净化的方法。二氧化硫还可通过各种化学反应消耗，元素硫转化后销售能够提高经济效益，例如硫酸生产。

低温甲醇洗工艺利用硫化氢、二氧化碳和其他相关气体（如羰基硫，COS）在冷甲醇中具有很好溶解度的优点。在一般情况下，气体在液体中的溶解度随着温度的降低而增加。该过程的优点是所需的气体组分，如一氧化碳、氢气和甲烷，在甲醇液体中几乎不溶解，且其溶解度随温度变化不大。因此，约 −40℃ 的极冷甲醇，能够有效地从气体流中溶解出酸性气体。图 20.3 给出了低温甲醇洗工艺的流程图。

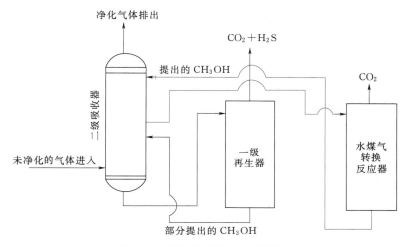

图 20.3　低温甲醇洗工艺流程图。

低温甲醇洗工艺吸收器在高压低温下操作，通常为 5MPa 和 $-60 \sim -30$℃，以提高液体中气体的溶解度。酸性气体的冷甲醇溶液进入再生器，压力降低，甲醇闪蒸出来。基于焦耳—汤普森效应，降低气体的压力会导温度降低。原料气也可以通过与净化气体进行热交换来冷却。总的来说，这些步骤有助于抵消一些制冷负荷，否则能耗将是相当巨大的。低温甲醇洗工艺净化后的气体中通常约含 10^{-5} 的二氧化碳和 10^{-6} 的硫化氢。

聚乙二醇二甲醚工艺也涉及酸性气体溶解，但该工艺使用聚乙烯醚作为溶剂。聚乙烯醚类是各种聚乙二醇的二甲基醚，即 $CH_3O—CH_2—CH_2—OCH_3$、$CH_3O—CH_2—CH_2—O—$ $CH_2—CH_2—OCH_3$、$CH_3O—CH_2—CH_2—O—CH_2—CH_2—O—CH_2—CH_2—OCH_3$。以上三种物质分别是乙二醇二甲醚、二甘醇二甲醚和三甘醇二甲醚。天然气脱硫工艺相对于低温甲醇洗工艺具有无需制冷的优点。聚乙烯醚类溶剂在 20℃ 左右性能良好，虽然硫化氢的溶解度比二氧化碳约高一个量级。但其缺点是溶剂的成本相对于甲醇是相当昂贵的。酸性气体从聚乙烯醚类溶液中通过汽提除去。该工艺的流程如图 20.4 所示。

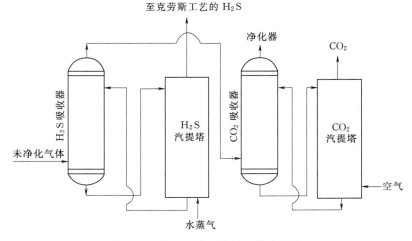

图 20.4　聚乙二醇二甲醚工艺流程图。

聚乙二醇二甲醚工艺净化的气体中约含有 0.5% 的二氧化碳和小于 4×10^{-6} 的硫化氢。

热钾碱法工艺在 2MPa 和 80～150℃条件下采用热碳酸钾溶液进行。发生的两个反应为

$$K_2CO_3+O_2+H_2O\longrightarrow 2KHCO_3$$

$$K_2CO_3+H_2S\longrightarrow KHS+KHCO_3$$

吸收塔中原料气流与碳酸钾溶液逆流进入。该工艺如图 20.5 所示。

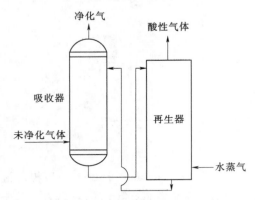

图 20.5　热钾碱法工艺的流程图。

吸收剂溶液可以用通过汽提再生。在该工艺中吸收和再生在相同的温度下发生，消除了加热或冷却要求。

这些过程中都不会破坏酸性气体。相反，它们会浓缩酸性气体进行进一步处理。第 10 章中介绍的克劳斯工艺，讲述了处理硫化氢的主要方法。它依赖于两个反应，即

$$H_2S+\frac{3}{2}O_2\longrightarrow H_2O+SO_2$$

$$2H_2S+SO_2\longrightarrow 2H_2O+3S$$

克劳斯工艺将硫化氢转化为硫。硫磺是气化装置的另一个有价值的副产品。它可以用来生产硫酸，全世界每年硫酸产量约为 180Mt。硫化氢的燃烧是一个简单的放热反应。二氧化硫和硫化氢的反应分别在催化剂的存在下发生反应，催化剂通常为氧化铝或铝矾土，在 200～225℃下进行。硫化氢的燃烧是强放热反应（-15MJ/kg）。H_2S 和 SO_2 的反应也是放热的，但程度较低，反应焓约为 H_2S 燃烧的六分之一。在第二个反应中，采用催化剂以保持高反应速率。在有利的情况下，原料气中的 H_2S 浓度足够高，释放出的总热量提供了工艺流程中需要的所有热量。

尽管克劳斯工艺是非常有效的，它不会将含硫气体的浓度降为零。离开克劳斯单元的气体称为尾气，仍然含有少量的硫化物。是否可以将尾气排放到大气中或需要进一步处理，取决于特定厂区的环境法规。克劳斯工艺尾气可通过外罩式尾气处理工艺（SCOT）处理，如图 20.6 所示。总的来说，克劳斯和 SCOT 工艺从进气物流中回收 99%的硫。

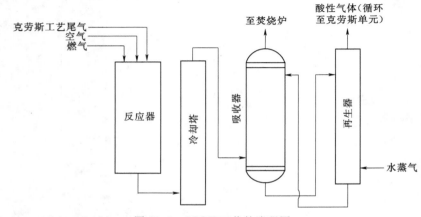

图 20.6　SCOT 工艺的流程图。

蒽醌二磺酸法工艺也可以脱除酸性气体中的硫。反应采用偏钒酸钠氧化硫化氢，然后对氧化剂进行再生。加入蒽醌二磺酸（ADA）二钠盐时会发生再生，ADA 转化为 H_2ADA，即

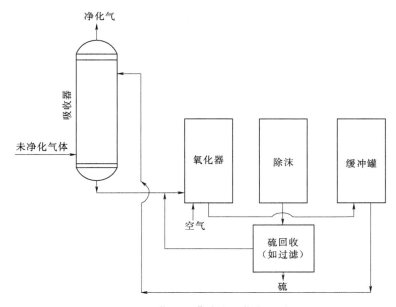

反应历程为

$$Na_2CO_3 + H_2S \longrightarrow NaHS + NaHCO_3$$
$$4NaVO_3 + 2HaHS + H_2O \longrightarrow Na_2V_4O_9 + 4NaOH + 2S$$
$$Na_2V_4O_9 + 2NaOH + H_2O + 2ADA \longrightarrow 4NaVO_3 + 2H_2ADA$$
$$2H_2ADA + O_2 \longrightarrow 2ADA + H_2O$$

H_2ADA 与空气反应转化回到 ADA。整个过程在 40℃ 或更低的温度下进行。图 20.7 为该工艺流程图。

图 20.7　蒽醌二磺酸法工艺流程图。

理论上，硫化氢可以完全转化为二氧化硫，二氧化硫可通过已成熟有效的电厂烟气二氧化硫脱除工艺来脱除。这样做会导致 SO_2 浓度很低，需要大量昂贵的下游脱除系统。尽管二氧化硫脱除方法已很成熟，但相比于先转化为 SO_2 然后再脱除的方法而导致额外的复杂性和成本来说，从气体中直接脱除 H_2S 更加简单便宜。

长久以来，对酸性气体脱除的关注一直集中在硫化氢，而二氧化碳通常允许排放到大气中。这是因为数十年来很多国家都限制了含硫气体的排放，而没有规定二氧化碳的排放。硫化氢可通过其特殊的气味儿易于察觉，这也是为什么多数国家更多地关注硫化氢排

放的原因。任何人，不只是那些接受过科学或工程培训的人，都能通过硫化氢气味很快知道附近的工厂正在排放有毒的物质。然而，人类活动造成的二氧化碳排放对全球气候变化中的影响引起的持续关注（第 25 章）表明，限制二氧化碳排放量迟早要落实。可以用各种乙醇胺将酸性气体脱除装置中的二氧化碳捕获（第 10 章）。水存在的情况下，二氧化碳的反应为

$$HOCH_2CH_2NH_2 + CO_2 + H_2O \rightleftharpoons HOCH_2CH_2NH_3^+ + HCO_3^-$$

对吸收剂溶液进行蒸汽汽提会产生富含二氧化碳气体流。该气体流可被送到碳捕获和存储系统（第 25 章）。煤粉燃烧电厂烟气中的二氧化碳浓度约 $10\% \sim 15\%$，从酸性气体去除单元（或从水煤气变换，下面将进行讨论）得到的高浓度（接近 100%）的二氧化碳物流，则更容易和有效地将二氧化碳捕获。

所有酸性气体去除过程的操作温度大大低于原料气离开气化炉的预期温度。将原料气冷却至 $100℃$ 或更低代表着大量显热的损失，尽管工程设计会试图通过换热来回收大部分热量。如果气体需要重新升温进行进一步下游工艺，那么这个步骤中产生了能量损失。不需要冷却就能处理原料气体将会具有极大的优势。热气体净化就是试图做到这点。

热气体净化依靠可再生的吸附剂与硫化氢反应。许多化合物具有这样的潜力，但铁化合物，在适用的情况下，因其相对便宜而具有额外的优势。一种热气体净化过程是基于铁氧化物的，包括铁硫化物的形成（用 FeS 来表示一个非化学计量比的铁硫化物，如黄铁矿或四方硫铁矿）。通过氧化为磁铁矿，而后赤铁矿来进行再生，即

$$Fe_2O_3 + 3H_2S \longrightarrow FeS + 3H_2O$$

$$3FeS + 5O_2 \longrightarrow Fe_3O_4 + 3SO_2$$

$$2Fe_3O_4 + \frac{1}{2}O_2 \longrightarrow 3Fe_2O_3$$

在这个过程中，吸收剂的再生产生了二氧化硫。它在用于燃煤发电厂的钙基脱除器中被吸收。然而二氧化硫如果转化为硫或氧化为硫酸也具有经济潜力，而其本身也具有一些用途，例如作为干燥食品的防腐剂，或将氯或其化合物转化为氯离子的水处理剂，或作为漂白剂。

20.3 水煤气变换

粗合成气的组成受两个主要因素的影响。第一个因素就是原料的 H/C 原子比。第 19 章介绍了一般方程为

$$C_nH_m + nH_2O \longrightarrow nCO + \left(n + \frac{m}{2}\right)H_2$$

$$C_nH_m + \frac{n}{2}O_2 \longrightarrow nCO + \frac{m}{2}H_2$$

合成气的组成可能不同，从纯 CO（碳部分氧化，其 $m = 0$）到甲烷水蒸气重整中 $CO : H_2$ 为 $1 : 3$。第二个因素是反应条件。温度和压力影响反应的平衡，如蒸汽—碳、鲍多尔德反应、转换，伴随着气化或部分氧化。这些平衡点位置反过来影响气体组成。

正如第 21 章所示，对合成气成分的要求也不尽相同。氨的合成需要纯氢。甲烷化生产天然气需要 H_2/CO 比为 3；甲醇合成，比例为 2。合成燃料和石化行业很难把合成气的某一特定应用与单一具体的原料和一组操作条件相匹配以提供该为应用需要的气体成分。为获得过程的最大通用性，在合成气生产和使用中间需要一些步骤来将生产得到的 CO/H_2 比例调节到反应所需要求[A]。中间的步骤就是水煤气变换（WGS）反应。

在燃料科学和工程领域，可能没有其他平衡反应能够像水煤气变换反应这样重要。该反应可以写为

$$CO + H_2O \Longleftrightarrow CO_2 + H_2$$

合成气与蒸汽反应将一氧化碳转化为二氧化碳。单乙醇胺吸收二氧化碳导致的 CO/H_2 比例净减少。另外，合成气和二氧化碳反应生成一氧化碳和水。

运用勒夏特列原理，可以驱使水煤气变换向左或向右移动。方程的两边气体产物的摩尔数（假设水为气相）是相同的，所以压力不影响平衡位置。该反应写成如下形式时是放热反应：

$$CO + H_2O \longrightarrow CO_2 + H_2$$

通常人们需要提高氢气的产量。这样变换可以在较低的温度下进行，与得到适合的反应速率相一致。除去不需要的产品有助于平衡的移动。为了提高 CO 的生成，可以脱除水，如用聚乙二醇吸收（第 10 章）。为了提高 H_2 的形成，CO_2 可以用试剂来吸收，如烷醇胺，因为它是弱酸性的，很容易被弱碱吸收。也可以在高压下对气体进行水洗来脱除。脱除 CO_2 后的产品就基本上是纯氢。

由于压力不影响平衡位置，希望用勒夏特列原理来移动反应平衡的这一策略（调整 WGS 反应器压力）是不可行的。然而更重要的优点是，转换反应器可以在任何压力下运行，包括其上游的高压气化过程和下游的高压合成过程。高压操作如果可行的话，还具有产出一定时反应器容积小（因此资本成本降低）和反应速率快的额外优点。

正如通常所表示的反应式，二氧化碳和氢气在右侧，WGS 反应是放热的。热力学表明，低温能够使平衡向右移动。不幸的是，在较低的温度下反应速率太慢不利于实际应用。表 20.1 说明了温度对 WCS 反应的影响。

表 20.1　温度对水煤气变换反应平衡气体组成的影响（摩尔分数）。

气体	温度（℃）		
	425	810	1027
CO_2	0.37	0.25	0.13
H_2	0.37	0.25	0.13
CO	0.13	0.25	0.37
水蒸气	0.13	0.25	0.37

没有必要转换全部原料气体流来得到合适的 H_2/CO 比。从气化炉出来的气体 H_2/CO 为 x，假设下游合成所需要的气体比例为 y，那么需要变换的气体分数 F 可以通过简单的代数方法确定。可以假设气体组分为 1mol CO 和 x mol H_2，这是保证 H_2/CO 为 x 的最简单方法。转换后，气体组成为 $(1-F)$ mol CO 和 $(x+F)$ mol H_2。那么期望的新

H_2/CO 比 y 将会是

$$y=(x+F)/(1-F)$$

重新计算则得 F 为

$$F=(y-x)/(y+1)$$

变换反应可在固定床催化反应器通过两阶段进行（催化剂不改变平衡位置，只能使达到平衡的速度更快）。反应器压力约 3MPa，气体催化剂停留时间为 1s。第一阶段采用铬铁催化剂，通常在 370~425℃下进行。第二阶段用铜锌催化剂，在 190~230℃下进行。由于 CO 的转化是放热反应，高温会使转化率降低。较低的操作温度下，如对铜—锌催化剂，平衡常数会提高十倍。增加进入转化反应器中混合气体中的蒸汽含量是提高 H_2/CO 比的一种便捷的方法。硫会使催化剂中毒，所以必须仔细关注变换反应器上游的 H_2S 脱除。使用耐硫催化剂可减少对上游气体净化的需求（第 15 章）。WGS 可以使用氧化铝 CoMo 催化剂，反应前硫化使活性相为 MoS_2。对于其他催化过程有害的焦化对 WGS 则不是问题。多余的蒸汽可以去除（通过气化）任何新形成的碳。催化剂的寿命约为三年。

WGS 的重要性可总结为：通过勒夏特列原理的巧妙应用可以推动平衡至所需的任何点，从纯一氧化碳到纯氢，或之间的任何 H_2/CO 比值。因此，合成气的生产和利用的力量和的多样性开始显现；几乎任何可以想象到的碳源都可以转化（至少理论上）为合成气；该过程与水煤气变换反应器耦合，在原则上可以生产氢或一氧化碳，或所需要的任何 H_2/CO 比的合成气。图 20.8 的流程图说明了烃类转化、变换和合成的巨大通用性。

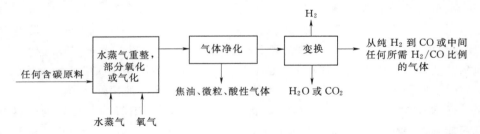

图 20.8　工艺条件和硬件的选择可以让任何实际的碳质原料包括化石燃料和生物燃料，或城市或农业废弃物，转化成所需的任何 H_2/CO 比的合成气，以供后续燃料和材料的合成。

注释

[A] 任何时候，一个额外的步骤，如变换反应，被添加到一个工艺中时投资成本和运营成本肯定会增加。在极少数情况下它可能可以通过销售副产品或通过其他降低成本的方法来抵消增加的成本。理想情况下，有益的做法是通过在生产过程中获得在下游过程中需要的 H_2/CO 比以避免增加变换反应器。在某些情况下，为获得更高的经济效益，可以接受原料转化或下游合成效率的适当降低，以避免使用额外的变换反应器。尽管如此，水煤气变换是调整从原料转化获得的气体组成至所需的任何比例组成过程的中关键步骤。

推荐阅读

Kohl，Arthur and Riesenfeld，Fred. *Gas Purification*. Gulf Publishing：Houston，1985. An excellent，and extensive, resource on many techniques for gas clean – up, including acid gas removal, water removal, CO_2 absorption, and numerous others.

Probstein, R. F. and Hicks, R. E. *Synthetic Fuels*. Dover: Mineola, NY, 2006. Chapters 3 and 5 of this very useful book relate to the present chapter. The Dover edition is a reprint of the earlier version published in the 1980s. Highly recommended to anyone working in this field.

Rezaiyan, John and Cheremisinoff, Nicholas P. *Gasification Technologies*. Taylor and Francis: Boca Raton, 2005. Chapter 5, on gas clean – up technologies, is directly relevant to the material in this chapter.

第 21 章 合 成 气 的 用 途

21.1 燃料气

氢和一氧化碳易燃且热值高（分别为－286kJ/mol 和－283kJ/mol）。虽然合成气这个名字反映了其在后续生产其他燃料或化学品方面的使用目的，但使用气化（或部分氧化和蒸汽重整）产品直接作为燃料已不存在技术问题。这种产品可以用于家庭取暖和炊事、工程加热或工业蒸汽。曾经很多国家都有制造和分配从煤制备燃料气体的庞大基础设施。事实上，直到基于 CO 和 H_2 合成工业的发展之前，在 20 世纪初的几十年里，煤炭转化为气体的唯一目的就是家用或工业加热和照明。当前的主要目的集中在利用合成气作为 IGCC 工厂的燃料。

早期的煤转化过程得到的水煤气、民用煤气、照明气和相关燃料，以及氧气鼓气气化炉的产品热值在 $11\sim19GJ/m^3$ 的范围内。表 21.1 比较了从煤制得的一些气体与氢气、甲烷和液化石油气的热值。

表 21.1　煤基燃料气体与其他常见气体燃料的热值比较。这些数据仅用于比较说明，实际值可能会有所不同，取决于具体样品的组成。对于气体混合物，成分按照浓度降低的顺序排列。

气体燃料	主要组分	热值（GJ/m^3）
氢气	H_2	12
天然气	CH_4	38
液化石油气	C_3H_8，C_4H_{10}	104
加烃水煤气	H_2，CO，CH_4，C_2H_4	20
焦炉气	H_2，CH_4，N_2，CO	22
发生炉煤气	CO，H_2，N_2	6
民用燃气	H_2，CH_4	24
水煤气	CO，H_2	11

这些产品都因为含有较大的毒性一氧化碳而带来的隐患。许多燃气家电，如热水器或炉具，配备了标灯，其中始终有少量气体在燃烧。当气体进入主燃烧器或加热器时，它将被标灯点燃，因而不需要另找火柴。但是给户主的这个小便利意味着如果使标灯熄灭，少量气体将直接排放在室内。这会使得一氧化碳浓度缓慢积累至有毒，乃至致命的浓度。特别是家中若没有一氧化碳探测器时煤气泄漏可能是致命的[A]。随着很多国家采用天然气取代了煤基气体燃料，这个隐患才逐渐消失。然而，一氧化碳存在于汽车尾气和效率低

下、不规范的木头或煤炭燃炉不完全燃烧的产物中，因而仍然是一个安全隐患。

21.2 甲烷化

正如第 10 章所讨论的那样，天然气是一种极好的燃料。而生物质、煤或重油不具有天然气的优势。在全球范围内，巨大的投资已用于天然气气体处理、存储和分配的基础设施建设，以及发电、工业、家用电器和天然气汽车等方向的发展。世界范围内，煤和生物质比天然气的分布更为广泛。生物质是一种可再生的燃料，使用生物质燃料理论上没有二氧化碳的净排放。关于化石燃料储量的预测表明天然气将在煤之前被耗尽[B]。因此，用煤和生物质气化燃料取代目前的气体燃料具有很大的潜力。

甲烷化过程是天然气蒸汽重整的逆过程，即

$$CO + 3H_2 \longrightarrow CH_4 + H_2O$$

该产品被称为替代天然气（SNG），或有时被看似矛盾地成为合成天然气。最大的 SNG 生产装置在北达科他州的比尤拉，以褐煤为原料，用 FBDB 气化炉生产合成气。

甲烷化的上游进料，需要通过第 20 章所讨论的过程进行净化。甲烷化和气化的耦合尤其需要注意进入甲烷化反应器的原料中的硫含量，因为常用的镍催化剂对硫中毒非常敏感。硫浓度应小于 10^{-6}，最好约为 0.1×10^{-6}。这可以通过去除酸性气体的过程来实现，可与保护床结合使用。

可以从一氧化碳和氢气生产甲烷，反之亦然，这是由于这些物质之间存在平衡。平衡常数通常取决于温度；在这种情况下，低温有利于甲烷化反应。

甲烷化平衡常数有很强的温度依赖性。由于甲烷化导致气态物质的摩尔数减少，从 4 到 2，高压有利于甲烷化。因此甲烷化反应器在高压和低温下运行，而蒸汽重整反应器在低压和高温下运行。因为蒸汽重整反应是吸热的（第 19 章），而甲烷化反应是高度放热的。处理多余的反应热成为甲烷化反应器设计上的一个挑战。

典型的甲烷化过程在氧化铝负载的镍催化剂的催化下，在 $260 \sim 370℃$ 和 $1.5 \sim 7MPa$ 条件下进行。一氧化碳化学吸附在催化剂表面，伴随着氢的解离吸附，如图 21.1 所示。反应按照如图 21.8 所示的反应历程进行，即朗缪尔—欣谢尔伍德机理。

图 21.1 一氧化碳化学吸附在催化剂表面，而氢气发生解离吸附产生氢原子。

反应的放热性颇受关注。反应温度失控时会使催化剂烧结，导致甲烷分解为碳，甚至造成爆炸。未带有冷却的非绝热固定床反应器也许是可以采用的最简单的反应器设计，该反应器中反应热使得每有 1% 的一氧化碳转化为甲烷时温度升高 60℃。合成气中具有高浓度的一氧化碳，所以必须采用很多方法来防止温度升得很高。一种方法是在低转化率和低循环气条件下运行。用循环产物来稀释原料，调整一氧化碳浓度以增加进料气体的热容，从而帮助控制预期的热量排放。同时，循环气可在回到反应器前进行冷却。这些策略使反应器在进料温度 300℃和出料温度 400℃的情况下运行。回收反应热是另一种可选的方法。在具有大量的"免费"热的情况下，生产蒸汽通常是一个有用的选择。这可以在管壳式换热器中将管道当做固定床催化反应器来实现。反应释放的热量会被管道外的水吸收，如图 21.2 所示。

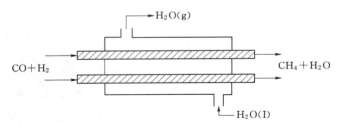

图 21.2　一种解决反应强放热问题的甲烷化反应器的简单设计，即改进的管壳式换热器（图 20.1）。催化剂在管道中，合成气从管道通过。热量通过水吸收。

　　另外，可以采用不同的反应器设计，例如流化床反应器而不是填料床或固定床反应器。但必须注意防止催化剂烧结和焦化，这样的话催化剂寿命可达五年，且可获得很高的转化率。流化床催化反应器，或夹带流设计，具有催化剂相对于进料气量多的优点，从而催化剂吸收大部分的反应热。循环流化床或气流床反应器中，催化剂可经热交换冷却后再回到反应器中。

　　催化剂的烧结可能是强放热反应中的一个值得注意的问题如甲烷化。催化剂载体上的镍烧结预计可能发生在 590℃左右。为了避免该问题，甲烷化反应器在不大于 525℃条件下运行，且通常远远低于这个极限值。防止羰基镍的形成也是十分必要的，即

$$Ni + 4CO \longrightarrow Ni(CO_4)$$

其在低温下形成的一种气态物质。羰基镍通常在约 150℃时分解[c]，但它的形成和随后的分解会导致催化剂镍的损失。羰基镍也有剧毒，存在健康和安全隐患。

　　水煤气变换反应，即

$$CO + H_2O \longrightarrow CO_2 + H_2$$

其往提高 H_2/CO 比的方向进行，如果二氧化碳不是必须被分离出来，而是作为另一种反应物，而不是稀释剂时，整个过程可以简化。目标反应将是

$$CO_2 + 4H_2O \longrightarrow CH_4 + 2H_2O$$

要成功实现该反应需要能够同时促进一氧化碳和二氧化碳反应的催化剂。这样的催化剂通常是负载在氧化镧上的镍钌合金。

　　甲烷化化学的一个特别应用是合成氨过程。氨的生产通过如下反应进行：

$$N_2 + 3H_2 \longrightarrow 2NH_3$$

氢气可以通过天然气的蒸汽重整生产，然后通过变换脱除一氧化碳。然而，一氧化碳很容易导致合成氨的催化剂中毒，因此必须保证合成氨反应器上游所有的 CO 都被脱除。脱除 CO 可通过甲烷化反应进行，产生少量的甲烷，但对该工业应用更重要的是，脱除了这一强的催化剂抑制剂。

21.3 甲醇合成

由合成气生产甲醇为

$$CO + 2H_2 \longrightarrow CH_3OH$$

是在 1913 年被发现的。直到 20 世纪中叶，合成气都是从煤气化生产的。从那之后，合成气生产的首选路线变为从天然气、液化石油气或石脑油作为原料采用蒸汽重整来生产。目前甲醇合成装置使用天然气作为合成气的来源。当原料中 H_2/CO 比合适时，原料不是影响甲醇合成的关键因素；原则上，未来的甲醇装置可以基于生物质或煤的气化，或油砂中油的部分氧化。生物质气化制合成气将再次证明，甲醇可以从生物质生产。与热解相比，气化后再合成的过程单位生物质获得的甲醇产率高得多。

图 21.3 给出了甲醇合成流程图。

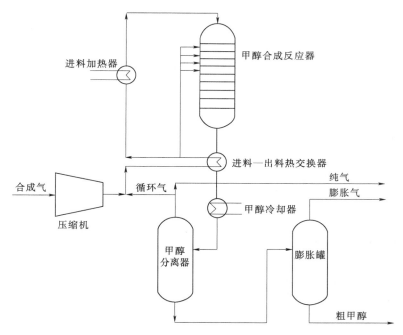

图 21.3　甲醇合成的工艺流程，包括未反应气体的循环。

与甲烷化过程类似，甲醇合成是放热的，反应后摩尔数减少。因此，相对较低的温度和高压有利于推动反应向右进行。在 260℃ 和 5MPa 下，铜基催化剂表现出良好的转化率。采用用于甲烷化反应的各种类似策略，可使温度控制在 250～270℃ 范围内。在固定床反应器中，相对较冷的原料气进入反应器的不同部位，或原料与循环气混合。另外，可以采用上面提到的类似于壳管式换热器的反应器设计。

催化剂的选择至关重要，因为合成气通过反应可制备得到各种各样其他液体产品，下面将展开讨论。催化剂必须对甲醇具有高选择性。以前所使用的典型的工艺条件采用氧化锌为催化剂，在 400℃ 和 30～38MPa 下可得到 62％ 的甲醇得率。使用铜基催化剂可使反应条件大大降低，从而经济性显著改善。铜催化剂高度敏感，易被硫中毒，所以需要注意上游气体的净化。如果合成气来自天然气或生物质，则不存在该问题。而合成气来自重质石油产品或油砂中油的部分氧化、或煤气化时，则必须在甲醇合成上游脱除 H_2S。

催化剂表面形成了一个关键的中间体 HCOH，如图 21.4 所示。

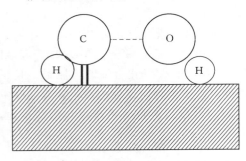

图 21.4　化学吸附的一氧化碳与氢原子在催化剂表面形成了 HCOH 物质。

如果 C—O 键断裂，HC 片段将继续加氢，最终形成甲烷。或者，HCOH 完整片段的解吸和氢化则会得到所需的甲醇。锌和铜可有效催化 HCOH 加氢而不造成 CO 键裂解。

天然气的蒸汽重整产生的合成气的 H_2/CO 比为 3，是目前甲醇合成的首选原料。该 H_2/CO 比的气体必须进行变换，将 H_2/CO 比值降低为 2，即甲醇合成所需的化学计量比。为了避免安装独立的变换反应器，可添加二氧化碳到蒸汽重整反应器中，这样三个反应可以同时发生，即

$$CH_4 + H_2O \longrightarrow CO + 3H_2$$
$$CH_4 + 2H_2O \longrightarrow CO_2 + 4H_2$$
$$CO_2 + H_2 \longrightarrow CO + H_2O$$

甲醇合成催化剂也可以通过反应转化二氧化碳，即

$$CO_2 + 3H_2 \longrightarrow CH_3OH + H_2O$$

由于这个反应，反应器中存在多余的 CO_2 的并不会造成问题。如果生物质或煤作为合成气的原料则不存在这样的问题；实际上，需要气体变换是为了提高 H_2/CO 比。

甲醇在化工行业有很多应用价值。最大的用途是催化氧化制甲醛，即

$$2CH_3OH + O_2 \longrightarrow 2H_2C = O + 2H_2O$$

甲醛可进一步用于酚醛树脂和脲醛泡沫的生产[D]。其他从甲醇生产的产品包括醋酸、甲基叔丁基醚（MTBE）和二甲醚。二甲醚可作为柴油燃料使用。

甲醇具有很高的辛烷值，可作为提高汽油辛烷值的添加剂。然而随之带来了一些问题，最严重的是甲醇可以与水以任意比例混溶。汽油—甲醇混合物中加入少量水则会导致分层，形成完全分离的两相、汽油相及水醇相[E]。甲醇与一些轻质烃类形成共沸物，如正己烷，导致蒸汽压升高和增加混合物的挥发性。即使是少量的甲醇也会使得用作燃料系统的聚合物组件，例如软管或密封圈的弹性、渗透性和溶胀行为发生改变。

以大部分或完全纯的甲醇作为汽车燃料也引起了人们的兴趣。人们对甲醇的兴趣似乎与石油价格和供应波动相关，就像与其他液体替代燃料一样。纯甲醇具有很高的汽化热，35kJ/mol 或 1100kJ/kg。这使得它很难在燃油进气系统中形成良好的燃料—空气混合物，因此甲醇燃料汽车几乎不可能在低于 0℃ 时运行。将甲醇与易气化的液体混合后能够解决这个问题。汽油是作为混合组分的一个很好的选择，其添加量通常为 15%。85% 甲醇—15% 汽油混合称为 M85。可以设计专门采用 M85 为燃料的车辆。它可以有很高的压缩比（可能是 12∶1）以利用甲醇高辛烷值的优点，但需要设计解决蒸发问题的燃料进气系统，以及燃油系统中需采用与甲醇兼容的材料。这种车辆将具有很好的性能，但有燃油经济性

和驾驶里程降低的缺点。甲醇的体积能量密度仅为汽油的一半，对于类似设计和重量的车辆来说，在相同的运行条件下可预测燃油经济性会降低一半。在相同体积的邮箱尺寸下，再次加油前车辆行程也将减半。因此，是否需要开发专门采用 M85 运行的车辆市场得怀疑。更有前途的选择也许是可以使用从汽油到 M85 或 E85 的灵活燃料汽车（FFVs）。

甲醇的四个优点值得人们选择其作为替代性液体燃料。第一，它是一种液体。当处理好材料相容性和防止水掺混的问题时，甲醇可以通过现存的相同的运输、储存和处理设施来销售。一些具有自身技术优点的其他燃料，例如天然气就不能满足这种要求。第二，甲醇可以从合成气生成，在原则上，它可以从任何含碳的原料生产，包括生物质、油砂、市政废物和煤。第三，很多国家已经存在很大的用于甲醇生产而建造的基础设施。在石油真正或人为造成的短缺的情况下，甲醇可以从现有的化工市场转向供应于交通运输（尽管与化学工业中有所不同）。第四，已开发的甲醇生产汽油技术（MTG，第 14 章）可以解决使用甲醇或 M85 作为燃料时存在的问题。MTG 产品不是汽油的液体替代品或与汽油兼容的产品，而就是汽油。

21.4 费托合成

费托合成是 19 世纪二三十年代在德国被发明的。名字来源于它的发明者，弗朗兹·费希尔[F]和汉斯·托罗普施[G]。

图 21.5 弗朗兹·费希尔，合成气化学的先驱之一。

图 21.6 汉斯·托罗普施，与弗朗兹·费希尔合作发明了费托合成技术。

在早期工作中，合成气可在约 200℃和 0.7～1MPa 下在负载钴的催化剂上发生反应，生成碳链长度可达到 40 的复杂烃类物质。较重的成分可用作合成柴油燃料和合成润滑油。第二次世界大战期间，德国军方生产的一些航空和装甲车燃料就是通过煤气化合成气后采用费托合成来生产的。这种所谓的中压合成技术可生成汽油、煤油（喷气燃料）和柴油燃料范围内的产品，从 C_3 到 C_{18}。它代表了一种合成液体燃料的途径，可以增加或有可能取代石油衍生燃料。对这种以煤为原料通过气化合成路线生产合成燃料和化学品的潜力，当时美国和英国研究德国战时技术的团队。美国矿业局用非常便宜的轧屑（在轧钢过程中红色热钢上形成的铁氧化物和碳酸盐的混合物）为催化剂进行了进一步研究。反应在300～375℃和1.5～3.5MPa下，产生了有应用前景的合成汽油，辛烷值大于70，含有多种含氧化合物。然而很显然，当经济性不是首先需要考虑时，战时的过程工艺是难以与战后廉价、含量丰富的石油相比的。

费托合成是煤制合成气的主要用途，进而是煤制合成液体燃料的主要途径。将固体煤通过合成气转化为液体交通运输燃料称为间接液化。形容词间接表明还存在中间处理步骤，即先将煤转化为气体，然后将气体转化为液体。一种间接液化过程的简化流程图如图21.7所示。

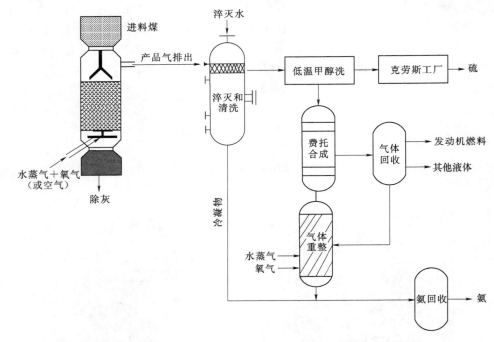

图21.7　煤间接液化工艺流程，采用固定床气化炉生成合成气。

今天，费托合成在煤炭领域占有了主导地位，以至于许多人似乎认为煤转化为液体就是费托合成，这当然是不对的（第22章）。南非目前使用的液体燃料中大约有40%是由当地的煤经间接液化得到的。

费托合成中直链烷烃的生产可以概括为

$$(2n+1)H_2+nCO \longrightarrow C_nH_{2n+2}+nH_2O$$

反应热为−23kJ/mol。直链烯烃的生成为

$$2nH_2+nCO \longrightarrow C_nH_{2n}+nH_2O$$

生成醇类的反应为

$$2nH_2+nCO \longrightarrow C_nH_{2n+1}OH+(n-1)H_2O$$

和

$$(n+1)H_2+(2n-1)CO \longrightarrow C_nH_{2n+1}OH+(n-1)CO_2$$

此外，可能会产生一些酮、醛或羧酸。在某些情况下，费托合成都伴随着异构化、脱

氢环化反应，或两者都有。大体上，几乎所有的可以从石油制备的烃类产品，都可以通过费托反应从合成气来制备，只要有合适的 CO/H_2 比、催化剂的选择性和反应条件。

金属催化剂，尤其是元素周期表中 8～10 族的元素，对氢气和一氧化碳都有化学吸附。催化剂表面发生的反应在决定产物的组成中关键性的作用。在形成碳氢化合物时，原料中所有的一氧化碳必须被破坏，但形成含氧产物时，至少有一个碳氧键必须保留。潜在的产物范围从 C_1 化合物如甲烷或甲醇，到 C_{40} 的蜡。由于一氧化碳只包含有一个碳原子，两个或两个以上的碳原子产物的形成表明在催化剂表面必须发生低聚或聚合反应。

费托合成烃的过程始于化学吸附的一氧化碳的解离，如图 21.8 所示。连接在催化剂表面的碳原子与化学吸附的氢气解离出的氢原子反应生成亚甲基；然后进一步在表面形成甲基。这时可能的一个结果是吸附在催化剂表面的另一个氢原子与之反应生成甲烷从而终止反应，甲烷从催化剂表面脱附。这一系列就是甲烷化的过程。为了产生更大的烃分子，催化剂表面碳-碳键的形成是必需的。

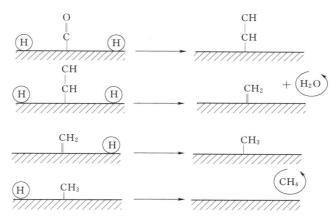

图 21.8　从 CO 和 H_2 生成甲烷的一种可能反应过程。该过程涉及 CO 的化学吸附和 H_2 的解离、HCOH 的形成、脱除水和最终形成亚甲基，然后是甲基，最后甲基加氢形成甲烷。

在费托合成中，相对于甲烷化，反应机制的主要变化是亚甲基的插入，如图 21.9 所示。

这时，表面乙基自身可转化为乙烷而终止反应，或另一个亚甲基插入而进一步使链增长而生成表面丙基。图 21.10 说明了这些过程。

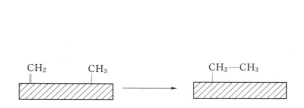

图 21.9　甲基加氢产生甲烷的方法是与附近的亚甲基反应，亚甲基有效地插入到甲基基团与催化剂表面之间的键中，结果在催化剂上形成乙基基团。

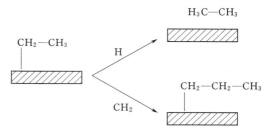

图 21.10　乙基可以在离开催化剂情况下被成氢化成乙烷，或者它可以经历第二次亚甲基插入，形成丙基。

每一步中，反应终止或亚甲基插入增长都可能发生。重复的亚甲基插入使得催化剂表面上能够形成更长的链（图 21.11）。

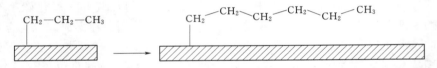

图 21.11　多个亚甲基插入导致在其上形成长烃链，如在形成己基链的这个例子中一样。

在室温下含有五个或更多个碳原子的产品为液体。因此，这一系列亚甲基插入反应提供了从合成气合成液体燃料的路径。亚甲基重复插入的反应发生的程度取决于反应条件、H_2：CO 比以及催化剂的选择。

改变工艺参数会改变生成的产物及其分布。然而所有这些改变寻求相同的目标，即实现在催化剂表面上链增长和终止之间的理想平衡。费托反应及相关合成的目的正是要达到一种平衡以生产液体产品。链增长和终止之间的这种平衡在聚合反应中也是重要的，例如生产聚乙烯。这可以从舒尔茨—弗洛里分布[H]来说明。

当一条碳链在催化剂表面生长，无论在哪个步骤中，都会发生增长或终止。前者向生长的链上增加一个碳原子；后者则停止增长。假定不论链长，发生传递与终止的几率是一定的，则有 x 个碳原子链的化合物的量占含有 $(x-1)$ 个碳原子链化合物量一定比例。该比值，用 α 来表示，其由增长和终止的相对速率决定，可以计算为

$$\alpha = r_p/(r_p + r_t)$$

式中：r_p 为传递速率；r_t 为终止速率。

M_x 代表着含有 x 碳原子的物质的质量分数，那么

$$\log(M_x/x) = c + x\log\alpha$$

式中：c 为常数；x 的函数 $\log(M_x/x)$ 与 $\log\alpha$ 呈线性。这种关系即是舒尔茨—费洛里分布。实际上，α 通常与 x 不小于 4 时的值呈线性关系，这种关系提供了一种预测产物中各种大小分子分布的方法。在大部分费托合成中，α 通常为 0.5～0.8。对于相同的温度、压力和催化剂，α 与碳原子个数和催化剂表面物质的性质无关。因此，产物分布可以用 α 作为唯一参数来描述。含有 x 个碳原子产物的质量百分数 W_x 可以计算为

$$W_x = 100x(1-\alpha)^2\alpha^{(x-1)}$$

一个基本规律是，α 与压力成正比，与温度成反比。使用负载钌的催化剂时，在 0.1MPa 和 200℃下的主要产物是甲烷，但在 100MPa 时会生成分子量很大的产物。通常低 α 值和高温会产生更轻的产品；低温和高 α 值会得到更重的物质。

形成产品分布是费托合成的一个潜在缺点。α 为 0.76 时，汽油（C_5～C_{10}）的产率最大，但产量仅为约 44%。汽油合成伴随着 C_1～C_4 气体生成且收率较高。在实际操作中，可通过改变操作条件、催化剂，或两者来改变产物分布。无论发生什么样的变化，增长和终止之间的平衡形成了产物的分布。结果导致需要在费托合成反应器下游进行一系列的分离和精制操作。催化剂研究的主要方向是找到选择性更高的催化剂以降低产品分布范围。

提高原料中的 H_2/CO 比能有效地增加 H_2 的分压。这会增加催化剂表面上氢的数量。相对于链增长，这增大了链终止的机会。在中压合成中，相对于柴油，这提高了汽油的产率。

增大压力有利于吸附和延迟解吸。压力的增加降低了链终止从而提高了链增长，并得到较高分子量的产物。停留时间的增加使得反应物质留在催化剂上的时间更长。这也有利于链的增长。产物组成向生成柴油方向移动。温度的升高有助于物质从催化剂表面脱附。这使产品分布向更轻的产品方向移动。表 21.2 简单总结了如何控制反应变量来改变产品的分布。

表 21.2　费托过程的反应变量对产品平均分子量影响的总结。

提高以下变量	平均分子量的变化趋势	提高以下变量	平均分子量的变化趋势
压力	增加	H_2/CO 比例	降低
温度	降低	流速	降低

费托合成的操作条件范围很宽，可在 $150\sim350℃$ 和 $0.5\sim4MPa$ 范围内变化，这取决于所需的产物分布。低温有利于形成较高分子量的化合物，而较高的温度可用于生产汽油。非常高的温度有利于获得高得率的甲烷。催化剂通常基于铁、钴或钌。通常钴催化剂用于 H_2/CO 比在 $1.8\sim2.1$ 范围内的原料。而铁催化剂可促进费托反应器中的水煤气变换反应，因而适用于低 H_2/CO 比的原料。通常铁并不是高活性的催化剂，但具有便宜的优点。该催化剂中可添加氧化钾作为促进剂。催化剂上的焦炭沉积是一个潜在的问题，但进气中含有高浓度氢气时会减少焦炭沉积。

图 21.12 是一种用于费托合成的循环流化床反应器的示意图。其典型的运行条件是 $2.2MPa$ 和 $310\sim330℃$。实际操作中必须解决该反应高度放热的问题。以水作为冷却剂时可获得水蒸气。在催化剂料斗中，夹带的催化剂颗粒从气流中分离出来；大部分催化剂在这里进行收集。旋风分离器除去气体中仍然夹带的催化剂颗粒。然后产物经两步洗涤，第一步用循环油溶解重烃，第二步用水冷凝轻质烃。

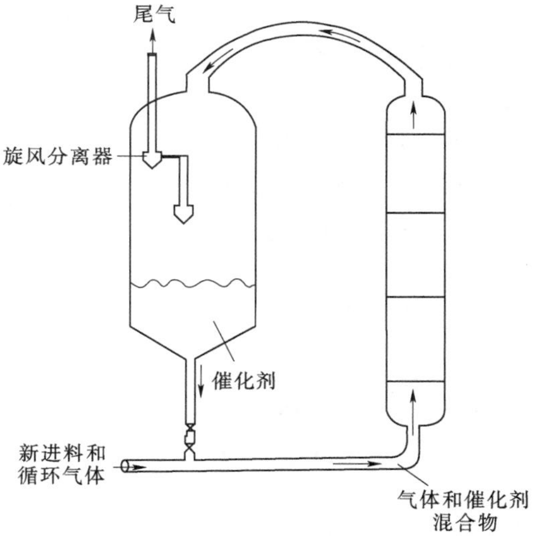

自 20 世纪 20 年代费托合成技术发明以来，人们进行了多种改进尝试。低温和高压操作使产物分布向生成更高分子量产物移动。相对于中压合成，显著增加压力会减少分子从催化剂表面脱附的可能性。考虑到吸附/解吸过程的平衡，即

图 21.12　用于合成气转化的循环流化床反应器。

$$A(ads) \Longleftrightarrow A(gas)$$

勒夏特列原理表明增加压力将使平衡向左移动。高压合成在 $100\sim150℃$ 下进行，但压力需高达 $100MPa$。降低温度意味着可用于帮助分子脱附的热能较少。因此，这两个变化有利于催化剂表面物质更长的吸附时间，相对于小分子的脱附，更有利于亚甲基插入反应的发生。该催化剂是负载在氧化铝载体上的钌。主要产品是蜡，具有高达 $135℃$ 的熔点。降低原料 CO/H_2 比有利于形成较低分子量的化合物。如果该值降低至 0.25，那么约 96% 的产品是甲烷。异构合成采用氧化钍或氧化钍—氧化铝为催化剂，在 $400\sim500℃$ 和 $10\sim$

100MPa 下进行，碳酸钾为促进剂。主要产品是 C_4 和 C_5 的支链烷烃，约 75％为 2‐甲基丙烷（异丁烷）。短支链的烃，例如 C_4 和 C_5，可以转化为合成橡胶。氧化物催化剂可以通过碳阳离子中间体来介导反应，从而实现烃链的结构重排，使得产生的汽油馏分的辛烷值增加。高于 400℃的温度会促进芳烃和支链烷烃的生成；低于 400℃时，也会生成含氧化合物。合成醇在 400～450℃和 14MPa 的铁催化剂催化下进行合成，得到直链醇。

　　费托蜡的价值在于它们能通过选择性加氢生成柴油和石脑油。一方面，产生的燃油产品非常清洁，硫含量为零；另一方面，柴油燃料具有非常高的十六烷值。因此，这两个特点使费托柴油成为非常理想的燃料。蜡的额外价值是可以将蜡分子解构，通过一系列 β 键断裂反应生成高得率的乙烯，例如

$$R—CH_2—CH_2—R' \longrightarrow R—CH_2· + ·CH_2—R'$$
$$R—CH_2· \longrightarrow R''—CH_2· + CH_2=CH_2$$

乙烯是用于塑料日用品大规模生产的起始化合物，例如聚乙烯、聚氯乙烯、和聚对苯二甲酸乙二醇酯。蜡解构涉及通过不断的吸热键断裂反应产生大量的气体。低压高温条件有利于解构。在较低温度下进行蜡的热裂解时，吸热键断裂反应所获得的热能较少，而在更高的压力下进行时有利于更多的碰撞，从而促进夺氢反应的发生。一种可能的反应过程是不生成乙烯，而是生成更长链的 1‐烯烃，例如

$$R'—CH_2CH_2CH_2—R''+R· \longrightarrow R'—CH_2CH_2CH·—R''+RH$$
$$R'—CH_2CH_2CH·—R'' \longrightarrow R'—CH_2· + CH_2=CH—R''$$

工业上称为 α‐烯烃。1‐烯烃自身是很有价值的化学原料，可用来制备如洗涤剂、增塑剂和醇类等产品。

　　在非常低的 H_2/CO 比值下进行的费托反应会导致在催化剂表面生成大量如图 21.8 所示的物质。含氧化合物的形成需要插入一个一氧化碳分子（图 21.13），然后，与氢原子反应生成醇（图 21.14）。

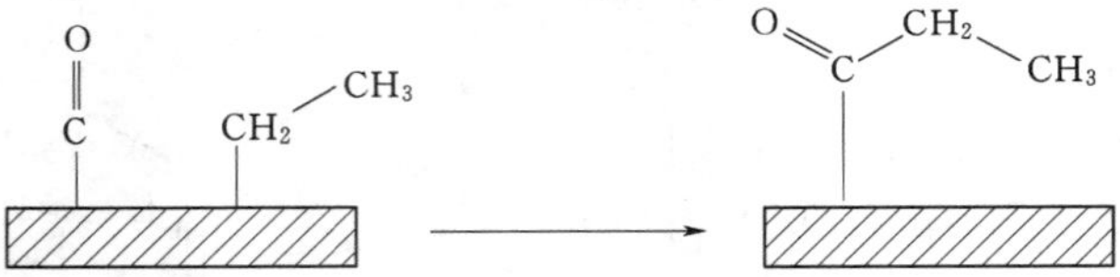

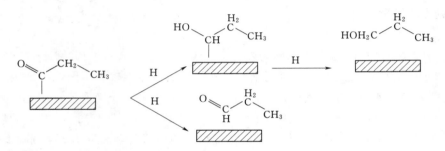

图 21.13　低 H_2/CO 比时，化学吸附的一氧化碳可以插入到生长的烃链和
催化剂之间的键上，向正在形成的分子上增加一个羰基。

图 21.14　图 21.13 的羰基插入之后的反应可能生成醛或生成醇。

长链醇也以类似的机理形成。醛副产物的生成，如图 21.14 所示。这些化合物具有作为制备其他化学产品的中间体或作为溶剂的商业用途。例如具有三至八个碳原子的醛类可用来生产如乙酸乙酯。这些醛往往具有刺鼻的气味；例如，黄油腐坏的气味主要来自丁醛。与此相反，大约 9～15 个碳原子的长链醛具有让人愉悦的芳香味。其应用包括用于洗涤剂和其他家用产品，可用来生产所谓的"柠檬"气味。

21.5　科尔贝尔反应

科尔贝尔反应[1]可认为是费托合成的一种变形，多余产物是二氧化碳而不是水，即

$$2nCO + nH_2 \longrightarrow (-CH_2-)_n + nCO_2$$

该反应的反应热为 $-228kJ/mol$。过程在浆态床反应器中进行。在该装置中，合成气向上流动。反应器用悬浮在重质液体或蜡中的铁催化剂填充。该反应器在 $1.2MPa$，$260～280℃$ 的条件下运行。因为多余的物质 CO_2 含有碳而没有氢，Kolbel 反应可以用比费托合成中 H_2/CO 比更低的原料来生产烃，H_2/CO 比可低至 0.67。该反应可以省去水煤气变换反应以减少 CO/H_2 比例。另一个变形反应是科尔贝尔—恩格尔哈德反应，用一氧化碳和水作为原料，即

$$3nCO + nH_2O \longrightarrow (-CH_2-)_n + 2nCO_2$$

这相当于 H_2/CO 比为 0。

因二氧化碳的排弃而存在两个缺点：一是反应浪费了一些用来生成合成气的原料的碳，因为必然有一些碳以 CO_2 和不期望的烃存在；二是排弃二氧化碳导致装置总 CO_2 的排放量增大，或装置中将需要更大的 CO_2 捕获单元。从过程经济性或环境问题的观点出发，两者都是不希望的。

21.6　羰基合成

20 世纪 30 年代羰基合成工艺作为醇合成的路线发明于德国。起初人们主要是用于 $C_{12}～C_{18}$ 醇的合成，这些醇随后可转化为硫酸酯用于洗涤剂制造[J]。羰基合成过程是生产醛、醇类前体物的重要工业路线。除了用于生产洗涤剂，其中的一些醇，特别是短链醇，与邻苯二甲酸反应后生成邻苯二甲酸酯，可用作增塑剂。

羰基合成过程涉及加氢甲酰化反应，例如

$$R-CH=CH_2 + CO + H_2 \longrightarrow R-CH_2CH_2CHO$$

该反应在链上增加一个碳原子。双键的增加不是特定的，因此也会形成支链醛，例如 (21.1) 结构。

羰基合成采用八羰基二钴 (21.2) 作为催化剂。

反应中的实际催化活性物质可以是 $HCo(CO)_4$ (21.3)。反应发生在液相中，钴很可能以均相催化剂来发生作用。可能反应历程为

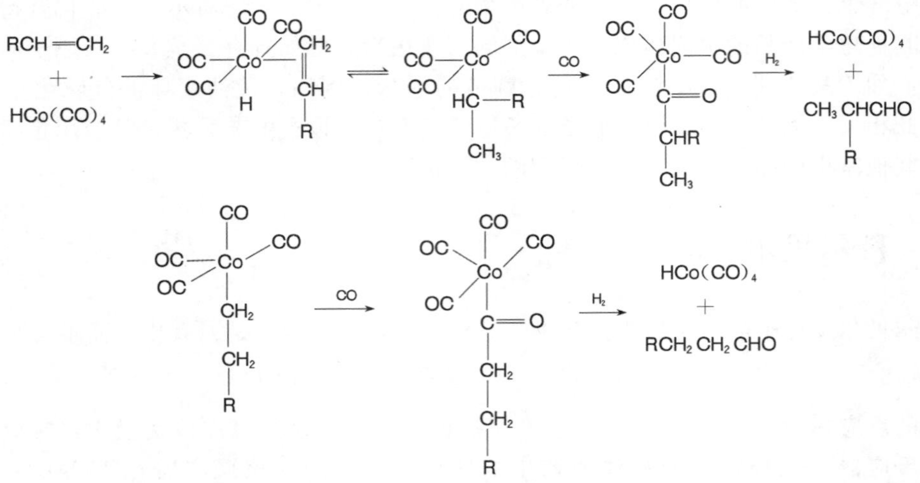

在这些反应中，烯烃与钴原子配合，在钴原子和烷基碳原子之间形成键。该键可以与最初的烯烃双键中任意一个碳原子形成。一氧化碳作为羰基插入形成了醛羰基；与氢气反应可生成游离的醛产物，并实现催化剂的再生。人们已经开发了新的催化剂配方，包括以铑作为活性金属，以及含有磷或其他配体，例如 $Rh(Ar_3P)_3(H)(CO)$（21.4）。

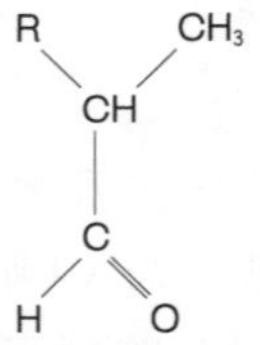

21.1 支链醛 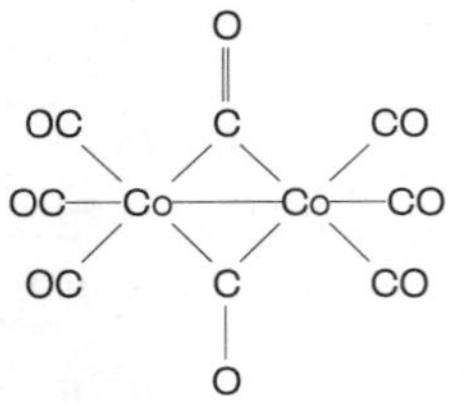　　　21.2 八羰基二钴 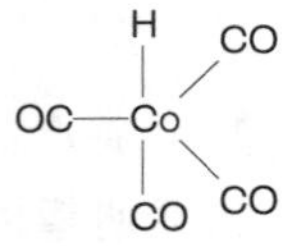　　　21.3 催化活性物质 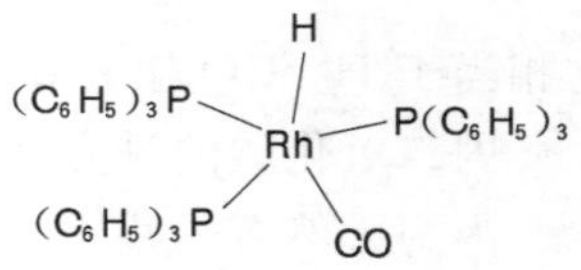　　　21.4 新的含有铑的催化剂

21.7　天然气制油

虽然许多上述讨论已假设煤或生物质气化可作为合成气的来源，直接使用天然气也是一种可选方案。天然气的蒸汽重整是继上面所讨论的方法外另一种合成液体燃料的路径。最重要的原则前面已经提到，即一旦合成气生成、净化和变换后，用于生产气体的原料就无关紧要了。

天然气制油（GTL）技术作为生产液体运输燃料的路线值得认真考虑。马来西亚一个大型装置目前采用从天然气生产中间馏分燃料，采用壳牌蒸汽重整气化工艺的改进技术。另一个装置即将在卡塔尔启用。这就带来了问题，即为什么要花费能量和精力来将天然气这种优质的燃料转化成不同形式的燃料。首先，通过管道运输天然气是一种成熟的技术，但该技术不能用于气体的跨洋运输。天然气可以进行压缩或液化成液化天然气（LNG）而通过轮船运输。这两种方法都奏效，但都不理想。因为大都市港口如发生 LNG 轮船爆炸将是灾难性的，一些国家现在要求 LNG 卸载设备在离岸很远的地方。然后，将气体通过管道输送至岸上处理和运输中心。发展 GTL 技术的一个原因是有的国家或地区具有丰富的天然气资源但石油很少。GTL 提供了一种不严重依赖石油进口以满足液体燃料需求的方法。这种情况促使了新西兰 MTG 装置的建设，目的是利用离岸的天然气资源来生产汽油。现在美国页岩气资源的开发引起了很大的关注。如果对该资源储量的乐观预测是正确的，这种气体可能是未来几十年的巨大能源。自 20 世纪 70 年代，美国的石油进口已经超过国内生产量。页岩气储量是否可与 GTL 工厂相耦合还有待观察。

21.8　合成气化学的前景

图 21.15 的模块流程图显示了合成气生产和使用是如何集成放大的。

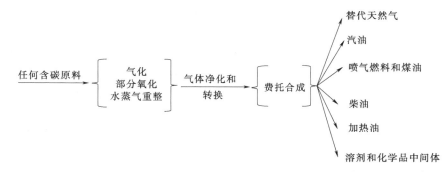

图 21.15　从任何碳基物质出发，将其转化成具有适当 H_2/CO 比例的气体，进一步可通过催化剂和反应条件的选择，来生产完整的烃燃料系列产品和一系列有用的化学品和聚合物。

将碳—水蒸气反应、水煤气变换反应和费托（以及相关的）合成反应相耦合的巨大通用性，无论如何强调都不为过。可用的原料包括天然气、石油馏分或残余物、煤、生物质、油砂、油页岩或城市垃圾。多种原料可以进行平行处理或同时进料，例如煤和生物质的混合进料进入气化器。潜在的产品包括替代天然气、甲醇、汽油、航空燃料、柴油燃料、燃料油、乙烯（用于转化成塑料）、α-烯烃（用于转化为各种化学品）和氢气。换言之，所有的燃料产品以及现在世界各地使用的化学产品都可以通过合成气生成，然而合成气又可以从几乎任何碳源进行生产。合成气技术可以根据本地可用资源进行选择。例如，如果天然气丰富，则可选择蒸汽重整；对于其他地方，也许是生物质气化和油砂部分氧化能更好地利用可用的资源。此外，合成气生产工艺会随着时间而改进。例如，现在可能希望建造和运行的装置是基于天然气蒸汽重整，但如果几年后天然气供应减少，装置可以用气化炉和气体净化装置来进行改造。

注释

　　[A] 一氧化碳之所以是"阴险"杀手的一个原因是 CO 中毒的早期阶段会引起困倦。当家人在深夜进入深度睡眠时，随着 CO 缓慢地充满房间时中毒的人将再也不会醒来。由于水煤气和天然气的燃烧化学计量不同，所以有效燃烧对于每种燃料需要稍微不同的燃烧器喷尖或喷嘴。我成长于具有户用水煤气设备的家庭，水煤气来自于无烟煤。当我们的城镇供应天然气时，煤气公司的技术人员来到家里，更换炉子里的燃烧器喷

嘴。他向我们保证，使用天然气时，我们不必再担心意外的一氧化碳中毒。但必须注意到一个事实，即甲烷可与空气形成爆炸性混合物，他很快补充说，所以使用天然气我们可能把自己炸飞。

［B］目前在一些国家发生的能源经济的潜在重大革命是页岩气，有时称为致密地层天然气的开采。如果该资源的储量估计是合理准确的，并且如果这种气体可以在不损害环境的情况下被开采出来，则其巨大的储量可在许多领域使人们改变想法，例如降低对替代天然气产品的关注，而将更多的关注点转移到气体到液体燃料的生产技术上。

［C］四羰基镍的形成和随后的分解是蒙德技术纯化镍的基础。镍可在低至60℃的温度下与一氧化碳发生反应。气态四羰基镍逸出，留下杂质。然后在约230℃下四羰基镍分解生成镍（现在是纯镍）和一氧化碳。这个过程不仅可以用于生产纯的镍颗粒，而且可以用于获得镍金属板或生产镍镜。

［D］目前酚醛树脂最重要的用途是生产电路板。商业化生产的第一种这样的材料是大约一个世纪前开发的电木。它迅速被用于很多用途，从台球、钢笔到珠宝。电木最初本来是作为木材或金属制品的非常廉价的替代品，而20世纪初的电木制品现在是收藏家的藏品。脲醛泡沫曾作为家用隔热材料而广泛应用，但是由于担心甲醛排放到室内，在一些国家已停止了这种应用。脲醛可广泛用作肥料，用于氨和二氧化碳在土壤中的控制释放。该树脂还继续用作黏合剂和各种塑料家用物品。

［E］除了与分层相关的真正的技术问题之外，这种现象还带来了不合适的术语应用。当汽油—甲醇—水体系发生分层时，第二相的分离可以使液体具有乳状或浑浊的外观。添加足够的水以引起分层的点有时被称为浊点。与相分离相关的浊点与由蜡在低温下沉淀引起的浊点不同。

［F］弗朗兹·费希尔（1877—1947）在20世纪20年代开发了以他的名字命名的技术。除了他对研究的许多贡献外，费希尔还是位于德国米尔海姆的马克斯普朗克煤炭研究所的首任主任（原名为威廉皇家煤炭研究所）。

［G］汉斯·托罗普施（1889—1935）在威廉皇家煤炭研究所与费希尔一起工作，但后来离开了，在布拉格煤炭研究所担任教授职务。他也在美国度过了一段时间，包括现在被称为UOP的环球油品公司。

［H］也被称为安德森—舒尔茨—费洛里分布，其中部分是美国化学家保罗·弗洛里（1910—1985；1974年诺贝尔奖获得者）的工作，他是20世纪顶级的聚合物科学家之一。费洛里最著名的书《聚合物化学原理》（康奈尔大学出版社，1953）自初版后近60年的今天仍是非常有用书籍。

［I］为纪念赫伯特·科尔贝尔（1908—1995）教授而命名，其是柏林技术大学技术化学研究所所长。科尔贝尔在20世纪中叶合成气化学领域发表了许多期刊论文和申请了多项专利。

［J］长链脂肪醇硫酸酯在洗涤剂工业以直链醇硫酸酯（AS）为人们所知。它们特别值得注意的特点是可以产生好的泡沫。虽然其他种类的化合物，特别是直链烷基苯磺酸盐（LAS）具有较大的市场份额，但AS化合物的良好的发泡特性使它们成为洗发剂的理想成分。

推荐阅读

Berkowitz, N. *An Introduction to Coal Technology*. Academic Press: New York, 1979. Chapter 12 of this fine book contains material relevant to synthesis gas conversion.

Guibet, J. C. *Fuels and Engines*. Éditions Technip: Paris, 1999. A very thorough two-volume work covering the traditional petroleum-derived fuels and many alternative fuels, as well as information on engine performance and exhaust emissions. Chapter 6 includes a discussion on methanol and M85.

Higman, Christopher and van der Burgt, Maarten. *Gasification*. Gulf Professional Publishing: Burlington, MA, 2008. An excellent book on gasification technology. Chapter 7 provides a very useful discussion of applications of synthesis gas in production of fuels and chemicals.

Lee, Sunggyu. *Alternative Fuels*. Taylor and Francis: Washington, 1996. Chapter 3 discusses gasification and the uses of synthesis gas for production of fuels and chemicals.

Probstein, R. F. and Hicks, R. E. *Synthetic Fuels*. Dover Publications: Mineola, NY, 2006. A thorough discussion of fundamentals and practical aspects of synthetic fuel technology. Chapters 3, 5, and 6 contain useful information pertinent to the present chapter.

Schobert, Harold H. *The Chemistry of Hydrocarbon Fuels*. Butterworths: London, 1990. Chapter 12 discusses some of the historical approaches to coal gasification and its products; and processes that were important in the development of technology but are now largely obsolete.

Speight, James G. *Synthetic Fuels Handbook*. McGraw-Hill: New York, 2008. This book reviews production of synthetic fuels from a wide range of feedstocks, including fossil and biofuels, and wastes. Chapter 7 treats the production of fuels from synthesis gas.

第 22 章　从煤直接生产液体燃料

煤矿在许多国家储量丰富。煤炭储量的可开采年限远超天然气和石油。商业化生产生物燃料的潜力不断增大，但仍然存在一个问题，即是否可以种植足够多的生物质来满足液体燃料的市场需求，尤其是在不影响粮食生产的情况下。与此同时，全世界范围内人们已对车辆、飞机、船舶，以及使用液体燃料固定燃烧设备进行了非常巨大的投资。要更换这些基础设施来采用固体或气体燃料或电力作为替代能源还需要几十年。对液体燃料的需求在可预见的未来仍将继续。由于这些原因，液体燃料的生产技术值得重视。

气化后费托合成是当前最主要的煤制液体燃料的技术。然而，还有许多其他方法可用于从煤来生产有用的液体燃料。广义上来讲，术语"液化"是指某种物质（通常固体）转化为成液体的过程。除了在第 21 章中讨论的间接液化，还可以通过煤结构的热破坏（热解）、煤组分的溶解（溶剂萃取）、与氢气或能提供氢的溶剂反应（加氢液化）从煤来生产液体燃料。包括费托合成在内的四种方法构成了煤制油（CTL）领域的主要技术。虽然液化这一词可以指这些技术中的任何一种，但它通常指的是费托合成或加氢液化。

22.1　热解

生物质、重质石油馏分、油砂、油页岩和煤的热解通常可产生一些液体产品。没有外加氢气的热解受到原料中氢含量的限制，即要求获得高氢含量、高 H/C 原子比产品时不可避免地同时生成低氢含量、低 H/C 原子比的产品。热解产生液体，留下含碳或焦的残渣。通常热解过程难以被精确控制到只产生液体作为富氢产品，热解过程中也会生成气体。固体、液体和气体的相对比例取决于原料的性质和反应条件。通常液体得率低于50％，且可能在 20％±10％ 的范围内。因此，尽管热解生产液体产品是最简单的工艺，但除非市场需求或工厂内部能够使用热解产生的固体和气体产品，否则世界上很多地方的热解过程是非常浪费原料和不经济的，迟早会受到环境监管机构的治理。

选择特定的原料对于决定产品结构和质量具有重要影响，因为原料一定时，进料的 H/C 原子比也就一定了。液体和气体产品的总收率随着 H/C 原子比增加而增加。产品通常也取决于反应变量、温度、压力和停留时间，通常还有原料的粒径。总的来说，高压可降低轻液体产品的得率，较低的压力则可提高得率。如果在高压下产品在反应器中停留时间更长时，生成气体的裂解反应可能发生得更加充分。粒径影响颗粒的内部加热。较大的颗粒在反应器停留时间内可能不会被均匀加热，因此裂解得率较低。加热速率也很重要。缓慢升温可能发生在简单的设备如窑炉中，大多数煤在 350～400℃ 左右开始分解。液体和气体产物的生成通常在 425℃ 和 475℃ 之间达到峰值。此阶段的热解大约在 500～550℃

温度范围内终止。相比之下，非常迅速的加热，例如在夹带流气化炉中，由于物料快速地通过这个阶段，所以以裂解液体的转化可以忽略。

温度对液体产品组成的影响很关键。温度小于 700℃ 时产生的低温焦油含有各种各样的烷基芳烃、烷烃和烯烃、烷基苯酚，以及烷基吡啶等。相比之下，高于 700℃ 时生成的高温焦油主要含有侧链烷基已被完全除去或仅剩甲基、苯酚和多环含氮杂环的多环芳烃，例如喹啉。高温焦油是冶金焦生产的副产品（第 23 章）。

液体的组成也反映了原料的化学性质和反应条件。大多数煤的大部分碳为芳香族结构。煤通常含有 1%～2% 的氮，1%～5% 的硫和 2%～25% 的氧。其中一些原子存在于煤的耐高温结构中，例如苯并喹啉或苯并噻吩。即使因为特定煤的热解和特定反应条件影响带来的液体组分变化，也可以预测热解液体是高度芳香化的，含有一些氮、硫和氧，且具有高黏度。对于热解来讲，其中一个优点是矿物质留在了炭或焦炭中。煤的热解过程无论是在实验室还是在实际的过程中都是很复杂的，这是由于从煤热解得到的初级裂解产物本身是处于高温下且具有反应活性的有机化合物，它们能够发生互相反应、与蒸汽反应（从煤炭中的水分产生）、与焦炭反应，或同时发生几个反应。实际上收集和分析的产品——通常被称为二次热解产物——在结构或组成上可能与初级产物不同。初级产品可以在实验室中收集和研究，例如在它们形成后迅速进行降温淬灭，或将其直接送入到合适的分析仪器，例如气相色谱仪中。在工业实践中，热解反应器的设计会影响液体产物的组成，因为反应器的设计决定了主要产品暴露于热解温度下的时间，即有二次反应的可能性。

热解的主要商业应用是生产有用的气态燃料（例如煤气）或生产焦炭用于各种应用[A]。直接从热解得到的液体并不适合作为固定燃烧设备或发动机的燃料而直接使用。需要进行一系列的下游处理，以获得满足技术质量和环境标准的液体燃料来进行销售和使用。然而，人们已从低温焦油成功地精制出汽油或柴油燃料。用氢氧化钠水溶液处理粗焦油可除去酚类。然后，通过合理地组合减少硫氮含量的加氢处理、使芳香族化合物饱和的氢化处理和使环烷烃开环或减少烷烃分子大小的加氢裂化处理等过程，可以生产出清洁的液体燃料。所用催化剂和反应条件与中间馏分的精制过程（第 15 章）类似。

煤热解的商业化技术细节和经济驱动力取决于对当地市场对主要产品的需求。可以把生产城市煤气为主要目标，而生产液体和焦炭作为副产物来建立一套工艺。或者也可以建立工艺以焦炭生产为主要产品用于冶金工业或家用无烟燃料，而以气体和液体作为副产物。有一些选择侧重于液体产品的生产。第二次世界大战之前，大多数商业化的低温热解技术的目的是生产固体燃料。20 世纪 50 年代廉价石油的广泛使用使该技术变得失去了竞争力。然后随着 20 世纪 70 年代石油禁运和石油价格冲击，这种技术又重新受到关注，但更多是采用热解生产气体或液体燃料。随着 20 世纪 90 年代世界石油价格的下降，人们对该技术又逐渐降低了关注。也许未来世界能源格局的变动将会再次引起人们对热解技术的关注。热解相比于气化和加氢液化的工艺及设备相对简单。有竞争力的技术通常获得高得率的某个单一类型产品（即气体、液体或固体），这一优势可抵消所增加的工艺复杂性和成本。

当有外部氢气供应时反应过程会发生改变。加氢热解，即在氢气氛中进行煤的热解相对于惰性氛围的热解来说，液体和气体的得率增加。氢气氛围通过氢封稳定自由基，从而使自由基在通过重组反应导致碳沉积而终止前得以稳定。尽管这种热解技术相对于常规热解技术具有一定优势，但加氢热解也尚未商业化。

22.2 溶剂萃取

正如从煤生产液体产品一样，溶剂萃取具有多种含义。它可以表示用溶剂处理煤以溶解煤的某些组分。此过程可能涉及一些化学反应，但不是很多。除去溶剂后可获得提取物，或溶剂和提取物的混合物也可一起处理。如果提取物旨在用作燃料，需要下游一个或多个步骤的精制过程来生产满足规格等级要求的产品。或者该术语还可以表示用反应性溶剂来处理煤，通常所用的溶剂是氢化芳香族合物，其能够将氢转移到从煤中离解出来的分子片段上。后一种策略也被称为供体溶剂液化，将在后面的直接液化工艺部分讨论。当温度达到煤热分解的温度时，溶剂萃取和直接液化之间的区别变得更加明显。

一个多世纪以来，溶剂萃取已发展成为一种实验室中研究煤炭组成的方法。常用的溶剂可分为两类。许多在有机化学实验室常用的溶剂，例如氯仿、丙酮、苯或二乙醚，通常仅能溶解煤的百分之几（不大于 10%）。大部分溶解在这些溶剂中的物质是煤化过程中残留在煤中的植物蜡或树脂。另一组溶剂，包括吡啶、喹啉和 1,2-二氨基乙烷（乙二胺），能溶解约 40% 的煤，但很显然该溶解过程不涉及键的断裂。大部分具有这种作用的溶剂分子至少含有一个带有非共享电子对的氮或氧原子。混合溶剂有时比单一溶剂能够提取出更多的物质。最好的混合溶剂是二硫化碳和 N-甲基吡咯烷酮〔NMP（22.1）〕的混合物。

对于任意溶剂，提取率随煤的不同而不同，但在有利的情况下，CS_2-NMP 混合物能够溶解一些烟煤的约 80%。离子液体，例如丁基甲基咪唑氯化物（22.2），在不大于 100℃ 的温度下能够提取出更高比例的物质。

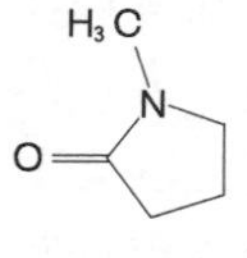

22.1 NMP 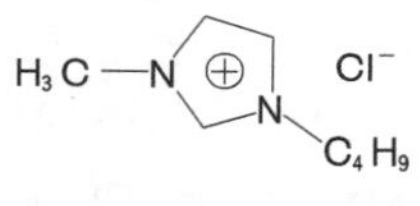   22.2 丁基甲基咪唑氯化物

在 300℃ 及以上，如苯酚、2-萘酚、蒽和菲的化合物是有效的溶剂。此温度范围内也是大多数煤的活跃热分解的开始温度，因此从语义上溶剂萃取也具有不同的含义，即是溶剂本身溶解煤，或溶解煤热解过程产生的分子片段，或还是溶剂本身参与了煤结构的降解（溶剂化过程）。

不同溶剂对相同的煤具有不同的提取得率。通常，相同溶剂处理不同煤时提取率随着煤等级增加而降低，至少在次烟煤和烟煤等级的范围内该规律是成立的。镜煤素质和膜煤素质是最容易从煤中提取出来的部分，而惰质体往往溶解程度小得多。不管用什么溶剂，无烟煤总是得到非常低的提取率，小于 5%。对于相同的煤，混合溶剂得到的提取率随着温度升高而增加，随着煤的颗粒尺寸减小而增加。

使用良好的溶剂，如吡啶和喹啉，以及混合溶剂萃取时，提取物具有和原始煤几乎相同的元素组成和光谱性质。这就带来了提取物是否是真正的溶液这样一个问题，或大多是煤的微纳米颗粒的分散胶体。但对于一些通过溶剂萃取的工业过程，如下面所讨论的超精煤过程，这种区别可能实际上不重要。

20 世纪 30 年代在德国开发的波特—布罗奇（Pott—Broche）工艺采用四氢化萘和甲酚比例为 4∶1 混合溶剂提取煤。温度、压力和停留时间分别为 415～430℃、10～15MPa 和 1h。提取率在 80％ 左右。主要的液体产物进行氢化可以生产汽油和柴油燃料。乌德—普菲尔曼（Ude—Pfirrmann）工艺在氢气氛围、较高的压力（30MPa）和较短的停留时间（30min）下进行。可能是因为提取步骤中增加了氢的使用，乌德—普菲尔曼产品具有较高的氢含量和较低的杂原子含量，并可直接用作固定式柴油发动机的燃料。

燃气轮机在 IGCC 装置中具有很好的应用，其以合成气为燃料，而在峰值负荷时生产电力，通常以天然气为燃料。如果这些单元可以燃烧煤，气化和气体净化步骤则可以从 IGCC 装置中除去。其中，煤用于基本负荷发电，也可用于接近峰值负荷电力发电。煤发电的主要障碍来自煤中的矿物质。灰分颗粒可能会侵蚀涡轮叶片，黏附在叶片上并发生腐蚀，或以不同的黏附量黏附在不同叶片上则可能会导致涡轮机不平衡。任何一种情况均可能导致涡轮机灾难性的事故。超精煤工艺的开发是为了生产基本无灰分的煤（通常灰分值小于 0.02％）作为涡轮机的燃料。

超精煤工艺包括在约 360℃ 的温度下用来自流化床催化裂化单元的轻质循环油或甲基萘（1-甲基萘、2-甲基萘和二甲基萘的混合物）来对煤进行处理。流程图如图 22.1 所示。

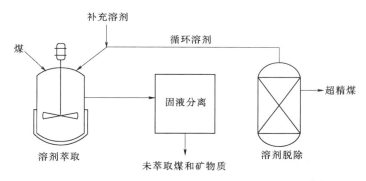

图 22.1　超精煤的工艺流程图，可生产几乎零灰分的固体燃料。

1-甲基萘是该工艺中用到的良好溶剂。下游提取需要进行固—液分离，例如使用压滤。从澄清的液体中除去溶剂后得到的固体具有与原煤几乎相同的元素分析结果，但具有非常低的矿物质含量。

用轻质循环油进行烟煤的溶剂萃取技术已有发展，其最初是为了生产环烷烃喷气燃料，它比传统燃料（主要成分是烷烃）具有更高的体积能量密度。该工艺在 360～390℃ 下进行，停留时间为 1h。图 22.2 给出了该工艺的流程图。

萃取步骤不使用氢气，将反应器加压到 0.7MPa（室温），使在工作温度下的压力足够高而防止大多数组分气化。压滤除去固体，蒸馏回收和再循环过量的溶剂之后，将液体产物加氢处理以除去硫以及将芳烃氢化为饱和烷烃。其他清洁的中间馏分燃料可以以相同的方式来生产，其中包括清洁柴油燃料或直接作为固体氧化物燃料电池的燃料。如果在溶

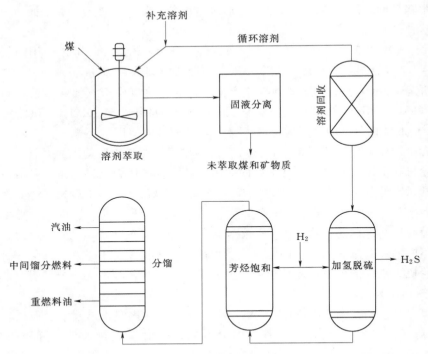

图 22.2　宾夕法尼亚州立大学开发的用于生产清洁中间馏分燃料的溶剂萃取工艺流程。

剂回收后但在加氢之前停止反应，所得液体产品可以作为生产炭黑（第 24 章）的原料。

22.3　煤直接液化

22.3.1　原理

　　煤气化下游的费托合成生成液体燃料称为间接液化，因为煤实际上转化为气体，再通过下游的单独步骤转变为液体。此外，也可以将煤直接液化转变为液体，即不经过合成气作为中间体。对直接液化的要求可以通过比较煤和石油产品的 H/C 原子比来推断。煤通常具有 0.8 的 H/C 原子比，而许多石油衍生液体的值为约 1.8。因此，理论上直接液化可以表示为

$$CH_{0.8} + \frac{1}{2}H_2 \longrightarrow CH_{1.8}$$

由于氢在该过程中占有举足轻重的地位，所以煤直接液化有时称为加氢液化。

　　第 7 章中首次介绍"倒 V"图时讲到，在没有外部氢源时，形成像石油液体一样高 H/C 原子比的产品时，不可避免地伴随着低 H/C 原子比产品的生成。大部分煤中的大多数碳原子以芳香族结构存在，H/C 原子比小于 1。避免液化过程中液体得率低的关键是解除没有外部氢源的约束。在煤的直接液化中，人们对提供丰富的外源氢源进行了大量的尝试（在这种情况下，外源指最初没有结合在原料分子上的氢，当然氢必须是在反应器内），目的是把图 22.3 中所示的富碳产物形成的"支路"除去。

实际上，直接液化已被证明很难在大规模生产上具有经济可行性。

外源氢气的来源是不能忽视的问题。由于首先直接液化工厂必须能够存储、处理和储备大量的煤炭，最直接的方法是通过煤气化来制取氢气，然后再进行气体的净化和变换。这大大增加了空气分离装置、蒸汽发生器、气化炉、变换反应器和气体处理的投资成本。如果气体全部被变换为纯氢气，如果没有下游碳捕获过程，将随之带来从变换反应器排放的二氧化碳。由于对燃料转化和利用过程中二氧化碳排放的持续关注，人们不得不考虑开发替代技术。最有可能的方法是通过采用无碳的电源，例如太阳能、风能、水电或核能，来电解水生产氢气。

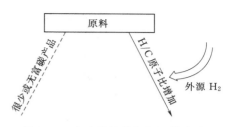

图 22.3　有充足的外部氢源供给时，能有效地降低富碳产品的形成，获得高得率的富氢产品。

气化完全破坏煤的大分子结构，分解成一碳产物，例如甲烷和碳的氧化物。由于煤的所有特性都被破坏，至少在理论上任何级别的煤都可以被用于气化（尽管在实际中不是必要的，第 19 章）。与此相反，直接液化在液体产品中保留了煤的一些结构特征。因而煤结构在液化过程中的反应历程值得关注。

将煤的大分子固体结构转变为液体需要显著降低分子量。富含镜煤素的腐殖煤具有芳环体系（通常是多环）结构，其通过亚甲基或聚亚甲基链、杂原子的官能团或两者均有的方式相连接。直接液化可能开始于这些交联键的热裂解。1,2 - 二苯基（联苄）中脂肪族 C—C 键裂解是煤大分子结构交联断裂的一个简单例子，即

随着热驱动的化学键的断裂，形成了自由基活性中间体。反应发生在交联位点，因为芳香族环系相比脂肪族 C—C 或 C—杂原子键具有相对低的反应性。引发键断裂反应的温度要求不小于 350℃，而许多液化工艺在 400～475℃ 范围内进行。要减少芳香环含量或发生开环反应还需要更苛刻的反应条件。

煤大分子结构的破坏和向可溶性产物的转化发生得很快，在大约 5min 内即完成。氢封对于自由基形成之后的尽快稳定很关键，即

$$R \cdot + H_2 \longrightarrow RH + H \cdot$$

$$R \cdot + H \cdot \longrightarrow RH$$

因为气体在液体中的溶解度与温度成反比，使用气态氢作为反应物时需要在高压下操作，压力为 14～20MPa[B]。高温高压的操作除导致装置的较高投资成本之处还会带来较高的操作和维护成本。

由氢封或夺氢来稳定自由基能够保护比原煤大分子更小的分子片段。在直接液化中，原则上外源氢气可以无限供给，如图 22.3 所示。在氢的作用下，键发生重复断裂并使得自由基稳定从而将煤的大分子结构转化为足够小的分子从而在环境温度下为液体。该过程

中不可避免地产生一些烃类气体，因为目前技术还不能够自由地精确控制反应以避免液体的"过度裂化"为气体。

自由基结合反应，例如 R·+·H，具有接近零的活化能。对氢封来说，促进这一反应是有帮助的。所要解决的问题是从哪里以及如何获得 H·。一种来源是催化剂上的氢解离化学吸附（第 13 章）。这引出了如何使用多相催化剂来催化固体反应这一有趣的问题。这可以通过将活性催化剂分散到煤颗粒上[C]来有效地实现。在某种意义上，煤充当了活性催化剂的载体。与第 13 章中介绍的负载型催化剂不同，此情况下，催化剂和载体的相互作用是希望的。为使催化剂有效，即使初级反应物是固体，也需要让 H·从催化剂向煤的其他部分迁移。这是一个被称为氢溢出现象的例子，如图 22.4 所示。

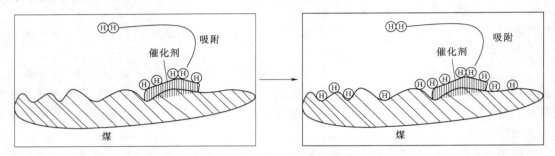

图 22.4　氢溢出的过程涉及在催化剂表面上通过解离化学吸附形成的
氢原子迁移出催化剂并到达煤颗粒上。

从煤结构的另一部分夺氢可以稳定反应性自由基片段，并生成一个新的可能能够进一步反应的自由基位点（例如通过 β-键断裂）。然而，该过程不会产生任何净的氢增加。夺氢也可以发生在液体溶剂中的分子上，他们在易于被夺取的位置上含有丰富的氢原子。这样的分子被称为氢供体。四氢化萘是氢供体分子的一个典型例子，也称为供氢溶剂。

设想的四氢萘反应为

$$\text{（化学反应式）}$$

此处连接在芳环上的曲线一般表示由煤分解产生的分子片段。被四氢化萘氢原子封闭的四个自由基并不必是相同的。该反应随后继续进行，以 1,2 -二氢化萘作为短暂的中间体。从四氢化萘供氢或夺氢并稳定自由基，促进煤大分子结构向液体的转变。四氢化萘可以原位或者通过分离的溶剂加氢过程再生，即

$$\text{（化学反应式）} +2H_2 \longrightarrow \text{（化学结构式）}$$

对"废供体"的回收和再生的分离步骤可以通过使用传统加氢催化剂，例如负载的镍、钯或铂，在净化反应中进行加氢来实现。这避免了在液化反应器中使用催化剂。反应的净过程变成

306

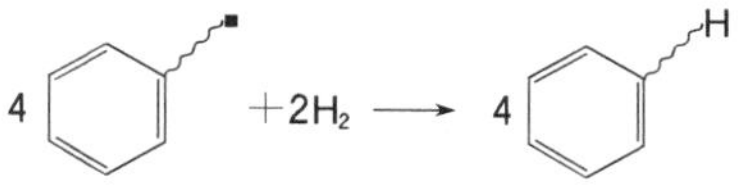

化学反应的结果仍然是用氢原子对从煤生成的四个自由基进行了封闭，如上述方程所示，但氢的直接来源是四氢化萘。

保证煤大分子结构被破坏过程中反应活性位点的 H· 充足供应有助于阻止另一种自由基反应，即重组反应的发生，例如 $R· + ·R' \rightarrow R-R'$。通常重组反应产物的反应活性比形成它们的母体结构的更低。例如，二苯基甲烷衍生物的进一步液化反应性很低。自由基重组反应将煤转化成新的反应性比原来的煤更低的固体。在这方面，液化过程可能会被认为是倒退过程，得到更难热解的固体而不是液体。具有这一特点的重组反应被称为热缩聚反应。为了最大化液体产物的生成（即最大限度地进行夺氢和氢封）和最小化重组反应，人们一直投入巨大的精力来设计氢供体和催化剂，并选择合适的反应条件，以确保氢可以接触或接近正在形成的自由基位点。

如上所述，采用假设的 $CH_{0.8}$ 来表示煤，从而来阐述直接液化的概念。当然，这不是真实的煤的组成。煤含有氧、氮和硫。在直接液化中这些杂原子参与氢消耗反应，即

$$O + H_2 \longrightarrow H_2O$$

$$2N + 3H_2 \longrightarrow 2NH_3$$

$$S + H_2 \longrightarrow H_2S$$

这些反应代表着氢的消耗，而氢气不得不通过有自身副产物和排放物的昂贵而高能耗的过程来制备。

22.3.2 直接液化处理

可用于直接液化的原料包括从褐煤等级到高挥发份烟煤。这些煤具有丰富的交联、反应性官能基、高的孔隙率和相对较小的芳环体系。高挥发烟份煤是最佳的原料。更高级别的煤则没有这么高的反应性。亚烟煤和褐煤可能更具有反应性，但是它们的高氧含量需要消耗更多的氢气，且羧基的损失增加了二氧化碳的产生。碳—硫键具有比煤中大多数其他共价键更低的解离能（C—S 键约为 270kJ/mol，脂肪族 C—C 键为 348kJ/mol）。这类键可能是煤结构中热诱导引发反应开始的地方。黄铁矿是常见的煤中含硫矿物质，可转换成非化学计量的化合物磁黄铁矿，其可作为有效的液化催化剂。高硫含量的煤炭不是理想的燃烧燃料或焦化原料，但可用作直接液化的有用原料。

高氢气分压可促进催化剂表面 $H_2 \rightarrow 2H·$ 反应的进行。直接液化过程在约 18MPa 的氢气压力下进行。同时，煤的大分子结构必须经历有效的碎片化，以提供 R·。有效热分解开始于约 350℃。为确保反应以可接受的速率进行，同时由于键断裂反应是吸热的，液化过程通常采用 400~450℃ 的温度。该温度策略导致了新的复杂性。理想情况下，生产类似石油的产品不仅包括煤中大分子结构交联键的断裂，还包括芳环的饱和。从概念上来看，发生的反应为

但是，随着温度的升高，芳香族化合物通常比脂肪族化合物在热力学上更稳定。高温可促使键的断裂，但需要较高的氢气压力，同时也增加了因"过渡加热"而产生芳香族产物的可能性。从煤直接液化的主要液体产物一般是高度芳香化的，并且需要液化反应器下游的进一步处理。

自 1945 年以来直接液化技术的不断发展使得反应强度降低而转化率提高。在 15～20MPa 和 425～450℃下，转化率可以达到 90%～95% 的范围（基于干燥的无灰煤）。由于煤的有效热解开始在约 350℃，这大约是传统的直接液化过程的实际最低温度。因而需要一种完全不同的可以破坏煤结构键的方法，以在温度远低于 350℃ 时得到高转化率。

如果外源氢气的主要来源是气态氢气，那么液化过程需要在实际可达到的尽可能高的压力下进行。氢需要溶解到液体中，其由亨利定律决定。溶解度与气相中的分压成正比，所以压力越高，更多的氢可以溶解到液体中。但同时，液体中气体的溶解度随温度的升高而降低。由于直接液化一般在 400℃ 下进行，这是液化需要在高压下操作的进一步原因。

如果催化剂存在于液化反应器中，催化剂的设计面临几方面的挑战。在液化反应器下游必须进行催化剂的回收和再生，除非使用非常便宜的催化剂而不需要回收。这种类型的催化剂被称为一次性催化剂或舍弃式催化剂。任何催化剂都容易被硫中毒、煤无机成分金属中毒和积碳。煤是大分子固体，液化的所需产品是可蒸馏的燃料（即汽油、喷气燃料、柴油以及馏分燃料油），因此该催化剂应该具有良好的裂化活性。寻找可以耐受可能毒物作用的活性加氢裂化催化剂的方法是基于氢供体溶剂在反应中的氢封作用。可以通过单独的氢化过程来恢复已使用溶剂的供氢能力（单独的意思是不是液化反应器的一部分），这可以在典型的炼油处理的催化氢化反应器中进行（第 15 章）。这种方法并没有消除对氢气的需求，其仅仅改变了过程中加入氢气的时间点。

实际上，液化反应不可能达到 100% 的转化率，在最佳反应条件下，即最佳的温度、压力、催化剂、溶剂和采用高反应性的煤时，转化率也只可达 90%～95%。从反应器排出的产品之一是部分转化的煤、灰分和催化剂的混合浆料。从该混合物中回收催化剂是困难而高成本的。这个问题可以通过两种方法解决。第一种方法是使用一次性催化剂。唯一一种足够便宜而可以一次使用后丢弃的催化活性材料是铁化合物。例如，铝土矿加工生产铝过程中的水合氧化铁副产物赤泥和红热钢上形成的铁氧化物混合物，即轧屑。第二种方法是使用另一种 H·来源，不一定需要催化剂存在于液化反应器中，即供氢体溶剂。

从液化反应器排出的物料是三相混合物，包括气体、反应生成的初级液体产品和包含煤中矿物质、未反应或部分反应的煤以及催化剂颗粒的固体。随着压力降低，溶解在液体中的气体从溶液中逸出，易挥发轻组分闪蒸到气相。这些低分子量组分的损失提高了剩余液体的黏度。随着温度的降低所有液体的黏度增加。这两种效应导致液体黏度增加，而这又使得固/液分离操作变得非常困难。20 世纪 70—90 年代以来很多国家直接液化中试装置的经验表明，下游固/液分离是实际运行中最具挑战性的地方之一。可能的解决方案包括使用离心机或压力过滤器。或者对整个液体物流可以进行蒸馏，以回收尽可能多的馏出物，而残油与矿物质、煤和催化剂颗粒送到部分氧化或气化过程。

液体产物保留了原料煤的一些分子"指纹"。除非在液化反应中对煤结构进行加氢裂化，同时也在同一工序中使芳环饱和除去杂原子，直接液化的主要液体产物均富含芳香烃和芳香族杂环化合物。对于这些液体，要满足现今燃料规格和环境法规，还需在液化反应器的下游进行额外的精炼。该主要的液体产物本质上类似于芳香性的高硫原油。

下游精制或提质过程类似于相关的石油精炼工艺。可使用某些过程组合，例如精馏、加氢将芳烃转化为环烷烃、加氢裂化以减少分子量和开环反应以及加氢处理以减少杂原子的浓度。可以使用相同的商品催化剂和反应器设计。在进一步精制前对主要液体产物进行蒸馏的优点在于轻质产品，其是用于生产液体交通燃料的原料，通常比重质液体更容易进行提质。非常重的蒸馏残渣将有可能被用作锅炉燃料，或送到部分氧化工艺来制取氢气。主要的煤液化液体产物比石油产品含有更高的氮含量。氮化合物会强烈地吸附在催化剂的酸性位点而发生裂化或加氢裂化。在其他催化精制过程的上游需要深度加氢处理，以将氮降低到可接受的浓度。

直接液化最早的实践方法，也是迄今为止唯一一大规模应用的工艺是贝吉乌斯工艺[D]，如图 22.5 所示，其中图 22.6 给出了工艺流程图。

由于将固体输送至加压反应器较为困难，因此通常把粉碎的原料煤在油中制成浆料。煤气化中使用相同的方法，这在第 19 章中介绍浆式气化炉时讨论过。煤/油浆在 475～485℃下反应。氢气压力取决于原料的等级，低阶煤为 25～32MPa，烟煤约 70MPa。催化剂通常是赤泥。主要产品为中间油，与 2 号燃料油大致相同，约占液体的 50%。中间油的加氢处理可获得汽油和柴油燃料。所得汽油含有约 75% 烷烃、20% 芳烃和 5% 的烯烃，辛烷值为 75～80。另外 40% 的液体是重油，其再循环以作为浆料输送介质。将液化过程产生液体的进行循环具有几个优点。这样利用了相

图 22.5 弗里德里克·贝吉乌斯，煤炭直接液化工艺的发明者。自他以后的煤直接液化领域的大多数工艺都是对贝吉乌斯工艺的改进和衍生的。

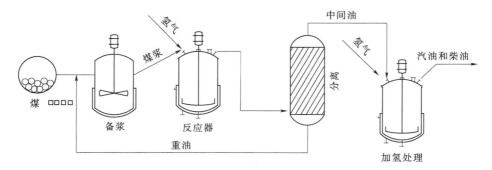

图 22.6 贝吉乌斯工艺的煤直接液化流程图。

似相溶的溶解度原理，使其成为稳定的煤大分子片段的良好溶剂。液体循环至反应器内进一步反应也可能破坏重油的一些组分，从而生成较轻质的产品。

贝吉乌斯过程涉及三相反应。气态氢必须溶解在液体油中，溶解的氢必须通过油相迁移到煤和催化剂的表面，并且必须在固体煤表面解离和反应，如图 22.7 所示。

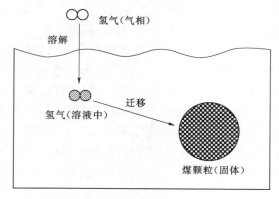

图 22.7 煤直接液化，特别是无供氢溶剂存在时，可涉及三阶段：氢气首先溶解在液体介质中，溶解的氢通过液相迁移到煤粒上，然后溶解的煤在固体煤上发生反应。

过去的 75 年中大多数直接液化的研究和开发工作都集中在寻找降低直接液化温度、压力和停留时间的方法，从而开发对初始贝吉乌斯[E]技术的改进工艺。

供氧溶剂法（EDS）工艺是通过氢供体溶剂实现大部分煤转化的一个例子。图 22.8 给出了该工艺的简化流程图。

粉碎和干燥的原料煤与溶剂混合，所得浆料泵入溶解器，其基本上是一个顺流的上流式夹带流反应器。此时同时输入氢气，其作用除了封闭自由基外还包括不断地使溶剂重新氢化。反应温度为 425～465℃，压力为 10～17MPa，停留时间约 45min。液体产物通过常压和减压蒸馏，

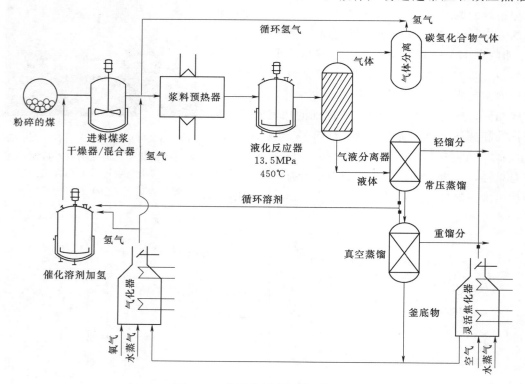

图 22.8 供氧溶剂法工艺流程图。

再通过闪蒸分离。200～425℃的产物在单独的固定床催化反应器中进行氢化，然后循环到浆料制备单元。真空蒸馏残渣可以通过部分氧化转化为氢气，或者通过灵活焦化技术（第16章）生产其他液体。

20 世纪 80 年代以来很多国家不断进行工艺改进，使得两段催化转化工艺的发展达到了顶峰。这些工艺是由早期两阶段工艺发展而来的，其中一段或两段是完全依靠热（即非催化）转化的。两段工艺的目的是要找到可以合理平衡直接液化若干所期望获得结果的条件：最大化蒸馏液体的转化、最小化氢气消耗以及气体和重质残油产品的产生。要使馏分收率最大化而不过度裂解产生气体需要尽可能匹配煤中键断裂的速率（或主要液体产物的生成速率）与氢封的速率。

烃技术公司（HTI）工艺是这种两段催化工艺的一个例子[F]。流程图如图 22.9 所示。

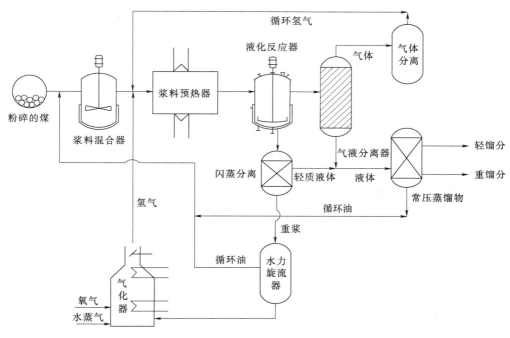

图 22.9　氢煤法工艺流程图。

第一阶段在 400℃下进行，液化主要是通过氢从溶剂中转移到来自于煤的新产生自由基上而进行的。第二阶段在 440℃下进行，目的是对重质液体进行加氢裂化，并产生可送回到第一阶段的循环油。使用产自伊利诺伊的高挥发份烟煤时，可得到最好的结果为 97％ 的转化率（基于恒湿无灰基 maf），产生约 78％ 的具有低的硫和氮含量的液体馏分（C_4，525℃）。

目前领先的商业化直接液化项目是位于中国内蒙古自治区的神华项目。该厂使用上述 HTI 技术的改进工艺。流程如图 22.10 所示。

该厂计划的产量是每年 300 万 t 燃料，其中约 70％ 是清洁柴油。该工厂直接建于煤矿床上，其储量约 2000 亿 t。

直接液化仍然面临着一些挑战（或研发机遇，这取决于个人观点）。开发在较低的温

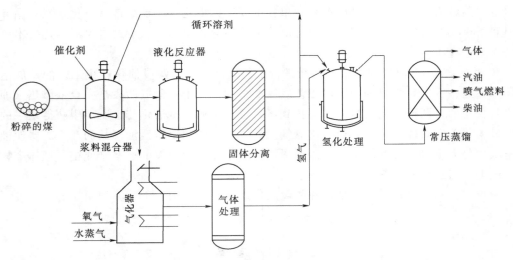

图 22.10　中国内蒙古自治区神华工厂的直接液化流程图。

度和压力下获得可接受转化率的工艺，可降低反应器的投资、运行及维护成本。降低反应强度、减少反应器尺寸和数量对工艺经济性有积极的影响。反应的产品必须通过特定的阀从反应器排出。当三相混合物通过减压阀时，会导致阀门内部的侵蚀，从而显著缩短阀门的使用寿命。从冷却黏稠的液体中分离出固体是面临的第三个挑战。虽然直接液化不会产生间接液化装置那么多的二氧化碳，但装置的产氢单元（如果使用气化的话），用于过程供热的火焰加热器以及煤中氧官能的热裂解都会排放二氧化碳。将来的过程设计可以结合"非碳"路线的制氢技术以及非碳源的供热技术，如聚光太阳能或核反应堆的废热。CO_2可被藻类或其他快速增长的生物质吸收，其可作为原料液化生产生物油，与煤基液体燃料混合。

　　非常不同的直接液化方法是煤在熔融的氯化锌中进行反应。这种不寻常的反应将煤炭一步直接和选择性地转化为高辛烷值汽油，产生极少的重油，而重油通常伴随着基于贝吉乌斯技术的液化工艺。大部分产物的沸点低于200℃。产物的氮和硫的含量比常规直接液化的产品低一到两个数量级。选择氯化锌是基于其催化能力，能够催化煤大分子结构加氢裂化生成苯衍生物。氯化锌使用量很大，通常与煤质量相当。该反应也存在一定问题，煤中的杂原子会通过形成氧化锌、氮化物和硫化物而使催化剂失活。熔融氯化锌是非常活泼的试剂，需要使用特种合金以避免反应器与煤一起溶解。随着对熔融盐或盐混合物活性控制的不断改进以及耐腐蚀合金的发展，这种方法仍具有巨大潜力，可用于降低或消除常规直接液化过程面临的许多问题。也许还会有介于低熔点无机盐，如氯化锌和有机离子液体之间的流体可用于液化过程。

　　特别是在限制二氧化碳排放量的情况下，未来的一种可能情形是找将生物质作为替代原料或共同原料来进行液化。特别是对于生物质的净碳排放为零时，即植物在随后的每一年生长中捕捉上一年排放的CO_2，这样的生物质燃料将会有若干发展机遇。首先，生物质可以是气化产氢部分的唯一原料或共同原料。其次，生物质尤其是快速生长的藻类可用于CO_2捕集（第25章）。采用藻类吸收变换反应器产生的CO_2可以实现用藻类生产一定量的生物燃料，同时将固体残渣送入气化炉。有选择是将直接液化装置协同定位在核电站旁边。从核电厂产生的电力可以通过电解水生产非碳源的氢气。根据反应器的设计，也可以利用反应器的热量来驱动液化反应和液体的下游提质。生物质和核能都可为降低煤制液体燃料过程的 CO_2 排放量提供解决方案。

注释

[A] 有时，互联网上关于从煤热解获得的"自由油"的故事常常涉及大约 80 年前由刘易斯·卡里克在美国开发的低温碳化过程。通常，许多这样的故事都伴随着阴谋论，意在表明"自由油"的供应被政府机构或石油集团公司或两者均有的恶意压制。卡里克方法和类似的碳化方法确实可生产液体。据推测，一个聪明的会计师即可查出这种液体是如何"自由"的，只要同时产生的相当大量的碳和气体存在市场，并且这些产品可凭足够高的价格出售以补偿丢弃液体带来的成本。然后，可获得将低温焦油精炼成规格级的可市场销售燃料产品的成本。

[B] 据推测，战时德国采用烟煤进行热解的工厂氢气压力为 70MPa。氢气很容易从管道、密封件、阀门或容器中泄露出来，而这些工厂在没有来自盟军轰炸的情况下自己发生爆炸，可见这些技术还是很过硬的。

[C] 出现两个实际问题。首先，大多数有用的液化催化剂，例如 MoS_2，不溶于常规溶剂。为了在煤颗粒上产生催化剂的精细分散体，可使用称为催化剂前体的可溶性化合物。将催化剂前体的溶液与煤混合，除去溶剂，留下前体分散在煤颗粒的表面上。例如，四硫钼酸铵 $(NH_4)_2MoS_4$，通常用作 MoS_2 的前体，假定在反应系统达到约 400℃ 时，前体化合物会分解成催化活性相。其次，尽管在实验室中使用分散的催化剂已展开了许多很好的工作，但是仍然需要研究如何在每小时液化数百或数千吨煤的大型商业操作中将催化剂前体进行分散。

[D] 该工艺由弗里德里克·贝吉乌斯发明（1884—1949，1931 年诺贝尔奖获得者）。贝吉乌斯是唯一获得诺贝尔奖的燃料化学家。在开始大学学习之前，他在钢铁厂工作了六个月。在他成功开发直接煤液化之后，贝吉乌斯将他的才能和精力转向利用酸催化水解木材纤维素制糖的问题上。他个人投资于这项研发的工作使他陷入了财政困境，据说一名法警跟着贝吉乌斯到斯德哥尔摩来领取他的诺贝尔奖金。由于贝吉乌斯工艺对德国战争推进的重要性，贝吉乌斯在 1945 年以后不能在德国继续工作，所以他移民到阿根廷，在那里度过了余生。

[E] 数学家和哲学家艾尔弗雷德·诺斯·怀特黑德曾经说过"所有的哲学只是柏拉图的脚注"。大多数直接液化工艺只是对贝吉乌斯工艺进行了一系列的调整。

[F] HTI 现在是上游（Headwaters）股份有限公司的一部分。当催化两段工艺开始发展时，该公司被称为烃研究股份有限公司（HRI），且当时已经开发出相当成功的一段液化工艺，即氢煤法技术。氢煤法技术主要在沸腾床催化反应器中进行。氢煤法又是从更早的技术发展来的，即氢油法，用于残油和其他重油产品的催化提质。这种情形例证了企业重组和收购与工艺演变发展的相互交织，似乎反映了合成燃料工业的缓慢发展历程，至少在美国是这样的。

推荐阅读

Berkowitz, N. *An Introduction to Coal Technology*. Academic Press: New York, 1979. An excellent introduction to this field. Chapters 6, 7, 13, and 14 contain useful information pertinent to the present chapter.

Hansen, R. *Fire and Fury*. New American Library: New York, 2008. Numerous history books discuss the importance of the coal – to – liquids effort in Germany during the Second World War, and the impact of the American precision bombing campaign against these plants. This book is a recent and particularly useful addition to such literature.

Lee, S., Speight, J. G., and Loyalka, S. K. *Handbook of Alternative Fuel Technologies*. CRC Press, Boca Raton, FL, 2007. This book provides a chapter – by – chapter survey of many approaches to making alternative fuels; Chapter 3 is related to the present chapter.

Probstein, R. F. and Hicks, R. E. *Synthetic Fuels*. Dover Publications: Mineola, NY, 2006. A highly useful book for anyone interested in this field. Chapters 3 and 6 relate to the present chapter. The Dover edition is a relatively inexpensive paperback reprint of the original version published in the 1980s.

Ramage, M. P. and Tilman, G. D. *Liquid Transportation Fuels from Coal and Biomass*. The National Academies Press: Washington, 2009. At the time of writing, this book is the most up – to – date review of this topic, at least from the perspective of the U. S. energy economy. It covers technological, economic, and environmental issues.

Speight, J. G. *The Chemistry and Technology of Coal*. Marcel Dekker: New York, 1994. A very useful reference work; Chapter 16 provides information on a large variety of liquefaction processes.

第 23 章　煤的碳化和焦化

23.1　煤的热分解

　　通常名词碳化（或干馏）和热解几乎可以互换使用，而热解具有更广泛的含义，即通过热或热能使分子分解。如在第 19 章和第 22 章中所讨论的，通过热解可以产生气体或液体作为主要产物，而不是固体。碳化的定义更窄，指的是将原料转化成碳或富碳的固体。也完全有可能对烃类原料进行热解从而实现碳化，且确实经常这样做，但是碳化并不是热解另一个简单名字。碳化可以不使用热作为主要驱动力，一个很好的例子是浓硫酸使蔗糖（普通食糖）碳化，碳化过程发生得非常迅速和有效。热能驱动的碳化通常需要大于 500℃ 的温度。

　　形成过程中经历了中间流体状态的碳质固体称为焦炭。形成过程中不经历这样的流体状态的碳质固体称为炭焦。这些定义适用于任何原料的碳化过程，包括生物质、石油和聚合物。所有的煤，不管它们是否是结块煤或炼焦煤，在碳化过程结束时留下了固体碳质残渣。炭焦即使热处理至极端温度，即 2500℃，也不会形成石墨，而焦炭则可以，即炭焦是不可石墨化的，而焦炭是可石墨化的[A]。

　　碳化会得到富碳固体和相对富氢的轻质气体或液体。原则上，这些产物中的任何一种可以作为目标产物通过碳化来生产。可以再次使用"倒 V"图（图 23.1）来进行有益的分析。

　　无外源氢时必然会产生富碳材料，因为它们的形成可作为生产富氢产物的内部氢来源。煤的 H/C 原子比低，通常小于 1，表明富碳产物将在该系统中占主导地位。但这不意味着富碳产物的生成就一定就是坏事。有意地形成富碳产物是煤第二重要商业用途的关键，即用于生产冶金焦。

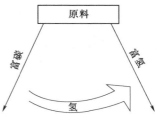

　　反应强度，主要是温度，驱动"倒 V"图上的进程向下进行。煤的热解通常分为三个不同的阶段。第一阶段发生在低于 200℃ 时，该阶段产生的主要挥发性产物来自官能团的损失，包括水、二氧化碳和一氧化碳，以及硫化氢。水可能来自黏土矿物的脱水和有机官能团，例如

$$R\!-\!CH_2\!-\!CH_2\!-\!OH \longrightarrow R\!-\!CH =\!CH_2 + H_2O$$

碳氧化物产生于含氧官能团的热分解，例如

$$R\!-\!CH_2\!-\!COOH \longrightarrow R\!-\!CH_3 + CO_2$$

图 23.1　富碳产物的生成，如焦炭，不可避免地会伴随着一些富氢产品（气体和焦油）的产生，这是由于内部可用氢的转移所致。

和煤暴露于空气时其表面通过化学吸附的氧气的驱除。第一阶段的反应往往是缓慢的。

第二阶段发生在温度 350～550℃ 范围。产物是轻质烃类气体，如甲烷、乙烷和乙烯，以及各种有机物缩聚成的复杂化合物——煤焦油。比阶段中，连接芳环体系的脂肪族碳—碳和碳—氧键发生断裂。一个假设的例子可能是

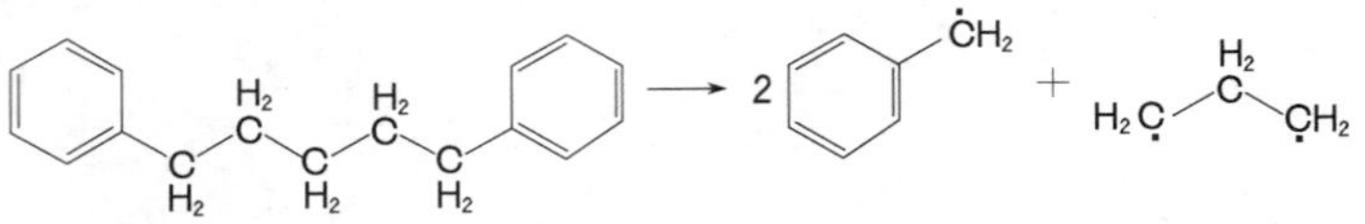

该例子中生成了气体产物丙烷和缩聚液体中的甲苯和 1,2 -二苯基乙烷（联苄）。结构太大的片段难以挥发，则会发生自由基重组反应生成更大甚至更富碳的结构。作为一个假设的例子，蒽可能会发生脱氢聚合，即

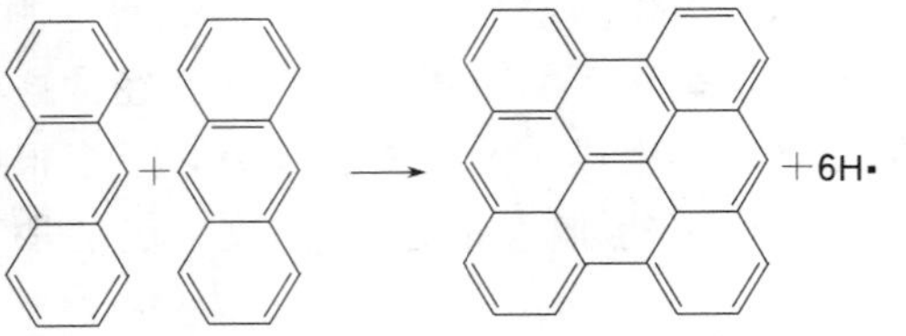

从脱氢聚合形成的 H· 有助于稳定富氢产物。从褐煤、次烟煤或无烟煤产生的固体物质是炭焦。烟煤的特殊情况会在后面进行讨论。正如图 23.1 所预期，当小的富氢分子在活跃的热分解过程开始产生，系统反应也已开始直接朝着生成富碳固体产物的方向移动，即碳化已经开始。

第三阶段在高于 550℃ 下开始，生成各种小的气态分子，包括水、一氧化碳和二氧化碳、氢气、甲烷、乙烷、乙烯、乙炔和氨。残留物是高含碳量的固体。这些小的气态产物是由较大的分子受热断裂而形成的，即

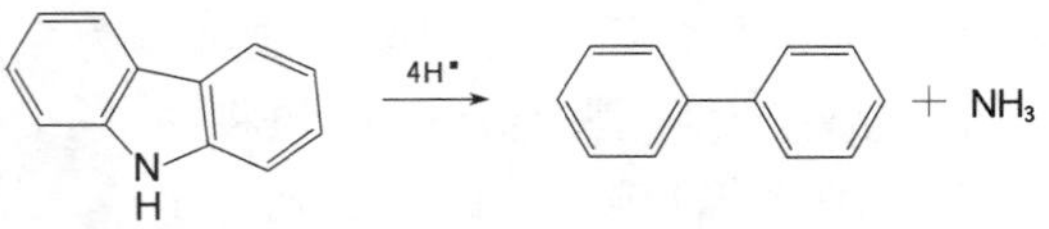

侧链从芳环体系中脱除，即

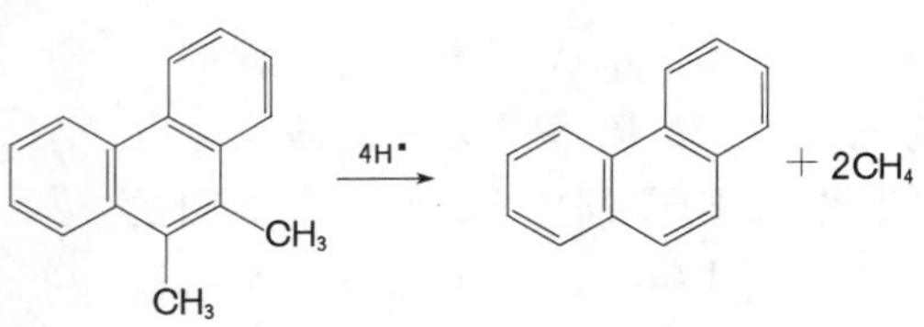

这是剧烈的热分解过程。固体产物变得越来越富碳，并且如果继续加热到温度超过 2000℃，理论上热解可以一直进行下去直至生成碳。通常这一过程不会产生石墨，因此碳质炭焦不具有长程的三维结构。

23.2　中低温碳化

人们已经开发了三种不同的碳化工艺。低温碳化发生在 450～700℃ 的温度范围内。在该范围内焦油的产率最高。采用各种焦油分离和提取过程可生产多种有用的化学产品。低温碳化过程中产生的气体也是有用的，可作为燃料使用。剩余的碳质固体，通常称为炭焦（char），具有高度反应性，可作为有用的燃料使用。中温碳化在 700～900℃ 下进行。该温度范围内气体收率最大，是一种制气体燃料的潜在路线。炭焦也是有用的燃料，有时作为无烟燃料出售。高温碳化发生在 900～1200℃。主要产品是硬而多孔的焦炭，可在冶金行业的高炉中使用。三个工艺中高温碳化是迄今为止最重要的，在本章的后半部分将进行详细讨论。

虽然各种碳化反应器的大小、内部设计、处理能力和运行模式各不相同，但一般都在 500～700℃ 下对块状煤进行批式碳化，每批次需要 4～16h。碳化必然伴随着气体和焦油的产生。良好的商业运行需将所有的产品都推向市场。德国克鲁伯—鲁奇工艺除得到煤炭焦外，还获得液体交通燃料和燃料油。莱斯克工艺，首先在英国诺丁汉附近商业化，每吨煤大约可生产 700kg 炭焦，80L 焦油（用于进一步精炼），以及 700m³ 低热值（5MJ/m³）气体。随着第二次世界大战以来石油产品、天然气和电热越来越容易获得，大部分的低中温碳化工艺已被淘汰。

碳化的一个重要应用是生产无烟固体燃料。尤其是在城市人口密度高的英国和欧洲，曾因在家庭取暖、炊事，以及小型工业或商业场所使用煤炭作为燃料，使得烟雾和硫排放而导致了严重的空气污染问题[B,C]。在 500～700℃ 下碳化煤可以除去大部分挥发物和硫，留下了比原煤炭更能清洁燃烧的焦炭。一些固体无烟燃料产品以各种品牌销售，如"弗那塞""家用火"和"科莱特"。

23.3　烟煤的特殊情况

当大部分烟煤通过第二阶段的热分解区域时，非挥发性物质软化成塑性状态，体积膨胀，再固化成单独的一块，而不是保持类似于原始煤样品的粉末状。这种现象并不是真正的熔化，因为熔化是可逆的相变过程，而烟煤发生的变化肯定是不可逆的。表现出这种行为的煤被称为黏结性煤。结块行为是烟煤独特的性质，而且中等挥发性煤常常尤其明显。黏结性煤的一些特殊品种会固化成坚硬、结实、多孔的焦炭，可作为冶金过程的燃料使用。焦炭最重要的应用是在高炉中冶炼铁矿石。可用于生产焦炭的黏结性煤被称为焦煤。通常情况下，良好的焦煤是中等挥发份和低挥发份烟煤。相对于电厂中燃烧产生蒸汽的煤（即所谓的蒸汽煤），焦煤在煤炭市场具有很好的售价。焦煤必须是黏结性煤。然而，并非所有黏结性煤均能生产出好的焦炭，因此黏结性煤不一定是炼焦煤。一般的规律是，良好的炼焦煤（无水无矿物质基，dmmf）含有 18%～32% 范围的挥发性物质。

自由膨胀指数（第 17 章）是一种良好的、较简单的结块或焦化行为的筛选测试方法。但它不能提供完整的表征信息，完整的表征必须进行其他流动性和塑性测试。塑性阶段的进一步表征涉及测量塑性体的流动性和发生的体积变化。流动性采用吉塞勒塑性计测量。在该装置中，搅拌器浸没在颗粒尺寸不大于 $425\mu m$ 的固体煤颗粒中。在搅拌器连轴上施加恒定的扭矩测定搅拌器的旋转速度，同时以 3℃ 每分钟的升温速率加热煤颗粒。流动性数据以每分钟转盘刻度（ddpm）为单位。图 23.2 是吉塞勒流动曲线的例子。

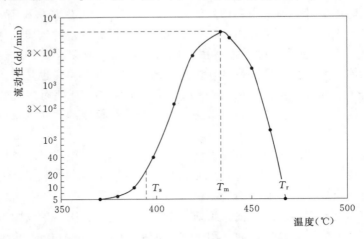

图 23.2　吉塞勒流动度曲线，软化和固化温度对应于该曲线通过 20ddpm 的位置。
最大流动性的温度对应于曲线的峰值。

从流动曲线上可读取三个温度。流动性第一次变为 20ddpm 的温度是软化温度 T_s。达到最大流动性时对应的温度为 T_m。进一步加热至高于此温度导致塑性物质的流体性变低。在再固化温度 T_r 下，流动性回降到 20ddpm。另外一个参数，即塑性区，由 T_r—T_s 确定。

图 23.3 显示了吉塞勒流动性与煤等级的关系。这种关系通常基 dmmf 挥发物作为级别的指标。流动性最高（A 点）的煤不一定是理想的焦煤。这些煤，含有约 30%dmmf 的挥发物，是中高挥发性等级的烟煤。从图 17.3 看出，它们的氧含量很高，约 10%。第二阶段热分解过程中的氧官能团的破坏产生大量的自由基，从而产生高反应性的液相。这些

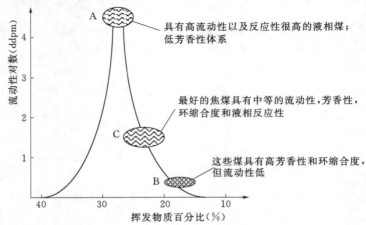

图 23.3　最好的炼焦煤是流体状态下适中的流动性和反应性与芳香性和环缩合之间的折中。

煤具有低的芳香环缩合度。B 点的煤是高度芳香化的，具有大的稠环系统，但流动性太低而不能使得这些稠环结构进一步联结。C 点代表最好的焦煤，是流动性、芳香性、环缩合和液体反应性之间的折中。

塑性阶段同时发生的体积变化通过膨胀计测量。样品被压缩成棒状，并置于膨胀计的活塞下，另一端有刻度指示器。加热过程中的体积变化可以通过记录指示器的位置来进行监测。采用三个参数表征膨胀行为。收缩，C，是在加热的早期阶段发生的收缩。扩胀，S，是从收缩观测到的最低点到观察到的最大体积之间的体积变化。膨胀，D，是当样品相对于原始未加热样品的体积到再固化而发生的永久体积变化。通常，煤的膨胀行为是以恒定的速率加热样品通过测定与温度的函数关系来测定的。有一种更繁琐的方法，即研究通过加热煤至恒定温度并测量膨胀与时间的函数关系，收集一系列温度下的数据。图 23.4 为一个膨胀测定试验结果的例子。

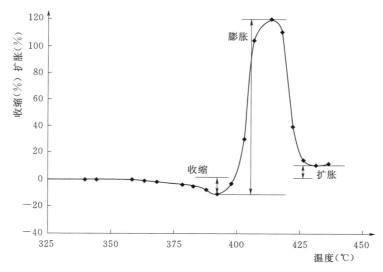

图 23.4　膨胀度测量，显示收缩、扩胀和最终的膨胀。

煤的塑性行为为四类塑性中的一种，低塑性，易塑性，高塑性或流塑性，如图 23.5 所示。

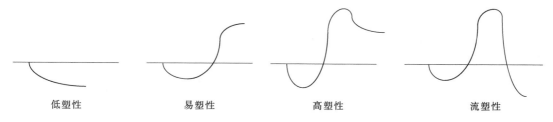

图 23.5　煤的膨胀行为的主要类型。每种情况下，x 轴是温度，
垂直距离代表收缩百分比或膨胀百分比，如图 23.4 所示。

具有同样 FSI 的煤可能具有非常不同的膨胀行为，基于此膨胀度测定有其用武之处，煤在塑性状态下的膨胀和收缩与一些现象有关，例如其施加在炼焦炉炉壁上的压力，这可能会显著影响操作过程的安全性。

23.4 焦炭形成化学

　　溶剂溶胀度（第 17 章）与每个链段的交联数，即所谓的交联密度相关。煤的交联密度可以通过测量它在各种溶剂中的溶胀程度来估计。交联密度随着等级增加而降低，且似乎在大约含 88%～90% 的碳含量时最小。烟煤是多种等级煤中交联度最低的。无烟煤具有不同的情况，约含 90% 的碳，但环缩合度 R 陡增（图 17.7）。无烟煤的 R 值非常大时，这些煤可能具有很强的 π—π 相互作用。炼焦煤通常是那些内聚能接近最小的煤，该内聚能无论是由固体的共价交联，还是强的 π—π 相互作用导致。

　　除了交联最少，烟煤通常含有相对较高的氢化芳香结构。之前已经讨论过这些化合物可作为供氢分子（第 22 章）。当烟煤被加热到热分解的第二阶段时，如其他煤一样交联键发生断裂。很多煤中新生成的自由基会发生快速重组。但是炼焦煤中没有大量的需要被破坏的交联键。当相对少量的交联键发生断裂时，所产生的自由基可以被来自氢化芳香结构的"内部"氢封闭。氢化芳香结构可以通过把不稳定的氢转移到自由基上来稳定自由基。在某种意义上说，烟煤在第二阶段的热分解时经历了流体相，因为它们自己会发生液化。

　　从煤结构中热裂解出的大分子被供氢体稳定，可在煤中发挥如聚合物中的增塑剂的作用。在聚合物中，增塑剂是在大分子结构间（例如聚合物链）的非挥发性溶剂，其通过减小分子间的相互作用发挥类似分子滚珠轴承的作用，并使聚合物更容易弯曲或伸长。煤中增塑剂称为胶质体，它在煤内部形成流相，具体而言是为芳香族结构提供流动性使其移动、排列和重新排列成强而稳定的焦炭结构。最终随着持续加热、自由基的产生和内部氢转移，氢化芳香族结构的供氢能力会被消除，从而导致整体物质固化成焦炭。

　　环番化合物，顺式-(2.2)(1,4)-萘芬，可作为焦煤结构重排的一个可能的模型。这种化合物的 f_a 为 0.83，R 值为 2，即相当于一种高挥发份烟煤。该环番化合物在 240℃ 熔化，在 250℃ 下可能通过双自由基中间体凝固形成反式异构体，即

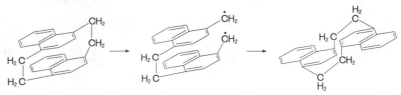

　　在此重排反应中，两个萘环必须以某种方式滑过彼此。在煤中，芳环系统（可能 R 值更高）的移动可以由胶质体来促进。

　　烟煤中环缩合在 4～6 个范围内时特别表现出这种行为。由于煤的自液化，液体中含有类似二苯并菲（23.1a）的物质，即

23.1a　二苯并菲　　　　23.1b　二苯并菲的侧视图

　　从侧视图上看，这样的分子相对平坦，例如（23.1b）。当分子大致整齐地在液相中

形成短程排列时，含有这种结构的液体具有最大的流动性，如图 23.6 所示。

这产生了具有如固体那样内部结构有序排列但整体保留液体特性的物质。这些所谓的液晶是一种极其重要的物质状态[D]。因为液晶状态的形成，得到的焦炭通常比炭焦具有更有序的结构。这有助于解释为何焦炭可转化为石墨，而通常炭焦不能。

液晶的存在是由分子间力（芳香族分子中 π 电子系统的相互作用）和分子旋转和平移能量之间的平衡所致。在固体中，分子间的相互作用提供了足够高的内聚力来克服使分子自由运动的旋转和平移能量。在一般液体中，分子具有足够的能量来克

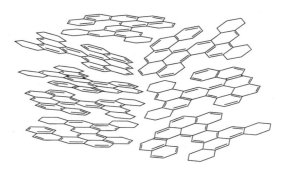

图 23.6　流体相中的短程排列。这些分子，通常主要是带有一些环烷环和杂环的芳环，在短距离上具有不同取向的排列。

服像固体中那样的分子间作用力，且分子具有足够的运动自由度，因而液体是各向同性的。在液晶中，主要的分子间力依然存在，使其呈晶体状的，但并不足够强以防止流动，因而该物质仍是液体状的。焦炭形成的各向异性的液晶前体是中间相。

从煤制备各向异性的石墨化焦炭需要有各向异性的中间相形成。相反，如果碳化过程中形成的流体是各向同性的液体，得到的固体将是各向同性的炭。各向同性的液相在煤大分子结构热裂解开始时形成。液相的反应性通过液体中自由基的浓度测定。如果难以进行氢再分配，则可能出现自由基的重组，而不是夺氢或氢封。如果自由基的分子尺度分布是随机和各向同性的，那么通过自由基重组形成的新 C—C 键也是随机进行的。该过程形成的固体结构也是各向同性的，因为 C—C 键的形成发生在所有方向上。

如果从煤中首先形成的液体经历允许自由基封闭的内部氢再分配，则液体中的自由基总量将减少，且液体具有比前述情况更低的反应性。低反应性液体相往往具有较低的黏度（即高流动性）。高流动性允许液体中的分子流动而进行排列；低整体反应性使分子在重组反应消耗前有机会排列。此情况下则有可能发生脱氢聚合反应，如上述的蒽所示。当然，存在于实际煤热解液体中的化合物比蒽更加多样化和复杂。含不同化合物的混合物发生脱氢聚合时，可能产生如苯并二萘嵌苯这样的结构（23.2）。

23.2　苯并二萘嵌苯

从蒽脱氢聚合得到的物质具有高的长/宽比，在二维尺度上呈棒状外观。它们在液相中排列成丝状液晶。芳环体系的丝状液晶排列侧视图如图 23.6 所示。煤焦油化合物混合物的脱氢聚合形成的分子也几乎是平坦的，但分子的长度和宽度差别不大。这种结构的继续增长，其变成近似圆形结构。这些大致圆形的结构形成盘状向列相液晶。一个假设的结构（23.3）中，分子中的一些环的可能是氢化芳香结构，而不是完全的芳香结构。盘状向列相液晶构成中间相。环系统需要大量生长以形成盘状中间相。最终产生这种液晶相的盘状分子被称为介晶。类似的作用在胶体化学领域早已为人所知，其中所谓的介晶物质包含以有序结构结合的大分子，甚至在流体相中亦是如此。

23.3 假设的液晶结构

对于一些自由基被氢封闭而反应性降低的系统，分子的增长速度很慢，除非在高温下分子量不会发生显著增加。但是由于液体流动性随着温度增加而增大，分子生长变得显著的温度就是或接近流动性高的温度。这使得中间相可继续容纳更多介晶分子，因而继续增长。

从活性热分解开始至 T_m，煤炭发生自身液化。交联被破坏，新生的自由基被氢化芳香基团中的 H·封闭。热分解产生胶质体。胶质体不稳定，可进一步发生热分解。胶质体的热裂解产生固体物质，有时被称为半焦炭，以及各种挥发性化合物，包括气体和可凝性焦油，即

胶质体──→半焦炭＋气体和焦油气

流体胶质体，即增塑剂，允许中间相的结构组分在流动状态下重排和生长，并经历可以用三苯并蒽形成来表示的缩合反应，即

在这些反应中，释放出的氢可用于内部驱动氢的再分配。

继续加热时，胶质体的组分蒸发或热解产生挥发性化合物。其蒸汽鼓泡通过塑性体，使其膨胀。自由基重组和脱氢聚合在液体中产生更大芳香族结构，降低其流动性。当流体固化时，挥发物和气体气泡穿过流体留下的轨迹不能被流体填充。当大多数胶质体消失时残留物发生凝固。从而有

胶质体──→气体＋半焦炭

在较高温度下，半焦炭通过脱氢聚合以及甲基化芳香结构中的甲基脱除和氢的脱除而继续发生反应。半焦炭转变为焦炭的进一步气态产物是甲烷和氢气，即

半焦炭──→焦炭＋气体

半焦炭在高达 700℃ 时仍保留一些弹性性质。随着进一步加热至约 1000℃，其转变成坚硬、脆性的焦炭。该转化过程通常伴随着收缩，可能是由于大芳香族结构的持续增长及其排列成石墨状微晶的缘故。

岩相分析对于评价用于焦炭生产时煤的质量非常重要。煤的岩相组分可被分为反应活性和反应惰性。前者包括镜质体、壳质体和一些半丝质体。刚描述的挥发物经过流体态的行为是烟煤等级镜质体的特征，其含约 78%～89% 的碳。壳质体主要是脂肪结构，而镜质体更具有芳香性。具有相同碳原子数的脂肪族和芳香族化合物的熔点存在巨大差异。表 23.1 中的数据说明了这一点。

与芳香性和交联度更高的镜质体相比，可预测壳质体可以在更低的温度下转变为液体。孢子体比镜质体在稍高的温度下液化，但在再凝固前非常易于流动且会以挥发物的方式损失很多质量。存在少量的孢子体时可以有效地促进流动性。树脂体（属于壳质组）在

322

表 23.1　一些简单的脂肪族和芳香族化合物的熔点比较。

碳原子数	脂　肪　族		芳　香　族	
	化合物	熔点（℃）	化合物	熔点（℃）
10	癸烷	−31	萘	80
14	十四烷	6	菲	100
16	十六烷	20	芘	150
18	十八烷	28	䓛	254

低至 200℃ 时开始软化，并在 200～300℃ 范围内软化和气化。镜质体煤素质在约 350℃ 时塑化，在 425～500℃ 范围内开始形成焦炭结构，并在 700℃ 时固化。其他的壳质体煤素质在镜质体第一次开始形成焦炭结构的温度时变得非常具有流动性，如约 425℃。惰性体包括丝质体、其他惰性煤素质和某些形式的半丝质体。丝质体或微粒体的任何等级都不会液化，但这些煤素质的浓度高达 25% 时可提高所得焦炭的强度，就像往水泥中添加配料制成强度更高的混凝土一样。矿物质也属于惰性物质。

煤的塑性行为受许多因素影响。虽然这些影响的规律是通过经验观察建立的，但如何以及为什么这些因素产生这些影响还没有在理论上得到很好的解释。提高加热速率会提高获得最大流动性对应的温度，最大流动性本身以及膨胀程度。煤的氧化（例如在长期储存过程中长时间暴露于大气中）会降低最大流动性、自由膨胀指数和塑性区。把烟煤加热并保持到约 200℃ 可很大程度上破坏结块现象。相反，在氢气中加热煤可以提高这些性质。通过精细研磨可降低其塑性行为，而降低灰分含量可提高。这些非常不同的经验观察，使得很难发展出将所有性质都纳入一广泛概念框架中的关于塑性行为的单一机理。超过约 10% 的矿物质含量会降低黏结性，可能是由于矿物质在流体相中充当了惰性组分带来的稀释效应引起的。

23.5　冶金焦的工业生产

在人类历史早期，今天冶金学家的先驱们已了解到碳往往以木炭的形式存在，其对从矿石中提炼金属非常有用。铁矿石的冶炼可以追溯到至少 2500 年前。碳在该过程中的作用源于温度和生成自由能的关系。图 23.7 所示的埃林厄姆图[E]给出了这种关系。

埃林厄姆图给出了氧化物生成的标准自由能与温度的函数关系。某一特定的元素可以还原图上位于它上面的任何氧化物，例如，铬可以还原氧化锌。然而有一个显著特征是，一氧化碳的生成自由能随着温度增加而降低。在不考虑其他情况下，任何金属氧化物可在足够高温下用碳还原，即通过埃林厄姆图上的交叉点。换句话说，碳可以作为所有其他氧化物的通用还原剂。不幸的是存在"其他情况"，即一些金属会形成非常稳定的碳化物，所以用碳还原它们的氧化物会产生相应的碳化物而不是游离的金属[F]。

18 世纪以前，最佳的碳源是木炭，可由木材碳化获得。该过程中碳可以很好地发挥作用[G]。然而，木材的消费量惊人，每生产 1t 铁需要砍伐 1.5～3hm² 的树木。炼铁厂转而将煤作为炭的替代品。直接使用煤时只能生产低等级的铁，因为从煤气化出的硫化氢会

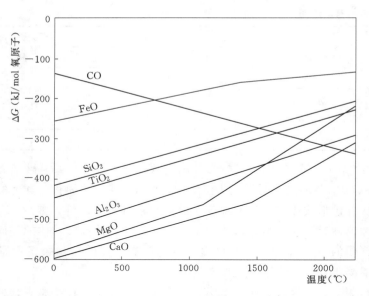

图 23.7　埃林厄姆图绘制了氧化物的热力学稳定性与温度的函数。主要特点是一氧化碳
曲线具有负的斜率。理论上，可以找到某些温度使碳可还原任何氧化物。

进入到熔融金属中，在金属晶粒边界沉淀出铁硫化物。当铁重新加热要加工成型的温度时，它会破坏这些弱化的晶界，从而损坏金属片。此外，酿酒师使用煤作为木炭替代物来干燥用于制造啤酒的啤酒花和麦芽时，类似的问题接踵而至，即煤中的挥发物会破坏啤酒的味道。酿酒师们发现，在没有空气存在时加热煤除去易挥发物，留下仍有很大燃料价值的固体，即焦炭。炼铁厂很快发现，焦炭是很好的铁熔炉燃料和还原剂。现代焦炭高炉的发展归功于亚伯拉罕·达比，他的熔炉投产于 1709 年[H]。

最早的炼焦方法借鉴了木炭生产的实践：准备好煤堆，并穿插木块；点燃木块，释放的热量用来碳化煤。显然，该过程没有考虑过程控制、产品品质的稳定性以及环境影响等问题。一个显著的改进是将煤放在拱顶状结构中，其中大部分的热来自于煤碳化过程中挥发物的燃烧。有人认为这些结构看起来像蜂窝，从而有了蜂窝炼焦炉的名字（图 23.8）。

蜂窝炉可生产优质的焦炭。然而，1856 年人们从煤焦油中的烯丙基甲苯胺开发了第一种合成染料苯胺紫[I]，使人们逐渐意识到相比于在蜂窝炉中烧掉，回收煤碳化产物作用化工原料可以获得更好的效益。于是，人们又提出了新的炼焦炉设计方案，即带有副产品回收的炼焦炉。这种炉的外观也导致其被称为槽型焦炉（图 23.9）。

图 23.8　蜂窝炼焦炉。

槽型炼焦炉的大小各不相同，但他们可达 15m 长，6m 高。在实践中，20～100 个单个炉在炼焦炉组内并排放置。每对炉之间的烟道为从碳化得到的气体提供了燃烧空间，并为焦

化工艺提供热量。各炉的宽度非常窄，其受传热限制的约束，通常约为 50cm，以确保热量可以完全渗透到煤堆中间。焦炉是间歇式反应器，煤堆碳化所需的时间通常是 18～24h。

焦炉原料需要有一些特殊的性能：具有高的自由膨胀指数（6～7）、高的流动性、宽的塑性区和低的矿物质含量。煤炭的矿物质可能会稀释胶质体，阻碍大芳香环系统的生长。矿物质中应具有低的磷、硫和硅含量，因为如果这些元素被带入焦炭并因此进入金属时，可能会降低金属质量。

图 23.9　槽型炼焦炉组，也被称为副产品回收炉。

可满足炼焦需求的单一煤种正逐渐减少[1]。他们相对于动力煤在煤市场中具有更好的价格。现代实践应用中，通常将煤混合使用，从而要求混合煤而不是单一煤需要符合要求。20 世纪以来，生产每吨金属需要的焦炭量，即焦炭比，已经从每吨金属需要 7t 降低到小于 1t。即使如此，还是很难获得良好的炼焦煤来源，以至于要求炼钢复合设备可以多种煤炭作为煤源。混合煤中至少有一种煤必须是良好的焦煤。有时差的黏结性煤，甚或是非黏结性煤，可以用高膨胀性，高流体性煤的混合来获得具有良好黏结性能的混合煤。人们发明了各种经验规则来建立"良好"混合煤的标准，即 200～1000ddpm 的流动性、6.0%～8.0% 灰分值、0.7%～1.0% 的硫以及 0.01%～0.03% 的磷。流体性、膨胀和/或膨胀参数的急剧变化可能导致炉组内炉的严重损坏。如果最大流动性太大，或膨胀过大（尤其是对于强的易塑性煤），压力会积累到足够大从而损伤或破坏炉壁。因此，混合煤在用于商业化装置前，需要认真彻底地在测试炉中进行评估。

在槽型焦炉中，煤堆从炉壁向内焦化（图 23.10）。各层——焦炭、塑性煤和部分分解的煤——从炉壁开始相互移动，使得最终全部煤堆转化为焦炭。一个经验法则是焦化煤堆转化为 2.5cm 炉宽/h。当炉内全部形成焦炭时焦化完成。此时，用液压油缸将焦炭"推动"移出炉体。焦炭块的长度相当于炉箱宽度的一半。所得焦炭是一种碳含量丰富、高度芳香、坚硬的多孔固体。孔隙产生于碳化过程中挥发的气体鼓泡通过塑料煤。由于在第三阶段热分解的温度区域内芳香族碳是热力学稳定形式的碳，因而焦炭是高度芳香化的（图 23.11）。

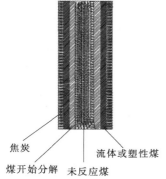

焦炭　　　　流体或塑性煤

煤开始分解　未反应煤

图 23.10　煤堆完全焦化时槽型炼焦炉内的情况。焦化从炉壁开始向内直至中心。

焦化压力，即煤堆加到炉壁上的压力，是随着塑性煤膨胀并推动煤固体压在炉壁上而产生的。焦化压力取决于几个参数，包括塑性层的流动性、厚度以及焦化进行时挥发物的形成速率。焦化压力在具有可自由移动炉壁的测试试验炉中测定。通常壁压低于 14kPa 的是安全的，更高的压力则是危险的。

从焦炉出来的产物量取决于加入到炉中的煤的组成。通

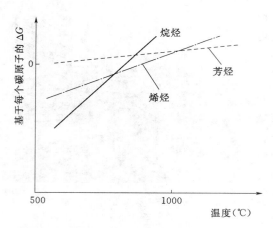

图 23.11　随着温度的升高，芳香族碳变得比链烷烃或烯烃化合物更稳定（以每个碳原子的 ΔG 计）

常每吨煤可产生约 750kg 焦炭，350～400m³ 焦炉气，10～15kg 的轻液体（主要是苯、甲苯和二甲苯），30～40kg 焦油和 2～5kg 氨。氨和有机小分子溶解在水中，其中水的产量取决于煤的水分含量。焦炉气含有高浓度的氢、一氧化碳和甲烷，具有较高热值，是一种有用的燃料气。其主要用途是在炉组内的炉间烟道里燃烧，炉壁温度可达1300℃。如果有其他气体可用，该燃料气可以用在工厂的其他地方，或出售给其他用户。

焦炭生产的主要市场，占约 90％ 是用于高炉中还原铁矿石。焦炭在高炉中至少有三个角色。燃烧提供金属和炉渣熔化吸热过程所需的热量。燃烧还产生一氧化碳，其是氧化铁转化为金属铁的主要还原剂。二氧化碳与焦炭的气化反应产生额外的一氧化碳。高炉是冶金设备，含有连续层放的焦炭、铁矿石以及石灰石（其加入作为助熔剂，以产生低熔点低黏度的炉渣）。焦炭必须具有一定的机械强度以支撑放在其上面的所有填料层，同时为向上的气流和用于金属和熔渣的下流提供渗透性。从煤炭生产的焦炭有一些额外但相对小的市场，如生产电石制取乙炔。

高炉焦炭的最佳组成是小于 1.5％ 的挥发性物质、小于 10％ 的灰分、小于 0.12％ 的磷、小于 1.0％ 的硫，且热值不小于 33.7MJ/kg。焦炭反应性是通过测量样品在标准测试条件下在空气、氧气、二氧化碳或水蒸气中受热时的行为来确定的。人们已经开发了很多这样的测试方法，但不同方式测定的数据之间，这些数据与基本的焦炭性质之间不存在显著的关联性。然而，有时候基于在相同测试中具有类似反应性能的焦炭的先前经验，这些测试结果可以与高炉中焦化性能相关联。用于高炉的焦炭还必须满足硬度和耐磨性标准。人们也设计了各种测试方法来测量这些物理性能，并将测试值与焦炭性能相关联。

炼焦的副产品高温焦油也是生产有机化学品的有用原料。在过去 75 年里，从炼焦炉副产品开始发展直至第二次世界大战结束后廉价石油的供应，煤焦油化学品一直是化学工业的主要原料。这个时代是煤技术史上和有机化学工业中的辉煌日期。在 20 世纪下半叶，碳化学品被石化产品取代。化学副产品的量仅占进入炉中煤量的约 5％，这样的事实难以避免碳化学品时代的取缔。持续的技术改进以降低高炉的焦炭比以及炼钢技术的变化（例如电弧炉[K]）导致焦炭需求量和生产量不断减少，这直接导致了煤焦油化学品产量的减少。此外，按照 50 年前或更早期的环保标准建立的焦炭和煤焦油工厂会排放出硫化氢、吡啶、苯酚和多环芳烃。今天许多工业化国家是否还允许建造环境上允许的新副产品炼焦炉装置还值得怀疑。事实上，由于环境问题，新的趋势是建造将挥发物在炉内燃烧的"无回收"炉，类似于一个世纪以前的蜂窝炉。但这并不是说来自煤的特殊化学品没有前途。挑战和机遇在于开发全新的高附加值化学品生产工艺，而不是在炼焦炉内进行高温碳化。

注释

〔A〕 这种区别也许取决于热处理的温度。例如,无烟煤被认为是不可石墨化的,然而这似乎是在大约 2000~2500℃ 温度下的情况。然而,在 2800℃ 以上,至少一些无烟煤可生产优质石墨。

〔B〕 1272 年,英国国王爱德华一世因为对空气质量的不满而禁止在伦敦燃烧海煤(因为它是由英国东北部的海运带来的)。理查德三世和亨利五世也试图限制或禁止燃烧煤(显然爱德华的禁令几乎没有奏效,尽管他宣称烧煤是一种死罪)。在爱德华之后 400 年,约翰·伊夫林,在今天因其关于 17 世纪生活的长篇详细日记而为人所知,发表了 Fumifungium 一书,该书是第一本描述煤炭燃烧造成的空气污染问题的书。

〔C〕 家用和小型商用设备中的煤燃烧造成的空气污染在 20 世纪继续发生,特别是所谓的硫酸烟雾。这种污染相关的最严重的灾难发生在 1952 年的伦敦,当时数千人因为暴露于这种酸性烟雾而过早死亡,以及成千上万的人生病。近年来,医学地理学新兴领域已经认识到长期暴露于来自煤火的烟雾,特别是来自设计不良的家用炉具或加热器,会造成严重的人体健康后果。煤中的一些有害微量元素,如砷和汞,在燃烧温度下会挥发。他们从煤炭转移到烟雾再到房中的居民,可能会造成严重的长期后果。

〔D〕 顾名思义,液晶结合了两种状态物质的性质。液晶具有典型的结晶固体的短程有序性,但具有流动性、倾倒性和适应于容器形状的能力。液晶的许多应用中包括数字手表和计算器显示器、视频游戏和高清电视。

〔E〕 为纪念英国热力学家和电化学家哈罗德·埃林厄姆(1897—1975)而命名。埃林厄姆在帝国理工度过了他的职业生涯。除了他对科学的许多贡献外,在第二次世界大战期间,他担任帝国空袭突击小组成员,在空袭中保护人员和建筑物。

〔F〕 例如,钛形成非常稳定的碳化物,因此氧化钛的碳还原不是生产这种非常有用的金属的实用途径。事实上,铁还形成了一种稳定的碳化物,Fe_3C。在钢铁冶炼的许多实际工业过程中都涉及了消除、减少或以某种方式控制这种金属碳化物的工作。

〔G〕 木炭仍然在冶金过程中使用。当需要非常纯的金属或特种合金时,它是优选的还原剂。当生物质丰富但焦煤较少时,这也是一个可行的选择。巴西和澳大利亚的经验表明,将林业经营与冶金厂相耦合,将一些生物质转化为木炭用于金属生产是可行的。

〔H〕 亚伯拉罕·达比(1678—1717)于 1709 年 1 月在位于英格兰西米德兰郡的什罗普村庄科尔布鲁克代尔首次运行使用"焦化木炭"。那年,熔炉生产了约 80t 的铁。达比的实用高炉的开发也许代表工业革命的开始。

〔I〕 这是由当时 18 岁的威廉·亨利·珀金发现的。他试图从烯丙基甲苯合成奎宁,一种重要的抗疟疾药物化合物。珀金的发现是庞大的有机化学工业建立的第一步,主要基于从煤焦油获得的原料。像达尔比对高炉的开创性工作及其对工业革命的影响一样,珀金发现苯胺紫可能是有机化学工业建立的第一个关键步骤。

〔J〕 炼焦煤在决定战争结果方面发挥了作用。在第二次世界大战中,入侵的德国军队占领了顿涅茨盆地,这是一个在苏联内部拥有大量优质炼焦煤的地区。在苏联反击时,即使谨慎的战略是巩固防线,希特勒仍禁止德国军队放弃这片土地(和煤炭)。结果,大批德军被围困、捕获或消灭。如果他们能够撤退和在别处战斗，他们可能会在其他战役中取得不同的战果，或许是整个战役。

［K］一个巨大的讽刺和很大的研发机遇是，用于炼钢电弧炉中的石墨电极由两种原料制成，即石油焦炭和煤焦油沥青。煤焦油沥青是来自炼焦炉高温焦油加工的蒸馏残余物。电炉技术的使用减少了对焦炭的需求，减少了煤焦油沥青的生产，这进而导致了用于制造炉电极所需的重要原材料的短缺——这是非预期结果的有趣例子。因此，需要制备适用于制造石墨电极非源于炼焦炉的煤焦油沥青，或者需要找到由其原料制成的合适的沥青。

推荐阅读

Álvarez, Ramón and Díaz-Estébanez, María-Antonia. Chemistry of production of metallurgical coke. In: *Sciences of Carbon Materials*. (Marsh, Harry and Rodríguez-Reinoso, Francisco, eds.) Universidad de Alicante Publicaciones: Alicante, 2000; Chapter18. This chapter is a good and reasonably up-to-date introduction to cokemaking.

Berkowitz, Norbert. *An Introduction to Coal Technology*. Academic Press: New York, 1979. This book remains a very useful and informative introduction to this topic. Chapters 6 and 11 contain material relevant to the present chapter.

Brock, William H. *The Norton History of Chemistry*. Norton: New York, 1992; Cardwell, Donald. *The Norton History of Technology*. Norton: New York, 1995. These companion volumes provide interesting historical background on coal tar chemicals, and on Darby and the blast furnace, respectively.

Gray, Ralph J. Coal to coke conversion. In: *Introduction to Carbon Science*. (Marsh, Harry, ed.) Butterworths: London, 1989; Chapter 9. This work discusses the formation of coke largely from the perspective of what can be learned from optical microscopy, including petrographic analysis of coals.

Komaki, Ikuo, Itagaki, Shozo, and Miura, Takatoshi. *Structure and Thermoplasticity of Coal*. Nova Science Publishers: New York, 2005. An edited collection of contributions from various authors, probably the most up-to-date collection of fundamental scientific investigations of coal softening, plasticity, and coking.

Lankford, William T., Samways, Norman L., Craven, Robert F., and McGannon, Harold E. *The Making, Shaping, and Treating of Steel*. United States Steel: Pittsburgh, 1985. The most comprehensive monograph on steel metallurgy. Chapter 4 treats coke-making and recovery of by-product chemicals.

Loison, Roger, Foch, Pierre, and Boyer, André. *Coke: Quality and Production*. Butterworths: London, 1989. A comprehensive and detailed monograph on production of metallurgical coke.

Van Krevelen, D. W. *Coal: Typology-Physics-Chemistry-Constitution*. Elsevier: Amsterdam, 1993. An excellent and comprehensive treatment of coal science, the best available. Chapters 23 and 24 relate to the present chapter.

第 24 章　来自化石燃料和生物燃料的碳制品

生产木炭、石油焦炭、煤炭、炭焦和冶金焦炭的目的是用作燃料或冶金过程的还原剂。本章讨论其他含碳固体的生产，由于其固体的特殊性质，这样的含碳固体还具有非燃料或非还原剂的应用。优质碳材料可以以大大超过原料成本的价格出售，有时达到几美元每千克。生产和销售这样的材料，即使是作为大规模燃料转化或精炼过程的副产品，都有着重要的利润来源。

24.1　活性炭

活性炭可来自各种原料，包括木材、煤炭、农产品和泥炭。常用的生产方法是用碳化原料随后或同时用活性气体与焦炭进行反应，以在固体中形成孔隙和高的内表面积。活性炭广泛用于吸收液体或气体中的杂质，包括在环境保护或修复中有多方面的应用。

生产活性炭可采用物理活化或化学活化两种方法，这些术语在活性炭领域已被广泛接受和使用，但遗憾的是有些误导，原因在于，尽管两者是不同的方法，但都依赖于化学反应。物理活化以碳化开始，然后立刻进行分离处理步骤，炭焦通常与蒸汽或二氧化碳反应而进行部分气化。该气化步骤实际上是进行了活化，在碳上打开或形成孔隙，并提高其内表面积。在化学活化中，用脱水剂，如磷酸或硫酸和氯化锌首先浸渍原料来降解纤维素，随后对该浸渍的原料进行碳化，在碳化期间所添加的试剂使得一部分原料结构发生降解，从而形成或打开内部孔隙。在碳化步骤结束时，将试剂从已活化的炭焦中洗涤除去，得到活性炭。

得到的活性炭主要有三种物理形态，即颗粒、粉末和球状。颗粒活性炭和粉末活性炭的粒径不同。各种协会或学会有一些不同的标准来区别这两种活性炭，例如，95%～100%的材料能穿过 0.177mm（即 8 目）筛的为粉末活性炭，更大的则是颗粒活性炭。图 24.1 给出了不考虑活化过程的活性炭生产过程。

球状活性炭还需额外的处理步骤。原料被压碎或研磨成细颗粒，与黏合剂如煤焦油混合，然后挤出成为粒料。粒料通过物理活化处理进行碳化和活化，也可通过化学活化处理。不管是生产何种形式的碳，为满足产品的预期应用可能需要对其表面化学性质进行一些修饰，如引入氧官能团。在这种情况下，最后的处理步骤是通过适当反应对碳进行调整。

制备活性炭的原料包括化石燃料，如石油焦炭和各个等级的煤，以及生物质原料，如泥炭、木材、农业废弃物（如水果核和坚果壳）以及木炭。原料的选择对于所生产碳的性质有一定影响，即使在相同条件下处理的不同原料，也会产生具有不同物理和化学性质的

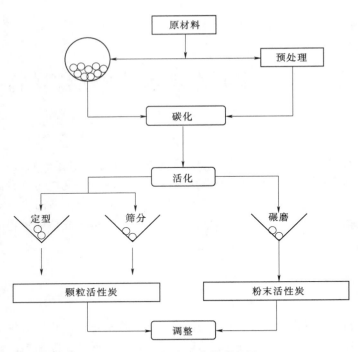

图 24.1　活性炭生产的流程图。

活性炭。然而，相同的原料在不同的条件下处理时，同样会产生具有不同性质的碳。这意味着，对于给定的原料供应，通过适当组合活化程序和调整过程可以允许"调节"最终的碳产品以满足预期的应用。

活性炭的孔隙根据宽度或直径（假设截面近乎圆形）可分为以下三类：微孔，小于2nm，有时区分为窄微孔（小于0.7nm）、宽微孔（0.7～2nm）和中孔（2～50nm）；大孔，大于50nm。活性炭具有所有三种尺寸的孔隙。大部分吸附发生在微孔中，而中孔和大孔则提供通道，或用作吸附物到达微孔的"进料器"。控制这三种类型孔隙的相对分布是调节活性炭性能的方法。

气体吸附是测量活性炭表面积最常用的方法。包括氮气和二氧化碳等气体，已用于这种测量过程。同样的，人们已开发了若干由气体吸附数据计算表面积的经验模型，如BET模型（第13章）。根据所使用的气体吸附物和数据处理的方法不同，同一活性炭样品可具有不同的表面积。这带来了一个新的问题，即活性炭实际的"真实表面积"是什么，或真实表面积的概念是否确实具有意义。推荐的做法通常是使用术语"表观表面积"，因为所测量和报告的仅仅是在特定实验条件下对特定气体的可及表面积。并且，报道的表面积数据如未涉及所使用气体和计算方法则是没有意义的。活性炭还可能含有封闭的孔隙，即内部空隙不相连或未打开到颗粒的外表面。气体吸附仅能测量开孔的表面积，即那些连接到颗粒表面的孔隙。

BET法（第13章）是处理碳材料上气体吸附数据的标准方法，但是扩展到微孔固体时该方法具有一定局限性。BET法假设吸附物在表面上逐层吸附而累积，这在微孔上是不太可能的。杜比宁—兰德科维奇（DR，微孔填充理论）法是分析微孔固体上的吸附数

据的替代方法。DR 方程的一种形式是

$$V = V_0 \exp(-\varepsilon/E)^2$$

式中，V_0 为微孔体积；V 为所吸附气体的体积；E 为能量项；ε 为吸附电势，通过 $RT \ln(p^0/p)$ 给出，其中 p^0 是吸附物的饱和蒸汽压，p 是在试验中所测量的压力。

在中孔碳中，吸附物在孔中形成半月形，半月形的曲率影响吸附物的吸附和脱附行为。该等温线（即所吸附气体的量作为相对压力 p/p^0 的函数的曲线图）显示 p/p^0 在一定范围内的滞后现象。图 24.2 给出了一个假设的中孔碳的例子。

滞后作用可通过具有不规则形状或随机收缩的中孔，或墨水瓶孔隙表现出（图 17.2）。中孔的平均半径 r_k 可从开尔文方程的另一表达形式获得，即

$$r_k = 2\sigma V_m/RT \ln(p^0/p)$$

式中：σ 和 V_m 分别为吸附物流体的表面张力和摩尔体积。

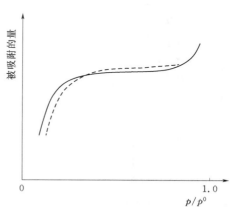

图 24.2 中孔活性炭的吸附等温线。

大孔常常通过压汞法来表征。这种技术是在高压下迫使水银进入孔隙。假定水银不使孔壁变湿，因而在孔隙内部呈凸半月形。迫使水银进入半径为 r 的孔隙所需的压力由沃什伯恩方程给出，即

$$r = 2\sigma\cos\theta/\Delta p$$

式中：σ 为水银的表面张力；θ 为水银与孔隙表面之间的接触角，通常假定为 $140°$；Δp 为施加至液体水银的压力与占据孔隙的气体压力之间的差。孔隙测量法结果给出了累积孔隙体积分布作为孔径函数的测量结果。

在物理活化中，炉子的类型及其操作条件，即加热速率、要达到的最终温度，以及在最终温度时的停留时间，均影响炭焦的产量，并在一定程度上影响孔隙的形成。随后的活化步骤增加孔隙形成。碳—蒸汽反应和鲍多尔德反应（或二者）是孔隙形成的主要反应。如第 19 章所讨论的，这些都是吸热反应。在 800℃ 以下反应速率过于缓慢。对于其中一些已在碳化过程中发生孔隙形成的特定炭焦，蒸汽活化可获得中孔和大孔作为孔径分布的主要贡献，而二氧化碳活化倾向于形成微孔隙。空气也可以用作活化剂，但该情况下的关键反应是强放热的碳氧气反应。因此，难以控制该反应并得到所需要的孔径。

化学活化过程通常以泥炭或木材作为原料。在 400～700℃ 下进行活化，通常是在回转窑中。使用相对较少量，例如小于 0.3%（重量）的诸如氯化锌的试剂，通常会产生仅有少量大孔的微孔碳。这是因为较小的试剂量可使活化剂在整个原料中非常均匀地分布，而大量的试剂不太容易获得均匀分布，所以得到的碳具有更多的中孔和大孔。

关于气体—碳反应的讨论（第 19 章）指出在碳原子的扩展阵列中，边缘位点比基底面位点更易反应。给定碳的反应性由高反应性的边缘原子和较低反应性的基面原子的相对数量决定。活性炭的吸附行为也是类似的。边缘原子数相对于基面原子数较多时可提供更多的化学吸附机会，特别是氧气。石墨并不是优良的吸附剂，这是因为基面原子在石墨中

占主要地位。相比于石墨，好的活性炭具有更少的有序结构，从而具有较多的边缘原子数。

控制活性炭吸附性能的主要方法之一是通过碳的表面组成来实现。不同的化学处理即是通过引入含氧或氮的官能团来对碳表面进行修饰。这些基团的酸度或碱度反过来影响吸附在表面上的物质的种类和量。大多数已知的芳香族结构上的含氧官能团据推测通过用氧化剂处理碳表面而引入的。除了氧气本身，人们已使用许多其他试剂来在碳的表面上形成含氧官能团，包括一氧化二氮和一氧化氮、臭氧、硝酸和过氧化氢。表面官能团通常通过贝姆滴定来测定。该方法包括四个滴定步骤：①用碳酸氢钠与羧酸基团反应；②用碳酸钠滴定测量羧酸和内酯；③用氢氧化钠滴定羧酸、内酯和酚；④用乙醇钠滴定所有这些基团和羰基。将一个滴定结果减去另一滴定的结果即可确定四种官能团中每一种的值。

大部分活性炭含有一些无机材料，其通常通过烧掉碳后得到的灰分的百分比来确定。如果使用接近纯烃类的原料，灰分值可相当低，例如小于1%。生物质原料，其包括木材或农业废弃物，如水果核或坚果壳，可产生含有1%～4%灰分的碳。原料是煤时，所得到的碳可能具有大于10%灰分。无机组分可能通过直接与吸附物相互作用或通过影响碳和吸附物之间的相互作用从而影响碳的吸附行为。

活性炭的吸附性能可使用一种或多种标准测试方法来表征。碘值表示为每克碳所吸附碘的毫克数，其可作为碳内表面积测量的有用探针。对于很多碳材料，碘值与通过气体吸附确定的表观表面积相当接近。亚甲蓝值，即0.1g碳可脱色的亚甲蓝（24.1）标准溶液的毫升数，反映了碳样品对大分子的吸附特性。

24.1 亚甲蓝

苯酚吸附测试是从10mg/L苯酚溶液中吸附苯酚，当其最终浓度降低为1mg/L时，碳上所吸附苯酚的重量百分数。苯酚吸附对于表征用于水处理的碳特别有用。

测量活性炭的大部分物理性质有助于实际吸附装置的设计或操作。体积密度，即单位空气体积下所填装的碳质量，可用于估计在吸附单元的填充体积；表观密度（通过水银比重计法测定），碳颗粒自身单位体积的质量，可用于测定填充床吸附剂的床层孔隙率，并由此测定流动特性。机械强度的测量结果表明碳颗粒在处理和使用过程中经得起磨损的程度。

活性炭在液相和气相处理过程中具有多种应用。气相应用，例如从空气中去除汽油蒸汽、酸性气体的脱硫，以及空气分离，即从氮气中分离氧气。当前人们要求减少燃煤发电厂汞排放呼声为活性炭提供了潜在的巨大市场。在大多数气相应用中使用的活性炭为颗粒或球状活性炭。

液相操作主要采用颗粒活性炭和粉末活性炭。该领域的主要市场是水处理。这种应用包括饮用水处理，以及污水排放回环境前的处理。饮用水处理的一个重点是去除可能有害健康的化合物，另一个重点是通过去除会导致不良味道和气味的化合物而使水适口。后者的应用还为活性炭提供了在饮料和食品产业中的市场。污水处理可能涉及处理广泛的一系列可能的污染物。活性炭可用于处理城市和工业废水。任一类型的废水都是不同化合物的复杂混合物，如洗涤剂、杀虫剂、糖和淀粉、染料、溶剂、蛋白质、脂肪、烃油以及药物。活性炭的液相应用还可以扩展到发酵过程，这些应用不只局限于乙醇生产，在制备一系列的生物化学品，如维生素和抗生素的过程中也具有越来越多地用到活性炭。

由于经济、环境或二者的原因，当活性炭达到其吸附容量上限时，通常需要对其进行再生处理。这样可以重新使用活性炭，并且适当地处理所吸附的物质。再生可通过在非反应气氛或过热蒸汽中加热已使用的活性炭来进行。有时简单的减压操作可从碳中除去所吸附的气体。更复杂的再生操作可能需要使用一些适当的溶剂来提取吸附物，但这又带来了如何处理提取溶液的问题。

24.2　炼铝阳极

从矿石中获得铝的标准方法是霍尔—埃鲁炼铝法[A]。铝的主要矿石是铝土矿，其为不纯的氧化铝和氢氧化铝，通常混有与铁、硅的氧化物，有时混有钛的氧化物。铝土矿通过拜尔法纯化，其主要涉及用氢氧化钠水溶液浸提。氧化铝易于溶解，反应为

$$Al_2O_3 + 2NaOH + 3H_2O \longrightarrow 2NaAl(OH)_4$$

其他氧化物则不溶解，剩余物由于存在含水氧化铁或氢氧化铁而呈红色，这与在煤的直接液化中可用作一次性催化剂的赤泥完全相同（第22章）。过滤除去不溶物后，将溶液用二氧化碳处理，可以沉淀出氢氧化铝或氧化铝水合物，即

$$NaAl(OH)_4 + CO_2 \longrightarrow Al(OH)_3 + NaHCO_3$$

收集氢氧化铝并将其煅烧获得纯化的氧化铝，即

$$2Al(OH)_3 \longrightarrow Al_2O_3 + 3H_2O$$

将氧化铝溶解于熔化的六氟铝酸钠（Na_3AlF_6）中。六氟铝酸钠通常以其矿物名冰晶石而为人所熟知。该混合物在约为960℃时熔化。在阴极，铝离子被还原为铝，即

$$Al^{3+} + 3e^- \longrightarrow Al$$

电解池底部收集熔化的铝并定期取出。阳极反应通常写作

$$C + 2O^{-2} \longrightarrow CO_2 + 4e^-$$

但是实际的氧种类可能不是自由的氧离子，而是复合物，例如（$Al_2O_2F_4$）$^{-2}$。

生成铝的净反应为

$$2Al_2O_3 + 3C \longrightarrow 4Al + 3CO_2$$

碳化铝 Al_4C_3 的稳定性会妨碍用碳直接还原氧化铝的过程。通过该反应的化学计量式可知生产每千克铝需要 0.33kg 碳。在工业应用中，每千克铝实际需要碳 0.4~0.6kg。大约三分之二的碳消耗是由于氧化铝分解的氧与碳的直接反应。其余大部分的消耗是由于两个过程：一个是鲍多尔德反应，即二氧化碳与碳的反应；另一个是这些阳极发热，并且一部分阳极与熔融电解液上方的空气接触，从而提供了进一步的氧气侵蚀阳极的通道（虽然小得多）。由发热阳极接触空气产生的碳损失有时被称为空气燃烧。

用于制造炼铝所需阳极的关键原料主要有两种：一种是碳质固体，称为填料；另一种

是可用于将填料颗粒黏合在一起形成黏合体的材料，称为黏合剂。对于阳极制造，填料通常是海绵焦（第 16 章）。焦炭在约 1250℃ 时煅烧以进一步碳化，并除去未在炼焦炉中除去的残留挥发成分。当阳极被消耗到必须更换时，仍残留一些原始阳极材料。为了不浪费，这些残留的阳极片——在行业内被称为残极——与焦炭一起用作填充材料。黏合剂是煤焦油沥青，是冶金焦炉中产生的煤焦油的蒸馏残余物。制备阳极的混合物由约 15% 沥青、65% 煅烧焦炭和 20% 残极组成，在高于沥青软化温度约 50℃ 以上的温度下进行混合，通常约为 160℃。阳极生产的流程图如图 24.3 所示。

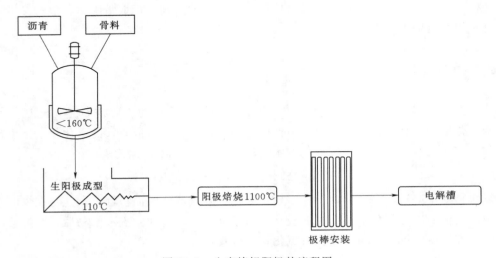

图 24.3　生产炼铝阳极的流程图。

制备好混合物之后，将其冷却至高于沥青的软化点约 10℃。然后，形成大约 1t 的生[B]阳极。在约 1100℃ 下焙烧生阳极三周[C]。将所得到的焙烧阳极连接到导电棒上，通常的设计是将阳极插入到导电棒制备的成型孔中。为确保导电棒和阳极本身之间有良好的导电接触，并确保机械刚性，将熔铁浇注到每个导电棒周围的孔使其固定就位。此时，实际浸没入电解槽设备的部分被称为棒状阳极。典型的槽具有大约 24 个这种 1t 的阳极。由多个电解槽组成的生产设施被称为电解槽系列。电解槽系列可能有大约 250 个槽。换句话说，在任何给定的时间内，每个装置中的单个电解槽系列包含大约 6000t 阳极，其中每个阳极的寿命大约为三周。

可选择的技术是索德伯格电极，有时称为自焙电极。索德伯格电极可用于铝制造，也可用于其他冶金过程，例如制造铬铁合金。对于这些电极，沥青和焦炭的混合物从铁套管的一端进料，另一端则通向熔炉。随着沥青—焦炭混合物接近铁套管的热端（即接近熔炉的内部），其开始焙烧。当混合物本身被挤到熔炉内时焙烧完成。索德伯格比使用预先焙烧的阳极更简单一些，因为无需单独的阳极—焙烧单元，并且可连续获得新的阳极而无需停工进行阳极更换。

在任何电解槽中，阳极都对应有阴极。在炼铝过程中，阴极通常用无烟煤作为填料制造。利用石油焦炭制备阴极时可能会发生钠渗透到阴极，这会导致阴极膨胀和最终的机械故障。制作精良的阴极可持续使用大约五年，与阳极三周的寿命形成鲜明对比。

24.3 炭黑

炭黑是胶体状的，通常是球形、颗粒或球形颗粒聚集体。全世界范围内，没有数千也至少也有数百种工业级炭黑在销售，其具有不同的孔隙率和表面化学，以及颗粒大小和聚集体大小或形状。炭黑产品具有低至 $0.06g/cm^3$ 的体积密度，粒径范围为 $10\sim1000nm$。炭黑具有几种商业价值应用，包括静电印刷和硒鼓中的黑色粉末、印刷油墨中的颜料以及橡胶和其他聚合物中提高耐磨性的填料。橡胶轮胎约 25% 的重量实际上是炭黑，事实上，这是轮胎为什么是黑色的原因。商业炭黑有多种俗名，反映了它们特定的生产方法和原料。炭黑由未完全燃烧的天然气、燃料油或煤焦油馏分制得。炭黑的得率取决于其如何制备以及采用什么原料制备，但通常为约 $2\%\sim6\%$。

占主导地位的炭黑生产工艺是油炉法（图 24.4）。该方法首先在过量空气存在情况下点燃天然气或油生成火焰，将原料油（石油精炼或煤处理过程得到的高芳香性副产品）注入火焰，在原料接触火焰时形成炭黑。炭黑形成后立即进行水冷，然后在袋式过滤器中收集。此时，炭黑在炉中最多停留约 1s 时间。根据预期的应用，炭黑粉末可被制成颗粒，以便更容易处理和产生较少的灰尘。炉法炭黑约占炭黑生产的 75%，并用于改善橡胶和其他聚合物的拉伸强度、抗撕裂度和耐磨性，其粒径范围为 $30\sim80nm$。

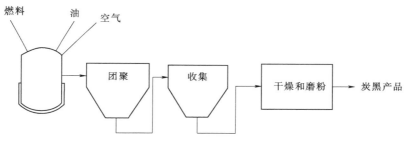

图 24.4 炉法炭黑生产的工艺流程。

热解石油产品或天然气可得到热炭黑。原料进入热的（$1400\sim1650℃$）砖砌发生器进行热解生成炭黑和氢气，$2\sim3min$ 后将发生器用蒸汽吹扫来去除产物，再进行水淬冷并在过滤器中收集产物。炭黑生产同时一些原料在平行的发生器中燃烧以对内部进行加热。因此，热炭黑生产过程需要在两个平行单元之间切换，其中一个被加热，而另一个用于制备炭黑。在各种不同的炭黑中，热炭黑常常具有最大的粒径，高达 $500nm$，且形成小的聚集体。$200\sim500nm$ 的粒径使它们超出了用于强化橡胶的实际应用范围，但是热炭黑可用于制备电线绝缘层、电池的电极，以及在 20 世纪用于制备复写纸。

乙炔炭黑通过热解乙炔制备。将反应室预热到约 $800℃$，在该温度下引入乙炔并进行放热热解[D]。由于热解是放热的，反应器内的温度可达到约 $2500℃$。炭黑的形成发生在将乙炔引入到约 $2000℃$ 的温度时。在 $2000\sim2500℃$ 范围内的进一步反应会引起炭黑的部分石墨化。由于其部分石墨性质，乙炔炭黑在需要良好导电性或导热性或者低化学反应性的领域具有特殊的应用。

另外两种工艺在有限的范围内有使用。槽法炭黑通过在限量供应的空气中燃烧天然气制得。冷铁槽（所得炭黑因此而命名）在刮刀上缓慢往复运动，沉积的碳从槽中刮除并在料斗中收集。该方法产率相当低，一般为 2％～6％。槽法炭黑颗粒直径为 20～30nm，可用作优质印刷油墨的颜料和大型卡车轮胎的橡胶添加剂。灯法炭黑的生产始于古代，通过在限量供应的空气中燃烧诸如芳香油的原料制得。在露营时使用的煤油灯或提灯，或者在发生电力故障时用作备用的煤油灯或提灯，当灯内的燃料—空气比率未调整适当时，有时无意中会产生灯法炭黑。通过现代工艺专门制得的灯法炭黑直径范围为 70～100nm，并且通常是高度聚集的。

炭黑具有完整的芳香结构，即 f_a 为 1.00。与石墨结构中具有精确排列的芳香层不同，炭黑并没有长程结构顺序。其微观结构是由乱层微晶的小的"包捆"组成[E]，彼此不对齐。结构顺序取决于制备的方法。表面附近的原子平面趋向于与表面平行对齐。在石墨中，每个芳香层片的 π 电子系统之间的相互作用提供了层片之间微弱的连接。由于炭黑中的芳香层片不对齐，弱的 π—π 相互作用可以通过吸附气体如氧气来实现。槽法炭黑含有 12％～18％的加热到 1000℃时会挥发的物质。炭黑对气体具有强的化学吸附作用，这在一定程度上也是其能够强化聚合物如橡胶的原因。此应用中，炭黑颗粒必须小到约为 20～50nm，并且能够被聚合物润湿，这意味着聚合物的组分与炭黑颗粒的表面之间必须有相对较强的表面相互作用。

炭黑的许多特性对于其表征和具体应用具有很重要的影响。最重要的特性包括颗粒尺寸、聚集体的尺寸和形状、孔隙率以及碳表面的化学性质。炭黑在非常小的尺寸特征范围内的粒径可通过透射电子显微镜测量。聚集体的尺寸和形状也可以通过这种方法来研究。聚集体通常散装形成主体上未很好堆积（相比于规则的球形堆积）的复杂结构。炭黑试样具有大量的孔隙空间；聚集体结构越大越复杂，散装试样的内孔隙越大。可通过吸收邻苯二甲酸二丁酯来测量孔隙空间；吸收的邻苯二甲酸二丁酯越多，孔隙越大，因而聚集体越大。

全世界炭黑的主要用途为汽车行业，特别是用于轮胎生产。炭黑可将天然橡胶的拉伸强度提高 40％，而苯乙烯-丁二烯橡胶（轮胎的主要成分）的拉伸强度提高一个数量级。对于一定量的炭黑添加到橡胶中时，炭黑的粒径越小，炭黑和橡胶之间总的界面面积就越大，从而提高了拉伸强度和抗撕裂性。"结构"（此情况中意味着聚集体的不规则性[F]）越大，橡胶的硬度越大。炭黑的作用是通过用不易变形的、小的硬颗粒取代可变形的聚合物链而使橡胶变硬。因此，橡胶产品的弹性减小。因此，当橡胶开始老化时，断裂或撕裂的裂痕朝着炭黑聚集体方向发生。橡胶中这些聚集体越多，发生显著的断裂或撕裂所需打开的总裂痕就越长，因而炭黑添加量越大，抗张强度就越高。然而，这仅在一定的炭黑加量下是正确的，通常为大约 30％的炭黑体积的分数。当炭黑添加量更多时，太多的炭黑导致橡胶的聚合链难以润湿全部可及的炭黑表面。添加炭黑提高了橡胶的断裂强度，但降低了断裂时的扩展量。从某种意义上来说，单个橡胶分子间的相互作用被橡胶—炭黑—橡胶相互作用取代。

炭黑的次要用途是用作制造调色剂、油墨和塑料的色素。特性参数是黑色指数[G]，其与颗粒直径成反比。炭黑还是极好的紫外（UV）线吸收剂，因而炭黑添加剂可用于聚合物中防止紫外线降解。除了吸收一些紫外线而防止其被聚合物吸收外，当紫外线在聚合物中引发自由基降解时，炭黑还可用来终止自由基链式反应。

24.4 石墨

24.4.1 天然石墨

石墨在世界的许多地方天然存在，包括西伯利亚、墨西哥、马达加斯加、斯里兰卡、加拿大的魁北克省和安大略省以及美国的纽约州。氢再分配图中石墨是沿着富碳侧深入反应的终产物。因此，石墨往往存在于经历了高度变质的沉积物中，例如那些与岩浆接触而发生改变的沉积物。围岩中的构造应力在石墨形成中可能起一定作用。

石墨具有高度各向异性的结构，如图 24.5 所示。在层片内，碳原子参与强的 sp^2 键合。层片之间，相对较弱的静电相互作用提供了从一个层片到另一层片的键合。所以，当石墨受到在层片方向的剪切力时易于滑动。这产生了天然石墨的主要应用之一，即作为润滑剂。粉状石墨一种极好的高温润滑剂，而高温下有机物质蒸发或烧焦并且失去润滑性。大多数金属在石墨受影响之前会因过热而熔化。当有机液体的黏度太高而不能使部件润滑时，石墨作为低温润滑剂同样有效。

石墨的各向异性强度响应于剪切作用也是固体石墨在纸张或羊皮纸上滑过时能够留下痕迹的原因。自古以来，石墨一直被用于书写，也是一代代小学生所使用的木质铅笔中的"铅"[H]。天然石墨的另一些商业应用包括制造坩埚或电池电极。

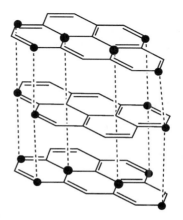

图 24.5　石墨的部分结构。黑色点表示原子为垂直排列，如虚线所示，层片之间的距离为 0.3354nm。

24.4.2 石墨化过程

制造合成石墨的艾奇逊法[I]是在 19 世纪 90 年代被发明的。当时，人们已开发碳化硅（又被称为金刚砂）作为研磨材料和耐热材料，并且在高温电炉中制造。碳化硅生成的反应为

$$SiO_2 + 3C \longrightarrow SiC + 2CO$$

其中，将砂用作二氧化硅来源，无烟煤用作碳源。由于在炉壁的砖块之间有泄露，一氧化碳会被点燃并燃烧。19 世纪 90 年代全面运转的碳化硅炉一定很壮观。艾奇逊的关键发现可能是出于偶然，其是让炉子变得非常热，导致产生石墨而不是碳化硅，可能是通过反应为

$$SiC \longrightarrow C + Si \uparrow$$

无论是否偶然，该发现为合成石墨工业奠定了基础。现今，石油焦炭是全世界大约 99%合成石墨的优选碳源，但是无烟煤也可用作生产一些等级的石墨原料。

广义上讲，石墨化将碳原料如石油焦炭或无烟煤转变为具有有序结构的石墨。石墨化

要求极高的温度，在3000℃左右。在石墨产品生产期间，材料工程师可控制产品的形成过程（例如，通过成型、冲压或挤压）和石墨化反应本身，来调控单个石墨晶体的大小及其取向，从而获得所期望的宏观特性。鉴于此，合成石墨有时被称为工程石墨。

由于原料经历升温到石墨化温度，杂原子和氢原子在约1300℃开始被去除。一旦温度超过1800℃，乱层碳开始排列并形成石墨结构。高于2000℃时，杂原子和大多数或所有的氢原子被去除。乱层碳的排列继续，排列的速率随着温度超过2200℃而增加。完整石墨结构的形成通常在3000℃下完成。石墨的形成发生在大于2500℃的温度，且在时间和温度之间权衡。在3000℃时，1h就可以使样品完全石墨化，但是在2500℃时需要数小时，甚至可能是数天。

石墨化过程可以通过金属或金属氧化物催化。这些物质与无序或非石墨结构中的碳反应，可能的原因是这些碳在热力学稳定性上不如石墨。产生的碳化物在较高温度下分解成石墨碳，这正如艾奇逊在一个世纪以前发现的那样。自然存在于无烟煤中的石英似乎正是以这种方式促进石墨化过程的。使用符号 ng 和 g 分别代表非石墨碳和石墨碳，则反应为

$$SiO_2 + 3C(ng) \longrightarrow SiC + 2CO \uparrow$$
$$SiC \longrightarrow C(g) + Si \uparrow$$

其他优先与无序的非石墨碳反应的处理方法同样可加速石墨化，例如，在温和氧化氛围中进行的热处理。

24.4.3 电极

石墨电极的主要应用是电弧炉炼钢。石墨电极在这种应用中的使用是碳材料科学的非凡胜利。石墨电极直径为75～750mm，且最长可达3m。在电弧发出的顶端，温度可达到3500℃。在钢水和炉渣的熔炉浴中，温度为1500～2000℃。但在几米远的另一端，温度接近周围环境。在几米的距离内碳能够保持可能2000℃的温度差。电极在顶端被夹紧，并且必须保持足够的机械强度以支撑自身的重量并同时维持该温度差。电极需耐受由于热冲击导致的断裂。热膨胀系数必须足够低，使热电极不会膨胀到无法从熔炉顶部抽出。而且，从熔炉中抽出白热化的电极时，其必须能够耐受暴露于空气引起的氧化作用，更不必说要防止着火。

石墨电极的生产取决于两个主要成分——填料和黏合剂。填料通常为石油产品延迟焦化的针状焦（第16章）。黏合剂通常是煤焦油沥青，即来自炼焦炉副产品煤焦油蒸馏的残余物（第23章）。将压碎和磨碎的填料在稍高于黏合剂软化点的温度下与黏合剂混合。大部分煤焦油沥青非常黏稠，在室温下为固体；它们通常在约110℃的温度下软化，并且具有足够低的黏度，可在高于软化点约20～40℃的温度下使用。混合温度的选择以确保填料颗粒被黏合剂充分湿润为准，且通常低于160℃。所使用黏合剂的量在一定程度上取决于填料颗粒的大小，以及所制造产品的最终用途。黏合剂用料的可选范围较宽，其与填料的质量比为0.25～0.70。所得的黏合剂与填料的混合物称为生料混合物。

随后将生料混合物挤压成接近最终产品所需的尺寸。如果用于电极制造，它看起来像一根黑色的大木头。大的电极长度可达3m，直径达0.7m。挤出温度低于混合温度，通常约125℃。如果终产品不是电极，可将混合物加工为所期望的最终形状，例如在制造石墨坩埚时使用模具。针状焦是高度各向异性的。挤压时，"针"在平行于挤压的方向上排

列；成型时，它们在垂直于所施加力的方向上排列。

生的成形体在 800℃ 下焙烧。将生电极置于不锈钢容器内并用沙子和冶金焦的混合物填埋（填充容器）。罐状不锈钢容器被称为耐火匣体，而砂—焦炭混合物被称为焙烧包。如果焙烧棒的密度低，表明它含有空隙或开孔，在约 300℃ 和真空下用石油沥青浸渍，然后再次焙烧。在某些情况下，需要重复若干次浸渍和再次焙烧。

当焙烧棒以准备好用于石墨化时，将其加热至约 3000℃。图 24.6 给出了全流程。

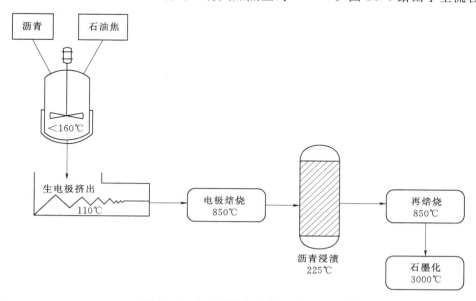

图 24.6　生产石墨电极的工艺流程。

该温度可以通过电阻加热达到，通常有两种方法。一种为纵向石墨化，将电极首尾相连放置于炉中，电流以平行于电极排列的方向流过。完全石墨化需要约六天时间。石墨化是一个批处理过程，将焙烧棒装载于炉中，用棒石墨化，然后从炉中卸载；另一种为艾奇逊石墨化，同样也可使用电阻加热，但电流以垂直于电极长轴的流过。在艾奇逊熔炉中，将电极装在所谓的石墨化剂包内，冶金焦有时混合有砂和木屑，其可提供绝缘效果，但也有一些热辐射传到电极。艾奇逊石墨化每批需要 28 天时间。

24.4.4　高密度各向同性石墨

石墨通常是典型的各向异性材料，碳原子平面内具有很强的共价键，而平面之间具有弱的静电相互作用。各向同性石墨的概念似乎矛盾，但该术语适用于石墨的单个晶粒随机取向的材料。该材料与石墨的不同之处在于石墨的挤出或成型旨在排列针状焦颗粒。各向异性比是平行和垂直于挤压或成型方向的电阻率比值。对于各向同性石墨，该比率的值为 0.9～1.1。该材料又是高密度的，其密度必须大于 $1.8g/cm^3$，高于常规合成石墨的密度（$1.5～1.8g/cm^3$）。

高密度各向同性石墨可以通过与制备电极石墨相同的通用方法来生产，其中有以下两点变化：第一，填料颗粒研磨成非常细的粒度，以有助于确保颗粒与黏合剂进行混合时它们具有随机取向；第二，成型是在等静压下进行的，以避免由单向成型压力形成的优先排列。这些各向同性石墨具有商业应用价值，但是当今整个各向同性市场只占电极市场的一小部分。

高密度各向同性石墨可用于制造加热器和坩埚，它们用于生产半导体工业用的单晶硅。这种类型的石墨还可用于制造电火花加工（EDM）电极。EDM 是一种可加工复杂形状并具有很小公差的方法，其甚至可用于加工那些由于高硬度或强度而极其难以用常规工具如车床和钻头来加工的金属或合金。

核石墨也属于高密度各向同性石墨的范畴。自 1942 年首次手工建成核反应堆以来，石墨已被用作慢化剂（将由裂变产生的中子的动能减少到其能够诱导另一裂变事件的动能值以下的物质）。石墨已作为核心材料在一些新一代的反应堆中应用，包括正在发展的高温气冷反应堆，并且有助于制造用于卵石床反应堆的燃料"卵石"（其实际上大约与网球一样大）。在这些应用中，各向异性的热膨胀会形成压力而导致故障发生。因此，核反应中需要使用高度各向同性等级的石墨[J]。这还需要看核工业是否会从三哩岛事故和切尔诺贝利事故引起的低迷中复兴。如果复兴了，各向同性石墨会成为一项大的产业。

注释

[A] 查尔斯·马丁·霍尔（1863—1914），美国化学家，在其家后院的柴棚里进行实验而开发了电解工艺。除了美国之外的所有讲英语的国家，元素 Al 的英文名为"aluminium"，而在美国被称为"aluminum"。据说，是霍尔个人导致了这样的差异，因为他在推广自己工艺的宣传中将该词拼错了。保罗·埃鲁（很巧合地也是 1863—1914），法国科学家，技术高超的台球手，他的研究与霍尔的研究几乎同时进行。埃鲁第二重要的发明是用于炼钢的电弧炉，本身对碳材料具有很严格的要求。据说霍尔—埃鲁炼铝法的成功使商业化铝的价格降低了 200 倍。

[B] 两种黑色原料混合不会产生绿色物质。由此而论，"绿色"这个词具有其不太常见的一种含义，即未焙烧的或未经处理的（生的），该含义源自早期的制陶和砖瓦工业。

[C] 较长焙烧时间反映了铝行业质量控制的严峻挑战。在焙烧之前，没有人知道阳极是否合格，或者是否已破裂、破碎，或者是否变得无法使用。但是，用于制造阳极的混合物需提前三周制备。如果配制的阳极混合物存在问题会导致无法获得合格的阳极，然而在三周内这些问题不会被发现。同时，还有可能已配制了越来越多不合格的混合物被成型加工成生阳极。因此，需要继续开发测试方法，准确预测生混合物制备的焙烧阳极质量。

[D] 几乎所有的热解反应都是吸热的，因为它们涉及稳定化合物中键的断裂。然而，乙炔例外地具有正生成热（+227kJ/mol）。其他生成热为正值的化合物包括乙烯、二硫化碳、肼和氰化氢。

[E] 想象石墨的结构时可设想有一沓新扑克牌。一沓堆放整齐的扑克牌代表六边形 sp^2 碳原子的平面，平面是平的，垂直排列，且具有明确的层间距。在一些乱层碳中，确切来说是很多"平面"实际上已发生了折叠、弯曲或褶皱。从一个"平面"到另一个"平面"的排列可能被扭曲。乱层碳类比于同一副扑克牌经过长时间揉用后未被小心地堆放在一起的情形。

[F] 在炭黑市场上，结构一词涉及聚集体的结构，即它们有多大，以及它们是什么

形状。而原子的排列、芳香结构的层，以及某个独立炭黑颗粒内雏晶的取向通常被称为微观结构。

［G］黑度指数通过分光光度计测定。值得注意的是，训练有素和视力非常好的人有可能辨别约 250 种不同的黑色色调。这种辨别许多黑色色调的能力因人而异，且取决于黑色着色到什么程度。

［H］自 16 世纪在英国发现石墨矿床以来，石墨的名称有些混乱，特别是石墨有时被称为铅。由于其灰黑色的金属外观，石墨被称为"plumbago"，个别翻译为铅砂或黑铅。据推测，石墨被视为是铅的一种形式，而铅的拉丁名为"plumbum"。当一只手拿着一块石墨而另一只手拿着相同大小的一块铅时，这样的差异应当是显而易见的，因为铅的密度比石墨大 5 倍（分别为 11.3g/cm³、2.2g/cm³）。装饰用的白花丹属植物也被称为"plumbagos"。

［I］以美国化学家爱德华·艾奇逊（1856—1931）命名。艾奇逊在为托马斯·爱迪生工作时首次接触碳材料学的，其工作是开发用于白炽灯照明的灯丝碳材料。后来，他发明了以"人造钻石"出售的立方氧化锆（ZrO_2）的制造方法，以及制造碳化硅的方法。后者又以命名为金刚砂出售，作为研磨剂和作为耐火材料而具有广泛应用。

［J］1957 年，英国温·斯凯尔（现在的塞拉菲尔德）反应堆事故有时被归因于慢化剂中的各向异性石墨膨胀到一定程度而接触到空气并燃烧。然而，实际上是燃料储罐而非石墨着火。

推荐阅读

Delhaès，P. *Graphite and Precursors*. Gordon and Beach：Amsterdam，2001. A collection of chapters by various authors that includes much useful background on the fundamentals of graphite chemistry and physics，and on graphite technology.

Donnet，J. B.，Bansal，R. C.，and Wang，M. J. *Carbon Black*. Taylor and Francis：Boca Raton，FL，1993. Again an edited collection of chapters by various experts，providing a survey of carbon black production and uses.

Marsh，H.，Heintz，E. A.，and Rodríguez – Reinoso，F. *Introduction to Carbon Technologies*. Publicaciones de la Universidad de Alicante：Alicante，Spain，1997；and Marsh，H. and Rodríguez – Reinoso，F. *Sciences of Carbon Materials*. Publicaciones de la Universidad de Alicante：Alicante，Spain，2000. These two companion volumes each represent collected chapters prepared by authors working in various fields of carbon technology or science. Taken together，these books provide a very thorough grounding in carbon materials.

Pierson，Hugh O. *Handbook of Carbon，Graphite，Diamond，and Fullerenes*. Noyes Publications：Park Ridge，NJ，1993. A useful introduction to carbon materials. Many parts of this book are relevant to the present chapter，along with topics not included here，such as carbon fibers and diamonds.

Song，C.，Schobert，H. H.，and Andrésen，J. M. *Premium Carbon Products and Organic Chemicals from Coal*. *Report No. CCC/98*，International Energy Agency：London，2005. This report focuses only on coal as a feedstock，but discusses graphites，activated carbons，and other products relevant to this chapter. A useful survey of the field up to its time of publication.

第 25 章 二 氧 化 碳

地球变暖的事实已无争议，冰川和永久冻土层正在融化，海平面正在上升，沙漠正在蔓延，北半球高纬度地区的生长季节越来越长，迁徙动物到达夏季繁殖地更早且停留的时间更久，一些不太讨人喜欢的动物，包括蛇和携带疾病的昆虫，正在扩大其领土。气象记录显示过去十年的气温已达到了最高纪录。来自不同科学领域如此多的独立观察结果反映出异常强烈的情况，即真实的效应正在发生。

与其他系统类似，地球的温度受简单的热量平衡控制，即

（吸入的热量）－（放出的热量）＝（系统中保留的热量）

热量来源于几个方面，包括入射的太阳辐射、人类活动产生的热量以及来自地球内部放射性物质衰变的热量。到目前为止，来自太阳辐射的热量占主导地位。据估计，捕获和转化照射到地球上约 45min 全部太阳能即可满足人类全年所需的能量。热量主要通过辐射返射回太空而损失，大部分为红外线。吸入的热量（主要是太阳能）与放出的热量（主要是辐射到太空的红外线）之间的平衡维持了全球平均温度，两者的任何变化必然导致保留热量的变化，又反过来导致全球平均温度的变化。因为温度是影响气候的主要因素，净效应是全球气候的变化。

地球变暖的这一观测结果，尚未有证据表明太阳产生的能量在稳定增加，也没有证据表明达地球的太阳能在显著增加。也就是说，热量平衡方程中，吸入的热量没有明显变化。由于大量证据表明，系统中保留的热量越来越多，原因必然是反射到太空的热量，即放出的热量越来越少。

在地球上感受到的温度，即辐射传热主要以红外线介导。大气中的一些成分可吸收红外辐射，包括甲烷、二氧化碳、水蒸气、一氧化二氮和氯氟烃。这些气体中的任何一种在大气中的浓度增加时，所吸收的红外辐射量也增加。吸收了红外辐射的分子被激发到更高的能态。最终，分子返回到基态并释放所吸收的能量。所释放的能量可以发射到任何方向，有些必然会被重新辐射回地球，返回太空的热量减少，这样就增加了保留的热量，从而提高了全球平均温度。类推表明，大气中吸收红外线的气体阻碍了热损耗，其作用方式与温室侧壁和顶部的玻璃板保持内部热量的作用方式相同[A]。由于这个原因，这些吸收红外线的气体被统称为温室气体。由于大气中温室气体浓度增加，导致地球正在经历的气候变暖就是人们通常所说的温室效应，但是称为全球变暖或全球气候变化更恰当。

即使在完全没有人类活动或者实际上完全不存在人类的情况下，大气中仍然含有温室气体。例如，来自有机物腐烂、火山爆发，以及天然森林或草原火灾产生的二氧化碳。由于自然界存在一定量的温室气体，地球比大气中完全不存在温室气体时更暖和。如果没有任何温室气体，地球的平均温度大约为 −5℃。没有温室气体时 −5℃ 的温度与 14℃ 的全

球平均温度之间的这一差异，代表了天然的温室效应。如果没有它，人类生活将完全不同[B]。

人类活动增加了大气中温室气体的浓度。这种温室气体浓度的增加对地球的变暖作出了贡献。除自然温室效应外的其他变暖，被称为人为温室效应，选择这样的命名是为了引起对人类活动作用的关注。人类活动排放温室气体的例子包括从天然气系统泄漏出甲烷，水泥产业中将石灰岩转化为石灰，以及焚烧森林以形成更多的耕地。除此之外，产生大量温室气体如二氧化碳排放的一项活动是燃烧含碳燃料，这实际上是排放到大气的二氧化碳的最大来源。

由于二氧化碳排放与燃料使用直接相关，本章的主题是二氧化碳。具有三个特点：第一，二氧化碳并非唯一的温室气体；第二，人为排放并不是大气二氧化碳的唯一来源；第三，化石燃料燃烧并不是人为排放二氧化碳的唯一来源。

毫无疑问，最重要且有效地在短期内减少二氧化碳排放的方法在于节约能源。使车辆的燃料经济性翻倍，在允许每个人都开车，即和目前情形差不多的情况下，可使燃料的消耗减半，同时二氧化碳的排放也减少一半。从长远来看，减少或消除二氧化碳排放的方案是增加使用不含碳的能源。这样的能源包括太阳能、风能、非来自蒸汽转化或含碳原料气化的氢能，以及核能。有些人认为，人类必须立即停止使用碳基燃料，尤其是化石燃料，但这是不可能的。在不到几十年的时间内，世界各国没有财政所需的资金和制造能力来取代所有依赖碳基燃料的发电站、汽车、过程加热器、冶金熔炉以及家用设备。

生物质为化石燃料提供了可能的替代，其具有很少或无需改动硬件设施即可在利用化石燃料的同一设备中使用的实际优势。生物质（第4～第6章）是短期的全球碳循环，在此意义上，当新一代植物生长时，生物质排放的二氧化碳原则上在下一个生长季时基本从大气中去除。然而，一些未得到补偿的二氧化碳排放来自于农业机械、运输收获的生物质到加工厂，以及将生物质转化为产品如生物柴油和乙醇过程中使用的化石燃料。对于某些形式的生物质，如基于淀粉的乙醇，食物与燃料之间的争论尚未停息。单一作物密集种植下的长期土壤生产力，以及用于生物质生长的水资源供应仍是问题。但是，不考虑这些问题，尽管对于地球是否能够生长足够的生物质来提供与来自化石燃料等量的能量仍然存在疑问，生物质作为能源的重要性似乎不断在增加。

在未来几十年，人类将继续依赖化石燃料。现在必须面对的问题是如何应对来自化石燃料利用而产生的温室气体排放，尤其是二氧化碳。广泛的策略是追溯到全球碳循环（第1章）以及确定碳源和碳汇。希望某一天世界各国将对阻止破坏诸如雨林这样的重要的碳汇，甚至对恢复生物圈吸收二氧化碳能力的解决方案达成共识并实施。虽然这样的努力在燃料科学和工程领域之外，但是该领域可集中在解决碳源的问题上。

最有效实用的减排二氧化碳的方法在于节约能源和提高能源利用效率，这一点怎么强调都不为过。即便如此，化石燃料最先进的高能效利用仍然会产生一些二氧化碳。下一步即是要想办法处理二氧化碳，以防止其进入大气层。这样做的方法被称为碳管理或碳捕获与储存（CCS）。国际社会对全球变暖关注的日益增加促使人们发展了许多CCS策略。有些小规模的试验看似非常有吸引力，并且开始进入商业化应用。其他策略源自一些过去认为荒谬的未知领域。本部分接着讨论一些似乎有前景的CCS方法，有些已在大规模使用，有些正在尝试，有些正在开发。许多优秀的科学技术与工程实践已经且必须继续投入到CCS中。

25.1 碳捕获与储存

25.1.1 藻类

光合作用是植物从大气中去除二氧化碳的主要途径。绿色植物的生长为全球碳循环中提供了 CO_2 吸收。正因如此，专门种植以捕获 CO_2 为主要目的的植物是有用的，许多植物可应用于此。理想情况下，这些植物应当生长快速，以获得高速率的 CO_2 吸收。如果它们能靠近主要的 CO_2 源生长，甚至是与 CO_2 源位于同一地点，这将是很有用的。一旦植物生长，可获得的额外益处是收获植物，并将其应用于一些有益的用途，如转化为生物燃料。藻类能满足这些标准。

藻类有四种不同的纲：硅藻纲、绿藻纲、金藻纲，以及蓝藻纲等。每个纲都有几个属。在物种水平上，有超过 10 万种的藻类。硅藻是单细胞生物，有时形成有组织结构的群体，如细丝。硅藻将其自身包入硅土中。当硅藻死亡后，硅土外壳堆积形成硅藻土，其在化工过程中可用作助滤剂，易于吸收硝化甘油来制造炸药。绿藻是当今高等植物的祖先，包括几千种。有时在潮池的岩石上出现的绿"泥"，即石莼就是一种绿藻。蓝藻在地球历史上具有重要作用，其光合作用的副产物——氧气，可能是地球原始还原气氛转化成氧化气氛中的作用因素，促进好氧生物的后续进化。

藻类利用二氧化碳遵循第 3 章和第 5 章中所论述的反应。光合作用将二氧化碳转化为葡萄糖，后续反应利用葡萄糖合成脂质。提高 CO_2 浓度似乎可加快生长速度，至少一些藻类不仅可以耐受这种高浓度，而且可在比目前大气中高 2~3 个数量级的 CO_2 浓度下生长。有几种藻类甚至可以耐受 100% 的 CO_2。

如果藻类不仅生长速度快，而且还产生高浓度的油脂，则可以实现第二个益处。在高等植物中，整个植物体中只有一小部分含有大量油脂，藻类的情况却不同。藻类油脂提取出来后可用于生物燃料生产。对于燃料加工和转化设备而言，生物燃料将是一个额外的收入源。如果藻类生物燃料与来自煤炭费托合成的液体相混合，算上总液体产品的可再生性或"绿色"贡献，可能会获得一些益处。提取油后的残余物可用作气化器或燃烧器的合适进料。

在有利条件下，藻类易于在开放池中生长。例如夏季农田池塘表面可能完全被藻类"塘泥"的绿层覆盖。可建造人工池塘用于藻类生长和吸收二氧化碳。由于 CO_2 吸收几乎完全发生在表面，因此需要较大的面积以实现有效的 CO_2 利用。一种改进的方法是，在利用反应器中反应而不是在表面上反应。这可通过在透明反应器——光生物反应器中进行光合作用来实现，如图 25.1 所示。

在这些反应器中，CO_2 通入到悬浮有藻类的水溶液营养培养基中，以使 CO_2 与藻类细胞充分接触。CO_2 连续通入可保持内容物混合而无需额外的搅拌器。随着藻类的总质量增加，反应器中的光强度减少，因而必须定期收获藻类。为了在整个反应器横截面上获得有效的光强度，反应器的直径受到限制，约为 0.4m。

用于捕获 CO_2 的藻类必须满足以下条件：藻类必须能够快速生长且具有高油脂产量；藻类细胞的浮力在光生物反应器操作中很重要，以使细胞不会沉积和覆盖生物反应器的内壁，即有点像在家庭水族箱的侧壁形成的绿苔；最终需要通过简单且廉价的方法从生物反应器中回收藻类细胞；絮凝有助于其分离，这样的过程可利用自动絮凝机理，或通过例如改变培养基的 pH 值来诱导。在数以千计的备选藻类中，微拟球藻属的藻类似乎可相当好地满足大部分标准。在最有利的情况下，一些藻类含有约 40% 的油脂。在海洋藻类中，油脂含量与生长速率成反比，即那些快速增长的藻类的油脂含量较低。微拟球藻属的藻类具有增长率与油脂含量之间的最佳平衡。

图 25.1　利用藻类来捕获二氧化碳的光反应器。该反应器的结构被称为生物栅栏，因为含有藻类的管状结构看起来像栅栏。

25.1.2　生物炭

化石或生物燃料的热解（第 6 章）总是伴随着炭的形成。在某些情况下，这是过程进行的目的，例如木炭生产。但是，如果热解的目的是制备气体或液体燃料，且不存在现成的炭市场时，可能会简单地掩埋炭焦。因此封存的碳量相当于由该过程中产生的炭焦量。一些临时的碳封存可以通过将残余物掩埋或堆肥用于耕种来实现。按土壤科学的术语，在这种物质中的碳是不稳定的，因为它在几年后会转化成二氧化碳并释放到大气中。相比较而言，木炭中的碳是稳定的，其可以保留在土壤中达几个世纪或几千年。

除了可以封存碳外，专门热解生物质来生产用于碳封存的炭，还具有多个益处。该产品具有多个名字，但通常被称为生物炭或农业炭，有时被称为黑土[c]。在澳大利亚的生物炭试验中，当生物炭以 $10t/hm^2$ 的量加入到土壤中时，作物产量翻倍，或少数情况下可增至三倍。生物炭的有益作用归功于几个因素。生物炭可能保留了一些来自原始植物的氮、磷和钾。这些元素是重要的植物营养素因而成为肥料。地下水或土壤生物对生物炭的作用可以将它们释放回土壤，在土壤中它们将有助于促进下一代植物的生长。生物炭是多孔固体，易于吸收并保持水分。在炭中滞留的水分也有助于作物生长。通过刺激植物生长，生物炭对 CO_2 具有双重影响：第一，其添加至土壤中使碳封存；第二，促进植物生长，促进发生更多的光合作用，从而去除大气中更多的 CO_2。

用于生产生物炭的原料可以是各种形式的生物质。如果生物质是专门为了生产生物炭而种植的，则应当选择快速生长的植物，包括柳枝稷和杂交杨树。反应器可以是外部加热的窑炉。气体和生物油产品可获得潜在的额外收益。油的组成取决于具体的原料和热解条件。与木炭生产中获得的木材化学品类似，生物油可进一步提质成有用的燃料或化工产品。其他原料可以是城市固体废弃物，或来自食品和林产品工业的废弃物。对于掩埋来自化石燃料热解炭的益处，如果有的话，人们似乎了解不多。利用农业（作物）废弃物来生产生物炭是一种具有吸引力的选择。全世界农业废弃物的年产量达大约 40 亿 t。仅百分之十用于热解生产生物炭时，按照澳大利亚的施用量，就足够大约四千万 hm^2 的耕地使用。

生物炭的商业化生产有两个发展方向。一个是采用大型集中设施生产。如果这样，生物炭工厂将面临与乙醇和生物柴油厂相同的经济性问题：离中心设施一定距离时，收集和运输生物质是不经济的。该距离的数值取决于所采用的经济性假设，范围从悲观的 20km 至乐观的 160km。以集中设施为圆心 50～80km 的半径似乎是合理的。另一个是在非常小的分散设施中生产生物炭。炉窑是成熟甚至古老的技术。生物质热解是"低科技的"。农民可以建造和安装自己的生物炭单元，或者将生物炭炉窑安装在卡车后面，并根据需要在农场之间使用。此外，可在综合的生物燃料项目中收获生物质，运输到经济限制范围内的集中式乙醇或生物柴油厂，而超出这个距离时就在小的分散单元中将生物质转化为生物炭。

生物炭的另一个好处在于其能够在使用生物炭的土地中取代一些氮肥肥料。许多肥料要么是由化石燃料生产的，要么是在加工过程中消耗化石燃料。减少肥料需求可影响其生产设施排放的 CO_2。更重要的是，氮肥是一氧化二氮排放的主要来源。一氧化二氮是一种温室气体，其吸收红外线辐射的能力比二氧化碳高约 270 倍。通过减少使用氮肥肥料可减少 N_2O 排放，其对全球气候变化应当存在一定的影响。过度使用氮肥肥料还会导致水体污染，因为硝酸盐或其他含氮化合物会转移到天然水体中。

25.1.3 CO_2 的化学应用

全球化工行业每年消耗大约 1.2 亿 t（Mt）二氧化碳，其最大的用途是合成尿素。其他使用二氧化碳的主要过程是生产水杨酸、甲醇和各种有机碳酸酯，包括聚（碳酸丙二酯）。

水杨酸（邻羟基苯甲酸）是合成阿司匹林的关键化合物，其由苯酚通过科尔比—施米特反应反应制得，即

每年仅美国的阿司匹林产量就超过 20000t，大致相当于每个男人、女人和孩子每天吃一片[1]。

科尔比—施米特反应将苯酚转化成邻羟基苯甲酸或对羟基苯甲酸。反应通过形成苯酚的钠盐或钾盐，之后与二氧化碳反应。19 世纪 70 年代最初的合成工艺中，在高压，180～200℃ 条件下将钠盐和二氧化碳加热。是否用钠或钾来形成苯酚盐对该反应的结果有重要的影响，苯酚钠可获得高得率的水杨酸，而钾盐可获得更多的对位异构体。

有机碳酸酯可用作溶剂和多种化学合成的中间体，也可作为潜在的燃料添加剂。可通过几条途径利用二氧化碳合成有机碳酸酯，其中最直接的是二氧化碳与醇的反应，通常在140～190℃下进行，例如

$$2ROH + CO_2 \longrightarrow (RO)_2CO + H_2O$$

乙醇与尿素的反应是另一条合成碳酸酯的潜在途径，即

$$2ROH + H_2NC(O)NH_2 \longrightarrow 2NH_3 + ROC(O)OR$$

$$2NH_3 + CO_2 \longrightarrow H_2NC(O)NH_2 + H_2O$$

氨气通过与 CO_2 反应而循环来产生尿素，因而净过程相当于由乙醇和 CO_2 合成有机碳酸酯。

碳酸二甲酯是一种潜在的有机溶剂、辛烷值促进剂及其他反应的中间体，将来具有潜在的巨大且不断增长的市场。该化合物制备的直接途径包括与甲醇反应，即

$$2CH_3OH + CO_2 \longrightarrow (CH_3O)_2CO + H_2O$$

另一条值得关注的可选途径是利用尿素和甲醇来生产，因为这两种原料自身可由二氧化碳制得。该反应为尿素的醇解反应，即

$$H_2NCONH_2 + 2CH_3OH \longrightarrow CH_3OC(O)OCH_3 + 2NH_3$$

该过程中，可收集氨气并将其循环回尿素合成，如果这样，净反应为

$$CO_2 + 2CH_3OH \longrightarrow CH_3OC(O)OCH_3 + H_2O$$

聚碳酸酯树脂是硬质透明材料，通常用于代替玻璃（例如，眼镜的镜片）。聚碳酸酯应用于汽车玻璃市场不仅会增加汽车的安全性，还增加了 CO_2 基产品的需求。聚碳酸酯生产中占主导地位的单体是碳酸二苯酯，通常使用危险且有毒的光气作为中间体来制备。有机聚碳酸酯在包括食品包装、泡沫铸型的汽车零部件以及电子加工中也有应用。由环氧丙烷和二氧化碳大规模生产（聚碳酸丙二酯）是有前景的，因为目前其在陶瓷黏合剂、胶黏剂和涂料的领域具有一些工业应用。对这些材料而言，与目前往往使用到光气的工业化过程相比，由二氧化碳和环氧化物共聚生产聚碳酸酯是潜在的更低廉且明显更绿色的途径。

25.1.4 煤层气采收

在煤形成期间有两个过程产生甲烷。生物甲烷在成岩过程中通过厌氧细菌降解有机质产生。其他甲烷在煤化的深成作用过程中产生（第 8 章），有时被称为热生甲烷。甲烷吸附在煤的孔隙系统中。以这种方式累积的气体被称为煤层气（CBM）。这种燃料与石油和常规天然气一起由源岩产生，然后通常在地壳中迁移，直到积聚在被某种非渗透性的岩层所覆盖的多孔岩石（储集岩）中，该非渗透性的岩层将油或气保持在储集岩中。对于CBM，煤既是源岩又是储集岩。与相同体积的常规天然气储层中的砂岩相比，富含甲烷的煤层可含有 6~8 倍的甲烷。

CBM 的特性有好有坏。从消极的一面而言，甲烷在矿井中是危险的。若甲烷积聚在煤层的高压腔中，当煤的机械完整性被破坏时可突然释放这种压力。这些所谓的"爆发"将高压气体、高炉煤和岩石碎片释放到矿井隧道，会使矿工致残或致死。甲烷—空气混合物可由火花或明火在不经意间引发爆炸。第一次冲击波可在通道中形成煤尘云，导致甚至更猛烈的粉尘—空气混合物的爆炸。至少两个世纪以来人们已意识到煤矿中甲烷积聚的危害，然而每年都有矿工死于瓦斯爆炸事故，特别是在忽视或没有煤矿安全意识的国家中进行的采矿作业[D]。甲烷不仅是矿井潜在的致命危险物，还是一种强有力的温室气体，每个分子吸收的红外线约为二氧化碳的 11 倍。煤矿厂的排气，或允许这些甲烷排入大气中，会进一步加剧全球气候变化。

甲烷是优质的燃料。采收 CBM 可获得燃料资源，同时从煤层中去除 CBM 可降低矿工的危险并防止气体进入大气。在有煤炭储量的国家中 CBM 是重要的燃料资源。例如，在美国 CBM 供应天然气总消耗量的约 10%。

将 CO_2 注入煤层来促进甲烷生产可获得额外的收益。与甲烷相比，CO_2 可被更强地吸附到煤的表面。CO_2 可置换吸附的甲烷，平均两个 CO_2 分子取代一个 CH_4 分子。正如吸附到固体上的任何气体那样，可及表面积的大小是非常重要的。煤层的孔隙、裂缝和破裂程度影响 CO_2 穿过煤层和 CH_4 迁出的难易程度。当一种气体置换另一种气体时，可能出现煤的收缩或膨胀，或者两者同时出现。水会导致形成 CO_2 的水溶液，其与气态 CO_2 相比具有很不相同的行为。

可进行二氧化碳封存和 CBM 采收的潜在最佳煤层是那些具有高的甲烷含量，但不能通过当前技术开采的煤层。一旦 CO_2 被封存，在我们知道如何开采 CO_2 饱和的煤而不将所有封存的 CO_2 释放回大气之前，这些煤是禁止开采的。许多因素会造成煤层不可开采。其中一个因素是煤层太深，建造矿井和开采操作使煤的开采成本可能比其售价更高。当不考虑深度时，煤层可能太薄而不值得开采，或在适当的区域不能连续延伸。或者，煤的质量可能较差，如硫含量过高，或灰分含量过高。

通过注入 CO_2 也可以提高石油的采收率，其中石油是所需要和销售的产品，CBM 开采的甲烷也可以出售。收入可以抵消 CO_2 封存的成本。但是与石油的情况不同，许多 CO_2 封存的备选煤层处于相对低的压力和温度下，这降低了压缩 CO_2 所需的成本。假设用于 CBM 采收的 CO_2 主要来源于燃煤火力发电厂，这种发电厂常常位于非常靠近煤层的地方，这将避免使用长距离管道来输送 CO_2，同时降低成本。

25.1.5 提高石油采收率

石油的采收是以依靠石油储层中的自然压力来帮助推动石油到地表的，该过程被称为一次采油。随着压力开始下降，更多的石油可以通过二次采油获得，这涉及将水注入石油储层来帮助推动石油到地表。根据石油的质量和当地的地质情况，一次采油和二次采油可提取 20%～40% 的石油，因而还是有很多石油留在了地下（世界油田的石油平均采收率约为 35%）。

三次采油，也称为提高石油采收率（EOR），可将石油采收的百分比增加到 30%～60% 的范围。术语提高石油采收率覆盖了一系列的技术，总共包括加热、注气，采用化学添加剂或微生物来增加可采收石油的量。而 EOR 是通用术语，包括许多方法，特别值得关注的一种方法是 CO_2 的注入，因为该方法具有增加石油采收率并同时封存 CO_2 的双重效益。目前这种方法使用的大部分 CO_2 是从天然气中分离出来的。未来几年的关注将侧重于使用燃烧或气化得到的 CO_2。采收每桶石油时可注入并封存 0.3～1t 的 CO_2。

注入的 CO_2 可以两种方式起作用。深度不到约 0.5km 时，CO_2 并不与石油混合。第一个作用是随着 CO_2 从注入时的高压下不断膨胀而将前方的石油推出。第二个作用是气态 CO_2 能够渗入储集岩中的小孔隙或裂纹中，该储集岩未与水接触，因而含有在第二次用水采收期间未被推出的石油。在更深的地方 CO_2 处于超临界状态（临界状态为 31℃ 和 7.4MPa）。超临界 CO_2 与石油混合，降低了黏性和表面张力。这些效应易于使石油从储集岩的孔隙中释放出，且易于使石油流到钻井孔内。CO_2 注入压力约 12MPa。CO_2 注入 EOR 的总体成功性取决于温度、压力和石油的化学成分。该技术对大于 22°API 度和黏度小于 10mPa·s 的石油效果最好。注入的推荐深度取决于石油的 API 度，且范围约为

$0.8\sim1.3km$。

由于超临界 CO_2 与石油混合，$1/2\sim2/3$ 的 CO_2 与石油一起回到地表。这些 CO_2 通常会被再注入井中，而不是排放到大气中。据估计，全世界通过 EOR 对 CO_2 的封存量相当于燃烧化石燃料电站约 125 年的 CO_2 排放量。但是，在这种乐观的情况下仍然潜伏了以下两个问题：第一，必须从烟道气中分离 CO_2，该过程成本很高，因为烟道气只含 $10\%\sim$ 15% 的 CO_2（这表明进一步研究直接利用 EOR 中的烟道气是值得的）；第二，所分离的 CO_2 必须被输送到可使用其的油田中。幸运的是，不断增长的基础设施正得到发展。仅美国目前就具有约 $5000km$ 的 CO_2 管道，其中这还包括了 CO_2 压缩和运输成本。

25.1.6　矿物碳酸化作用

将二氧化碳引入地壳的矿物中形成碳酸盐是从大气中去除 CO_2 的自然过程。类似的过程可用作 CO_2 捕获技术，但前提是显著提高其动力学过程，这也就是矿物碳酸化过程的目的。

原则上，许多矿物质可用于碳酸化作用。第一个条件是该矿物必须是可碳酸化的，即应当含有高浓度的已知可形成不溶性稳定碳酸盐的元素，这是锁定 CO_2 的关键。第二个条件是备选矿物应当在近地球表面大量存在，可通过目前的开采技术容易且低成本地获得，这是开发具有商业效益的矿物碳酸化 CCS 过程的关键。无论碳酸盐有多稳定，其形成的速率有多快，近期都不太可能看到依赖稀有矿物或难以开采矿物的大规模 CCS 过程的商业化。虽然许多元素形成不溶且稳定的碳酸盐，那些可大量获得且相对便宜的矿物局限于钙、镁、铁和锰。

不考虑具体的矿物，进行碳酸化主要有两种策略：一种是通过直接气—固反应或在含水浆料中与二氧化碳反应，以形成碳酸盐；另一种是在含水介质中的反应，其中一些元素通过在溶液中的反应，从矿物中浸出并形成碳酸盐。两种策略都各有优缺点，均与如何实现可接受的高速率的碳酸化有关。直接反应在概念上比较简单，但为了获得高反应速率需要在高压和高温下操作。高压高温系统具有高投资费用、且很可能需要较高的操作和维护成本。含水系统的获得和操作更为便宜，但需要从矿物中释放元素并形成碳酸盐。这两种过程都需要结合粉碎、研磨，或其他制备过程来准备用于反应的矿物。

蛇纹石[E] 可作为矿物碳酸化的原料。该反应可表示为

$$Mg_3Si_2O_5(OH)_4 + 3CO_2 \longrightarrow 3MgCO_3 \downarrow + 2SiO_2 + 2H_2O$$

蛇纹石满足作为备选矿物的两个条件。蛇纹石含有 29% 的镁，而镁可形成稳定的碳酸盐。$MgCO_3$ 以菱镁矿的形式天然存在，其在水中的溶解度约为 $0.1g/L$。商业上可用的蛇纹石储存在全球范围内形成交叉线，从新西兰到挪威，从中国横跨欧洲至美国。主要问题在于如何实现可接受的碳酸化反应动力学过程。人们已尝试了各种破坏蛇纹石结构的方法，以获得易于进行反应的镁。这些方法包括研磨成极细的颗粒以增加比表面积比、高温热处理（在矿产业被称为焙烧），或用各种酸浸出。

酸浸出使镁和其他形成碳酸盐中的元素释放到水溶液中，从而可与溶解的二氧化碳反应。然而，在低 pH 值下不会形成不溶性的碳酸盐。低 pH 值浸出工序需要进行 pH 调节，或在其后进行 pH 调节，以使系统移至高 pH 范围从而使 CO_2 易于溶解且形成碳酸盐沉淀。虽然这使得工艺流程更加复杂，但总体而言，仍然可能比焙烧之后进行高压直接碳酸

化的成本更低。

其他矿物质也可以用作碳酸化备选物。许多玄武岩含有约 10% 的钙、8% 的铁和 7% 的镁。橄榄石，即 Mg_2SiO_4，含有 34% 的镁，作为潜在的矿物原料已引起了许多关注。所有可能用于碳酸化的矿物总储量非常巨大，因而理论上它们可以很容易地封存地球上剩余的所有化学燃料燃烧后所产生的二氧化碳（该结论是根据地壳的成分计算出来的，其含有 2% 摩尔百分比的镁，但仅有 0.04% 摩尔百分比的碳）。

一些工业过程通常也以副产品或废物制造出碳酸化备选物。在钢铁工业中，石灰或石灰石是窑炉中常用的助熔剂，以帮助产生的矿渣来从铁矿石中带走不同杂质。虽然这种矿渣的组成可能区别很大，但其本质上是硅酸钙，约含 40% 的钙。在许多地方，这种矿渣要么是废料，要么以低值副产物出售，例如，在用于铺路水泥或沥青中的骨料。铁矿渣，以及含有大量钙和镁的其他工业产品在矿物碳酸化作用中具有潜在的用途。原则上，矿渣碳酸化装置可与炼钢复合装置位于同一地点，使得一些排放的 CO_2 可在现场直接进行处理。

如没有更好的处理方法，矿物碳酸化产物可进行掩埋，以将碳锁定在地壳中至上千年。然而，许多产物具有很大的商业前景。被称为沉淀碳酸钙（PCC）的材料的纯度，远远比诸如石灰石这样的天然来源的碳酸钙纯度高得多，在造纸行业具有很大的需求。PCC 可用作理想的纸张主体填料，因为它有助于收纸和保持印刷油墨。碳酸镁是火法冶金工业中耐火砖制备的有价值的材料。碳酸铁或水合氧化物可被转化为磁铁矿、Fe_3O_4，在选煤中作为重介质供不应求（第 18 章）。如果使用氨调节含水浆体的 pH 值，则可将回收的铵盐（如硫酸铵）出售给化肥行业。甚至是反应后的硅渣都可能有一些价值，这取决于其表面积和组成。目前由四氯化硅制备的最精细级的"白炭黑"（矛盾语）具有众多应用，每千克售价达 5 美元。销售副产品的收益对降低矿物碳酸化过程的净成本有显著影响。

25.1.7 光催化

燃烧是放热过程，所释放的热量可用来产生蒸汽，或是供应给生产过程或空间加热，也可被转换为机械功。二氧化碳是不可避免的产物。如果我们想向相反的方向转化，即将二氧化碳转化回碳氢燃料或化学品，该过程必然是吸热的。这种从 CO_2 转化的能源不应当产生比其自身更多的 CO_2，而且应当是非常低成本的，理想情况下是无费用的。太阳能满足了这些条件。

使用太阳能进行二氧化碳转化有两种方式。首先，使用太阳能直接通过光分解水或通过产生光伏（PV）电流后将其用于电解水来制备氢。第 21 章讨论了从 CO_2 合成甲醇，即

$$CO_2 + 3H_2 \longrightarrow CH_3OH + H_2O$$

来源于太阳能的氢气可用于驱动 CO_2 转化为如甲醇这样的有用的物质。第二种策略是用水直接还原 CO_2 来获得小的碳氢化合物或含氧的分子。对于生成甲醇，反应为

$$2CO_2 + 4H_2O \longrightarrow 2CH_3OH + 3O_2$$

地球大气含有约 0.034% 的 CO_2，其可吸收大量的太阳辐射。以上还原反应很明显不会自己发生。但是，用合适的催化剂可促进反应发生。术语光催化用于描述在催化剂存在时发生的反应，利用光来提供能源。

太阳能光伏和光催化都依赖于半导体。在 PV 中，具有高于半导体带隙能量的光子在材料中形成电子空穴对。PV 材料，如常见的硅，与具有五价电子的元素，如磷进行掺杂，形成所谓 N-型（N 为阴性）半导体。硅还可与具有三价电子的元素，如硼进行掺杂，形成 P-型半导体。将这二者放在一起形成了 N-P 结合，这形成了有助于将光生电子扫至 N 端并穿过连接到我们想操作的任何一种设备的外电路电场中。吸收高于光催化半导体带隙能量的光子使光生电子可用于进行二氧化碳还原，例如

$$CO_2 + 6H^+ + 6e^- \longrightarrow CH_3OH + H_2O$$

还原 CO_2 必然伴随着水的氧化，即

$$2H_2O \longrightarrow 4H^+ + O_2 + 4e^-$$

光生空穴有利于该反应进行。

当前许多二氧化碳还原的光催化研究集中于二氧化钛或 TiO_2—载体材料的非均相催化。当 TiO_2 自身被使用时，其可通过长期有效的 K_2O 来促进。此外，TiO_2 可用作金属如铱、铂和铑的载体。该领域未来发展的主要挑战是催化剂或用于催化剂的光敏剂掺杂物的设计，其可利用可见光生成电子—空穴对，并且可有效和高效地将这些电子传输给所吸附的 CO_2。其他因素也影响光催化系统的性能，包括在特定位置的光强度和对于所有的非均相催化剂而言的参数，即表面积。

可以通过光催化还原二氧化碳生成不同的产品，除了甲醇外，还包括一氧化碳、甲酸、甲醛和甲烷。甲醇由于其在燃料化学中相当大的通用性而受到关注。甲醇除了在当前化学工业中的重要用途之外，还可直接用作液体燃料，可以与汽油（如 M85）混合，可通过 MTG 过程转化成汽油，可转化为二甲醚柴油燃料，或者可用于生产生物柴油的酯交换反应。

光催化反应器由透明封闭体的支撑板（例如玻璃）上特定的催化剂组成，该透明封闭体允许光和含 CO_2 的气体透过。其在环境条件下运行且没有活动部件。大的光反应器看起来可能与 PV 阵列非常像，不同之处在于活性物质——与硅基太阳能电池的深色不同，二氧化钛基催化剂可能是白色的。对于大规模应用，一些 PV 系统的设计包括了将 PV 组件的与发电厂相连接的设想。也许当 CO_2 来源（如发电厂或合成燃料装置）被 PC❶ 模块场地包围时，吸收 CO_2 并生产有用的燃料或化学品的时代将到来。

25.1.8　地下注入

将二氧化碳注入煤层有以下缺点：如果煤中的孔隙充满了封存的二氧化碳时，该煤层是禁止开采的除非在将来某个时间开采和利用存有 CO_2 的煤炭的技术获得了突破[F]。与把煤原封不动相比，开采利用煤还是更好的选择，所以更好的方法可能是将 CO_2 注入深部咸水层或已开采烃类的石油或天然气储层中。这种方法潜在的 CO_2 封存容量非常大。根据当前人为 CO_2 排放的速率来算，深部咸水层可存储相当于大约 100～1000 年排放的 CO_2，其中烃类储层可容纳相当于额外 60～90 年排放的 CO_2。

影响咸水层中封存二氧化碳的因素包括：温度和压力；浓盐水的成分，包括其 pH 值；以及蓄存浓盐水且与其接触的岩石（主岩）的成分。主岩成分决定了溶解的 CO_2 与

---

❶ 此处原文为 PC，但根据上下文意思，译者认为此处应该为 PV。

岩石发生反应的可能性，并且决定了主岩成分溶解到浓盐水中的可能性。溶解到浓盐水中的主岩组分可以充当缓冲剂。浓盐水这个词有几个常见含义（例如，指海水或意指氯化钠的饱和水溶液），天然水的具体分类通过其中溶解的固体总量来确定，见表25.1。

表 25.1　基于总溶解的固体的天然水分类。

总溶解的固体（mg/L）	分类	总溶解的固体（mg/L）	分类
<1000	淡水	20000～100000	盐水
1000～20000	淡盐水	>100000	浓盐水

浓盐水的成分在不同的地方不一样。通常，主要的阳离子浓度为 $Na^+>Ca^{2+}>K^+\approx Mg^{2+}$；主要的阴离子浓度为 $Cl^-\gg SO_4^{2-}>HCO_3^-$。浓盐水的成分和 pH 值对于建立影响二氧化碳溶解度的反应是重要的。成分影响的另一方面是盐析现象，即溶解离子物质的浓度增加会降低含水溶液中大部分气体和有机溶质的溶解度。液体中气体的溶解度随着温度升高而降低，随着压力增加而增加。

将二氧化碳注入浓盐水中时，其迅速溶解，接着与碳酸建立了平衡，即

$$CO_2(g)\Longleftrightarrow CO_2(aq)$$

$$CO_2(aq)+H_2O(l)\Longleftrightarrow H_2CO_3(aq)$$

pH 值小于 6.3 时，碳酸是溶液中主要的碳种类；pH 值 6.3～10.3 的范围，碳酸氢盐是主要的种类；pH 值大于 10.3 时，碳酸盐变得最重要。碳酸和碳酸氢盐之间以及碳酸氢盐与碳酸盐之间的平衡转向利于某一种物质的方向移动，其取决于具体的温度、压力和浓盐水的盐浓度。

一旦二氧化碳溶解，其可与存在于浓盐水中的离子或主岩中的物质发生反应，形成稳定的碳酸盐，该过程被称为矿物捕获。钙、镁、铁（Ⅱ）、锶和钡都形成不可溶解的碳酸盐。基于溶度积常数，预期碳酸镁先沉淀，然后是碳酸钙沉淀。与主岩的反应可用正长石（$KAl_2Si_3O_8$）和钙长石（$CaAl_2Si_2O_8$）转化为高岭石［$Al_2Si_2O_5(OH)_4$］和二氧化硅来说明，即

$$CO_2+3H_2O+KAl_2Si_3O_8\longrightarrow KHCO_3+Al_2Si_2O_5(OH)_4+SiO_2$$

$$CO_2+2H_2O+CaAl_2Si_2O_8\longrightarrow CaCO_3+Al_2Si_2O_5(OH)_4$$

目前已有几个大规模的基于注入浓盐水的商业化 CO_2 封存项目正在成功运行。在挪威海岸北海的斯莱普内尔项目已运行了约 15 年。该区域产出的天然气含有 4%～10% CO_2，其通过胺洗涤分离后重新注入生产天然气地层的浓盐水中。韦本项目自 2000 年开始在加拿大萨斯喀彻温省运行。将北达科他州的达科他气化工厂产生的 CO_2 通过 320km 的管道运送到韦本进行封存。该项目中 CO_2 注入油储层的浓盐水中。在阿尔及利亚中部沙漠的因萨拉赫项目于 2004 年启动。将从天然气分离的 CO_2 注入深部地层（约 2km）。

斯莱普内尔、韦本和因萨拉赫项目每年的 CO_2 封存量分别为约一百万 t（Mt）CO_2。这些项目在技术上似乎都是成功的，表明这种深度注入封存方法是可行的。它们是目前运行最大规模的 CO_2 封存项目。尽管有很多优点且获得了不可否认的成功，但其总共三百万 t/年的封存容量仅为全球人为 CO_2 排放量（约 26 Gt）的约 0.1%。

25.1.9 尿素合成

尿素是地球上最重要的肥料，每年生产数百万吨。尿素的工业合成涉及氨气与二氧化碳的反应，即

$$2NH_3 + CO_2 \longrightarrow NH_2CONH_2$$

氨基甲酸铵（NH_2COONH_4）作为中间体形成但不能被分离出来，因为它很容易脱水形成目标产物——尿素。该反应通常在 $160 \sim 220℃$ 和 $18 \sim 35MPa$ 的总压力和 $6:1$ 摩尔比的过量氨气下进行。这些条件保证了氨基甲酸盐的脱水。尽管尿素作为肥料很重要，其最重要的商业用途是生产脲醛树脂和绝缘脲醛泡沫。甲醛可在 $350 \sim 450℃$ 下通过轻度氧化甲醇来制备，以铁为促进剂的氧化钼为催化剂。如上所讨论，也可从二氧化碳而不是通过常用的一氧化碳途径来生产甲醇。因此，可能的方案是脲醛树脂或泡沫中的全部碳源都来自二氧化碳。

按化学计量，尿素合成每年应当消耗数百万吨的二氧化碳（因为全球对尿素的需求量接近 100 万 $t/年$）。然而，尿素合成通常在天然气加工制备氨气的联合工厂里进行，即

$$CH_4 + \frac{1}{2}O_2 + N_2 + H_2O \longrightarrow CO_2 + 2NH_3$$

或

$$10CH_4 + 14\ 空气 + 14H_2O \longrightarrow 10CO_2 + 23NH_3$$

联合工厂中的 CO_2 净消耗比由尿素合成反应本身的更少。进一步开发尿素生产的挑战是将尿素合成与氨气的"非碳"途径合成相耦联，如经典的哈伯法，即

$$N_2 + 3H_2 \longrightarrow 2NH_3$$

这需要获得氢气时不产生二氧化碳。一个方案是在工厂中利用来自太阳能、风能、水能或核能生产的电力来电解水获得氢气。

全世界范围内尿素合成使用 CO_2 量，超过所有化学应用过程消耗的 CO_2 量。可以将尿素合成与潜在的 CO_2 捕集相耦合，获得更大产量的肥料，进而为迅速增长的世界人口提高粮食产量。这种耦合提供了一种双赢的可能性，即减少 CO_2 的同时生产更多的肥料。

25.2 结论

除非灾难降临或人类文明近乎完全崩溃，即使增加零碳能源或碳中性能源的利用，化石燃料在数十年内仍为人类能源经济的重要组成部分。只有在限制二氧化碳排放上采取行动[G]，碳捕获与储存领域才会显示其重要性。

有两个主要的挑战影响碳捕获和储存。第一个问题是经济上的，最根本的原则是没有任何东西是免费的——往往表达为"天下没有免费的午餐"。任何 CCS 技术将会增加所使用设备的资本投入以及持续的生产费用。无论怎样都必须收回这些成本。利用巧妙的工艺设计，通过出售产品或副产品有可能抵消 CCS 的一些成本，或者也许是全部成本。否则，人们仍需为这种成本买单。CCS 的实施意味着将会增加能源成本。

第二个问题是当前存在的二氧化碳产生与碳捕获和储存项目之间的规模极其不匹配。位于南非塞康达的合成燃料厂是工程技术的奇迹，极好地做到了原本所设计的工作——将煤转化为液体燃料和化工产品，但其同时也产生比地球上任何单个体的人为源排放更多的

CO_2，约 73Mt/年。斯莱普内尔、韦本和因萨拉赫的 CO_2 封存项目虽然还没有长时间运行，但似乎同样很好地做到了原本设计的初衷。每个项目可封存约一百万 t/年的 CO_2。理论上，建造一个世界最大的合成燃料厂需要 75 个类似于斯莱普内尔、韦本和因萨拉赫这样的项目来封存所产生的 CO_2。

我们必须认识到不存在碳捕获和存储一体适用的解决方案。相反，寻求当地或区域的机会可能更有利和有效。一些国家缺乏地下封存所需的各种地质结构。基于 CO_2 的化工产业在短期内不可能发展到足以对全球 CO_2 排放产生显著的影响。将 CO_2 来源，如费托合成工厂，与 CO_2 消耗工厂，如燃料级碳酸二甲酯工厂建造于同一个位置，可在特定的地点产生显著的意义。另一个例子是，开采数百万吨岩石并将其运输数百公里用于 CCS，这似乎适得其反。将联合循环电厂与采石场共建于同一个地点同样有很好的意义，如果当地有化学副产品的市场，这样做就更有意义了。

注释

[A] 该类比并不是很准确，部分原因是在温室中存在其他传热过程，特别是对流。

[B] 全球平均温度－5℃时，地球上大部分水很可能变成冰。地球上的大多数生物在其生命过程中都以某种方式依赖于液体水。如果没有自然温室效应，地球上生命的起源和演化，即使发生也必然会采取完全不同的途径。

[C] 已有人研究了南美洲几个地点的黑土。在亚马逊流域发现的一些材料已有七千年的历史。这可能是一些遗失多年的亚马逊文明的产物。也许是下一部印第安纳琼斯电影的主题。

[D] 全球自 1920 年以来有 137 件"著名的爆炸"事件（出自 2010 年世界年鉴，世界年鉴书：纽约，2010），其中有 19 件是煤矿爆炸。

[E] 术语蛇纹石实际上指由约 20 种不同物质组成的一类矿物。有时以单组分的形式混在一起。"蛇纹石"常常用于指含有蛇纹石类的一种或多种成分的岩石。蛇纹石类的常见化学通式为 $(Mg, Fe)_3Si_2O_5(OH)_4$，表明存在铁和镁。不同的蛇纹石矿物中还存在其他元素，包括锰，其形成稳定的不可溶碳酸盐。在蛇纹石类中主要的矿物是叶蛇纹石、纤蛇纹石和利蛇纹石。

[F] 第 19 章中讨论了地下气化，即利用蒸汽和空气或氧气注入地下来驱动碳—蒸汽和碳—氧气反应。然而需要考虑气化中的另一重要过程：鲍多尔德反应（$C + CO_2 \longrightarrow 2CO$）。可以以各种方式利用一氧化碳来合成燃料，如甲醇，特别是如果与非碳的氢气反应时。二氧化碳是从木材或煤炭制备活性炭（第 24 章）中使用的反应性气体。假如可能实施"地下的鲍多尔德气化"，可转化煤层中一半的煤炭并以活性炭的形式将留下剩余的煤炭。然后该剩余的碳可用于吸附和封存额外量的 CO_2。

[G] 即使承认全球变暖存在人为因素，一些人建议对于 CO_2 排放最好的处理方法是什么也不做。其论证的理由是这样的：世界人口不断攀升，而大部分人没有足够的食物，没有清洁的饮用水，以及不能获得甚至是最基本水平的卫生保健，并且世界的金融资源是有限的。或许有限的资源可以更好地投资于试图确保更多的人拥有最低限度的体面生活，以及调整在更暖的地球上的生活方式，而不是投资巨额资金于 CCS。

参考文献

[1] Carey, Francis A. *Organic Chemistry*. McGraw – Hill：New York，1996；Chapter 24.

推荐阅读

    大量的纸张已被消耗在从未停止过的关于全球气候变化讨论的文献潮流中，包括同行评议期刊上的学术手稿、书籍形式的学术专著、政府机构报告、学位论文、流行杂志和报纸上的文章，面向大众读者的书籍、编辑和意见栏、编辑信、评论、反驳、辩论、讽刺文章等。下面列出的资源提供了对全球气候变化及其处理策略的有用和合理的讨论。

Cuff, David J. and Goudie, Andrew S. （eds.） *The Oxford Companion to Global Change*. Oxford University Press：Oxford，2009. A mini – encyclopedia of several hundred short articles，arranged alphabetically，dealing with many aspects of global climate change. This book makes a useful quick reference guide.

Henson, Robert. *The Rough Guide to Climate Change*. Rough Guides：London，2008. This book presents evidence that global warming is occurring，the scientific background，and possible ways of addressing climate change，even on an individual level.

Houghton, John. *Global Warming：The Complete Briefing*. Cambridge University Press：Cambridge，2004. This book covers three major topics：the scientific evidence for global warming，what its impacts are thought to be，and what kinds of actions or policies could be put in place to address global warming.

Lave, Lester B. *Real Prospects for Energy Efficiency in the United States*. National Academies Press：Washington，2010. Along with the report on transportation fuels listed below，this is one of two stand – alone reports accompanying the larger study on *America's Energy Future*. Beyond any doubt，the best way of addressing CO_2 emissions in the short – term is through increased energy efficiency. This report deals with energy efficiency in industry，transportation，and buildings.

Ramage, Michael P. *Liquid Transportation Fuels from Coal and Biomass*. National Academies Press：Washington，2009. As the title implies，this report focuses on the future of liquid transportation fuels，with considerable attention paid to CO_2 emissions and their possible reduction in liquid fuel production. This report also expands on sections of *America's Energy Future*.

Shapiro, Harold T. *America's Energy Future*. National Academies Press：Washington，2009. While the focus is on the United States，the US consumes so large a fraction of the world's energy that，in a sense，America's energy future *is* the energy future. This wide – ranging report discusses energy efficiency，renewables，fossil energy，nuclear energy，and electricity. CO_2 – related issues are touched on throughout.